AF744337

José Mª Bermúdez de Castro

EL CHICO DE LA GRAN DOLINA

DRAKONTOS

Director:
JOSÉ MANUEL SÁNCHEZ RON

José Mª Bermúdez
de Castro

El CHICO DE LA GRAN DOLINA

En los orígenes de lo humano

CRÍTICA
BARCELONA

Primera edición: marzo de 2002
Primera edición en esta nueva presentación: abril de 2017

El chico de la Gran Dolina
José Mª Bermúdez de Castro

No se permite la reproducción total o parcial de este libro, ni su incorporación a un sistema informático, ni su transmisión en cualquier forma o por cualquier medio, sea éste electrónico, mecánico, por fotocopia, por grabación u otros métodos, sin el permiso previo y por escrito del editor. La infracción de los derechos mencionados puede ser constitutiva de delito contra la propiedad intelectual (Art. 270 y siguientes del Código Penal)

Diríjase a CEDRO (Centro Español de Derechos Reprográficos) si necesita reproducir algún fragmento de esta obra.
Puede contactar con CEDRO a través de la web www.conlicencia.com o por teléfono en el 91 702 19 70 / 93 272 04 47

© 2002, José María Bermúdez de Castro Risueño

Ilustración de la cubierta: Reconstrucción de la apariencia en vida del «chico de la Gran Dolina». © Mauricio Antón

© 2002, de todas las ilustraciones a lápiz y las láminas a, b, c, d, e, f, g, h, Mauricio Antón

© Editorial Planeta S. A., 2017
Av. Diagonal, 662-664, 08034 Barcelona (España)
Crítica es un sello editorial de Editorial Planeta, S. A.

editorial@ed-critica.es
www.ed-critica.es

ISBN: 978-84-16771-80-6
Depósito legal: B. 5879 - 2017
2017. Impreso y encuadernado en España por Huertas Industrias Gráficas S. A.

A Susana

A mis hijos, Elena, Raquel, Aitana y Alejandro

Agradecimientos

En primer lugar quiero mostrar mi más sincera gratitud a todos los miembros del equipo investigador de Atapuerca. El trabajo de mis compañeros, muchas veces silencioso y abnegado, está permitiendo construir un cuerpo de conocimientos extraordinario, que arrojan luz sobre muchos aspectos esenciales de la evolución humana. Mis investigaciones, que en parte se recogen en los diferentes capítulos del libro, son deudoras del esfuerzo de todo el equipo. María y Federico Martinón-Torres me ofrecieron su ayuda para mejorar el contenido de algunos capítulos y Susana Sarmiento y Mauricio Antón han realizado lecturas críticas del manuscrito. Muchos de los dibujos y esquemas del libro han sido realizados por Susana Sarmiento, que puso todo su empeño y esfuerzo personal en esta tarea, que requiere horas y horas delante de la pantalla del ordenador. Quiero también expresar mi agradecimiento a Carmen Esteban y José Manuel Sánchez Ron por la confianza que me demostraron al proponerme la elaboración de este libro. El apoyo moral continuado de Carmen y José Manuel, así como el de mis buenos amigos Eudald Carbonell y Alberto Velasco (Supervé), ha posibilitado que el proyecto llegara a ser una realidad.

Durante más de quince años he mantenido un gran interés profesional por las investigaciones sobre la ontogenia de los homínidos. La idea de escribir sobre este tema nace de ese interés, pero también es fruto de la fascinación que me ha producido seguir el crecimiento y desarrollo de mis propias hijas, Elena y Raquel, a las que, con todo cariño, también dedico este libro.

Prólogo

> Hay personas que sostienen que la Ciencia ha madurado en el sentido de que todos los grandes e importantes descubrimientos se han materializado ya y que lo que queda por hacer es ocuparse de los complejos, y a veces tediosos, detalles circundantes a esos descubrimientos. Pero yo sostengo que eso es absolutamente falso ... La Ciencia, por tanto, no está llegando a su fin sino que está más cerca de su principio que nunca.
>
> JOHN MADDOX, *Lo que queda por descubrir*

El estudio de nuestros remotos orígenes a finales del Mioceno y de nuestra historia evolutiva es sencillamente fascinante. Los seres humanos pertenecemos a la familia de los homínidos (Hominidae) que tiene una larga y compleja trayectoria evolutiva desde hace al menos 17 millones de años, en la primera mitad del Mioceno. Esta familia incluye numerosas especies extinguidas, algunas sin representantes actuales y otras que se consideran antecesoras de las diferentes especies de gibones, gorilas, orangutanes, chimpancés y de nuestra propia especie *Homo sapiens*. Los estudios sobre biología molecular sugieren una estrecha relación filogenética (de parentesco) entre gorilas, chimpancés y seres humanos, aunque los datos no terminan de ser definitivamente concluyentes sobre la mayor proximidad de los chimpancés bien con los gorilas, bien con los humanos. En cualquier caso, los tres géneros *Gorilla, Pan* y *Homo* compartimos un antepasado común y una misma historia evolutiva y nos incluimos, junto a otros géneros de primates ya extinguidos, en la subfamilia Homininae. Nuestra proximidad filogenética con chimpancés y gorilas se ha empleado siempre como una referencia básica y obligada en muchas líneas de investigación y en este libro no dejaremos de hacerlo en repetidas ocasiones. Hace entre 5,5 y 6,5 millones de años, según indican los estudios de biología molecular, una población de homininos africanos adquirió un conjunto de caracteres propios en el esqueleto, sistema muscular, etc., que constituyeron una adaptación de primer orden y se separó de manera definitiva de las poblaciones que darían lugar con el tiempo a gorilas y chimpancés. Aquellos caracteres estaban relacionados con el tipo de locomoción. El bipedismo y la postura erguida fueron una adaptación decisiva en la configuración de un nuevo linaje evolutivo, que se inició con una serie de formas todavía muy mal conocidas. Los restos fósiles de aquellas especies de finales del Mioceno han comenzado a ver la luz en los últimos años. La especie *Ardipithecus ramidus*, con una antigüedad contrastada de hace entre 5,8 y 4,4 millones de años y procedente de yacimientos de la región del curso medio del río Awash, en Etiopía, estaría muy próxima a nuestro antepasado común con gorilas y chimpancés y podría representar el primer eslabón de la compleja trama evolutiva en la que nos encontramos las poblaciones humanas modernas.

La especie *Ardipithecus ramidus* y las especies mucho mejor conocidas de los géneros *Australopithecus, Paranthropus, Kenyanthropus* y *Homo* se incluyen ahora en la tribu de los Hominini, mientras que los gorilas y chimpancés y sus ancestros del Plioceno y Pleistoceno se agrupan en la tribu de los Gorillini. Aunque en los artículos de revistas científicas se utiliza cada vez con mayor frecuencia la denominación «homininos» para referirse a los antecesores más próximos a nuestra especie, que adoptaron la postura erguida y la locomoción bípeda, en este libro hemos seguido la tradición, todavía muy popular, de emplear la denominación «homínidos», cuando hablamos de los australopitecos, parántropos y de las diferentes especies de *Homo*.

Las excavaciones de los últimos 25 años en numerosos yacimientos de África y Eurasia han permitido conocer varias formas nuevas de homínidos, que han dibujado un panorama cada vez más completo, pero a la vez más complicado, de la evolución humana. La historia de los homínidos es ciertamente muy compleja y nos enseña que diferentes ensayos evolutivos tuvieron éxito durante un cierto tiempo, para luego desaparecer y dejar paso a otras formas, cuya variabilidad biológica aparecía mejor adaptada a nuevas circunstancias ecológicas. La identificación de géneros y especies en el registro fósil de homínidos, o conjunto de ejemplares fósiles de esta familia recuperados en todos los yacimientos de todas las épocas y las relaciones filogenéticas entre ellos, ha ocupado buena parte del tiempo dedicado al estudio de la evolución humana. Un tiempo que se nos antoja excesivo, debido a la falta de acuerdo entre los taxónomos acerca de los conceptos, métodos y criterios para la definición de los límites de variación de géneros y especies. Esta discusión ha sobrepasado en muchas ocasiones los límites de los círculos científicos y ha llegado hasta la opinión pública por diferentes medios de comunicación. El debate sobre la definición y el origen de nuestra especie, por ejemplo, ha trascendido a toda la sociedad con todas sus importantes implicaciones y consecuencias, pero también con sus tintes agrios derivados de una discusión siempre subida de tono entre los paleoantropólogos implicados.

La configuración de la trama evolutiva de los homínidos durante el Plioceno y Pleistoceno es sin duda un objetivo muy importante de la paleoantropología, pero no lo es menos la investigación de todos aquellos procesos biológicos que han transformado a los homínidos a lo largo del tiempo en formas distintas, con adaptaciones singulares o compartidas. Entender cómo y por qué ha ocurrido nuestra evolución es esencial para conocernos a nosotros mismos como especie biológica. Algunos aspectos de esa evolución han alcanzado cotas de gran popularidad. Es el caso de las investigaciones sobre la propia adquisición de la postura erguida y la locomoción bípeda, la aparición de un lenguaje de tipo moderno, la dieta y otras sobre diferentes progresos en la tecnología, como la domesticación del fuego. Todos estos aspectos se han tratado en revistas de divulgación, cómics, ilustraciones diversas o en guiones de películas más o menos afortunadas. Sin embargo, no debe olvidarse el rigor de unas investigaciones, que emplean métodos de trabajo, técnicas instrumentales, soporte informático y apoyo matemático cada vez más sofisticados.

Algunas claves importantes de nuestra evolución han tenido una repercusión mediática menor, bien por la dificultad para ser transmitidas en imágenes, bien porque el registro fósil dispone todavía de pocos datos para su investigación. Es el caso, por ejemplo, de la adquisición de la llamada pinza de precisión, formada por unos dedos índice y pulgar de una longitud y morfología adecuados, provistos de un sistema muscular complejo y unas yemas bien irrigadas y con numerosas terminaciones nerviosas, que permiten la manipulación muy precisa de los objetos. Si los homínidos no hubiésemos logrado esta adaptación difícilmente hubiéramos podido iniciar nuestro desarrollo tecnológico, aun con un encéfalo tan desarrollado como el que disponemos ahora. El modelo de desarrollo es también un aspecto clave de nuestra evolución poco tratado en medios de divulgación. La duración, velocidad y distinción de fases o etapas bien definidas de la ontogenia de las especies han jugado un papel determinante en la evolución de los homínidos. El estudio de estas cuestiones ha sido objeto de un intenso debate en los últimos 25 años, por su repercusión inmediata en la interpretación de la anatomía, fisiología, etología, sociología, etc., de los homínidos. El interés del problema nos ha movido a exponer el debate y el estado actual de la cuestión a lo largo de varios capítulos del libro.

El desarrollo ontogenético de un organismo, que comienza desde el mismo momento de la concepción y finaliza cuando ese organismo ha llegado al estado adulto, supone la ejecución de un programa genético codificado siguiendo unas pautas jerarquizadas y ordenadas. Si el programa falla en algún punto y la ejecución queda seriamente alterada el organismo cesa en su desarrollo y muere antes de alcanzar el estado adulto. El programa puede sufrir alteraciones (mutaciones) que desvían su ejecución y modifican el desarrollo hacia formas generalmente inviables. Pero esto no siempre es así. Algunas alteraciones del programa, en particular aquellas que afectan a fases finales de su ejecución, suponen cambios viables, que producen variabilidad en las poblaciones, pero que no tienen trascendencia para la evolución de la especie. Sólo de manera muy ocasional se producen modificaciones en el programa genético que implican cambio evolutivo. Esas alteraciones pueden afectar a la duración total de la ontogenia o de algunas partes del organismo. También se pueden producir cambios en el orden de ejecución del programa, cambios en la velocidad de desarrollo general o de alguna parte del organismo. Finalmente, se pueden producir cambios cuando la ejecución del programa llega a una bifurcación, que supone la elección de una u otra vía del desarrollo.

El cambio evolutivo en los homínidos ha sucedido por aparición de nuevos caracteres y por la modificación en el tamaño y forma de otros rasgos ya presentes en nuestros ancestros. Esa modificación sucede como consecuencia de las alteraciones en el tiempo de aparición o de la tasa de crecimiento y desarrollo de esos rasgos durante la ontogenia, debido a cambios en el programa de desarrollo. Esos cambios reciben el nombre de heterocronías del desarrollo y han sido objeto de interés intermitente durante todo el siglo XX por parte de los estudiosos de la evolución humana. En las páginas de este libro nos ocuparemos no sólo de describir las modificaciones más importantes en el desarrollo de los homínidos, sino de discutir los procesos que dieron lugar a esos cambios, un debate que ha ocupado a muchos científicos desde hace más de 75 años.

El registro fósil de homínidos reúne una cantidad considerable de restos de individuos adultos de diferentes especies. En igualdad de condiciones de acumulación, enterramiento y fosilización los huesos de los adultos tienen una mayor probabilidad de conservación que los huesos más frágiles e incompletamente desarrollados de los individuos inmaduros. Por este motivo, las especies se han definido casi siempre a partir de los caracteres observados en restos fósiles de adultos. Del mismo modo, las relaciones filogenéticas entre especies se proponen a partir de las evidencias que ofrecen los individuos adultos. Pero estos últimos representan la expresión final del desarrollo de una especie concreta que, por definición, presentará diferencias importantes con los adultos de otras especies. En cambio, los individuos infantiles y juveniles de especies próximas mostrarán similitudes tanto mayores cuanto más jóvenes sean esos individuos. Si pudiéramos disponer de un ejemplar fósil bien conservado por cada seis meses o un año de desarrollo de todas las especies de homínidos, seríamos capaces de resolver el complicado rompecabezas de las relaciones filogenéticas de todas esas especies. De esta manera podríamos detectar qué cambios en el programa de desarrollo de cada especie antecesora han producido la aparición de su especie descendiente. Cada resto fósil de un individuo inmaduro es ahora una fuente muy importante de datos para reconstruir nuestra historia evolutiva. Algunos fósiles emblemáticos de individuos infantiles y juveniles han permitido aprender mucho de las especies que representan, como tendremos también ocasión de ver a lo largo de las páginas de este libro.

Todas las especies adoptan una estrategia biológica bien definida, que les permite ocupar con éxito un nicho ecológico concreto en su ecosistema. Las estrategias son muy diversas y combinan aspectos muy distintos, que interesan en particular a la morfología y tamaño de los individuos y de algunos de sus órganos, el comportamiento, la reproducción y el desarrollo. Así, una especie elige bien cuánto debe durar y qué modelo debe seguir su desarrollo. Este modelo o patrón de desarrollo incluye la posibilidad de diferenciar la ontogenia en dos o más etapas de duración determinada y características bien definidas. Como veremos en las páginas que siguen, los homínidos hemos cambiado la duración y el patrón de nuestro desarrollo y esto ha traído no pocas consecuencias para la modificación del tamaño y morfología de los adultos, pero sobre todo para conseguir una adaptación única entre todas las especies del planeta: la cultura.

Los excepcionales hallazgos realizados en los yacimientos pleistocenos de la Sierra de Atapuerca, en Burgos, han permitido no sólo arrojar luz sobre la evolución del género *Homo* y sobre las Primeras ocupaciones humanas del continente europeo, sino realizar avances sustanciales en el conocimiento de la biología y cultura de los homínidos. En la Primera parte del libro explicamos el hallazgo de los restos fósiles de *Homo antecessor*, la nueva especie nombrada y descrita por el equipo investigador de Atapuerca y el significado que ha tenido este descubrimiento en la interpretación de un largo tramo de la evolución humana. También se expone un visión general y sintética del panorama evolutivo de los homínidos en los dos últimos millones de años, cuyo protagonismo corresponde a las diferentes especies del género *Homo* reconocidas en la actualidad. Por otro lado, una de las líneas de investigación del equipo investigador de Atapuerca se centra precisamente en la biología del desarrollo, que está aportando datos muy relevantes para el progreso de esta área de conocimiento de la evolución humana. Como dijimos antes, los últimos 25 años han sido testigos de un apasionante debate científico entre especialistas sobre el significado e interpretación de los datos que ofrece el registro fósil acerca de la biología del desarrollo de los homínidos. En la Segunda parte del libro relatamos la secuencia de acontecimientos que han jalonado este debate y la contribución de Atapuerca en el esclarecimiento de algunos de los interrogantes planteados.

Nuestro particular modelo de desarrollo, con su larga duración y complejidad, se fue consolidando a lo largo de miles de años. Muchos caracteres biológicos y el progreso tecnológico aparecieron gracias a los cambios en el patrón de desarrollo. Estos cambios han permitido, entre otras cosas, que los seres humanos tengamos la sensibilidad para crear obras de arte extraordinarias y deleitar así nuestros sentidos, o la capacidad para erigir inmensas obras de ingeniería en aras de nuestro bienestar. Pero también hemos adquirido la capacidad de emplear la tecnología al servicio de la destrucción masiva de esas obras y de otros seres humanos. En este libro se expone algo de lo que sabemos de nuestra fascinante historia evolutiva, que espero pueda servir para sentirnos un poco más identificados con nuestra naturaleza como especie y familiarizarnos con un tiempo y una historia mucho más lejanos, donde no había fronteras y donde la vida era más solidaria.

Prólogo de la presente edición

Han transcurrido quince años desde la primera edición de este libro. Una nadería para los fósiles enterrados desde hace más de 800.000 años en el nivel TD6 del yacimiento de la Gran Dolina. Pero un mundo para la investigación sobre nuestros orígenes. Los restos del llamado «chico de la Gran Dolina» aparecieron durante el verano de 1995 en ese yacimiento de la burgalesa sierra de Atapuerca y terminaron por dar un giro de 180 grados a cuanto sabíamos sobre la evolución humana de Europa. Un año antes, nuestros anhelos de encontrar fósiles humanos en los yacimientos de la Trinchera del Ferrocarril de Atapuerca se habían hecho realidad. El ocho de julio de 1994 será recordado en los anales de la evolución humana por el hallazgo de los fósiles europeos más antiguos conocidos hasta esa fecha. Quien escribe estas líneas fue testigo en primera persona de ese descubrimiento, que cambió para siempre la prehistoria de Europa.

El maxilar fósil conocido por sus siglas de campo como ATD6-69 perteneció a un joven de unos diez años y se encontró durante la excavación de un sondeo arqueológico de apenas seis metros cuadrados. En apariencia era uno más del primer centenar de restos humanos recuperados en las campañas de 1994 y 1995. Sin embargo, cuando ATD6-69 se terminó de limpiar y restaurar en el laboratorio del Museo Nacional de Ciencias Naturales de Madrid, el hallazgo cobró una importancia inusitada. No solo se habían encontrado los fósiles más antiguos de Europa, sino que podíamos estar ante un antepasado de nuestra propia especie. La agitación de los componentes del Equipo Investigador de Atapuerca de entonces fue considerable. La idea de nombrar una nueva especie del género *Homo* fue cobrando más fuerza a medida que se estudiaba la cara fosilizada de aquel joven. Sus rasgos faciales, sorprendentemente modernos, contrastaban con el aspecto primitivo de los dientes. Una combinación extraña, única y muy sugerente.

Desde que los expertos decidieron finalmente que la especie *Homo erectus* estaba demasiado derivada hacia una humanidad perdida, se buscaba con insistencia el origen de *Homo sapiens*. Parecíamos tener un parentesco relativamente cercano a los neandertales, que durante mucho tiempo se incluyeron en la subespecie *Homo sapiens neanderthalensis*. Pero la exclusividad de muchos de los rasgos anatómicos de los neandertales era demasiado obvia para la mayoría de los paleoantropólogos. Sus diferencias anatómicas con *Homo sapiens* eran muy evidentes. Finalmente se llegó a un consenso, asumido por la mayoría: los neandertales fueron una especie distinta de la nuestra, aunque estrechamente emparentada con nosotros. *Homo sapiens* y *Homo neanderthalensis* habrían compartido un antecesor común, que vivió durante el Pleistoceno en algún lugar de África o Eurasia. Dos investigadores del Reino Unido, Peter Andrews y Chris Stringer, así como el norteamericano Philip Rightmire, decidieron que ese antecesor común habría de tener caracteres diferentes a los de *Homo erectus* y eligieron el nombre *Homo heidelbergensis*. Ese nombre había sido propuesto nada menos que en 1908 por Otto Schoetensack, para clasificar la mandíbula encontrada en los arenales del río Neckar, cerca de la aldea de Mauer y a pocos kilómetros de la ciudad alemana de Heidelberg. Los especialistas crearon un cajón muy amplio, donde cabían diferentes cráneos de África y Eurasia. Todos ellos tenían en común un aspecto más moderno que los denostados miembros de *Homo erectus* y su cronología estaba en un rango de entre 600.000 y 200.000 años. Años más tarde, tras varios estudios del DNA antiguo obtenido de algunos restos neandertales, se decidió que la separación física de las poblaciones originarias de *Homo sapiens* y *Homo neanderthalensis* había ocurrido hace unos 400.000 años.

Pero el chico de la Gran Dolina y otros restos fósiles de TD6 estaban empeñados en desmentir la idea de nuestros colegas. O cuando menos ponerla en apuros ¿Cómo era posible que un joven de aquella antigüedad tuviera un aspecto tan moderno? Con la osadía que confiere la juventud, varios miembros del equipo escribimos un artículo para enviar a la revista *Science*, donde en 1995 ya habíamos dado cuenta del hallazgo de los fósiles encontrados en 1994 en el nivel TD6 del yacimiento de la Gran Dolina. Ahora teníamos nuevos ejemplares, que podían causar sensación. Y así fue. La extraña combinación de rasgos primitivos de los dientes, comparables a los de la especie *Homo habilis*, y de rasgos modernos en la cara de ATD6-69 fue bien aceptada por quienes revisaron nuestro manuscrito. El 30 de mayo de 1997 se publicó en la revista *Science* el diagnóstico de una nueva especie del género *Homo*, bautizada con el nombre *Homo antecessor*. En latín, ese nombre significa explorador, simbolizando así la idea de que aquellos fósiles de TD6 pertenecieron a los primeros humanos que pisaron tierras europeas.

En 2007 supimos que Europa había sido colonizada mucho antes, gracias al hallazgo de una mandíbula humana fósil en el yacimiento de la Sima del Elefante, apenas a 200 metros del yacimiento de la Gran Dolina. Pero el nombre *Homo antecessor* ha quedado grabado para siempre en la historia de la evolución humana y ha sido aceptado como un miembro más de nuestra genealogía. No obstante, la hipótesis de que *Homo antecessor* podía ser el ancestro común de los neandertales y los humanos modernos no fue bien acogida. En todo caso y como nos decían colegas más expertos, podía tratarse de una especie perdida en el confín de Europa, tal vez relacionada de manera lejana con ese antecesor común. Es más, algunos se atrevieron a publicar que habíamos encontrado a los miembros más antiguos de *Homo heidelbergensis* o tal vez a los miembros de una especie norteafricana,

Homo mauritanicus, propuesta en la década de 1960 por Camille Arambourg y no reconocida de manera oficial. Nadie nos dijo que investigar en España fuera sencillo. Tenemos que trabajar mucho más que los demás para que se nos tenga en cuenta. Cosas de la historia de la Ciencia y de la idiosincrasia de cada país.

Entre 2003 y 2005 volvimos a excavar una reducida superficie de TD6. No solo se pudo estudiar mucho mejor el yacimiento y sus diferentes niveles geológicos, sino que aparecieron fósiles muy interesantes de *Homo antecessor*. Llegaron nuevos miembros al equipo, con ganas de trabajar y mucho empuje. Reactivamos el estudio de todos los fósiles de TD6 con métodos alternativos y aplicamos técnicas revolucionarias. Se defendieron varias tesis doctorales, que incluían los nuevos restos de *Homo antecessor* y encontramos pistas adicionales para encontrar el lugar de esta especie en la genealogía humana. Con gran sorpresa por nuestra parte, nos dimos cuenta de que *Homo antecessor* también tenía varios caracteres compartidos con los neandertales. Evidentemente, no se trataba de rasgos propiamente neandertales, sino de aspectos anatómicos aparecidos hace más de 800.000 años y que fueron heredados por los neandertales. En definitiva, *Homo antecessor* cumplía uno de los requisitos esenciales exigidos al ancestro común: la especie de Atapuerca tiene caracteres compartidos con *Homo sapiens*, y caracteres compartidos con *Homo neanderthalensis*.

El siguiente paso llegó con la inesperada y deseada noticia del hallazgo de ADN nuclear en los fósiles del yacimiento de la Sima de los Huesos de la sierra de Atapuerca. En este yacimiento se han obtenido cerca de 7.000 restos fósiles de una antigüedad bien calibrada en torno a los 430.000 años y pertenecientes a 28 individuos. En 1999, Juan Luis Arsuaga tomó la decisión de incluir esta impresionante colección en la especie *Homo heidelbergensis*. Era la moda de entonces. Pero Juan Luis dejó claro que esta especie podía ser más bien una «crono-especie»; es decir, era partidario de que en Europa hubo una genealogía humana de raíces profundas dividida de manera artificial por una línea imaginaria. Esa línea se podía dibujar mediante criterios morfológicos de consenso. De ese modo, Juan Luis quiso dejar claro que no estaba muy convencido de que *Homo heidelbergensis* fuera el ancestro común de los humanos modernos y de los neandertales, sino tan solo el ancestro de estos últimos. El debate científico continuaba.

Pero volvamos al DNA nuclear. Los resultados de la secuenciación de este material genético se publicaron en 2014 en la revista *Nature*. Los humanos de la Sima de los Huesos tenían una gran similitud genómica con los neandertales. Lo que habíamos observado en los fósiles se confirmaba al estudiar su DNA nuclear. Además, utilizando una tasa de mutación aceptada por los genetistas, se propuso en esa misma publicación que la separación geográfica de la genealogía neandertal de la genealogía sapiens había ocurrido mucho antes de lo que se pensaba. Los datos sugerían que esa separación física de las dos poblaciones había sucedido en una horquilla temporal entre 765.000 y 550.000 años. Esto quiere decir, que la separación genética[1] pudo

1. Hay que distinguir entre la separación genética y la separación geográfica. La primera sucede cuando dos poblaciones comparten un mismo territorio, pero ya no existe contacto genético entre ellas,

ser muy anterior y llegar más allá de los 800.000 años. *Homo antecesor* ya cumplía todos los requisitos para postularse como candidato a ser el último ancestro común de los neandertales y de los humanos modernos. En esa misma publicación de 2014 en la revista *Nature* se retiraron los fósiles de la Sima de los Huesos de la especie *Homo heidelbergensis*, que perdió en un instante el 90% de sus efectivos y quedó totalmente huérfana. Los fósiles humanos de la Sima de los Huesos pertenecen al clado[2] de los neandertales y, desde un punto de vista estrictamente biológico, tendrían que ser incluidos en la especie *Homo neanderthalensis*. Pero la paleontología tiene sus propias reglas y aún habrá que dejar pasar un tiempo para reconsiderar esa decisión.

La especie *Homo heidelbergensis* ha perdido consistencia, aunque sigue siendo muy útil desde el punto de vista conceptual. La mayoría estamos de acuerdo en la idea de que *Homo erectus* no puede ser el ancestro común de neandertales y humanos modernos. En algún momento del Pleistoceno se produjo la segregación de una nueva genealogía de la que procedemos nosotros y los neandertales. El nombre de esa genealogía es casi lo de menos. La especie de la Gran Dolina se postula de nuevo y se sitúa en un lugar muy favorable y en boca de todos, pero no es un tema prioritario. La nueva diagnosis de *Homo antecessor* es ahora mucho más completa e incluye un mosaico de caracteres primitivos para el clado formado por las especies del género *Homo* junto a caracteres derivados compartidos con *Homo sapiens*, con *Homo neanderthalensis* y con otras especies del género. En otras palabras, *Homo antecessor* es como una «especie todo-terreno», que se separó del linaje de *Homo erectus* hace probablemente un millón de años. Quizá se trata de una población desgajada del ancestro común, que vino a morir en el extremo más occidental de Eurasia. Pero no cabe duda de que, al menos por el momento, *Homo antecessor* es la mejor oportunidad que tenemos para hacernos una buena idea de cómo pudo ser ese antepasado que compartimos con los neandertales.

En estos últimos quince años hemos sabido que las poblaciones de Eurasia llevamos en nuestro genoma entre un 2 y un 4% de genes neandertales. Este dato implica ni más ni menos que hibridamos con ellos y tuvimos descendencia fértil. ¿Qué sucedió? ¿No éramos especies distintas? La respuesta a esta última pregunta es afirmativa, pero solo si consideramos el concepto paleontológico de especie. Nos separamos hace casi un millón de años. Ese período de tiempo, que se nos antoja una eternidad, no fue suficiente para evitar que nuestros respectivos genomas fueran totalmente incompatibles. Cuando hace unos 120.000 años las poblaciones de *Homo sapiens* quisieron atravesar el Corredor Levantino en su camino hacia Eurasia tropezaron con la barrera biológica de los neandertales. Las dos especies volvieron a encontrarse y compartieron territorio (y algo más) durante 50.000 años. De aquella hermandad nos ha quedado un pequeño recuerdo en nuestro DNA. Otros miembros

---

mientras que la separación geográfica implica que las dos poblaciones ocupan territorios separados y el intercambio genético es imposible.

2. Conjunto de especies que tienen un ancestro común, que no lo es de ningún otro grupo. Todas estas especie forman un árbol filogenético único, bien diferenciado de otros.

de *Homo sapiens* se marcharon de África por el estrecho de Bab el-Mandeb, situado en el llamado Cuerno de África. Posiblemente, ese estrecho brazo de mar no existía hace 120.000 años y se podía atravesar por tierra firme. Sea como fuere, los humanos de nuestra especie pudieron progresar primero hacia el final de sureste de Asia y más tarde hasta el continente australiano. Pero esa es otra historia.

Este libro se escribió con la idea de explicar algunos aspectos fundamentales de la biología de nuestros ancestros. Los fósiles de TD6 representaban una gran oportunidad para ello, por tratarse en su mayor parte de individuos inmaduros. A día de hoy, después de haber completado una pequeña colección de más de 160 fósiles humanos, podemos decir que se han recuperado los restos de entre diez y quince individuos. Si esta última cifra es correcta, también podemos afirmar que el 80% de esos individuos no habían llegado a la edad adulta y que varios eran niños y niñas de unos 3 o 4 años de edad. Esta es una gran oportunidad para conocer la biología de una especie humana muy antigua, porque los cambios evolutivos experimentados por las diferentes genealogías del linaje humano han sucedido durante el desarrollo. Por ejemplo, diversos estudios han demostrado que la forma esférica peculiar del cerebro de nuestra especie se decide durante el primer año de vida. Las mutaciones exitosas, aquellas que han sido favorecidas por la selección natural en el entorno cambiante de nuestra larga historia evolutiva, se expresan durante el crecimiento y provocan cambios importantes en la fisonomía de los adultos. Es por ello que este libro se ocupa de lo que pudo suceder el desarrollo de nuestros ancestros.

El chico de la Gran Dolina y otros fósiles de TD6 mostraron que el patrón de formación y erupción de los dientes era prácticamente idéntico al nuestro. En 2002, cuando se publicó la primera edición de este libro, los dientes eran la única fuente para estudiar tanto el patrón como el tiempo de desarrollo de las especies. Las investigaciones pioneras aparecieron a mediados de la década de 1980 de la mano de dos buenos amigos, Timothy Bromage y Chris Dean. Ellos demostraron por primera vez que los miembros de los géneros *Australopithecus*, *Paranthropus*, así como los primeros representantes del género *Homo* (*Homo habilis* y *Homo rudolfensis*), crecían y se desarrollaban de un modo similar a los simios antropoideos. Aquella revelación, obtenida mediante el estudio microscópico de ciertas marcas permanentes dejadas por las células que forman el esmalte, cambió para siempre viejas ideas sobre muchos aspectos de la biología de nuestros antepasados. Algunas hipótesis se vinieron abajo, mientras que nacía una nueva forma de entender la evolución humana. Los australopitecinos y los parántropos eran muy parecidos en su biología a los chimpancés, con la peculiaridad de que caminaban erguidos. Atrás quedaron visiones trasnochadas sobre la biología social de los australopitecos. No podemos evitar interpretaciones actualistas de los humanos del Pleistoceno, especialmente cuando carecemos de datos objetivos. Guardo en la memoria la idea de un investigador norteamericano, que en la década de 1970 se imaginaba a los miembros de la especie *Australopithecus afarensis* viviendo en unidades familiares como las de hoy en día, en las que el padre se ocupaba de llevar el alimento a su pareja y sus crías. Un gran ventaja, que explicaba la selección natural del bipedismo y la consiguiente liberación de la manos hace poco más de tres millones de años. Cuando se supo que la locomoción bípeda había surgido hacia finales del Mioceno y que el desarrollo de *Australopithecus afarensis* era muy parecido al de los chimpancés, la hipótesis de nuestro colega norteamericano se desvaneció sin dejar rastro. Los avances científicos son implacables y tenemos que ser conscientes de ello. Algunas de las hipótesis presentadas en este libro han quedado atrás, aunque forman parte de la irrepetible y gloriosa historia de la Ciencia.

Las décadas de 1980 y 1990 fueron testigos de numerosos estudios sobre las características peculiares del desarrollo de *Homo sapiens*. ¿Cuándo aparecieron la niñez y la adolescencia? ¿Cuál fue el escenario en el que caracteres tan importantes de nuestro desarrollo fueron favorecidos por la selección natural? Este libro fue escrito no solo por la motivación que suponían esas investigaciones para cualquier científico interesado por nuestros orígenes, sino porque disponíamos de fósiles que podían aportar algunas respuestas. El libro recoge todo cuanto se sabía a comienzos del siglo XX sobre un tema tan apasionante. Y quince años más tarde podemos decir que la tesis fundamental del libro permanece incólume. Nadie duda de que todas las especies anteriores a la barrera de los dos millones de años fueron muy similares en su biología al ancestro común que compartimos con los chimpancés. Aquellos primeros miembros de la genealogía humana tenían un desarrollo como el de otros primates. Nacían con un desarrollo neuromotriz mucho más avanzado que el nuestro. Tenían una lactancia muy prolongada, que dejaba paso a una fase juvenil de más de cinco años, para iniciar su madurez sexual y su reproducción a una edad muy similar a la de los chimpancés. Por descontado, no tenían adolescencia y su longevidad tampoco era mayor que la de nuestros parientes vivos más cercanos. Si hoy en día es muy raro encontrar chimpancés en libertad que superen la barrera de los 35 años, lo mismo podemos decir de los miembros de los géneros *Ardipithecus*, *Australopithecus*, *Paranthropus* o de otros homininos descritos en estos últimos años, aunque no podamos viajar al pasado para demostrarlo.

En estos quince años las investigaciones sobre la biología de nuestros ancestros han continuado de manera imparable. Como dije en un párrafo anterior, algunas de las conclusiones alcanzadas durante la década de 1990 han sido superadas por nuevas evidencias o simplemente se han matizado. Pero también se han producido avances muy importantes en la reconstrucción de las pelvis de nuestros ancestros, en el debate sobre las dificultades para el parto en *Australopithecus* y en algunas especies del género *Homo*, en la estimación del tamaño del cerebro en los recién nacidos de cualquier antepasado de la genealogía humana, en aspectos relativos a la duración de la lactancia o en la caracterización del cerebro en nuestra especie. Las imágenes obtenidas mediante resonancia magnética han permitido estudiar algunos de los cambios que experimenta el cerebro durante el desarrollo de *Homo sapiens*. La adolescencia, por ejemplo, ya no se define únicamente por los cambios hormonales, el estirón puberal o por el rápido cambio en muchos aspectos anatómicos y fisiológicos. Los cambios en el patrón sináptico del cerebro y sus consecuencias en el comportamiento son ahora el centro de interés. ¿Sabremos algún día cuándo surgió la adolescencia en la genealogía humana? No dudo de que así será.

La estrecha relación entre el desarrollo de los dientes y el desarrollo del cerebro ha sido matizada en estos últimos quince años. El desarrollo dental es una buena aproximación al modelo de historia vital[3] de una especie, pero su variabilidad es notable y no lo explica todo. Los expertos sugieren precaución a la hora de evaluar ese modelo de historia vital tan solo con el estudio del patrón de desarrollo de los dientes. Pero lo que se cuenta en este libro sobre el crecimiento y la histología dental sigue vigente y las investigaciones sobre las variables del crecimiento de los dientes no se han detenido. Algunas líneas de trabajo, como la estimación de la velocidad de crecimiento de las raíces, permanecen sin solución. No tengo dudas de que el interés por el desarrollo dental seguirá vivo. Es por ese motivo que algunos de los capítulos de este libro no necesitarán ser revisados en profundidad durante varios años, lo mismo que la tesis principal de la obra en su conjunto. Este libro describe un reloj biológico, que marca la hora del desarrollo de los humanos del presente y del pasado con una precisión asombrosa. Ese reloj está en los dientes y tan solo hay que saber manejarlo. Están por llegar técnicas, cada vez más sofisticadas, que posibilitarán el uso de una herramienta biológica tan perfecta. Es posible que pronto sepamos estimar la edad de muerte de cualquier individuo en desarrollo con una precisión de días.

Nuevas excavaciones en el nivel TD6 están por llegar y con ello la posibilidad de incrementar de manera muy notable la colección de fósiles de *Homo antecessor*. Si nuestras estimaciones son correctas, la mayoría de los hallazgos corresponderán a individuos inmaduros. El chico de la Gran Dolina abrió la puerta a las investigaciones sobre el desarrollo de una especie que vivió en Europa hace casi un millón de años. Y esa puerta permanece abierta. Hace seis años tuvimos ocasión de estudiar los dientes en desarrollo de una mandíbula, que perteneció a un niño o niña de tres años mediante técnicas impensables cuando se publicó la primera edición de este libro. Llegarán más estudios, que contarán con el estímulo añadido de saber que tratamos con una especie muy próxima a nuestra ascendencia directa. Ya sabemos que *Homo antecessor* no estaba demasiado lejos de nosotros en lo que se refiere a su biología. Sus descendientes fueron capaces de hibridar y tener descendencia fértil tras una larga separación de más de 700.000 años. Es por ello que los fósiles son mucho más importantes de lo que imaginamos. Los restos y las señales de los humanos que nos han precedido son un libro abierto, donde está escrita parte de la historia de nuestros orígenes. Tan solo hay que aprender a leer un lenguaje muy particular. Quizá también nos cuenten algo sobre nuestro futuro.

Burgos, 26 de enero de 2017
José María Bermúdez de Castro Risueño

3. El modelo o patrón de historia vital (traducción libre de la expresión en inglés, *life history pattern*) incluye una serie de caracteres particulares en el crecimiento, desarrollo, reproducción y modo de vida de una especie. Incluye aspectos como el tamaño del cerebro al nacimiento y en el adulto, la edad de reproducción, el número de crías por camada, etc.

Primera parte

1

Un hallazgo crucial

Es justamente la posibilidad de realizar un sueño
lo que hace que la vida sea interesante.

PAULO COELHO, *El Alquimista*

El ocho de julio de 1994, hacia mediodía, aparecieron los primeros restos fósiles humanos en el yacimiento de la Gran Dolina. La explosión de júbilo que produjo en el equipo aquel hallazgo estaba plenamente justificada. Hacía ya casi 20 años que habían comenzado las excavaciones en los yacimientos de la Trinchera del Ferrocarril de la Sierra de Atapuerca y los resultados eran buenos, pero faltaba algo realmente importante, algún descubrimiento singular que premiara tanto esfuerzo. Y fue precisamente mi compañera Aurora Martín, una de las arqueólogas más veteranas del equipo investigador de Atapuerca, quien tuvo la fortuna de encontrar los primeros restos humanos aquella calurosa mañana de Julio. Solemos insistir en que los hallazgos de Atapuerca son mérito de todo el equipo, pero en este caso se hizo una excepción. Desde entonces, el estrato de unos 25 centímetros de espesor, donde se localizaron todos los fósiles humanos junto a restos fósiles de diferentes animales y numerosos útiles de sílex, cuarcita y caliza, recibe el nombre de Estrato o Capa Aurora.

Aurora puso en nuestras manos tres dientes de aspecto muy primitivo. De hecho, no era sencillo decidir que los dientes de Gran Dolina pertenecían a un ser de una especie directa o indirectamente relacionada con la nuestra, si sólo se tienen conocimientos de la morfología de los dientes humanos actuales. Enseguida reconocimos caracteres que están presentes en los dientes de nuestros ancestros africanos, *Homo habilis* y *Homo ergaster*. Sin duda, aquel hallazgo podía tener un alcance mucho mayor de lo que en aquellos momentos de alegría incontenible cabía imaginar.

Un año antes, mi compañero Eudald Carbonell había tomado la decisión de realizar un sondeo arqueológico en el yacimiento de la Gran Dolina. Eudald no sólo tiene más de 35 años de experiencia en excavaciones desde su primera campaña en un yacimiento de Rialp, Gerona, cuando contaba tan sólo 12 años, sino que posee un sexto sentido para localizar buenos yacimientos. Él suele decir que cuando entró por primera vez, hace ahora 21 años, en la Trinchera del Ferrocarril afirmó que de allí sólo le sacarían «con los pies por delante». Tal fue la impresión que le produjeron los yacimientos de la Sima del Elefante, Galería y, sobre todo, Gran Dolina. En 1992 se abrió en este último sitio un área de excavación de aproximadamente 100 metros cuadrados, levantando parte del techo de la cavidad que contiene el yacimiento. Para realizar el sondeo arqueológico Eudald eligió una zona de 6 metros cuadrados junto al corte que produjeron primero la construcción de la Trinchera del Ferrocarril a finales del siglo XIX y más tarde las labores de cantería realizadas en el siglo XX. La zona elegida parecía muy apropiada, pero sospecho que el «olfato» de Eudald tuvo algo que ver en la decisión.

En 1993 comenzó el sondeo en Gran Dolina de la mano de un pequeño grupo de arqueólogos del equipo, la mayoría muy jóvenes pero sumamente hábiles en las labores de excavación. Al mismo tiempo se iniciaron los trabajos preliminares para excavar en extensión el yacimiento, pero el sondeo habría de progresar con gran celeridad hasta alcanzar los niveles más bajos de Gran Dolina. El objetivo se cumplió siete años más tarde durante la campaña de 1999.

La realización de sondeos es una práctica habitual en la excavación de los yacimientos prehistóricos. De hecho, los sondeos forman parte de la metodología de campo, ya que permiten evaluar el potencial de los yacimientos y realizar un estudio estratigráfico preliminar. En el caso de la Gran Dolina, ya existía un primer estudio de la estratigrafía del yacimiento realizado en los años ochenta. El profundo tajo que produjo la construcción de la Trinchera del Ferrocarril facilitó este primer estudio, porque dejó al descubierto unos 20 metros del relleno sedimentario de la cavidad. Se reconocieron entonces once niveles estratigráficos, que se denominaron TD1, TD2... TD11, siendo TD1 el más profundo y TD11 el más alto en la secuencia. Las siglas TD significan Trinchera Dolina. Los fósiles humanos encontrados en 1994 se localizaron hacia la mitad de esta secuencia estratigráfica, en el nivel TD6. En los años ochenta se había excavado un área de unos pocos metros cuadrados en TD11, que dio como resultado la obtención de algunas herramientas de sílex y cuarcita y fragmentos difícilmente reconocibles de partes esqueléticas de diferentes animales. Además, en aquella década se habían recogido en el suelo de la Trinchera varias herramientas y fósiles desprendidos de la pared del yacimiento, seguramente procedentes de niveles distintos. Todo ello hacía presagiar un potencial considerable para Gran Dolina. La realización del sondeo arqueológico era un sistema perfecto para confirmar esos presagios, pero había una motivación añadida. Queríamos poner a prueba la hipótesis defendida por un grupo numeroso de científicos, de que Europa había sido colonizada hacía tan sólo medio millón de años. Nosotros teníamos algunos datos que obligaban a mirar mucho más atrás en el tiempo y remontarnos quizás hasta hace unos 800.000 años para encontrar pruebas de la presencia de seres humanos en nuestro continente. Los datos procedían de Gran Dolina.

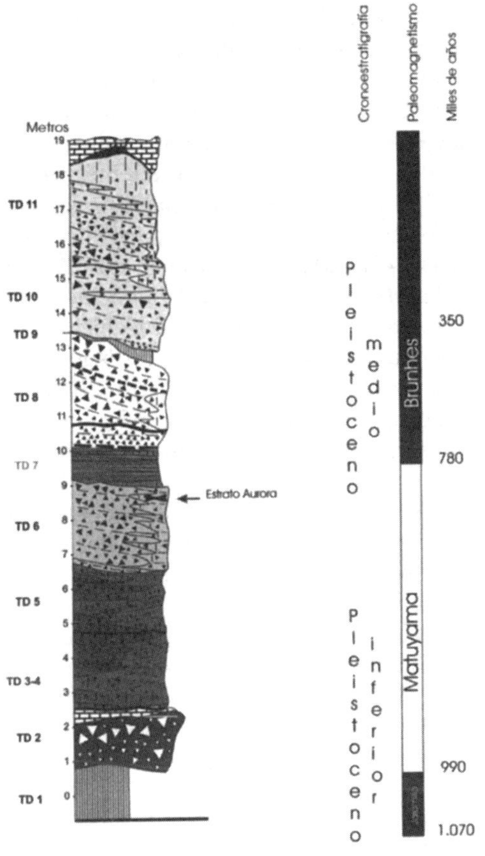

Figura 1.1. Esquema de la estratigrafía del yacimiento de Gran Dolina. El estudio de la geología de este yacimiento permite distinguir un total de once niveles, que se identifican con claridad por el tipo y composición de sus sedimentos. Cada nivel se depositó en un periodo determinado y los denominados TD4, TD5, TD6, TD7, TD8, TD10 y TD11 contienen abundantes restos fósiles de fauna, polen e industria lítica. Cada nivel puede estar constituido por uno o más estratos o capas. En el Estrato Aurora del nivel TD6 se han localizado varios miles de restos fósiles de diferentes macro- y micromamíferos (incluidos más de 80 restos de *Homo antecessor*) y numerosas piezas de industria lítica del Modo 1. Las investigaciones del paleomagnetismo de Gran Dolina indican una inversión del polo magnético de la Tierra en el nivel TD7, que se ha identificado como el último gran cambio de polaridad de nuestro planeta: Matuyama-Brunhes, ocurrido hace 780.000 años. Las investigaciones bioestratigráficas de Gran Dolina (estudio de las asociaciones de especies de mamíferos de los diferentes niveles) y la geocronometría (dataciones por series de uranio y ESR) apoyan esta conclusión. Los homínidos del Estrato Aurora de TD6 deben ser datados en el Pleistoceno inferior y, por consiguiente, tienen una antigüedad superior a 780.000 años.

Los trabajos de cantería en la Trinchera habían dejado al descubierto una cierta extensión de los niveles inferiores de Gran Dolina. La nieve, la lluvia y el frío fueron progresivamente erosionando esta superficie, por lo que entre 1990 y 1991 se procedió a realizar una excavación de esta parte del yacimiento evitando así pérdidas irreparables. Los resultados fueron excelentes. En el nivel TD4 se recuperaron restos fósiles muy completos de diferentes animales, entre ellos de oso (*Ursus dolinensis*), pantera (*Panthera gombaszoegensis*), hiena (*Crocuta crocuta*), rinoceronte (*Stephanorhinus etruscus*), caballo (*Equus* del grupo estenonino), ciervos (*Cervus elaphus*), gamo (*Dama «nestii» vallonnetensis*) y bisonte (*Bison voigtstedtensis*). Además se localizaron cuatro utensilios de cuarcita: una pequeña lasca y tres cantos tallados. La técnica empleada para realizar estos utensilios era ciertamente muy primitiva. Uno de los cantos, el de mayor tamaño, fue golpeado varias veces para obtener lascas afiladas. Los otros dos cantos parecían corresponder a una fase inicial de configuración de un instrumento o, como en el caso anterior, a núcleos golpeados unas pocas veces para producir lascas.

La muestra de utensilios encontrada en TD4 era muy pequeña y la tecnología empleada en su producción muy rudimentaria. Por este motivo muchos arqueólogos dudaron entonces de que estos cantos hubieran sido realmente tallados por un homínido. Se trataría de lo que algunos llaman «geofactos», o piedras golpeadas de manera natural. El resultado de estos golpes naturales simularía la técnica más rudimentaria que se conoce, empleada por primera vez en África hace en torno a los dos millones y medio de años. Esta técnica recibió la denominación de Olduvayense, por haberse descrito en el yacimiento tanzano de Olduvai. En la actualidad se ha extendido el uso del nombre más genérico de Modo 1 o Modo técnico 1.

Eudald Carbonell no dudó ni por un momento de la autenticidad de estos utensilios líticos. La experiencia de Eudald es una garantía. Él ha tenido en sus manos colecciones de instrumentos de muchos yacimientos de África, Asia, y Europa y conoce muy bien diferentes variedades de todas las tecnologías. A pesar de las críticas aceptamos sin reservas las conclusiones de Eudald y sus colaboradores del equipo. Además, ¿cómo habrían llegado hasta el fondo de aquella cueva varios cantos de las terrazas del río Arlanzón? La discusión, no obstante, se producía en el marco de un debate mucho más profundo. Si se certificaba la autenticidad de los utensilios de TD4 habría que aceptar que los homínidos habían llegado a Europa en torno a los 750.000 años. Los restos de fauna de TD4 y el primer estudio de paleomagnetismo de Gran Dolina sugerían que TD4 tenía una cronología de 700.000 años.

Primeros europeos

La recuperación de utensilios líticos en el nivel TD4 de Gran Dolina se sumaba a las de otros hallazgos en yacimientos europeos de una antigüedad similar y aún mayor. Yacimientos como los de Monte Poggiolo en Italia, Korolevo (niveles inferiores) en Ucrania y Kärlich (nivel A) en Alemania tienen registro de industrias líticas del Modo 1 con una cronología de entre 800.000 y 900.000 años de antigüedad. Hoy sabemos que el nivel TD4 tiene una cronología probablemente no inferior a 900.000 años. Además, en uno de los niveles más bajos del yacimiento de la Sima del Elefante, también en la Trinchera del Ferrocarril, se han encontrado lascas de sílex cuya cronología se ha estimado en algo más de un millón de años.

A principios de los noventa cobró fuerza la hipótesis de un primer poblamiento hace en torno al medio millón de años. El arqueólogo Will Roebroecks y el paleontólogo Thijs van Kolfshofen se pusieron a la cabeza de los defensores de esta hipótesis. Los argumentos de estos investigadores eran muy razonables. En los yacimientos fechados con anterioridad a 500.000 años nunca se habían encontrado fósiles humanos y el supuesto registro arqueológico se componía generalmente de un moderado número de utensilios realizados con tecnologías muy primitivas. Además, las herramientas se localizaban siempre en posición secundaria; es decir, alejadas del lugar donde se depositaron originalmente. Estos yacimientos suscitaban siempre encendidas polémicas entre los que defendían el origen antrópico de los conjuntos líticos y los que consideraban que se trataba simplemente de piedras golpeadas de manera natural. Por el contrario, los yacimientos posteriores a 500.000 años solían estar en posición primaria, habían proporcionado restos humanos en muchas ocasiones y conjuntos de herramientas generalmente muy abundantes. La mayoría de las industrias líticas de estos yacimientos se pueden clasificar en el Modo técnico 2 (Achelense). El Modo 2 es originario de África y su creación y posterior expansión supuso un paso importantísimo en el progreso tecnológico de los homínidos, como tendremos ocasión de comentar más adelante.

La hipótesis de un poblamiento europeo relativamente reciente parecía una respuesta lógica a las polémicas conclusiones del estudio de varios yacimientos que afirmaban haber demostrado la presencia de homínidos hace entre uno y dos millones de años. Ejemplos muy conocidos son los yacimientos de Saint Eble y Chilhac, en el Macizo Central de Francia, con una cronología de unos dos millones de años. Las supuestas evidencias que ofrecían estos y otros yacimientos europeos para certificar la presencia humana en nuestro continente en fechas tan tempranas hoy día no se aceptan pero, en su momento, la publicación de aquellos datos motivó una fuerte reacción de la comunidad científica. En mayo de 1994 la portada de la revista *Nature* presentaba la fotografía de un fragmento de tibia humana. Un gran titular se superponía a la imagen de aquel fósil: «The first european?». Se trataba en efecto de un resto humano descubierto un año antes en el yacimiento británico de Boxgrove, en West Sussex, al sur de Inglaterra. Aquella tibia procedía de un nivel muy rico en utensilios de sílex del Modo técnico 2. La fauna fósil asociada indicaba una fecha en torno al medio millón de años. Durante cerca de noventa años, la mandíbula humana encontrada en 1907 en una terraza del río Neckar cerca de Mauer, un pequeño pueblo próximo a Heidelberg, Alemania, fue considerada como el resto fósil más antiguo de Europa. La tibia de Boxgrove no podía oscurecer el «reinado» de la mandíbula de Mauer, porque su antigüedad se remonta también al medio millón de años. Sin embargo, aquel oportuno descubrimiento se utilizó para reforzar la hipótesis de un poblamiento europeo relativamente reciente. Ahora sabemos que la tibia de Boxgrove no puede tener una antigüedad superior a 400.000 años pero, en cualquier caso, su «reinado» duró apenas dos meses.

El hallazgo de fósiles humanos asociados a cerca de 200 instrumentos líticos, y un conjunto abundantísimo de restos fósiles de diferentes especies de vertebrados, en el nivel TD6 de Gran Dolina fue un elemento crucial en el debate sobre «los primeros europeos». Aunque se trata tan sólo de una superficie de siete metros cuadrados, quedó demostrado que el conjunto se encuentra en posición primaria. Los restos esqueléticos han fosilizado en el mismo lugar donde fueron depositados por ciertos homínidos. Se trata muy probablemente de un lugar donde aquellos homínidos realizaron diversas actividades. Allí se tallaron utensilios y se produjo el primer acto de canibalismo que se conoce en nuestra evolución, como han demostrado los análisis de mis compañeros Yolanda Fernández Jalvo, Carlos Díez, Isabel Cáceres y Jordi Rosell. Un grupo de homínidos llevaron a cabo un proceso muy laborioso de carnicería en cadáveres de caballos, ciervos, gamos, bisontes y otros homínidos. La futura excavación de una superficie más amplia del Estrato Aurora permitirá decidir si ese lugar de Gran Dolina fue un campamento central o un sitio de ocupación ocasional. Pero lo cierto es que los homínidos transportaron a ese lugar partes concretas de animales de gran tamaño y cadáveres completos de animales más pequeños y de otros homínidos. Tal vez todos ellos fueron cazados y consumidos de manera sistemática, aprovechando todos los tejidos blandos y la grasa de los huesos. En aquellos análisis no se apreciaron signos de intención ritual en el consumo de los tejidos humanos, sino claras evidencias de lo que se denomina «canibalismo gastronómico».

El reloj magnético y los ratones

Pocos meses antes de la campaña de excavación de 1994 nos llegaron los primeros resultados de un análisis de paleomagnetismo del yacimiento de Gran Dolina, realizado por mis compañeros Josep Maria Parés y Alfredo Pérez-González. El estudio de las propiedades magnéticas que adquieren los minerales de hierro de las arcillas cuando se depositan en medios relativamente tranquilos en función de la polaridad magnética de la Tierra se ha convertido en una herramienta muy útil para arqueólogos y paleontólogos. La Tierra se comporta como un gran imán y los minerales de hierro se orientan como lo hace una brújula en el inmenso campo magnético de nuestro planeta. Cada cierto tiempo los polos magnéticos de la Tierra intercambian su posición. Los cambios de polaridad están bien datados en sedimentos marinos y se conocen muy bien para la historia geológica en la que se ha desarrollado nuestra evolución. Por ejemplo, hace aproximadamente 1.700.000 años (en adelante 1,7 millones de años), a comienzos del periodo que los geólogos denominan Pleistoceno inferior, los polos magnéticos se situaron en una posición invertida con respecto a la actualidad. Si pudiésemos realizar un viaje en el tiempo provistos de una brújula hasta aquella época remota comprobaríamos que la aguja de nuestra brújula se orientaría hacia el sur magnético. Hace 1,07 millones de años, los polos magnéticos retornaron a la posición normal, pero 80.000 años más tarde la Tierra volvió a cambiar su polaridad. Finalmente, hace 780.000 años, los polos magnéticos se situaron como en la actualidad. A partir de esa fecha consideramos que empieza el Pleistoceno medio. Durante este periodo se han producido cambios de los polos magnéticos de unos pocos miles de años de duración (excursiones), pero se puede decir que todo este periodo, que técnicamente se denomina Brunhes, la Tierra ha tenido un comportamiento magnético normal. El periodo que transcurre entre hace 1,7 millones de años y 780.000 años se denomina Matuyama, y se dice que la situación estuvo invertida con respecto a la actualidad. Los 80.000 años que transcurren entre hace 1,07 millones de años y 990.000 años suponen algo más que una excursión dentro del periodo Matuyama, y este periodo recibe el nombre de Jaramillo.

Los resultados preliminares de Josep Maria Parés y Alfredo Pérez González indicaban un cambio de polaridad del campo magnético terrestre cuando se depositó el nivel TD7. Durante la campaña de excavación de 1994 llegaron los resultados definitivos. Los niveles TD8, TD9, TD10 y TD11 se comportaban de manera normal desde el punto de vista del paleomagnetismo, mientras que TD6, TD5 y TD4 presentaban una polaridad invertida. Al mismo tiempo, mis compañeros Gloria Cuenca y César Laplana confirmaban la presencia en TD6 de *Mimomys savini,* una especie de ratoncillo de campo. La información que proporciona la presencia de determinadas especies animales en un cierto nivel se complementa muy bien con los análisis de paleomagnetismo. La bioestratigrafía estudia la posición de ciertas especies o asociaciones de especies en los estratos y representa una buena herramienta para conocer la antigüedad relativa de los yacimientos. *Mimomys savini* es un excelente marcador biocronológico. Su evolución durante el Pleistoceno culminó en la aparición de una nueva especie, *Arvicola cantiana*, hace aproximadamente medio millón de años. La presencia en TD6 de *Mimomys savini* en asociación con otras especies de micromamíferos, así como el estudio de mi compañero Jan van der Made de los grandes herbívoros de Gran Dolina, sólo tenía una conclusión posible. Los restos humanos y la industria lítica de TD6 eran más antiguos de 780.000 años. Los homínidos habrían vivido durante el final del Pleistoceno inferior en el periodo magnético Matuyama. Nuevos análisis de Paleomagnetismo no sólo confirmaron los resultados, sino que permitieron detectar otro cambio de polaridad magnética, esta vez en TD1. Lo más probable es que este nivel se depositara durante el periodo Jaramillo, hace aproximadamente un millón de años. Los útiles líticos encontrados en TD4 en 1990 podrían tener entonces una antigüedad de 900.000 años.

En definitiva, la excavación del Estrato Aurora de TD6 permitió modificar finalmente el enunciado de la hipótesis para el primer poblamiento de Europa. Aquella afortunada decisión de Eudald Carbonell envejeció de pronto la llegada de los primeros europeos en nada menos que medio millón de años. Sin embargo, el descubrimiento de fósiles humanos en TD6 no debe entenderse como una reivindicación de los yacimientos problemáticos del Pleistoceno inferior. Cada sitio debe presentar argumentos sólidos para ganar su propia credibilidad. Por ejemplo, los yacimientos de la depresión de Guadix-Baza, Fuente Nueva 3 y Barranco León en Granada han demostrado la presencia de más de 100 útiles líticos en niveles bien datados por paleomagnetismo y por una cierta asociación de especies de macro y microvertebrados. Estos yacimientos tienen una antigüedad de más de 780.000 años, pero su edad más probable puede llegar hasta 1,1 millones de años.

Las evidencias del Estrato Aurora eran incontestables, pero en principio no fueron suficientes para convencer a los más obstinados. Algunos opinaron que en Europa pudieron producirse ocupaciones esporádicas de homínidos y que la colonización definitiva no ocurrió hasta hace medio millón de años, cuando las pruebas se multiplican. Pero cabían otras interpretaciones. Es muy probable que los primeros homínidos llegados a Europa desde África fueran incapaces de alcanzar latitudes elevadas y las zonas interiores de nuestro continente, sencillamente porque las condiciones climáticas de esos territorios serían incompatibles con las adaptaciones biológicas y el bagaje cultural de la especie que colonizó Europa. Las regiones mediterráneas, con su clima templado, fueron tal vez las únicas que posibilitaron la presencia de homínidos en nuestro continente. Una progresiva adaptación biológica y el desarrollo de la tecnología quizás permitieron la expansión de los homínidos hacia el norte.

La puerta de Europa

Pero la cuestión de los «primeros europeos» no está cerrada. El nivel TD6 de la Gran Dolina ha sido tan sólo un capítulo importante de un debate que no cesa. En 1991 y de forma inesperada, las excavaciones que se realizaban en un castillo medieval de la República de Georgia, en el Cáucaso, localizaron un yacimiento, al parecer de gran antigüedad. Los restos fósiles pertenecían a mamíferos muy primitivos, similares a los de ciertas faunas africanas de comienzos del Pleistoceno inferior. Entre los restos fósiles apareció una mandíbula humana. Recuerdo muy bien la primera vez que tuve la ocasión de ver aquella mandíbula. Leo Gabunia, el responsable de aquellas excavaciones (fallecido en fecha reciente), nos citó en su hotel durante un congreso en Frankfurt a un reducido grupo de personas, entre las que se encontraban Marie Antoinette de Lumley, Emiliano Aguirre y Antonio Rosas. La primera impresión fue inquietante. Aquella mandíbula tenía algunos caracteres muy primitivos junto a otros de aspecto más moderno. Por ejemplo, los segundos y terceros molares aparecían reducidos con respecto al primer molar, un rasgo que comienza a ser frecuente en el Pleistoceno medio, pero nunca se ha encontrado en el Pleistoceno inferior.

La presentación de aquella mandíbula en el congreso de Frankfurt pasó casi inadvertida, tal vez porque el debate se centró en otras cuestiones, como el enfrentamiento entre partidarios del origen único de nuestra especie en África y los partidarios del origen multirregional. La descripción de la mandíbula se publicó en *Nature* en febrero de 1995. El yacimiento se llama Dmanisi y se localiza no lejos de Tbilisi, la capital de la República de Georgia. El análisis de paleomagnetismo y el registro paleontológico indicaban una antigüedad de al menos 1,7 millones de años; es decir, una fecha en el límite del Plioceno y del Pleistoceno inferior. Con posterioridad se realizaron dos estudios independientes de la mandíbula. En el primero de ellos, que llevó a cabo Günter Bräuer, se destacaban los rasgos modernos de la mandíbula, que sugerían una fecha más moderna, quizás en torno al millón de años. En un segundo estudio, realizado por mi compañero Antonio Rosas y el autor, pusimos de relieve los caracteres más arcaicos, que sugerían la relación de esta especie con alguna forma primitiva de la especie *Homo ergaster*, y conciliaban la morfología de este fósil con su presunta antigüedad. Finalmente, durante las excavaciones de 1999, el equipo internacional constituido para el estudio del yacimiento de Dmanisi localizó dos cráneos en muy buen estado de conservación. Las primeras observaciones de estos fósiles no dejaron lugar a dudas. Se trataba de homínidos de morfología y dimensiones comparables a las de los homínidos africanos que se incluyen en la especie *Homo ergaster*. Las nuevas dataciones del yacimiento, el estudio de los útiles líticos y de los fósiles de macro y microvertebrados confirmaron definitivamente la fecha de 1,7 millones de años. Dmanisi tenía los homínidos más antiguos encontrados fuera de África y habían sido hallados a las puertas de Europa.

Cada hallazgo viene a dar respuesta a una o más preguntas, pero siempre plantea nuevos interrogantes. Si el hallazgo es importante, el debate está garantizado por varios años. TD6 y Dmanisi son dos descubrimientos de gran importancia, no sólo para la cuestión de los «primeros europeos», sino para debatir el problema más amplio de la primera salida de homínidos de África y el poblamiento de Euroasia. Sin embargo, antes de describir las líneas maestras de este debate debemos conocer cuál es el papel y el significado de los homínidos de TD6 en la evolución humana.

2

Una nueva especie

> Desde Linneo hasta hoy, el concepto de *especie*, y más aún su aplicación, nunca cesaron de discutirse. Se ha llegado a decir que la única definición aceptable de especie es la de «categoría taxonómica designada y distinguida como tal por cada especialista». La afirmación parece muy exagerada, aunque no carece de fundamento.
>
> FRANCISCO BERNIS, *Biogeografía y evolución*

Cada uno de los paleoantropólogos del equipo investigador de Atapuerca hemos profundizado en el conocimiento de la evolución de diferentes partes anatómicas. El trabajo en equipo permite reunir una gran cantidad de información para abordar problemas tan importantes como decidir la posición evolutiva de los homínidos del nivel TD6 de Gran Dolina. Mis compañeros Juan Luis Arsuaga, Ignacio Martínez, Antonio Rosas y el autor iniciamos el estudio de los restos humanos. Pretendíamos realizar una comparación lo más exhaustiva que nos fuera posible de los fósiles de TD6 con otros homínidos. En particular nos interesaba examinar el registro fósil del género *Homo*.

El estudio preliminar de los dientes humanos de TD6 puso en evidencia diferentes elementos de juicio para clasificar a los homínidos de Gran Dolina. Cuando se analizó detenidamente la variabilidad de los caracteres morfológicos dentales en el género *Homo*, se llegó a la conclusión de que los homínidos de TD6 comparten muchos rasgos en su forma más primitiva con *Homo habilis*, *Homo ergaster* y *Homo erectus*. La primera especie es africana y su registro fósil conocido abarca un periodo de hace entre algo menos de 2,0 y 1,6 millones de años. La segunda especie también es africana, y su registro fósil conocido se extiende por un periodo de tiempo muy similar al de *Homo habilis*. Finalmente, *Homo erectus* tiende a considerarse como una especie asiática, con un registro fósil de amplitud cronológica muy discutida en la actualidad. Algunos llevan esa cronología hasta cerca de 2,0 millones de años. Esta especie, según otros, podría haberse extinguido en tiempos muy recientes, hace menos de 100.000 años. Mas adelante insistiremos en este interesante problema.

Los caracteres primitivos ayudan muy poco en el problema de clasificar un conjunto de restos fósiles. Para conseguir ese objetivo es muy útil detectar rasgos que hayan avanzado hacia un estado derivado y comprobar qué especies comparten estos caracteres derivados. En primer lugar, nos fijamos en la especie europea *Homo heidelbergensis.*

Esta especie está muy bien representada por los fósiles hallados hasta el momento en el yacimiento de la Sima de los Huesos de Atapuerca. El registro de este yacimiento incluye cerca de 4.000 restos humanos, que representan más del 90 por 100 de todos los fósiles de esta especie recuperados hasta la fecha en diferentes yacimientos europeos. Los fósiles humanos de la Sima de los Huesos se han datado por diferentes métodos y todos ellos tienden a coincidir en una fecha de algo más de 300.000 años, hacia mediados del Pleistoceno medio (780.000-120.000 años). Los restos humanos de la Sima de los Huesos pertenecieron a un mínimo de 28 homínidos y todo apunta a considerarlos como miembros de una misma población biológica. Este excepcional hallazgo nos permite conocer con gran detalle la variabilidad de una especie extinguida. Así, pudimos constatar que en *Homo heidelbergensis* varios caracteres dentales morfológicos habían evolucionado hacia estados derivados, mientras que esos mismos caracteres se presentaban en su forma primitiva en los homínidos de TD6. Para decirlo en palabras más sencillas, los dientes humanos de TD6 y los de la Sima de los Huesos parecían tener nada o muy poco en común desde el punto de vista de su morfología. La distancia de tiempo entre ellos, de nada menos que medio millón de años, podía justificar plenamente sus diferencias morfológicas. No obstante, la mandíbula de TD6 parecía tener algunos rasgos en común con las mandíbulas de la Sima de los Huesos.

En este ejercicio de comparación tomó un especial protagonismo el yacimiento de la Caune de l'Aragó, que se encuentra en el sur de Francia, muy próximo a la localidad de Tautavel en los Pirineos orientales. Los fósiles humanos de este yacimiento tienen una antigüedad quizás superior a 400.000 años y se incluyen en *Homo heidelbergensis*. La morfología dental de los homínidos de Tautavel podría muy bien considerarse intermedia entre la de los homínidos de TD6 y la de los homínidos de la Sima de los Huesos. ¿Una posible conexión evolutiva entre unos y otros?

El análisis de los dientes de TD6 fue más allá. Las proporciones de tamaño del aparato dental son especialmente útiles en este tipo de análisis. Es lo que llamamos estudio de forma, y se basa en que no todos los dientes o grupos de dientes incrementan o disminuyen su tamaño de manera simultánea en diferentes líneas evolutivas. Por ejemplo, en *Homo heidelbergensis* observamos una clara tendencia hacia la reducción del segundo premolar y los molares, que es especialmente notable en los homínidos de la Sima de los Huesos, y una tendencia hacia el incremento de tamaño de los incisivos, canino y primer premolar. En las especies del género *Paranthropus* (véase más adelante), las tendencias son opuestas. Los premolares y molares de este género son enormes, mientras que los incisivos y caninos son muy pequeños. El estudio de la forma de los dientes de los homínidos de Gran Dolina reveló aspectos de gran interés. Descubrimos similitudes con uno de los especímenes más recientes de *Homo ergaster*, KNM-WT 15000 (1,6 millones de años) y con tres mandíbulas procedentes de un yacimiento del norte de África, Tighenif, que datan de hace al menos 700.000 años. También se observó una cierta similitud de forma entre los homínidos de TD6 y la especie *Homo heidelbergensis*, así como notables diferencias entre aquéllos y los homínidos del yacimiento chino de Zhokoudian, que se incluyen en *Homo erectus*. Además, algunos caracteres observados en los restos de cráneo y de mandíbula de TD6 alejaban a los homínidos de TD6 de la especie *Homo erectus*.

Quizás sea el momento de sintetizar los resultados de nuestro primer análisis. En primer lugar, los homínidos de TD6 parecían tener poco que ver con los homínidos asiáticos que se incluyen en *Homo erectus*. En segundo lugar, se había demostrado una cierta similitud de TD6 con la especie *Homo ergaster*, al menos con las formas más recientes de la especie. Finalmente, había algunos argumentos para establecer una conexión evolutiva entre TD6 y la especie *Homo heidelbergensis*.

Fósiles enigmáticos

Había llegado el momento de publicar resultados. Reunimos la información aportada por diferentes miembros del equipo y optamos por escribir dos artículos para la revista *Science*. La gran importancia del hallazgo en TD6 podía justificar el interés de esta revista en aceptar la publicación de nuestros resultados. En el primer artículo sintetizamos los datos aportados por el registro arqueológico y el registro fósil. El trabajo fue firmado por varios de los miembros más veteranos del equipo y responsables de distintas áreas de trabajo: Eudald Carbonell, José María Bermúdez de Castro, Juan Luis Arsuaga, Juan Carlos Díez, Antonio Rosas, Gloria Cuenca, Robert Sala, Marina Mosquera y Xose Pedro Rodríguez. En este artículo llegamos a una solución de compromiso para clasificar los restos humanos de TD6. La traducción de la frase final de aquel artículo era la siguiente: «... en base a la información disponible, los fósiles de Gran Dolina podrían considerarse como una forma primitiva de *Homo heidelbergensis*. La ampliación de la muestra en un futuro tal vez podría suponer la denominación de una nueva especie». Con esta frase expresábamos un cierto descontento con la solución adoptada. Había que seguir trabajando. Josep Maria Parés y Alfredo Pérez-González firmaban un segundo artículo, en el que exponían los datos de Gran Dolina y los resultados del análisis de paleomagnetismo. Los dos artículos fueron aceptados por la revista y se publicaron en agosto de 1995.

Ese mismo año, la excavación del Estrato Aurora de TD6 continuó ofreciendo magníficos resultados. Aparecieron nuevos restos fósiles de macro y micromamíferos y se enriquecieron las muestras de útiles líticos y fósiles humanos. En particular, se recuperó un bloque de arcilla muy cementado por las corrientes de agua enriquecidas en carbonatos, que circula habitualmente por el karst de Atapuerca. En aquel bloque asomaban varios dientes humanos, al parecer de un mismo maxilar. La obtención del resto o de los restos fósiles contenidos en aquel bloque presumía ser muy laboriosa, por lo que se decidió posponer el trabajo para el otoño siguiente. Mis compañeras Paloma Gutiérrez del Solar y Blanca Gómez, dos veteranas restauradoras del Museo Nacional de Ciencias Naturales de Madrid, fueron las responsables de tan delicada operación. Después de varios meses de trabajo, apareció la mitad de la cara de un homínido. La sorpresa fue mayúscula, especialmente para mis compañeros Juan Luis Arsuaga y Ana Gracia, que conocen bien la evolución del esqueleto facial. Se trataba de buena parte del esqueleto óseo de la cara de un homínido juvenil, en el que se podían reconocer muchos caracteres. Siguiendo la lógica de la información disponible hasta entonces y de nuestra primera interpretación de los fósiles humanos de Gran Dolina cabía esperar una cara donde la porción ósea situado bajo las órbitas oculares fuese plana, orientada en el plano coronal del cuerpo y tendida hacia adelante. Este es el estado primitivo, que se observa en *Homo ergaster*. Otra posibilidad es que el plano óseo infraorbital tuviera una orientación mitad coronal, mitad sagital, en continuidad con el plano óseo de la cavidad nasal. Este es el estado derivado que se observa en *Homo heidelbergensis* y que luego heredan sus sucesores los neandertales (*Homo neanderthalensis*). También cabía esperar un notable prognatismo subnasal, es decir, una cierta inclinación hacia adelante de la región ósea que se encuentra por debajo de la cavidad nasal.

Sin embargo, y de forma inesperada, la cara de aquel juvenil resultó ser idéntica a la de *Homo sapiens* en todos y cada uno de los rasgos examinados. La presencia de una cara moderna en el registro fósil había retrocedido nada menos que 700.000 años. Hasta el momento sólo se conocían caras similares a la nuestra en homínidos procedentes de yacimientos de finales del Pleistoceno medio y comienzos del Pleistoceno superior, como los de Djebel Irhoud (Marruecos) y Jebel Qafzeh y Skhul (Israel), que ya se incluyen en *Homo sapiens*. Entre los restos humanos de TD6 había fragmentos de otras dos caras de sendos individuos adultos. En uno de ellos podía verse también la morfología moderna, aunque el desarrollo del seno maxilar había suavizado la fosa canina, una zona deprimida que caracteriza nuestro plano óseo infraorbital. En definitiva, un nuevo elemento y muy importante se añadía al debate interno de nuestro equipo. Aquella frase final del artículo de *Science* podía concretarse en algo real. Realizamos nuevos análisis para dejar bien sentadas nuestras conclusiones anteriores y sumamos la nueva evidencia. De todo ello surgió el convencimiento de que la combinación de caracteres encontrados en aquel conjunto de fósiles no se habían encontrado en ninguna de las especies nombradas hasta la fecha para el género *Homo*.

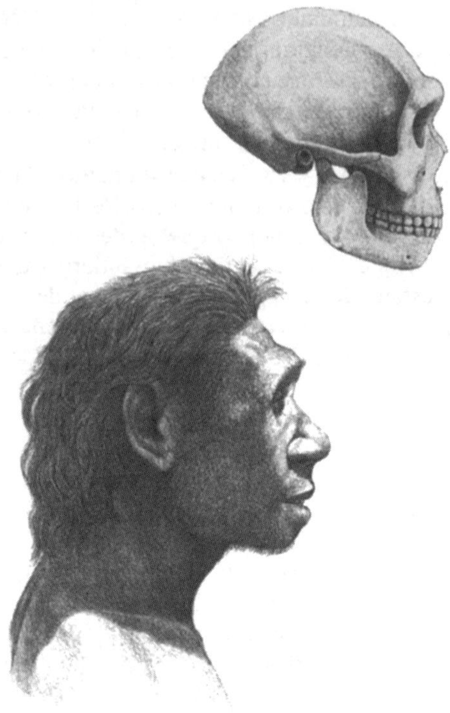

Figura 2.1. Reconstrucción hipotética de un individuo adulto de *Homo antecessor*, en vista lateral. Esta ilustración es el resultado de combinar los fósiles de Gran Dolina con el cráneo adulto de Ceprano (Italia) atribuido recientemente a la misma especie. La imagen resultante muestra un marcado contraste entre una caja craneana baja y con rasgos propios de *Homo erectus-ergaster* (región occipital muy angulada, arcos supraciliares marcados) y una cara relativamente poco prognata, con una región infraorbitaria que conserva, aunque atenuada, la fosa canina observada en el maxilar juvenil de Gran Dolina. La apariencia en vida de este homínido también nos resultaría sorprendente, por combinar una cara media relativamente moderna (nariz saliente, pero maxilar poco proyectado a diferencia de los neandertales y preneandertales), con unos ojos resguardados por fuertes arcos supraciliares, una frente huidiza y una mandíbula prácticamente sin mentón. El torus supraorbitario del frontal ATD6-15, que perteneció a un adolescente, está poco desarrollado comparado con el de Ceprano. No obstante, el ejemplar de Gran Dolina aparece bien definido y separado de la escama frontal, lo que indica que si el individuo hubiera llegado a adulto el torus habría sido muy prominente, como se muestra en la reconstrucción. Otros rasgos de esta reconstrucción que se han basado en el «chico de Gran Dolina» son la posición de la raíz del zigomático respecto a la dentición y las proporciones relativas de la dentición permanente. No obstante, la longitud total de la serie dental se ha aumentado para tener en cuenta la erupción completa de los molares, que aún no se había producido en el homínido de TD6.

Algunos taxónomos, como Elisabeth Vrba, sugieren que una especie debe ser reconocida por la presencia en los fósiles a clasificar de caracteres exclusivos (autapomorfías). No obstante, este criterio es muy restrictivo y muchos paleoantropólogos, como Bernard Wood, Terry Harrison y Ian Tattersall, se inclinan por la identificación en el registro fósil de una combinación única de caracteres primitivos y derivados. En el registro fósil de TD6 habíamos observado una mayoría de rasgos dentales primitivos compartidos con otras especies del género *Homo*. También identificamos rasgos dentales derivados, compartidos con otras especies de *Homo*. Finalmente, uno de los rasgos dentales parecía ser exclusivo de los homínidos de TD6. El neurocráneo y la mandíbula de TD6 nos permitían reconocer a un homínido distinto de las formas europeas y africanas del Pleistoceno medio y superior, pero con evidentes conexiones evolutivas entre ambas. Todo ello combinado con aquella cara juvenil, definitivamente moderna. En suma, estabamos ante una forma de homínido con personalidad propia, nunca antes descrito en la literatura científica.

El explorador

Debo reconocer que la aventura de proponer una nueva especie para el género *Homo* nos sonaba un tanto descabellada por muchas razones. Entre otras, porque las «cosas importantes» en evolución humana se han realizado casi siempre en países como el Reino Unido, Francia y Estados Unidos. Reconozco también que hubo una importante labor de autoestima para llevar a cabo algo que caía por su propio peso. Supongo que las propuestas medio en serio medio en broma para nombrar la nueva especie contribuyeron a crear el ambiente necesario para tomar una decisión. Finalmente, propuse a mis compañeros la palabra «antecessor», que en latín significa explorador, un término empleado por los romanos para aludir a los soldados que exploraban el territorio por delante de los ejércitos. Se trataba, pues, de un nombre alegórico que recordaría a los homínidos de Gran Dolina como pioneros o pertenecientes, en el amplio sentido del término, a las poblaciones exploradoras del continente europeo. Este nombre específico cayó bien enseguida en el grupo. El primer paso estaba ya dado.

Después de un largo proceso de discusión redactamos un artículo firmado por José María Bermúdez de Castro, Juan Luis Arsuaga, Eudald Carbonell, Antonio Rosas, Ignacio Martínez y Marina Mosquera, que enviamos a la revista *Science* en el otoño de 1996. El manuscrito fue aceptado a comienzos de la siguiente primavera y, tras un proceso de remodelación de algunos aspectos menores del texto a sugerencia de tres revisores y el editor, el artículo fue publicado a finales de mayo de 1997.

En aquel artículo no sólo se proponía una nueva especie para incluir a los fósiles humanos de Gran Dolina, sino que se sugerían aspectos muy importantes para comprender la evolución humana en África y Europa en el último millón de

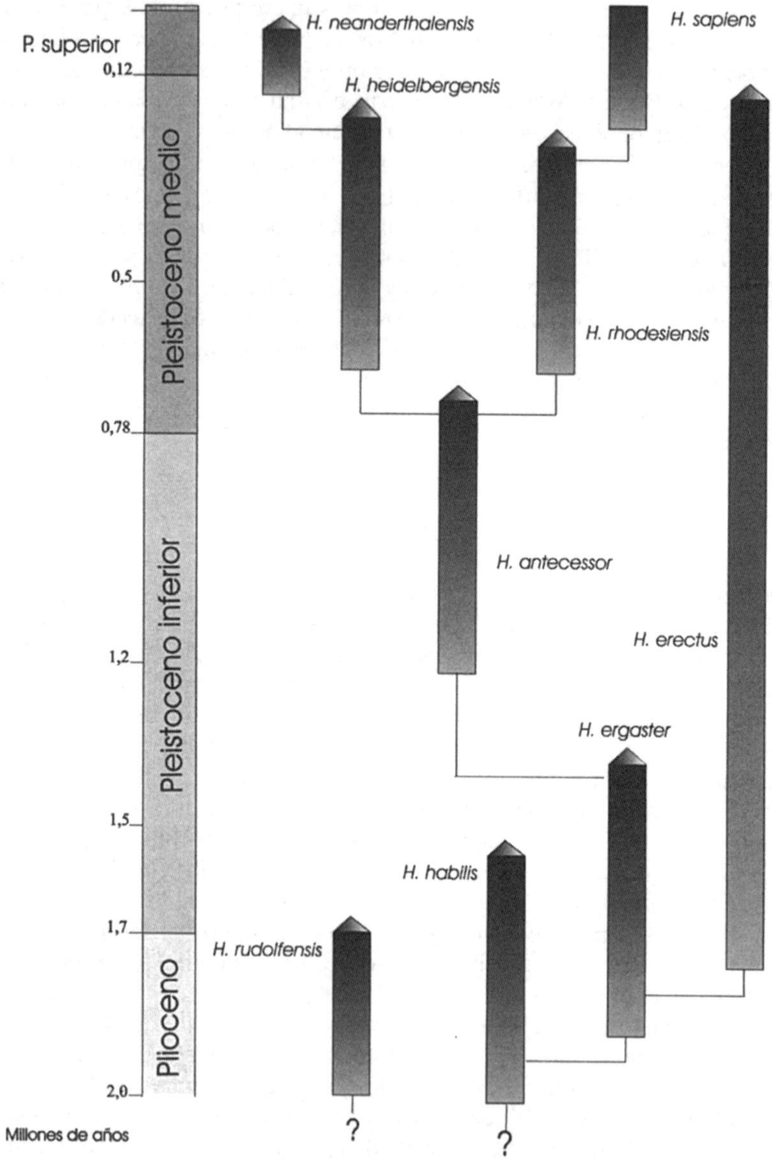

Figura 2.2. Hipótesis de las posibles relaciones filogenéticas entre las especies del género *Homo*. La especie *Homo antecessor*, descrita a partir de los restos fósiles recuperados en el Estrato Aurora del nivel TD6 de Gran Dolina, habría dado lugar a *Homo heidelbergensis* en Europa y *Homo rhodesiensis* en África, como dos líneas evolutivas independientes, que culminarían en la aparición de los neandertales y de nuestra especie.

años. *Homo antecessor* habría sido, en nuestra opinión, la especie antecesora común de la línea evolutiva que en Europa conduce hacía los neandertales (*Homo neanderthalensis*) y de la línea evolutiva que en África conduce hacia las poblaciones modernas (*Homo sapiens*). Intentaremos una mejor comprensión de esta idea explicando la historia del género *Homo* desde el principio y el prometido debate del poblamiento de Euroasia.

3

La evolución del género *Homo*

> El mayor logro de Darwin fue mostrar que las criaturas vivas y sus configuraciones pueden explicarse como el resultado de un proceso natural, la selección natural, sin necesidad de recurrir a un creador o a otro agente externo. El origen y la adaptación de los organismos en su profusión y extraordinaria variación fueron, por tanto, introducidos en el reino de la ciencia.
>
> FRANCISCO J. AYALA, *El azar y la selección natural*

El año 1924 representa un momento de inflexión importante en las investigaciones sobre nuestros orígenes. Aquel año, Raymond Dart fue capaz de reconocer el primer fósil de homínido encontrado en el continente africano. El resto procedía de una cantera de Taung, en Suráfrica y fue bautizado por Dart con el nombre de *Australopithecus africanus.* Desde entonces la búsqueda de los primeros antepasados del hombre se centró en yacimientos africanos. No obstante, y con independencia de cuestiones geográficas, desde siempre se han buscado en el registro fósil signos inequívocos de una inteligencia superior a la de nuestros parientes más próximos, gorilas y chimpancés. Así, en los años treinta Franz Weidenreich defendía un «rubicón cerebral» de 700 centímetros cúbicos como uno de los rasgos característicos del género *Homo*. Sir Arthur Keith puso el límite en 750 centímetros y Henri Vallois llegó hasta los 800. La capacidad craneal, que se puede medir en los fósiles mejor conservados, era un rasgo objetivo sobre el que podía centrarse la discusión del origen de *Homo*. Aunque pronto se aceptó que los australopitecos eran seres que caminaban erguidos, su capacidad craneal apenas superaba los 500 centímetros cúbicos.

La Garganta de Olduvai

En los años treinta Louis y Mary Leakey empezaron a reunir una importante colección de utensilios líticos procedentes de la Garganta de Olduvai, en Tanzania.

La fabricación de herramientas era otro signo indudable de inteligencia, que podía ayudar en la identificación de los primeros representantes de *Homo*. Louis y Mary Leakey estudiaron con gran detalle aquella colección de herramientas, en las que se podía inferir una técnica muy simple para su producción. Se trataba sencillamente de una selección de cantos apropiados que se golpeaban una o más veces para obtener lascas afiladas y cortantes. Algunos cantos trabajados podían emplearse como auténticos martillos, trituradores de objetos. El matrimonio Leakey bautizó esta industria de piedra como «Oldowan» u olduvayense, aludiendo al lugar donde fueron encontradas. Aquellos instrumentos parecían haberse fabricado para cortar carne y fracturar huesos, estarían relacionados con homínidos sin duda más inteligentes que gorilas y chimpancés y denotaban un comportamiento tal vez más elaborado y complejo que el de los australopitecos.

En 1959 Mary Leakey encontró en la Garganta de Olduvai un magnífico cráneo de australopiteco. Aquel espécimen tenía semejanzas pero también diferencias claras con los australopitecos más robustos encontrados en Suráfrica. En particular, los premolares y molares eran enormes y contrastaban fuertemente con el pequeño tamaño de incisivos y caninos. Louis y Mary Leakey propusieron un género nuevo, *Zinjanthropus*, y una especie, *Zinjanthropus boisei*, para denominar al nuevo fósil. Más tarde, otros colegas consideraron que el cráneo de Olduvai debería ser incluido en la variabilidad del género *Australopithecus*, aunque en una especie diferente (*Australopithecus boisei*) de las formas robustas de Suráfrica. Pero, en cualquier caso, aquel ejemplar de homínido de grandes molares, provisto de una marcada quilla sagital en la línea divisoria de los parietales para la inserción de músculos maseteros muy potentes y una capacidad encefálica de 530 centímetros cúbicos, no podía ser el autor de la industria lítica de Olduvai.

Entre los años 1960 y 1963 las investigaciones de Louis y Mary Leakey en la Garganta de Olduvai dieron sus primeros frutos en la búsqueda del origen de *Homo*. En aquellos años se recuperaron numerosos restos fósiles de homínidos, aparentemente muy distintos del *Zinjanthropus*. Aquellos nuevos ejemplares tenían premolares y molares mucho más pequeños, de un tamaño similar al de los australopitecos gráciles de Suráfrica, y sus dientes anteriores eran más grandes. Se reconstruyeron varios neurocráneos, que permitieron estimar valores de capacidad craneal significativamente más altos que los de los australopitecos. Los ejemplares, que Louis y Mary llamaron Cindy (OH 13), George (OH 16), el niño de Johnny (OH 7) y Twiggy (OH 24), tenían capacidades encefálicas desde casi 600 hasta cerca de 700 centímetros cúbicos. Los fósiles procedían de las capas I y II de la Garganta de Olduvai y eran contemporáneos tanto del *Zinjanthropus* (los más antiguos) como de la industria lítica. Los depósitos volcánicos de las capas I y II habían sido datados a principios de los sesenta por métodos radiométricos, y la antigüedad de los fósiles se cifró entre algo menos de 1,6 millones de años (OH 13) y 1,85 millones de años (OH 24).

Los nuevos fósiles de Olduvai mostraban una cierta variabilidad en el tamaño de sus dientes y de sus cerebros, pero para Louis Leakey representaban la evidencia más antigua conocida del género *Homo*. La capacidad craneal no alcanzaba el «rubicón cerebral» establecido por las autoridades científicas de aquellos años, como sir Wilfrid Le Gross Clark y sir Arthur Keith, pero muy probablemente aquellos homínidos eran los responsables de la tecnología olduvayense. Los homínidos de Olduvai podían tener una habilidad de la que carecían los australopitecos. El estudio llevado a cabo por Louis Leakey, Philip Tobias y John Napier culminó en la propuesta de una nueva especie, *Homo habilis*, que publicó la revista *Nature* en abril de 1964.

La nueva especie fue muy criticada en su tiempo. Algunos vieron en ella rasgos muy primitivos que la aproximaban a los australopitecos, mientras que otros veían rasgos de modernidad que la hacían indistinguible de *Homo erectus*, la especie del género más primitiva aceptada en aquellos años. Richard Leakey, el hijo de Louis y Mary, fue precisamente el responsable directo de la reivindicación de la especie, con sus hallazgos de los años setenta en Koobi Fora (Kenia). Ese lugar es un auténtico paraíso para el estudio de la evolución humana. Allí se han encontrado varios tipos diferentes de homínidos y algunos tienen similitudes indudables con los encontrados en Olduvai. El hallazgo de fósiles como los cráneos KNM-ER 1470 y KNM-ER 1813, de una antigüedad próxima a los dos millones de años, dejó claro que entre los australopitecos y *Homo erectus* había espacio morfológico suficiente para dar cabida al menos a una especie. *Homo habilis* comenzó a ocupar por derecho propio ese espacio y fue admitida por la mayoría de los miembros de la comunidad científica.

El hipodigma o conjunto de fósiles atribuidos a *Homo habilis* y su distribución geográfica se enriquecieron notablemente con los hallazgos en Koobi Fora, en el valle del río Omo (Etiopía) y en el yacimiento de Sterkfontein (Suráfrica). En 1986 se produjo un hallazgo decisivo para la suerte de la especie. Sucedió en Olduvai y fue protagonizado por un equipo internacional de Tanzania y Estados Unidos, entre los que se encontraban paleoantropólogos tan conocidos como Donald Johanson, Tim White, William Kimbel y Berhane Asfaw. En la capa I se localizaron numerosos restos del esqueleto de un homínido, que se catalogó con el número 62 (OH 62). Aquel homínido tenía poco más de 1,8 millones de años de antigüedad y permitió saber mucho más sobre el aspecto físico de *Homo habilis*. De manera inesperada, la comunidad científica supo entonces que el tamaño del cuerpo de *Homo habilis* no era mayor que el de *Australopithecus afarensis*, los australopitecos más antiguos conocidos hasta entonces. El homínido 62 quizás no habría superado 1,20 metros de estatura y su peso corporal apenas habría alcanzado los 35 kg. Pero lo más sorprendente fue saber que las proporciones corporales eran también similares a las de *Australopithecus afarensis*, es decir, los brazos eran relativamente largos con respecto a las piernas. Por lo demás, los caracteres dentales y craneales no diferían de los ya conocidos en otros ejemplares de Olduvai. Con aquel hallazgo se pudo llegar a varias conclusiones. En primer lugar, quedaba demostrado que los primeros representantes del género *Homo* no sufrieron una reducción significativa de los premolares y molares en relación a su tamaño corporal. En segundo lugar, parecía demostrado que la encefalización, es decir, el aumento de la capacidad craneal se produjo sin un incremento del tamaño del cuerpo, y debió jugar un papel importante en la radiación y éxito evolutivo de los homínidos a finales del Plioceno.

Pero el hallazgo de OH 62 fue también la gota que colmó el vaso de un problema que se había venido planteando en los años setenta y ochenta, con el hallazgo de un conjunto extraordinariamente rico y variado de fósiles humanos en Koobi Fora. En este problema tomaron protagonismo no sólo los cráneos 1470 y 1813, que antes hemos mencionado, sino los cráneos KNM-ER 3883, de algo más de 1,5 millones de años, el cráneo KNM-ER 3733, de cerca de 1,7 millones de años, y diversos restos de esqueleto poscraneal. Estos últimos revelaban con claridad que en Koobi Fora vivió un homínido de tamaño y proporciones corporales no muy diferentes de las nuestras. Además, la variabilidad en el tamaño de los dientes, en la forma del cráneo y de la cara y en la capacidad craneal en todo aquel conjunto de homínidos de finales del Plioceno y comienzos del Pleistoceno inferior era cada vez mayor.

Una explosión de nuevas formas

Philip Tobias abordó el problema explicando que la especie *Homo habilis* pudo tener una gran variedad de formas, como consecuencia de su distribución geográfica, así como un notable dimorfismo sexual; es decir, los machos y las hembras de la especie serían muy diferentes entre sí, como sucede en algunas especies de primates. Los cráneos OH 24 (594 centímetros cúbicos) y KNM-ER 1813 (510 centímetros cúbicos) podían muy bien corresponder a hembras, mientras que el cráneo KNM-ER 1470 (752 centímetros cúbicos) sería un macho de la especie. Sin embargo, los análisis eran cada vez más precisos y revelaban diferencias no sólo de tamaño sino también de forma. Por ejemplo, el cráneo 1470 y otros fósiles de Koobi Fora se distinguían por un tamaño grande de todos los dientes, tanto en términos absolutos como en relación al tamaño de su cráneo. La forma y proporciones del esqueleto facial del cráneo 1470 también eran muy diferentes a las del cráneo 1813 y en cierto modo recordaba a la de los australopitecos. Poco a poco fue cobrando fuerza la idea de repartir la variabilidad observada en el registro fósil en diferentes especies.

Los nombres elegidos fueron *Homo habilis*, *Homo rudolfensis* y *Homo ergaster*. En la primera especie, considerada en sentido estricto, quedarían incluidos todos los restos fósiles de Olduvai y algunos de los hallados en Koobi Fora, como el cráneo 1813. También se suele incluir de esta especie el cráneo Stw53 y varios dientes del yacimiento de la cueva de Sterkfontein, en Suráfrica. La cronología de *Homo habilis* estaría comprendida entre hace algo más de 2,0 millones de años y algo menos de 1,5 millones de años.

La denominación *Homo rudolfensis* se debe a V. Alexeev (1986) y ha sido adoptada para incluir muchos de los restos de Koobi Fora, como el cráneo 1470.

Figura 3.1. Reconstrucción facial de *Homo rudolfensis*. Esta ilustración está basada en el cráneo KNM-ER 1470, del lago Turkana en Kenia, al que se ha añadido una mandíbula hipotética, así como piezas dentales que faltan en el original y algunos fragmentos de la cara. Se ha escogido una vista casi completamente lateral, que muestra claramente la forma aplanada de la cara en este homínido. También en la reconstrucción de la apariencia en vida, destaca la forma de la nariz, que prácticamente no sobresale del perfil facial y se asemeja más a la de un simio antropomorfo, como el chimpancé, que a la de un humano moderno. La forma de la nariz está determinada por el cartílago nasal, que tanto en los humanos modernos como en los simios constituye básicamente una prolongación del perfil de los huesos nasales. Como en el resto de las reconstrucciones de homínidos fósiles, la distribución, textura y color del pelo son hipotéticas, así como el color de la piel y los ojos. En general se supone que para los homínidos que vivieran en África, una piel oscura presentaría ventajas adaptativas y por tanto es la hipótesis más razonable. En cuanto a la distribución del pelo facial y corporal, se asume que las especies fósiles mostrarían patrones similares a las de los simios africanos, a los humanos modernos, o algún patrón intermedio. Pero las consideraciones funcionales son ambiguas y al final se suele optar por un enfoque conservador y «gradualista», donde las especies más antiguas se muestran como más peludas. Esto es una mera convención, pero hasta que se disponga de más evidencias, es tan buena como cualquier otra.

En principio, esta especie podía tener una cronología de entre 1,8 millones de años, y algo más de 2,0 millones de años. Finalmente, fósiles como los cráneos KNM-ER 3773 y KNM-ER 3883, que tienen una capacidad craneal de 850 y 804 centímetros cúbicos, respectivamente, así como los restos de esqueleto poscraneal de Koobi Fora, quedarían incluidos en la especie *Homo ergaster*. Este nombre fue propuesto por C. Groves y V. Mazak en 1975 y ha sido aceptado por muchos científicos para nombrar a homínidos que definitivamente adquirieron una estatura y proporciones corporales similares a las nuestras. En esta especie se suele incluir también el esqueleto KNM-WT 15000, descubierto en 1984 en la ribera oeste del lago Turkana, que data de hace 1,6 millones de años y al que en su momento dedicaremos una atención particular.

Todo parece indicar que la fecha de 2,0 millones de años es importante para la historia del género *Homo*. Pero en realidad estamos constatando el florecimiento de nuevas formas de homínidos, cuyo origen puede remontarse tal vez hasta los 2,5 millones de años. Las herramientas de piedra más antiguas que se conocen tienen precisamente esa antigüedad. Estos utensilios fueron hallados durante los años setenta en la región de Afar (Etiopía) en sedimentos de la denominada Formación Hadar. Los sedimentos fueron excavados por el río Gona, y en distintos puntos de su recorrido (West Gona y Kada Gona) las exploraciones de Helen Roche y G. Corvinus localizaron varias acumulaciones de utensilios que datan de hace 2,6 millones de años. También se han encontrados utensilios líticos en la denominada Formación Shungura, en el valle del río Omo, al norte del lago Turkana. Estos utensilios son algo más recientes (2,3-2,4 millones de años) pero testimonian una vez más la presencia de homínidos capaces de desarrollar una tecnología lítica más allá de los 2,0 millones de años.

Las evidencias directas de la existencia de *Homo* por encima de la fecha de 2,0 millones de años son muy escasas. La lógica de las investigaciones predice la presencia en el este de África de homínidos de aspecto muy similar al de alguna forma de australopiteco, pero con ciertos rasgos peculiares, especialmente en el neurocráneo, que denotaría un mayor grado de inteligencia. Hace ya más de 30 años se localizó un fragmento de hueso temporal en la Formación Chemerón, cerca del lago Baringo, en Kenia. Una datación reciente de los niveles de origen volcánico de esta formación sugiere una cronología de hasta 2,4 millones de años para este resto fósil, en el que varios investigadores, como Philip Tobias, han querido ver rasgos que indican un sensible incremento de la capacidad craneal con respecto a los australopitecos. Un poco más recientes (2,0-2,2 millones de años) son dos fragmentos de mandíbula, un fragmento de cráneo y varios dientes sueltos procedentes de la Formación Shungura, en el valle del río Omo, que también se atribuyen al género *Homo*.

A principios de los años noventa, el equipo científico dirigido por Friedman Schrenk y Timothy Bromage decidió investigar en la Formación del Rift de Malawi (Malawi), en una región situada a medio camino entre África del Sur y las regiones del este de África, donde presumiblemente surgió el género *Homo*. Esta

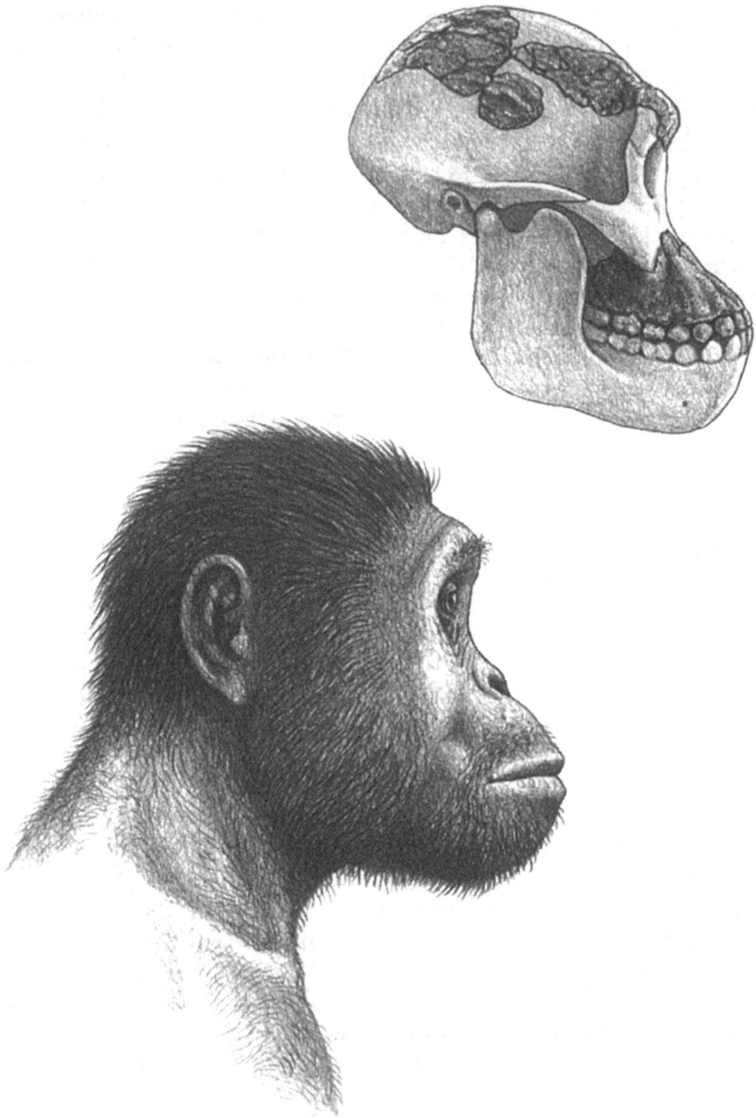

Figura 3.2. Reconstrucción facial de *Australopithecus garhi*. Esta reconstrucción se basa en el holotipo de la especie, hallada en Bouri en Etiopía y que consta de frontal, parietales, y maxilar con dentición. La mandíbula y la parte inferior del cráneo se han reconstruido en base a otras especies mejor conocidas de *Australopithecus*. Llama la atención el prognatismo de la parte inferior de la cara, con los incisivos proyectados hacia delante. Esto daría una apariencia simiesca a la cara del animal en vida.

decisión se basaba en la hipótesis de que *Australopithecus africanus* es la especie antecesora de *Homo*. Como consecuencia de la aridificación a nivel global sucedida hace 2,5 millones de años, *Australopithecus africanus* habría emigrado hacia el ecuador, junto a otras especies de vertebrados, buscando zonas más favorables. La adaptación a nuevos hábitats habría producido, según los responsables de aquella expedición a Malawi, un fenómeno de especiación y la aparición de los primeros representantes de *Homo*. Entre varios miles de fósiles de diferentes especies de vertebrados, Schrenk y Bromage encontraron una robusta mandíbula, que atribuyeron a la especie *Homo rudolfensis*. Esta mandíbula tiene una antigüedad de 2,4 millones de años y pertenece a un homínido de premolares y molares tan grandes, que algunos han querido ver en ella un ejemplar del género *Australopithecus*. Parece que hace falta algo más que dientes y mandíbulas para certificar la presencia de *Homo* en una época tan remota de nuestra historia evolutiva. Quizás el resto fósil con mayor credibilidad en este sentido sea el maxilar AL 666, localizado en 1994 en la Formación Hadar por el equipo dirigido por William Kimbel. Este fósil, así como otros restos de diferentes vertebrados y utensilios líticos de basalto y sílex se localizaron 80 centímetros por debajo de una capa de origen volcánico (BKT-3) que se ha datado en 2,33 millones de años. El tamaño y las proporciones del maxilar y la morfología de los dientes sugieren que este fósil cabe bien en la variabilidad de *Homo habilis*.

El origen de *Homo*

En fecha reciente, el debate sobre el origen de *Homo* ha vuelto a ocupar las páginas de la revista *Science*. En abril de 1999, el equipo compuesto por Berhane Asfaw, Tim White, Owen Lovejoy, Bruce Latimer, Scott Simpson y Gen Suwa describieron en esta revista una nueva especie del género *Australopithecus*, *Australopithecus garhi*, que sus autores consideran como una buena candidata para ser la antecesora más reciente del género *Homo*. El conjunto de fósiles de esta nueva especie, que incluye restos de cráneo, mandíbula, dientes y esqueleto poscraneal, fueron hallados durante los años noventa en la Formación Bouri, del valle del Awash medio en Etiopía. La antigüedad de los fósiles se ha establecido en 2,5 millones de años, empleando métodos radiométricos, paleomagnetismo y biocronología. Este nuevo hallazgo dejaría fuera de nuestra genealogía directa a *Australopithecus africanus* y obligaría a centrar nuestras investigaciones sobre el origen de *Homo* en el este de África. Tres circunstancias sobre este hallazgo que merecen comentario son, por una parte, que el cráneo de *Australopithecus garhi* tiene tan sólo 450 centímetros cúbicos. Es decir, si esta especie es antecesora de *Homo rudolfensis* o de *Homo habilis*, o de las dos especies, el incremento de la capacidad craneal fue un proceso relativamente rápido. Por otro lado, existen evidencias para sostener que *Australopithecus garhi* era consumidor de carne y grasa de animales. Las marcas de carnicería que se observan en restos de bóvidos

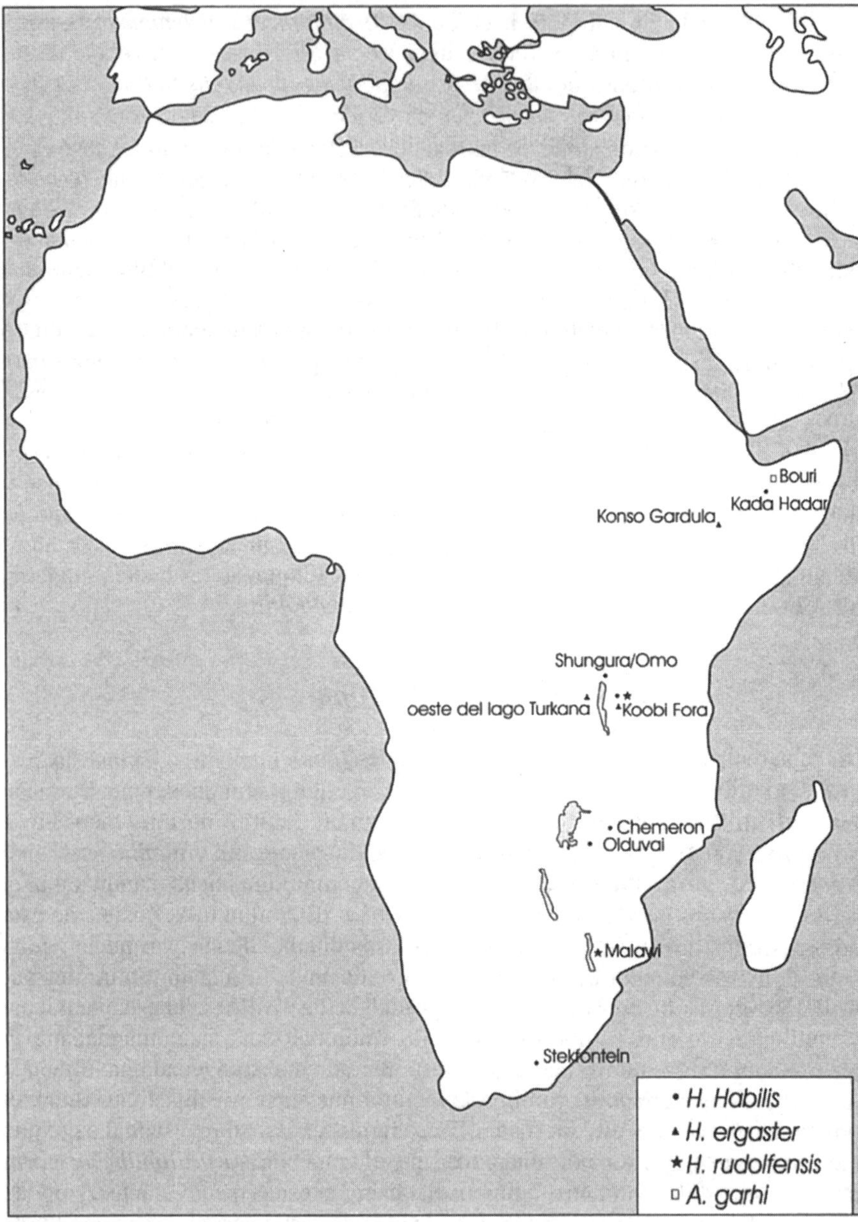

Figura 3.3. Mapa de África que muestra los principales yacimientos de finales del Plioceno y Pleistoceno inferior con presencia de *Homo*. También se muestra la localización del yacimiento de Bouri, donde se recuperaron los restos fósiles de *Australopithecus garhi*.

encontrados junto a los fósiles de homínidos así parecen demostrarlo. Se trata de la primera asociación de un representante del género *Australopithecus* a un comportamiento que implica el consumo de carne. Pero este comportamiento supone también la fabricación de útiles líticos para llevarlo a cabo. La tercera circunstancia de interés es que 100 kilómetros al norte de la península de Bouri los sedimentos excavados por el río Gona contienen conjuntos muy ricos de herramientas del Modo 1 de 2,6 millones de años de antigüedad.

Si *Australopithecus garhi* fabricó las herramientas del Gona, uno de los criterios más utilizados durante años para definir la línea de separación entre *Homo* y *Australopithecus* quedaría invalidada. En la segunda parte del libro estudiaremos la evolución del tiempo y modo de desarrollo en los homínidos, que nos permitirá disponer de un nuevo criterio muy sólido para establecer la distinción entre los dos géneros. Por el momento hemos aprendido que hace en torno a 2,5 millones de años se produjo una radiación evolutiva de homínidos en el este de África, que comenzaron a explotar nuevos nichos. El género *Homo* estaba surgiendo. La consolidación de algunos rasgos nuevos posibilitó una expansión demográfica sin precedentes de los homínidos, que por primera vez fueron capaces de superar los límites de África ¿Qué especie fue capaz de llevar a cabo esta hazaña? ¿Cuándo ocurrió y qué motivó la primera dispersión de los homínidos fuera de África?

4

Primera aventura fuera de África

> Y el divino Ulises, jubiloso, desplegó sus velas al viento favorable, y, sentándose al timón, gobernaba hábilmente la balsa, sin que el sueño borrara sus párpados. Y contemplaba las Pléyades, el Boyero, que se ocultaba tarde; la Osa, que también se llama el Carro, y gira siempre en el mismo lugar, mirando a Orión, y es la única que no toca las aguas del Océano. La ilustre Diosa Calipso le había dicho que navegara siempre a su mano izquierda. Durante diez y siete días navegó sobre el mar, y al llegar al décimo octavo aparecieron los umbrosos montes de la tierra de los faiakienos...
>
> HOMERO, *La Odisea*

Se ha debatido mucho sobre el momento en el que los homínidos superaron los límites del continente africano y se extendieron por Eurasia. La discusión surge a mediados del siglo XX, cuando finalmente las pruebas sobre el origen africano de la humanidad se consideran ya irrefutables. En esta discusión se han empleado datos procedentes de la biocronología; es decir, de la datación relativa de los yacimientos mediante la información que proporcionan los restos fósiles de animales. Es más, las dimensiones y la morfología de los propios homínidos se han utilizado como prueba de una mayor o menor antigüedad de los yacimientos. Pero la biocronología es capaz de ordenar los acontecimientos, no de darles una fecha. La década de los noventa ha sido pródiga en hallazgos que, a mi juicio, han dado una cierta coherencia a muchos datos aislados y han reconducido las investigaciones.

Como ejemplo en la disparidad de opiniones se puede citar la asignación taxonómica de los restos humanos más antiguos encontrados en la isla de Java. Estos fósiles proceden de la Formación Pucagan, en la que se localizan restos de animales de un tipo de fauna que se conoce con el nombre de Djetis. Esta fauna pertenece sin duda al Pleistoceno inferior, pero su cronología precisa se ha mostrado siempre muy esquiva. Las dataciones de la Formación Pucagan han oscilado entre unos 700.000 años para el techo, o parte más elevada y reciente de la formación y 1,2 millones de años para la base. En cualquier caso, la fauna Djetis y los homínidos no tendrían nunca más de un millón de años de antigüedad. Sin embargo, en 1969, Garniss Curtis obtuvo un dato de 1,9 millones de años en Perning, en uno de los niveles de la Formación Pucagan, donde 33 años antes se había localizado el fósil humano más antiguo de la isla de Java. Nos referimos al cráneo de Mojokerto, perteneciente a un individuo inmaduro, que debió de morir cuando tenía entre 8 y 10 años. A esa edad el encéfalo ya ha llegado al 100 por 100 de su desarrollo, por lo que resultaba difícil interpretar el valor obtenido de su capacidad craneal. Aquel cráneo tenía tan solo 650 centímetros cúbicos, un valor que no encajaba bien en los esquemas, porque la antigüedad máxima de este homínido se consideraba inferior a un millón de años.

Eslabones perdidos

Después de una primera fase de excavaciones sistemáticas en Java entre 1889 y 1909, en la que Eugène Dubois localizó y descubrió los restos del *Pithecanthropus erectus*, se sucedieron dos periodos de trabajo muy productivos. El primero de ellos se extendió entre los años 1931 y 1941 y produjo hallazgos sumamente interesantes en Ngandong, Sangiran y Perning. El segundo periodo comprende los años 1952 y 1972 y fue pródigo en hallazgos en Sagiran. Los niveles de la Formación Pucagan que afloran en este lugar dieron numerosos restos de cráneos y mandíbulas durante todos estos años. En la primavera de 1941 apareció una mandíbula a la que se le asignó el número 6 (Sangiran 6). G. H. Ralph von Koenigsvald escribió una carta en mayo de aquel año a su colega Franz Weidenreich para informarle de aquel sorprendente hallazgo. Se trataba de un ejemplar extraordinariamente robusto, que von Koenigsvald no dudó en calificar de «bestial», en el sentido de considerarlo lejos de lo que entonces se podía entender por humano. En 1944 Weidenreich publicó la descripción de esta mandíbula y la clasificó dentro del género *Meganthropus* (*Meganthropus palaeojavanicus*) para distinguirlo del *Pithecanthropus* de Dubois.

La muestra de mandíbulas de los niveles Djetis de Sangiran se enriqueció con nuevos hallazgos. Aparecieron otras mandíbulas robustas, Sangiran 5 y Sangiran 8, junto a otras más gráciles, Sangiran 1 y Sangiran 9. Estas mandíbulas se han estudiado varias veces a la luz de los hallazgos que se producían en África y Asia y se han realizado asignaciones taxonómicas e interpretaciones de índole muy diversa. John Robinson, entre los años cincuenta y sesenta, consideró que las mandíbulas más robustas deberían ser incluidas en el género *Australopithecus*. La publicación de *Homo habilis* en 1964 motivó que sir Wilfrid le Gros Clark incluyera la mandíbula 6 de Sangiran por primera vez en el género *Homo*. Philip Tobias llegó un poco más lejos y durante algún tiempo consideró que Sangiran 6 encajaba bien en la variabilidad de *Homo habilis*.

En los años setenta, la mayoría reconocieron que los homínidos de Sangiran podían ser incluidos en la especie *Homo erectus*. A pesar de ello, Jens Lorenz Franzen, en 1985, todavía nos habla de la sucesión en Java de tres especies: *Australopithecus dubius* (Sangiran 5 y 9), *Meganthropus palaeojavanicus* (Sangiran 6 y 8) y *Homo erectus* (Sangiran 1); mientras que Donald Tyler, en 1994, insiste en que *Homo habilis* está representado en el registro de Java por las mandíbulas Sangiran 5 y 6 (machos) y Sangiran 8 (hembra). En su tesis doctoral, defendida en 1989, Andrew Kramer presentó un análisis multivariante en el que mostraba la similitud en la forma de todas las mandíbulas de Java, a pesar de sus notables diferencias en el tamaño. Según Kramer, todos los fósiles de Java deben ser incluidos en *Homo erectus*. ¿Cuál es la razón de esta disparidad de criterios e

Figura 4.1. Reconstrucción de *Homo erectus* de Zhoukoudian. Aunque los fósiles humanos de la cueva de Zhoukoudian en China constituían la muestra más amplia conocida en el mundo para esta especie (hasta la misteriosa desaparición de la colección original en 1941), paradójicamente no hay ningún ejemplar que preserve una cara completa y la reconstrucción de esta parte de su anatomía sigue hoy abierta a distintas interpretaciones. En cualquier caso, está claro que las poblaciones de *Homo erectus* de China compartían con otros miembros de esa especie la posesión de un cráneo bajo y alargado, un torus supraorbital desarrollado y recto, un maxilar moderadamente prognato y una mandíbula sin mentón. En la cueva se han encontrado restos inequívocos de hogueras que indican que estos homínidos ya utilizaban el fuego.

interpretaciones? ¿Cómo se puede explicar esta gran variabilidad en el registro de homínidos de Java?

Guerra de fechas

Es muy probable que aquellas poblaciones sufrieran procesos de deriva genética en su progresivo alejamiento del centro de origen. Cabe pensar en procesos de fragmentación y aislamiento de las poblaciones, que habrían evolucionado de manera independiente. Tal vez los fósiles humanos de Java representan a poblaciones muy distanciadas en el tiempo. Las más antiguas podrían tener casi dos millones de años, como sugerían los datos de Garniss Curtis. Finalmente, Carl Swisher y el propio Curtis publicaron en 1994 en la revista *Science* los resultados de varias dataciones obtenidas en Perning y Sangiran. En la primera localidad, el nivel donde fue hallado el cráneo de Mojokerto dio una fecha superior a 1,8 millones de años, que se apoyaba en investigaciones sobre paleomagnetismo de la Formación Pucagan. El nivel de Mojokerto daba valores de polaridad normal, que sugerían el periodo Olduvai. En Sangiran el dato fue de 1,66 millones de años, con valores de polaridad inversa (Matuyama). Este dato correspondería a los homínidos más antiguos de esta localidad, entre los que se encuentran las mandíbulas atribuidas a «Meganthropus», así como a los cráneos incompletos Sangiran 4, 27 y 31.

Aunque estos datos no podían emplearse para certificar la pretendida antigüedad de otros yacimientos asiáticos, como Riwat y Pabbi Hills en Pakistán, se abrió finalmente la puerta para admitir una primera salida de homínidos de África, quizás muy poco tiempo después de la barrera de los dos millones de años. Los paleoantropólogos que se empeñaban en ver rasgos muy arcaicos en las mandíbulas de Java no se habían equivocado, aunque su interpretación se basaba en los datos que se conocían en ese momento. En los albores del siglo XXI, la discusión sobre el primer poblamiento de Eurasia se ha enriquecido con un hallazgo extraordinario. Como decíamos en el capítulo primero, las excavaciones en Dmanisi (República de Georgia) nos ha permitido confirmar que hace al menos 1,7 millones de años los homínidos habían superado los límites del continente africano y se encontraban ya a las puertas de Europa. La descripción de los cráneos encontrados en este yacimiento en 1999 ha sido presentada en mayo de 2000 en la revista *Science* por Leo Gabunia, Abesalom Vekua y David Lorkidpanidze, entre otros. Uno de los cráneos (Dmanisi 2282) tiene tan sólo 650 centímetros cúbicos de capacidad craneal, lo que nos trae a la memoria el dato del cráneo de Mojokerto, que comentamos en páginas anteriores. La estimación de la capacidad craneal del otro ejemplar (Dmanisi 2280) da una cifra de 775 centímetros cúbicos. La datación de Dmanisi ha quedado bien establecida en 1,7 millones de años y los cráneos se han asignado a la especie *Homo ergaster*, confirmando así nuestras conclusiones del estudio de la mandíbula de 1991.

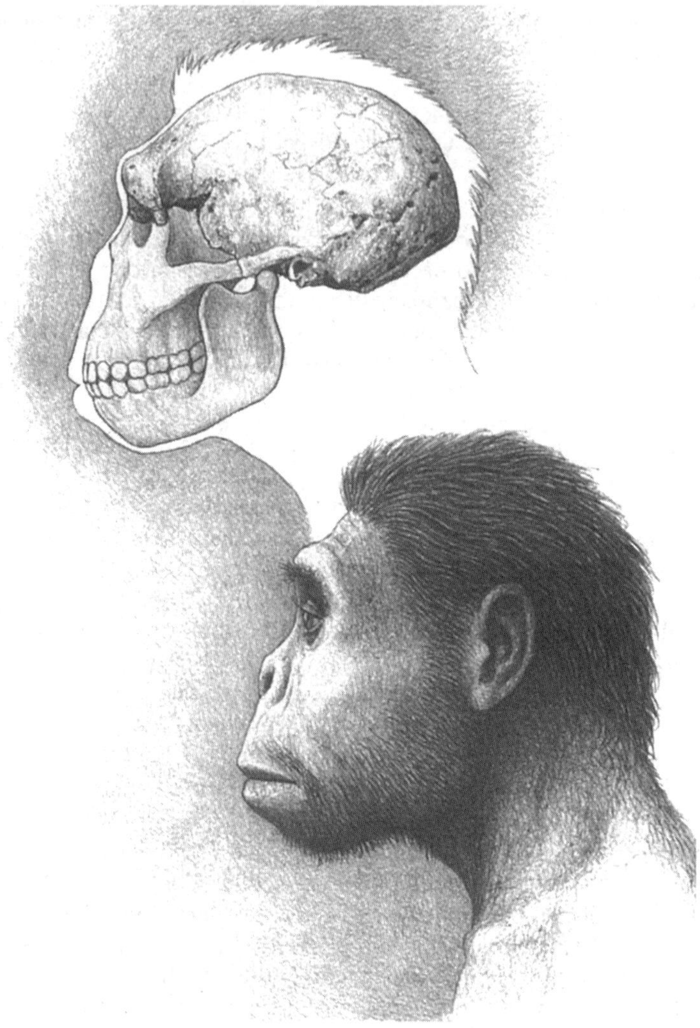

Figura 4.2. Reconstrucción facial de *Homo ergaster* de Dmanisi. La ilustración representa un individuo masculino y reúne datos de los dos cráneos descritos en 2000 y la mandíbula conocida desde 1991. El craneo masculino de Dmanisi, aunque menos completo que el femenino, prácticamente no está deformado y ofrece un punto de partida más seguro para una reconstrucción. Del cráneo femenino se han incorporado las proporciones básicas de la cara y la dentición respecto al neurocráneo, aunque escalando estas dimensiones al tamaño mayor del otro cráneo e intentando corregir los efectos del aplastamiento dorsoventral. Aunque la parte central de la cara está dañada o ausente en los fósiles de Dmanisi, las partes preservadas indican claramente que la nariz sería considerablemente aplanada, como en los cráneos africanos de *Homo ergaster* y *Homo habilis*.

Es muy probable que el largo viaje hasta la lejana isla de Java fuera emprendido por un homínido bien adaptado a recorrer grandes distancias. Un homínido capaz de explorar nuevos hábitats, que progresivamente fue expandiendo su área de distribución, como nunca antes lo había hecho otra especie del grupo. Este homínido habría aprendido mucho tiempo atrás una tecnología muy sencilla para emplear ciertas materias primas como herramientas, pero sus adaptaciones biológicas y su tecnología sólo le permitieron alcanzar determinadas latitudes. La especie *Homo habilis*, con un tamaño y proporciones similares a las de los australopitecos, quizás no fuera la mejor candidata para realizar esta gran aventura fuera de África. Tal vez una población primitiva de *Homo ergaster*, con una mayor movilidad para obtener recursos en espacios más amplios, se extendió desde Próximo Oriente hasta alcanzar el Cáucaso. Más tarde, aquellas poblaciones recorrieron todo el sur de Asia hasta llegar a la isla de Java, donde se diferenció la especie *Homo erectus*.

La evolución de *Homo erectus*

En Asia se puede seguir bien la evolución de *Homo erectus* desde comienzos del Pleistoceno inferior hasta hace algo más de 100.000 años, a finales del Pleistoceno medio. El registro fósil de la isla de Java es excelente y la cronología de sus yacimientos cada vez es más precisa. Los datos del cráneo de Mojokerto (1,8 millones de años) y de los cráneos de Sangiran 27 y 31 (1,66 millones de años) testimonian la presencia más antigua de esta especie en la isla. La calota y el fémur recuperados por Dubois en 1891 en Trinil y el magnífico ejemplar de cráneo Sangiran 17 representan la continuidad de *Homo erectus* en la isla a finales del Pleistoceno inferior y comienzos del Pleistoceno medio. Finalmente, el cráneo de Sambungmacan y los restos encontrados en las terrazas del río Solo, en Ngandong, pueden ser las últimas evidencias de la especie en Java. En Ngandong se han recuperado varios restos de esqueleto poscraneal y catorce cráneos, que indican un incremento significativo de la capacidad craneal en *Homo erectus* con respecto a los 650 centímetros cúbicos del cráneo de Mojokerto y los 900 centímetros cúbicos de la calota de Trinil. En los homínidos de Ngandong se han estimado capacidades craneales de hasta 1.200 centímetros cúbicos. Resulta lamentable que los cráneos de Ngandong no hayan conservado los huesos de la cara, pero los fósiles indican una continuidad evolutiva en Java, con ciertas modificaciones de la forma del neurocráneo, debido al incremento de la capacidad craneal.

En 1996 Carl Swisher y otros colegas publicaron los resultados de sus análisis por ESR y series de uranio de dientes de bóvido de los niveles donde aparecieron los homínidos de Sambungmacan y Ngandong. Los análisis dieron datos de hace entre 53.000 y 27.000 años, lo que supondría la persistencia, más que sorprendente, de *Homo erectus* en la isla de Java hasta tiempos muy recientes.

Quizás estos datos deban tomarse con una cierta prudencia a la espera de nuevos análisis en laboratorios diferentes.

En China se conocen datos para seguir el rastro de *Homo erectus* desde hace al menos 1,0 millones de años, en yacimientos como los de Gongwangling y Yuanmou. Sin embargo, las mejores y más completas evidencias proceden de yacimientos más recientes, como los de Lantian, Yunxian, Hexian y sobre todo Zhoukoudian, que se encuentra a escasos 50 kilómetros de Pekín. Los niveles de este último yacimiento corresponden a la mayor parte del Pleistoceno medio, aunque los homínidos tienen una cronología de hace entre 200.000 y cerca de 500.000 años. La amplia muestra de homínidos de Zhoukoudian es muy homogénea y presenta todos los rasgos típicos de *Homo erectus*, lo que sugiere una estabilidad evolutiva de la especie en ese largo periodo de más de 250.000 años. Por desgracia, la mayoría de los fósiles humanos se perdieron en 1941, durante la segunda guerra mundial.

También de yacimientos chinos procede un conjunto de fósiles humanos que presentan rasgos primitivos compartidos con *Homo erectus,* junto a otros rasgos derivados que indican una cierta «modernidad». Se trata de los cráneos de Dali, Jinniu Shan y Maba, y de restos más fragmentarios de cráneo, mandíbula y dientes sueltos de Chaoxian, Dingcun y Xujiayao. Estos fósiles tienen una datación de hace entre 200.000 y 100.000 años y en ellos se ha querido ver, bien un estado evolutivo intermedio entre *Homo erectus* y *Homo sapiens*, bien la evidencia de un mestizaje entre poblaciones autóctonas de *Homo erectus* y poblaciones de *Homo sapiens* procedentes de otras regiones. En China, la presencia de poblaciones totalmente modernas de *Homo sapiens* es muy poco posterior y los mejores testimonios datan de algo menos de 100.000 años en yacimientos como los de la Cueva Superior de Zhoukoudian y de Liujiang.

África, siempre África

Pero tenemos que volver al continente africano, donde sucedieron acontecimientos de capital importancia para entender nuestra evolución. Aunque con cierta frecuencia se dice que los homínidos salieron de África en varias ocasiones, lo cierto es que en rigor debemos afirmar que desde hace casi 2,0 millones de años la distribución geográfica del género *Homo* dejó de ser exclusivamente africana, para ocupar también todo el sur de Asia. Es probable que determinadas circunstancias favorecieran diferentes pulsos migratorios desde el este de África y Próximo Oriente hacia el resto de Asia y Europa, aunque los movimientos en sentido contrario no deben ser descartados. Un hecho trascendental en la evolución humana y que a buen seguro tuvo relación con los movimientos de poblaciones fue la aparición y desarrollo del Achelense o Modo 2, una nueva técnica de fabricación de utensilios líticos. El Modo 2 entró en escena hace 1,5 millones de años en alguna región del este de África y se extendió con gran rapidez por todo el Valle

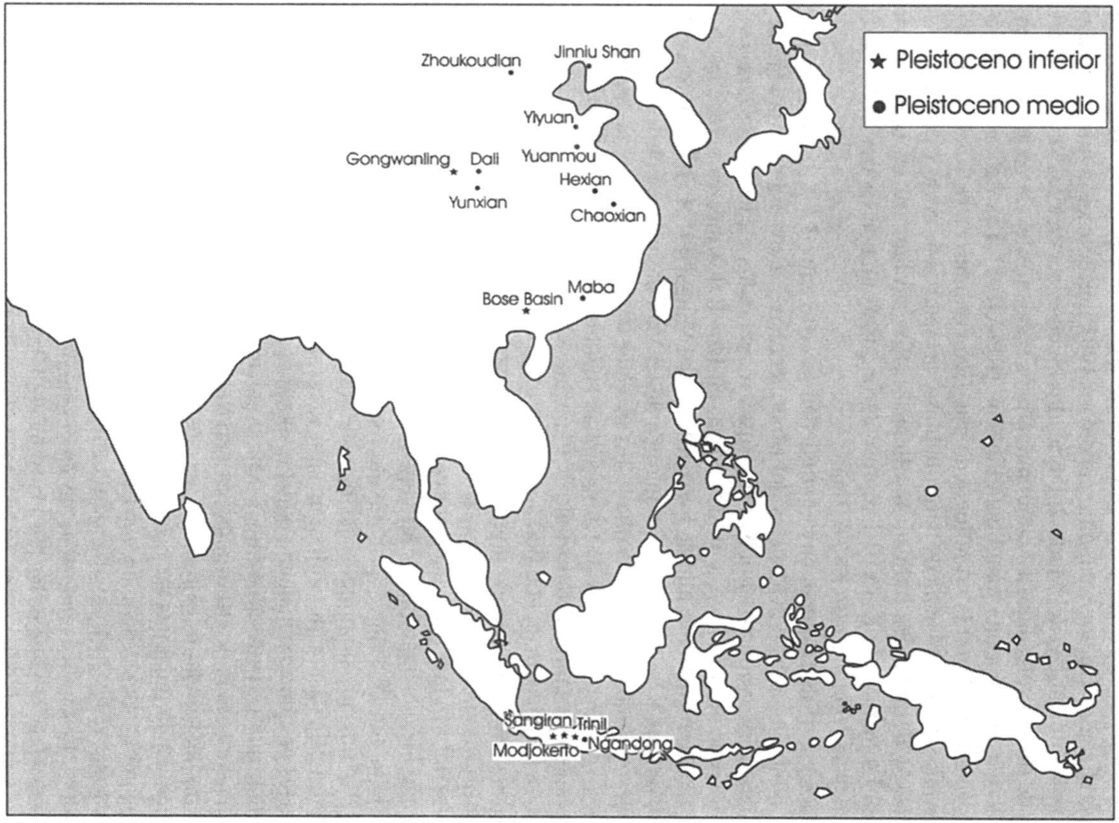

Figura 4.3. Distribución geográfica de los principales yacimientos asiáticos del Pleistoceno.

del Rift africano. Uno de los lugares más interesantes para constatar la antigüedad de este avance en la tecnología de los homínidos es la región de Konso, en el sur de Etiopía. Los depósitos plio-pleistocénicos de esa región tienen una antigüedad de hace entre 1,3 y 1,9 millones de años. Un equipo internacional de Etiopía, Estados Unidos y Japón recuperó en 1991 una colección muy abundante de utensilios líticos del Modo 2, fabricados en cuarzo, cuarcita, basalto y otras rocas de origen volcánico, así como numerosos restos fósiles de vertebrados, entre los que figuraba una mandíbula humana (KGA10-1). Las dataciones radiométricas establecieron la cronología de este rico conjunto entre 1,3 y 1,5 millones de años. La abundancia de herramientas y las marcas de corte y percusión en los huesos de animales indican una intensa actividad humana en la región de Konso. La mandíbula KGA10-1 representaría quizás una de las evidencias más recientes de *Homo ergaster* en África.

La Capa II de Olduvai, cuya antigüedad se cifra entre 1,4 y 1,5 millones de años, también ha dado evidencias del Modo técnico 2. Pero esa misma antigüedad tienen los conjuntos líticos achelenses recuperados en los yacimientos de Sterkfontein, en Suráfrica, y de Ubeidiya, en Israel, dos lugares separados por miles de kilómetros más allá de los extremos del Valle del Rift africano. Sin embargo, Europa y Asia quedaron al margen de las ventajas que suponía poseer estos nuevos conocimientos técnicos. En el valle del río Bose, en la región de Guangxi-Zhuang, en el sur de China se han encontrado en fecha reciente las herramientas más antiguas del Modo 2. Estos utensilios, muy similares a los africanos, se han datado en 800.000 años y por el momento son una excepción en el inmenso continente asiático dominado por el Modo técnico 1 hasta bien entrado el Pleistoceno medio. Europa presenta un escenario similar, aunque no se tienen noticias del Modo 2 hasta hace algo más de medio millón de años, en yacimientos como los de Notarchirico, en Venosa (Italia) y Carrière Carpentier, en Abbeville (Francia). ¿Por qué se produjo una expansión tan rápida del Modo 2 en África? ¿Por qué los homínidos asiáticos y europeos no aprendieron las nuevas técnicas hasta casi medio millón de años más tarde?

Estas preguntas tienen una única respuesta correcta, pero resulta muy difícil imaginar qué ocurrió en realidad. Mis compañeros Eudald Carbonell, Marina Mosquera, Xose Pedro Rodríguez, Robert Sala y Jan van der Made publicaron en 1999 un interesante trabajo en el que proponen respuestas muy originales para comprender la dinámica de las poblaciones en función de lo que ellos llaman «selección técnica». Para entender bien sus hipótesis considero necesario explicar por qué el desarrollo del Modo 2 supuso una revolución técnica de primera magnitud. El Modo 1, que apareció en el este de África hace en torno a 2,5 millones de años, se caracteriza por la producción de pequeñas lascas de bordes cortantes, golpeando una o más veces un canto de una materia prima adecuada. Los utensilios líticos así producidos se usan de manera inmediata y se desechan cuando el filo cortante deja de cumplir su función. Es fácil comprender que la complejidad técnica para producir estas herramientas es muy baja. Unos pocos «gestos técnicos» son suficientes para fabricar un utensilio y no cabe hablar de un procedimiento estándar que implique la producción de objetos con una forma similar. Finalmente, las herramientas no se transportan, porque el esfuerzo que ello supone es mucho mayor que el esfuerzo que implica su producción.

Los homínidos utilizaron el Modo 1 nada menos que durante dos millones de años. En este largo periodo se produjo una moderada evolución en la complejidad del Modo 1. Los homínidos aprendieron a explotar de manera sistemática los núcleos de los que obtenían sus lascas cortantes. Este paso adelante suponía encadenar una serie de gestos técnicos, que finalizaba con la producción de núcleos de formas poliédricas más o menos similares. El filo de las lascas se reavivaba con frecuencia y aparecieron utensilios, como los denticulados, con bordes en diente de sierra. Eudald Carbonell denomina «bio-morfofuncional» al estado de conocimientos técnicos que supone el dominio del Modo 1.

Hace 1,5 millones de años un grupo de homínidos africanos comenzaron a producir grandes lascas a partir de núcleos de un tamaño mayor. Estas lascas eran golpeadas una y otra vez mediante una secuencia cada vez más larga y compleja de gestos técnicos. Si la secuencia de golpes se estandariza, el resultado final será siempre el mismo. De este modo, combinando una abstracción del pensamiento en el que el homínido imagina un objeto de manera determinada y una secuencia compleja de gestos técnicos, tendremos como resultado la producción sistemática de herramientas, como los bifaces, hendedores, picos y raederas. El salto técnico es evidente y Eudald Carbonell nos habla de un estado «bio-morfotécnico», que implicaría una verdadera bifurcación en los conocimientos técnicos sin posible retorno. El dominio de esta nueva técnica suponía, además, una selección más rigurosa de las materias primas y una movilidad de los objetos, puesto que su producción implicaba un gasto energético mayor. Lo que llamamos economía estaba naciendo en África. Una economía que implicaba la explotación de recursos y tal vez la gestión de territorios cada vez más amplios.

Nuevos horizontes

Eudald Carbonell y su equipo defienden en aquel artículo de 1999 que la primera salida y dispersión de los homínidos fuera de África se produjo como consecuencia de un aumento demográfico de las poblaciones que desarrollaron el Modo 2. Estas poblaciones ocuparían rápidamente las regiones del Valle del Rift y habrían obligado a otros grupos a ocupar territorios periféricos dentro y fuera de África. No se estaría hablando de una competencia entre especies por un mismo nicho ecológico, sino de una competencia entre grupos sociales o poblaciones de una misma especie, que se diferenciaron de manera drástica en sus habilidades técnicas, comportamiento y estrategias para la explotación de los recursos. Mis compañeros consideran que la selección biológica (natural) fue entonces reemplazada por lo que ellos llaman la selección técnica o tecno-cultural. Esta idea merece una discusión más profunda y la retomaremos cuando llegue el momento.

Sabemos ahora que la primera dispersión fuera de África pudo ocurrir hace casi dos millones de años, asistida por la tecnología del Modo 1 y mucho antes de la invención del Modo 2. Sin embargo, la hipótesis de Eudald Carbonell no deja de tener sentido, si recordamos que la colonización de Europa se produjo mucho más tarde a partir de un pulso migratorio ocurrido hace entre 1,4 y 1,0 millones de años. Este periodo es muy importante para conocer las circunstancias que favorecieron el primer poblamiento de Europa. Pero los registros arqueológico y paleontológico son muy escasos en este periodo. Apenas tenemos noticias de los protagonistas de los acontecimientos que sucedieron entonces. La calota OH 9 de la Capa II de Olduvai, con una antigüedad de hace entre 1,4 y 1,2 millones de años, y el cráneo hallado a mediados de los noventa en la región de Eritrea (Etiopía), datado en 1,0 millones de años, apenas pueden explicarnos ese largo e importante tramo de nuestra historia evolutiva. Nuestro equipo considera que durante este periodo se produjo una evolución hacia homínidos muy similares a los encontrados en el nivel TD6 de Gran Dolina. La especie *Homo antecessor* apareció en África por evolución de *Homo ergaster* con anterioridad al millón de años. Las circunstancias que motivaron o favorecieron la dispersión fuera de África quizás sean desveladas en el futuro, pero lo cierto es que finalmente un tipo de homínido fue capaz de colonizar al menos el sur del continente europeo.

El periodo de tiempo entre la primera evidencia de *Homo antecessor* y los representantes más antiguos de la especie *Homo heidelbergensis* de yacimientos como Aragó en Francia, Mauer y Bilzingsleben en Alemania, Swanscombe y Boxgrove en el Reino Unido y Atapuerca-Sima de los Huesos en España, está prácticamente vacío. El cráneo de un homínido adulto, localizado en 1994 cerca de la ciudad de Ceprano en la cuenca del mismo nombre (Italia), puede situarse en ese periodo, aunque también podría ser contemporáneo o incluso más antiguo que los restos de TD6. El cráneo de Ceprano fue encontrado el 13 de marzo de ese año durante la construcción de una autopista en la región de Campo Grande, a unos 100 kilómetros de Roma. El cráneo fue reconstruido a partir de los fragmentos producidos con uno de los vehículos que participaban en los trabajos de construcción de la carretera, aunque lamentablemente no pudieron localizarse los huesos de la cara. Los restos craneales estaban incluidos en una capa de arcilla muy endurecida, donde no se encontraron fósiles de animales ni tampoco restos de polen; es decir, excepto por la presencia de los fósiles del homínido, el nivel es estéril desde el punto de vista paleontológico. Esta carencia de contexto bioestratigráfico y la falta de dataciones del nivel suponía una dificultad para situar al fósil de Ceprano en el tiempo. No obstante, desde hace 140 años se vienen realizando investigaciones sistemáticas de la arqueología, geología y paleontología de la región, que han permitido datar al cráneo de Ceprano en el Pleistoceno inferior. Antonio Ascenzi y sus colaboradores, que realizaron el primer estudio del cráneo publicado en 1996 en la revista *Journal of Human Evolution*, suponen

Yacimiento de la Gran Dolina, en la Trinchera del Ferrocarril de la Sierra de Atapuerca. Trabajos de excavación en el nivel TD4 durante la campaña de excavación de 1990.

Trabajos de excavación en el sondeo arqueológico del yacimiento de la Gran Dolina durante la campaña de 1996.

Panorámica de los trabajos de excavación en el nivel TD10 del yacimiento de la Gran Dolina.

La arqueóloga Aurora Martín Nájera en el laboratorio de campo, durante la campaña de excavación de 1994. Su nombre ha quedado para la historia (Estrato Aurora del nivel TD6 de Gran Dolina) de los descubrimientos en la Sierra de Atapuerca.

Diario de Burgos

Aparece en Atapuerca un maxilar de 700.000 años de antigüedad

Cañellas dimitirá hoy de todos sus cargos ante el Partido Popular de Baleares

El Supremo condena a Miguel Pérez Villar a ocho años de inhabilitación

HOY

Suplemento Cultura

VERAN

XVI Feria del Ajo de Castrojeriz

Fiestas del Carmen en Torresandino

Unos diez mil burgaleses padecen síndrome de apnea del sue

6

8

10

12

Muebles Evelio

Portada del *Diario de Burgos* durante la campaña de 1995 (15 de julio), en la que se anuncia el hallazgo del maxilar del chico de la Gran Dolina.

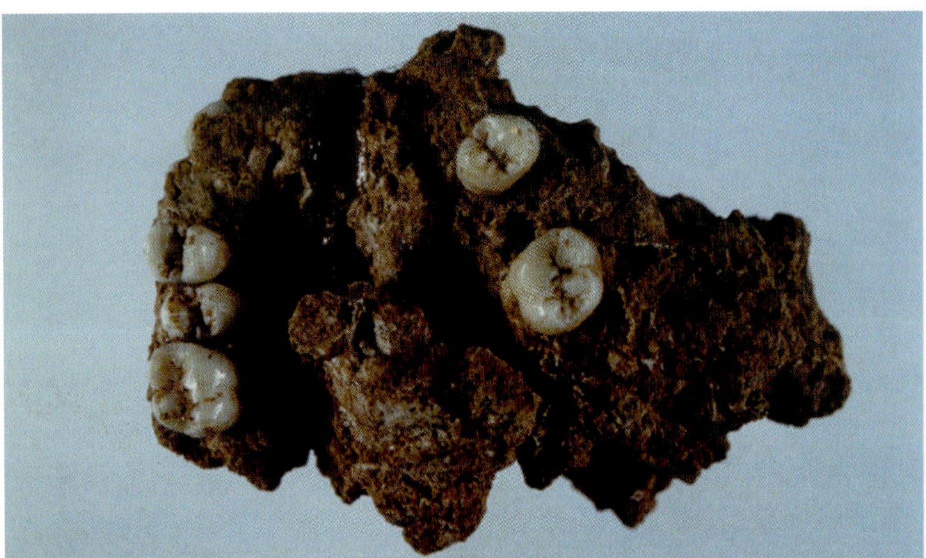

Bloque de arcilla cementada en el que asoman los dientes del maxilar del chico de la Gran Dolina.

Eudald Carbonell y su «Halcón Milenario», al pie de la Sierra de Atapuerca durante la campaña de 1992.

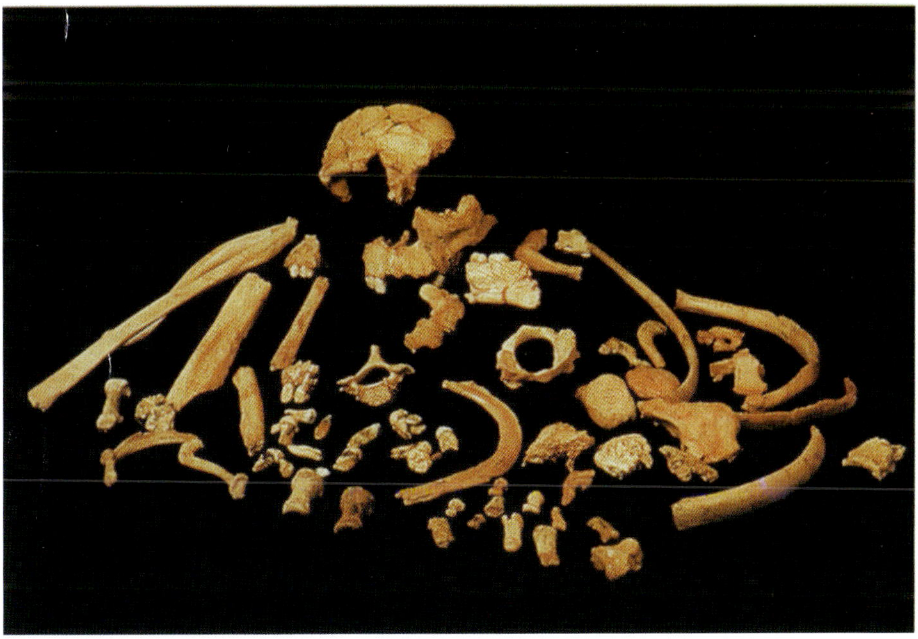

Conjunto de fósiles humanos de *Homo antecessor* recuperados en el Estrato Aurora de TD6 durante las campañas de 1994, 1995 y 1996. En el centro de la imagen destacan el frontal y maxilar del chico de la Gran Dolina.

Canto tallado unifacial en caliza (Modo1) del Estrato Aurora de TD6 de Gran Dolina.

Denticulado en sílex cretácico (Modo 1) del Estrato Aurora de TD6 de Gran Dolina.

Juan Luis Arsuaga y Pilar-Julia Pérez en 1981 durante un viaje a Burgos realizado con el autor para estudiar los restos fósiles de la Sima de los Huesos de la Sierra de Atapuerca recuperados por Trinidad de Torres en 1976.

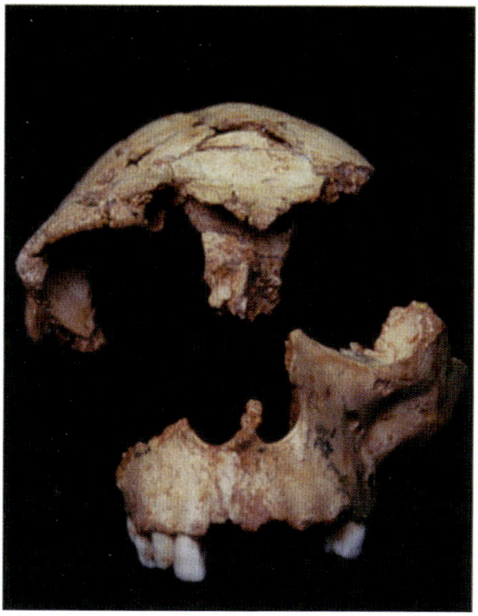

Composición del frontal ATD6-15 y el maxilar ATD6-69, que muy probablemente pertenecen al chico de la Gran Dolina (Homínido III de TD6).

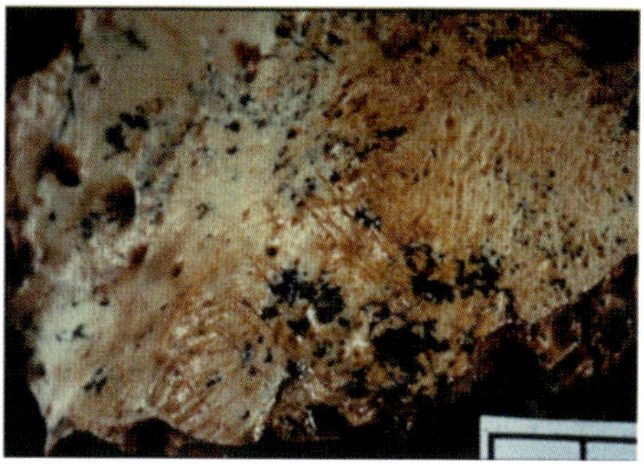

Fragmento de hueso temporal ATD6-16 del Estrato Aurora de TD6. Se observan con nitidez hasta un total de 12 marcas de descarnación en la cresta del temporal (zona de inserción del músculo esternocleidomastoideo) producidas con utensilios líticos. Las marcas de descarnación se observan en muchos de los restos humanos y de otras especies hallados en TD6. Entre otras evidencias, estas marcas han permitido documentar el primer acto de canibalismo de la historia de la humanidad, ocurrido a finales del Pleistoceno inferior en la Sierra de Atapuerca.

En 1985 el investigador californiano Tim Bromage (de pie, en el centro de la imagen, con mono verde) visitó los yacimientos de la Sierra de Atapuerca. En la fotografía aparecen otros miembros del Equipo Investigador de Atapuerca: agachados, de izquierda a derecha, Marta Ceballos, Ana Isabel Ortega e Ignacio Martínez; de pie a la izquierda aparece Yolanda Fernández-Jalvo, mientras que el autor está de pie, a la izquierda de Tim Bromage.

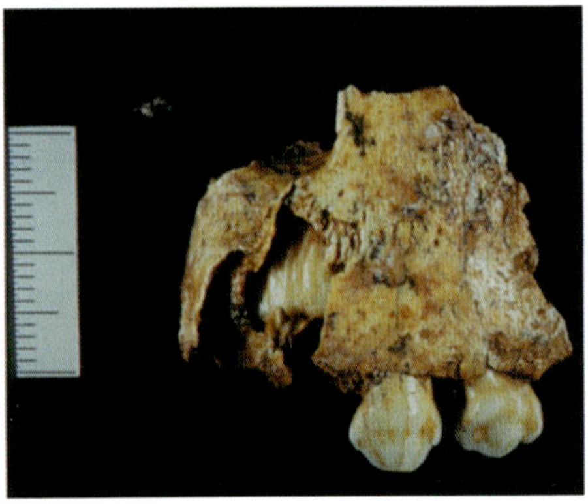

Maxilar del Homínido II del Estrato Aurora de TD6, que perteneció a un niño de poco más de tres años. El canino y el primer molar deciduos aparecen incluidos en sus alveolos, mientras que la corona recién formada del incisivo central permanente se observa a través de una rotura del maxilar.

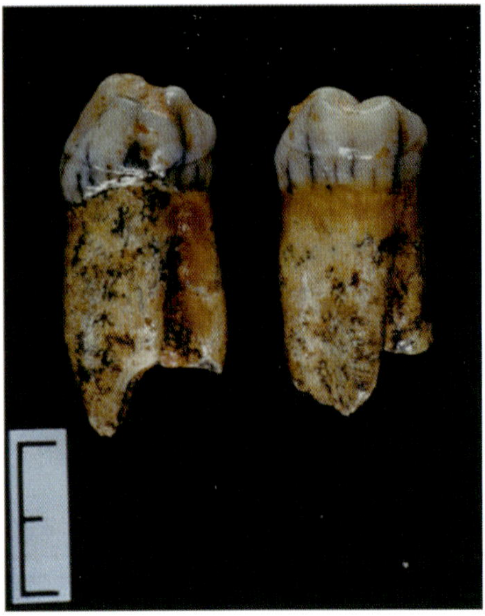

Primer y segundo premolares (P3 y P4) del Homínido I del estrato Aurora de TD6. En la corona de los dos dientes se puede observar con nitidez una línea de hipoplasia de esmalte, mientras que la raíz muestra su carácter primitivo, con dos componentes bien diferenciados.

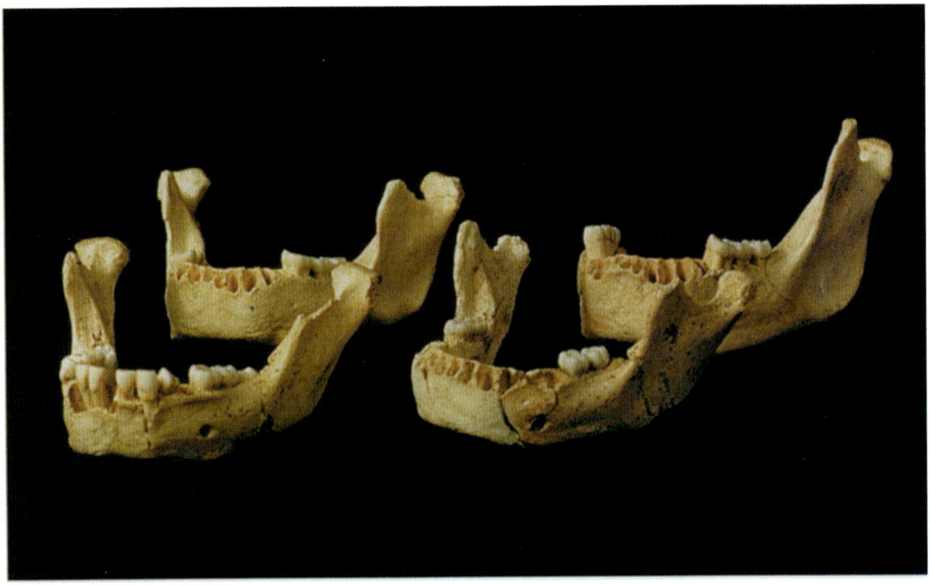

Mandíbulas del yacimiento del Pleistoceno medio de la Sima de los Huesos de la Cueva Mayor de la Sierra de Atapuerca.

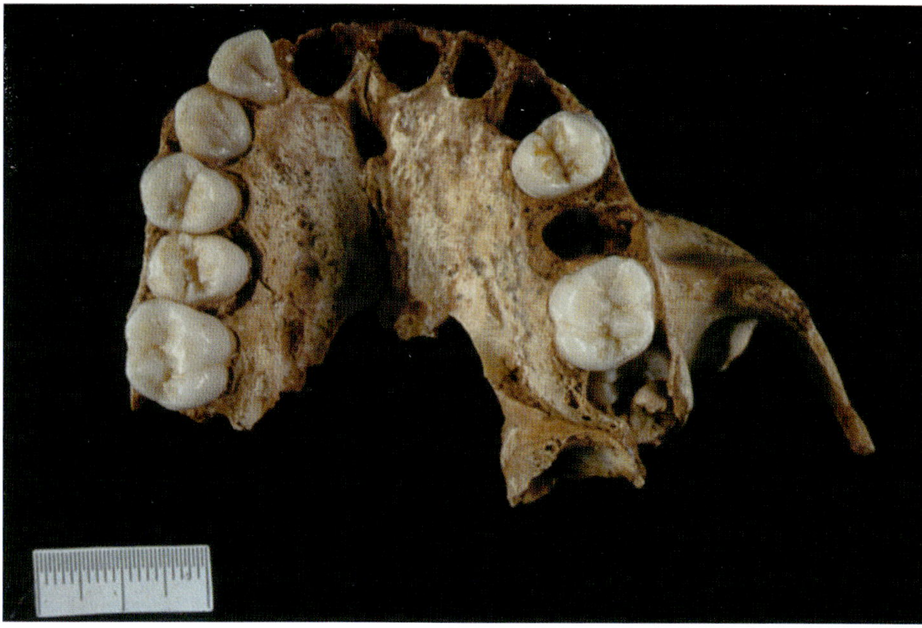

Vista inferior del maxilar ATD6-69 del chico de la Gran Dolina, mostrando el estado de erupción de los dientes permanentes en el momento de su muerte.

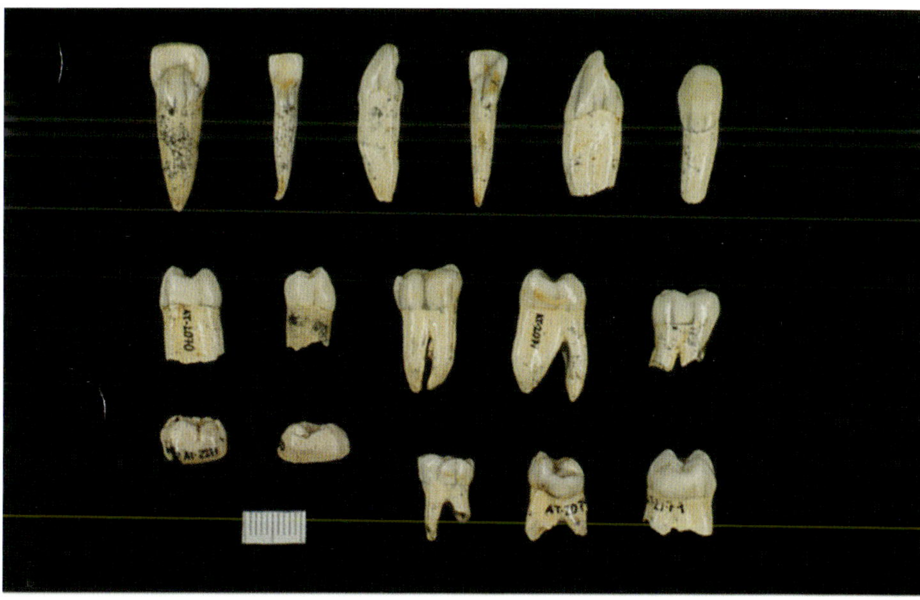

Dientes aislados del Homínido XVIII del yacimiento de la Sima de los Huesos de Atapuerca. Se puede observar el estado de mineralización de cada uno de los dientes. Por ejemplo, en la fila inferior, a la izquierda, aparecen las coronas en formación de los terceros molares, mientras que los segundos molares (a la derecha, filas media e inferior) presentan aproximadamente la mitad de la raíz formada.

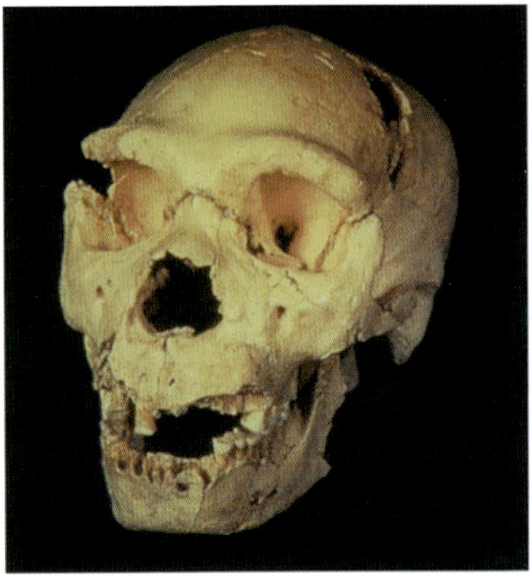

Cráneo 5 del yacimiento de la Sima de los Huesos de Atapuerca.

Bifaz en sílex neógeno (Modo 2) del nivel TG10 del yacimiento de Galería en la Trinchera del Ferrocarril de la Sierra de Atapuerca.

Equipo de excavación de los yacimientos de la Sierra de Atapuerca en 1990. Emiliano Aguirre, director de las excavaciones e investigaciones entre 1978 y 1990, aparece en el centro de la fotografía, agachado (fila superior).

que el cráneo puede proceder de la erosión y posterior resedimentación de un nivel más antiguo, datado hace entre 800.000 y tal vez no más de 900.000 años en el Pleistoceno inferior por la presencia, entre otros, del proboscídeo *Elephas trogontherii* y que contiene industrias líticas del Modo 1. Otros datos de la estratigrafía regional y dataciones muy fiables indican que el cráneo de Ceprano tiene una antigüedad superior a 700.000 años.

Las conclusiones preliminares de Ascenzi y sus colaboradores sugerían que el cráneo de Ceprano, que tiene una capacidad craneal de más de 1.100 centímetros cúbicos, debería ser incluido en la especie *Homo erectus*, siguiendo el paradigma de los años setenta y ochenta. Sin embargo, la reconstrucción original del cráneo ha sido revisada por varios investigadores en estos últimos años y ha motivado un nuevo estudio más exhaustivo del ejemplar italiano. Esta investigación fue publicada en agosto de 2001 por Giorgio Manzi, Francesco Mallegni y Antonio Ascenzi en las *Actas de la Academia Americana de Ciencias*. Los autores de este trabajo han comparado los datos los métricos y morfológicos del cráneo de Ceprano con los de todos los especímenes del Pleistoceno inferior y medio de África, Asia y Europa y su conclusión no ha podido ser más interesante. El cráneo de Ceprano presenta una combinación única de caracteres morfológicos que es intermedia entre la morfología de *Homo ergaster/Homo erectus* y la de los homínidos europeos (*Homo heidelbergensis*) y africanos (*Homo rhodesiensis*) del Pleistoceno medio. Así, el cráneo de Ceprano pudo pertenecer, según indican Manzi, Mallegni y Ascenzi, a la población o especie antecesora común de la línea evolutiva que condujo a los neandertales y de la línea evolutiva que finalizó con las poblaciones modernas. Estas conclusiones nos resultan familiares, puesto que son idénticas a las que obtuvimos en el estudio de los fósiles de TD6. Por este motivo, Manzi, Mallegni y Ascenzi concluyen que la mejor opción para la atribución taxonómica del cráneo de Ceprano es *Homo antecessor*. Quizás por fin podemos saber cómo era el cráneo de los adultos de esta especie europea, descrita por primera vez en Atapuerca.

Europa africana

Algunos caracteres de *Homo antecessor* de Gran Dolina sugieren una continuidad evolutiva con *Homo heidelbergensis*, pero se necesitan nuevos hallazgos que llenen el vacío existente. Es importante saber si el Modo 2 llegó a Europa con un nuevo contingente de población africana o si esta nueva y revolucionaria tecnología se introdujo por difusión en nuestro continente. ¿Fue *Homo antecessor* una especie efímera que vivió en el sur de Europa y *acabó* siendo sustituida por homínidos con una tecnología superior y mejor capacitados para explotar una mayor variedad de recursos? ¿Se produjo una evolución local de *Homo antecessor* en Europa, que adoptó las nuevas tecnologías que llegaban de otros lugares? ¿Es la población europea del Pleistoceno medio el resultado de la mezcla de *Homo*

Figura 4.4. Reconstrucción de *Homo rhodesiensis*. Basada en el cráneo de Bodo (Etiopía), esta reconstrucción representa un individuo especialmente robusto de esta especie de homínidos africanos. Parte del lado derecho de la cara ha sido reconstruida utilizando el lado izquierdo, bien preservado, mientras que la mandíbula es hipotética y se basa en la de otras especies emparentadas, especialmente *Homo ergaster*. La apariencia en vida de la cara de este individuo sin duda reflejaría la excepcional robustez y dimensiones del esqueleto facial, dándole uno de los rostros más impresionantes del registro fósil de *Homo*.

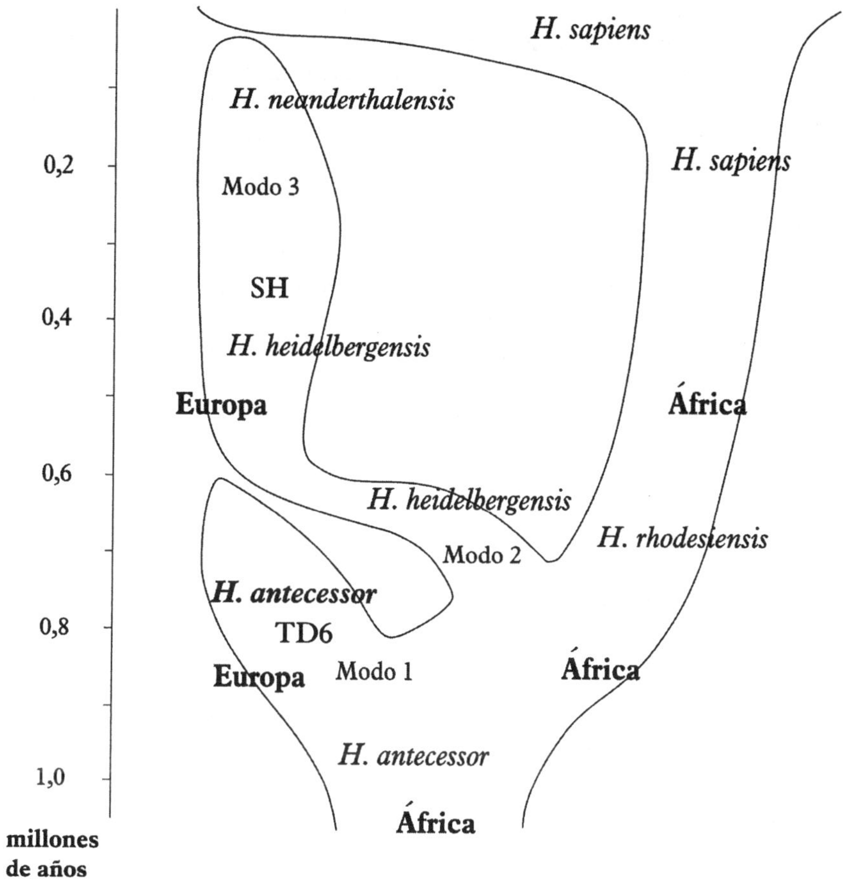

Figura 4.5. Se pueden proponer tres escenarios posibles para la evolución de *Homo antecessor* en Europa. Esta especie pudo emigrar desde África hacia Europa, donde tuvo éxito durante algún tiempo y desapareció sin dejar rastro. En este caso, los homínidos europeos del Pleistoceno medio (*Homo heidelbergensis*) habrían llegado a Europa hace unos 600.000 años procedentes de África y trayendo consigo el Modo 2. Éste es el caso ilustrado en la figura. Un segundo escenario contempla la posibilidad de un mestizaje entre el *Homo antecessor* europeo y esos nuevos emigrantes africanos. Finalmente, *Homo heidelbergensis* pudo surgir por evolución local de *Homo antecessor* en Europa y, o bien inventó de manera independiente el Modo 2 o bien adoptó esta tecnología llegada de África por difusión cultural. Por otro lado, las estrechas afinidades morfológicas entre el cráneo de Ceprano, incluido en fecha reciente por Giorgio Manzi, Francesco Mallegini y Antonio Ascenzi en *Homo antecessor,* y los cráneos de Bodo y Kabwe (*Homo rhodesiensis*) confirman que *Homo antecessor* puede ser la especie antecesora común de los homínidos africanos y europeos del Pleistoceno medio.

antecessor con homínidos llegados de África o Próximo Oriente capacitados con tecnología del Modo 2? Cualquiera de los tres escenarios es posible y, sin duda, se trata de una cuestión del máximo interés por resolver en los próximos años.

En cambio, la suerte de *Homo heidelbergensis* en Europa durante el Pleistoceno medio parece ser un problema resuelto, gracias en gran medida a los hallazgos en la Sima de los Huesos de Atapuerca. Europa es en realidad una pequeña península del gran continente eurasiático. Esta peculiaridad geográfica condicionó casi con seguridad el aislamiento prolongado de las poblaciones europeas durante los largos periodos de empeoramiento climático del Pleistoceno medio, que cubrieron buena parte de Europa con una espesa capa de hielo. El resultado final fue la diferenciación de una población muy característica, que conocemos con el nombre de neandertales. Desde criterios puramente paleontológicos se considera que los neandertales pertenecen a la especie *Homo neanderthalensis,* que tuvo éxito durante algún tiempo y llegó a extenderse por Asia hasta regiones que actualmente pertenecen a los estados de Irak y Uzbekistán. Finalmente, los neandertales desaparecieron sin dejar el mínimo rastro genético y fueron sustituidos de manera relativamente rápida por la expansión demográfica de *Homo sapiens*.

La evolución humana en África durante el Pleistoceno medio está llena de incertidumbres, en parte porque el registro fósil también es muy pobre y en parte debido a la reorganización taxonómica de los últimos años. Los fósiles más antiguos de este periodo proceden del yacimiento de Tighenif en Argelia. Se trata de tres mandíbulas y un parietal de individuos adultos, que datan de hace 700.000 años. Las mandíbulas no son comparables a la mandíbula de Gran Dolina, que perteneció a un adolescente, pero los rasgos dentales de Tighenif son muy similares a los de *Homo antecessor*. La Capa IV de Olduvai, con una cronología entre 600.000 y 700.000 años ha proporcionado restos de cráneo (OH11, OH 12 y OH 25), mandíbula (OH 22) y poscraneal (OH 28). La Formación Kapthurian, en Kenia, tiene una cronología similar a la de la Capa IV de Olduvai y de ella proceden dos mandíbulas y restos del esqueleto poscraneal. Todos estos fósiles han sido referidos en algún momento a *Homo erectus*. Pero si esta especie queda restringida a Asia, como sugieren muchos especialistas, se debe buscar una solución taxonómica diferente.

El cráneo de Bodo, un yacimiento de Etiopía, se ha datado en 600.000 años y comparte algunos rasgos con los cráneos europeos del Pleistoceno medio, como el de Petralona en Grecia. Por ese motivo, algunos paleoantropólogos como Chris Stringer y Philip Rightmire, consideran que este cráneo debe ser referido a *Homo heidelbergensis*. También habrían de incluirse en esta especie especímenes como los cráneos de Salé y Carrière Thomas (Marruecos), Eyasi y Ndutu (Tanzania), Elandsfontein (Suráfrica) y el más completo de la cueva de Broken Hill en Kabwe (Zambia), que tienen una cronología de hace entre 400.000 y 250.000 años. Sin embargo, nosotros consideramos que la especie *Homo heidelbergensis* es exclusiva de europa, porque en los fósiles europeos asignados a esta especie y sólo en ellos aparecen una serie de rasgos que más tarde definirán a los

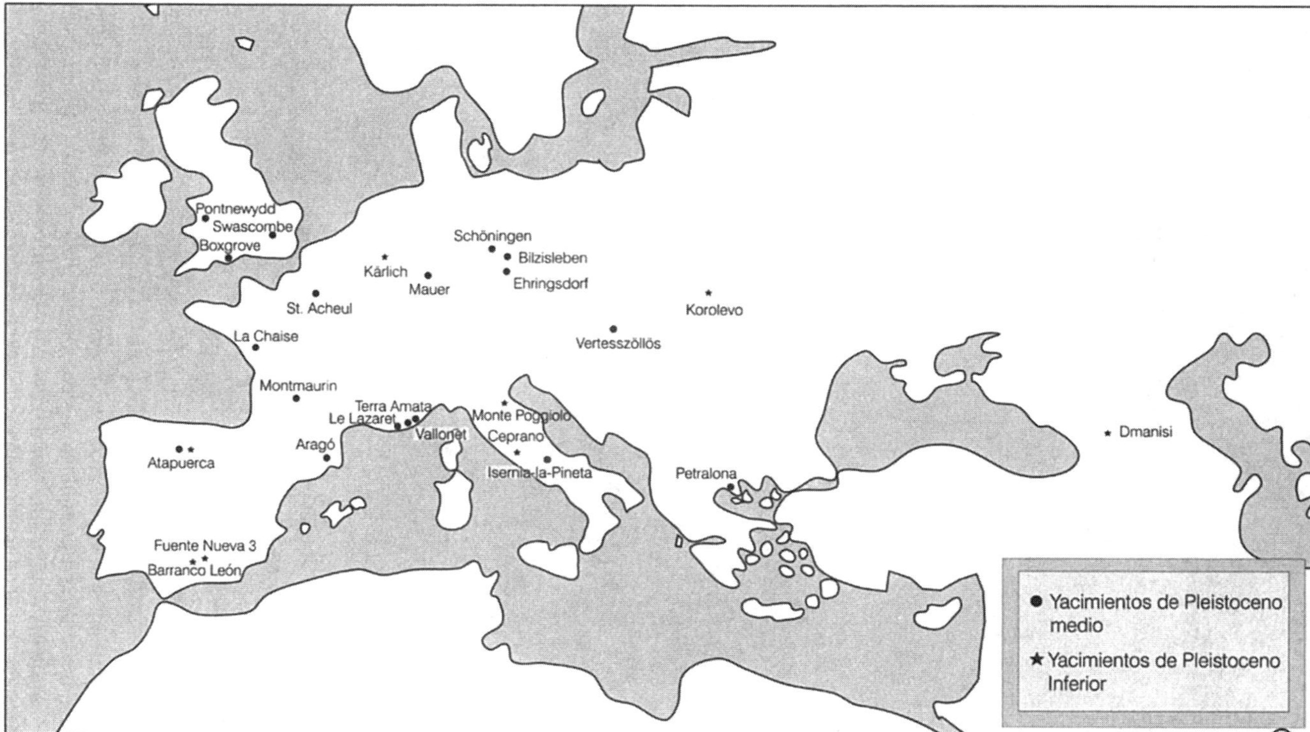

Figura 4.6. Situación de los principales yacimientos europeos del Pleistoceno inferior y medio.

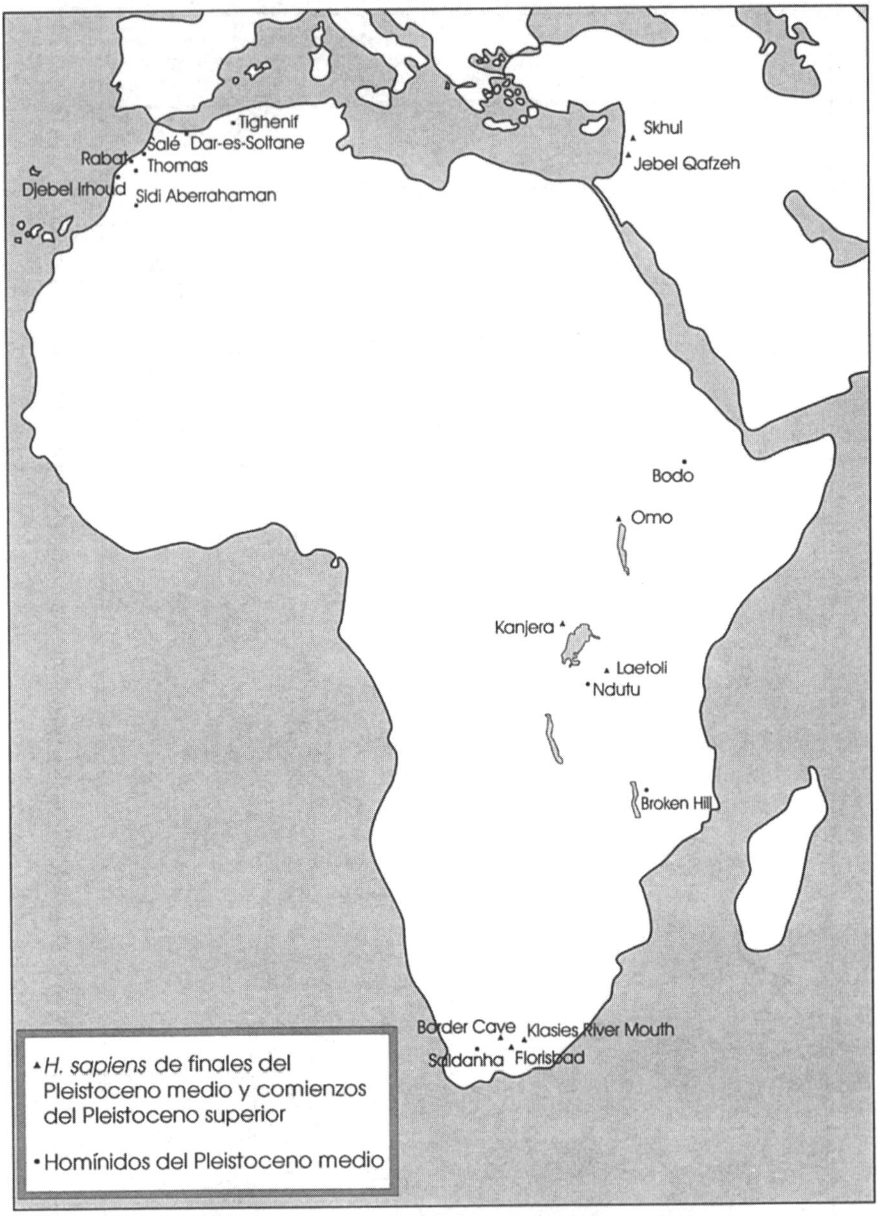

Figura 4.7. Situación de los principales yacimientos africanos del Pleistoceno medio y superior. Los restos de ciertos homínidos, como los de Bodo y Broken Hill, se incluyen en *Homo rhodesiensis*. Los yacimientos de finales del Pleistoceno medio y comienzos del Pleistoceno superior han proporcionado las primeras evidencias de *Homo sapiens*.

neandertales. Los homínidos africanos del Pleistoceno medio están, desde el punto de vista filogenético, muy próximos a sus contemporáneos europeos, pero deben ser incluidos en otra especie. En este caso el nombre específico debería ser *Homo rhodesiensis*, propuesto por sir Arthur Smith Woodward en 1921.

Hace menos de 250.000 años apareció en África y Próximo Oriente una población en la que se reconocen muchos de los rasgos modernos de *Homo sapiens*. Los restos fósiles de los homínidos de esta población se han recuperado en yacimientos como los de Laetoli (Tanzania), Ileret y Eliye Springs (Kenia), Omo-Kibish (Etiopía), Florisbad, Border Cave y Klasies River Mouth (Suráfrica), y Skhul y Jebel Qafzeh (Israel). Los defensores del origen único de nuestra especie ven en esta población africana la cuna de la humanidad moderna. La hipótesis denominada *Out of Africa* o de la Eva Negra (cuyo análisis se escapa de los propósitos de este libro) tiene apoyo en numerosos estudios sobre la variabilidad de nuestro ADN mitocondrial y nuclear y la extraordinaria similitud genética que compartimos todos los seres humanos.

Segunda parte

5

El desarrollo humano

> La ciencia es una forma de conocimiento, pero no es la única forma. El conocimiento deriva de otras fuentes, tales como el sentido común, la experiencia artística y religiosa y la reflexión filosófica.
>
> FRANCISCO J. AYALA, *El azar y la selección natural*

La investigación del papel desempeñado por los homínidos del nivel TD6 de Gran Dolina en la historia evolutiva del género *Homo* ocupó buena parte de nuestro tiempo desde que aparecieron los primeros dientes en 1994. Una vez publicados los resultados, hemos tenido ocasión de conocer la opinión de otros colegas, que discuten en sus artículos científicos nuestras conclusiones sobre la asignación taxonómica y las relaciones filogenéticas (de parentesco) de *Homo antecessor*. Sin duda, este debate ganará en intensidad con cada futuro descubrimiento en África y Europa de fósiles humanos de una antigüedad entre un millón y medio millón de años. En su momento, el propio Estrato Aurora será fuente de nuevos hallazgos, cuando las excavaciones en extensión de los niveles superiores de Gran Dolina progresen hasta alcanzar nuevamente el nivel TD6. El futuro promete ser muy interesante y Gran Dolina seguirá ofreciendo nuevos argumentos para el debate del origen de los primeros europeos. Sin embargo, los homínidos de Gran Dolina han abierto las puertas de otras líneas de investigación y han cobrado protagonismo en un debate distinto, tal vez con menos interés mediático, pero con un calado mucho más profundo en el conocimiento de nuestra evolución. Me refiero al debate abierto hace ahora más de 15 años sobre la evolución de los patrones de maduración y desarrollo en los homínidos. El desarrollo, un aspecto esencial de la biología de los organismos, ha jugado un papel esencial en nuestro comportamiento, sociobiología, demografía y evolución cultural y, en definitiva, en nuestro largo proceso de humanización. La biología del desarrollo de los homínidos ocupará el resto de las páginas de este libro y los dientes serán sus protagonistas principales, porque almacenan información muy diversa desde el mismo instante en el que inician su desarrollo hasta la muerte del individuo.

Los dientes, en efecto, no sólo ofrecen evidencias de su tamaño y de su forma, que puede se utilizada para diferenciar y relacionar familias, géneros, especies o poblaciones, sino que acumulan datos muy precisos sobre su crecimiento y desarrollo, conservan las alteraciones producidas durante su formación, que se relacionan con determinadas enfermedades y con la malnutrición de los individuos, nos hablan sobre el modo de masticación, el tipo y la calidad de la dieta y su uso como herramientas en determinados hábitos culturales, etc. Cuando mi directora de tesis, la doctora Pilar Julia Pérez, me ofreció estudiar el aparato dental de los aborígenes de la Islas Canarias, hace ahora más de veinte años, no podía imaginar las enormes posibilidades que ofrecía el estudio en profundidad de los dientes para el conocimiento de la biología de los homínidos. Lo veremos enseguida.

El chico de la Gran Dolina

Una curiosidad que interesó a los miembros de nuestro equipo durante la excavación del Estrato Aurora de TD6 era conocer la edad de muerte de los seis individuos que poco a poco se iban identificando en el conjunto de fósiles humanos recuperados. En apariencia no era difícil satisfacer esa curiosidad. Bastaría con observar a simple vista el estado de desarrollo y el desgaste de los dientes para dar una respuesta aproximada, que luego se podría afinar con un estudio radiográfico y una observación más detallada de los fósiles. Era sólo cuestión de comparar los datos obtenidos en los homínidos de TD6 con lo que se conoce sobre desarrollo de los dientes en las poblaciones humanas actuales. Existen muchos estudios radiológicos e histológicos sobre el desarrollo dental de nuestra especie, que se traducen en gráficos, tablas, imágenes, etc., y que permiten una comparación sencilla de los datos obtenidos en los fósiles. Sin embargo, ¿es correcta esta manera de proceder? Antes de responder a esta pregunta de manera afirmativa o negativa, debemos reflexionar sobre nuestro proceso lógico en la determinación de la edad de muerte de los homínidos de TD6. En realidad, estaríamos utilizando un método de investigación muy común en paleontología, el «actualismo», que toma como fuente de conocimiento lo que sabemos de las especies actuales y aplica esos conocimientos a las especies fósiles. En este caso, habríamos llevado el actualismo hasta el extremo de utilizar el modelo de desarrollo dental de *Homo sapiens* para averiguar datos sobre una especie distinta y extinguida. Nuestra asunción habría sido que *Homo antecessor* y *Homo sapiens* comparten un mismo modelo de desarrollo dental. Resulta obvio decir que nuestro conocimiento sobre la biología de unos homínidos hasta ese momento desconocidos en su tiempo era literalmente nulo. Por ese motivo resultaba incorrecto proponer la edad de muerte de los individuos identificados, aun de manera aproximada, hasta saber algo más sobre la biología de la especie a la que en su momento habríamos de referir aquellos homínidos recién descubiertos.

Un vez realizado el diagnóstico diferencial de todos los fósiles del Estrato Aurora de TD6 procedimos a la identificación de los individuos representados en el conjunto de restos humanos. Puesto que el esmalte y la dentina son las sustancias más duras y resistentes de los mamíferos, los dientes suponen un porcentaje muy elevado del registro fósil de cualquier especie. El caso de TD6 no es una excepción y, en consecuencia, la identificación de los homínidos se realizó a partir de las dentaduras, así como de los restos de maxilar y mandíbula, que conservaban piezas dentarias incluidas en sus correspondientes alveolos. Se identificaron un total de seis individuos. Los homínidos 4, 5 y 6 se reconocieron por sendos dientes aislados, que aportan poca información al problema que nos ocupa. El Homínido 1 fue identificado mediante once dientes sueltos, un pequeño fragmento de maxilar y un trozo de cuerpo de la mandíbula, que conservaba *in situ* los tres molares. Varios de los dientes sueltos encajan perfectamente entre sí por las facetas de desgaste que se forman durante la masticación en las caras de contacto mesial y distal, lo que permitió asociarlos sin dificultad. En el momento de su muerte, el Homínido 1 aún no tenía los terceros molares o «muelas del juicio» en oclusión. Si nos fijamos en el resto conservado de mandíbula podremos ver el tercer molar incluido en su cripta. La raíz de este diente apenas había crecido algo más de dos milímetros y aún faltaba algún tiempo para que hubiera atravesado los tejidos blandos de la encía y finalmente cumplir con su función masticadora. Los segundos molares superiores e inferiores aún se encontraban en la última fase de formación de la raíz, en la que ésta se cierra en torno al diminuto foramen apical, por el que pasan los vasos y nervios que permiten la irrigación y sensibilidad del diente.

El Homínido 2 se reconoció por un pequeño fragmento de maxilar del lado izquierdo, que conserva *in situ* el canino y el primer molar deciduos (de leche). Estos dientes ya cumplían su función en el momento de la muerte del Homínido 2, a juzgar por las pequeñas facetas de desgaste que pueden verse en la superficie oclusal o de masticación. Además, las radiografías del maxilar permitieron observar las coronas en formación de varios de los dientes definitivos (permanentes): los incisivos central y lateral, el canino y el primer premolar.

El Homínido 3 está representado por un maxilar muy completo y porciones del paladar, vómer y esfenoides, que conforman buena parte de la cara superior de este individuo. También se han conservado varios dientes que permanecieron incluidos en sus alveolos. En el lado derecho están el incisivo lateral, el canino, el primer y segundo premolares y el primer molar. En el lado izquierdo se conservan el primer premolar y los tres molares. El canino y el segundo premolar estaban saliendo en el momento de la muerte del Homínido 3, mientras que el segundo y tercer molares aún estaban incluidos en sus respectivas criptas. El examen radiográfico mostró el estado de desarrollo de la corona y raíz de todos los dientes. Las raíces de los premolares y del segundo molar aún no habían completado su crecimiento, mientras que tan sólo se habían formado dos tercios de la corona del tercer molar.

La posibilidad de averiguar de manera aproximada la edad de los niños o adolescentes observando su dentición forma parte del conocimiento general de todos. Cada diente, de leche o definitivo, sale a una edad determinada y bien conocida. Por ejemplo, el primer molar definitivo despunta en la encía alrededor de los seis años, mientras que el segundo molar definitivo sale y comienza a ser funcional hacia los doce años. Además, si tenemos la oportunidad de examinar una radiografía del maxilar y la mandíbula del niño o del adolescente, podremos conocer el estado de desarrollo de la corona y de la raíz de todos sus dientes. De este modo aún seremos capaces de realizar un diagnóstico más preciso de su edad. En el trabajo diario de un médico forense o de un antropólogo físico dedicado al estudio de las poblaciones arqueológicas se plantea con frecuencia la necesidad de conocer la edad de muerte de un individuo infantil o juvenil. Como dijimos antes, existe un cuerpo de conocimientos razonable como para estimar con cierta precisión la edad de muerte de los individuos inmaduros de nuestra especie, si se dispone de la información sobre el desarrollo dental de esos individuos.

Si aplicamos el actualismo y aceptamos la premisa de que *Homo antecessor* tenía un desarrollo dental similar al de nuestra especie, podremos determinar la edad de muerte de los homínidos 1, 2 y 3 de TD6 con relativa facilidad. Así, el Homínido 1 habría muerto cuando tenía entre 13 y 15 años, a juzgar por el estado de desarrollo de sus terceros molares y teniendo en consideración la gran variabilidad en el desarrollo de estos dientes en las poblaciones humanas actuales. El Homínido 2 habría perecido a una edad de entre tres años y medio y cuatro años y medio. En este individuo se puede precisar mejor la edad de muerte porque la variabilidad en la formación de los dientes conservados en el interior del maxilar es menor. Por último, el Homínido 3 tendría entre 10 y 12 años en el momento de su muerte. Para resolver este caso contamos con el estado de desarrollo de los premolares y molares y con uno de los instantes del proceso en el que los caninos y segundos premolares atraviesan los tejidos blandos de la encía. Ese instante quedó «congelado» en el momento de la muerte del Homínido 3. Puesto que los caninos y premolares despuntan hacia los once años, esta debería ser la edad de muerte asignada al que llamaremos desde ahora el chico (o la chica) de la Gran Dolina.

Si esta investigación se hubiera llevado a cabo hace 25 años, nuestro trabajo para determinar la edad de muerte de los homínidos de la Gran Dolina habría terminado aquí. Nuestras dudas sobre el desarrollo dental de los nuevos fósiles ni tan siquiera se hubieran planteado. *Homo antecessor* tendría un desarrollo dental idéntico al de *Homo sapiens* y las edades de muerte mencionadas en el párrafo anterior se habrían aceptado sin discusión. Es más, si los fósiles de Gran Dolina se hubieran encontrado en África y su cronología hubiera rebasado los tres millones de años tampoco se hubieran discutido esos datos ¿Por qué entonces nuestras dudas? ¿Que ha ocurrido en estos 20 años para que seamos tan precavidos a la hora de realizar un ejercicio tan sencillo como es averiguar la edad de muerte de un homínido?

Los dientes y la historia biológica de las especies

Antes de seguir adelante, vamos a complicar un poco el planteamiento añadiendo un ingrediente más a nuestro problema. El desarrollo de los dientes está sujeto a un control genético muy estricto que, en términos relativos, admite muy poca variación. Dos parámetros esenciales del desarrollo dental son el instante en el que comienza el proceso de formación de cada diente y la tasa o velocidad de crecimiento de los tejidos que conforman los dientes. Asimismo, el tiempo que tardan las coronas y las raíces en formarse son parámetros importantes en el desarrollo del aparato dental. Todos estos parámetros están sometidos a una regulación genética y su variabilidad se conoce razonablemente bien en nuestra especie, y algo menos en gorilas y chimpancés. Cada momento del desarrollo dental tiene su tiempo y sucede en estrecha correlación con otros acontecimientos del desarrollo general del organismo. En 1985, Paul H. Harvey y T. H. Clutton-Brock, de la Universidad de Oxford y del «Large Animal Research Group» de Cambridge, respectivamente, estudiaron la correlación entre la edad en la que el primer molar despunta en la encía en su proceso de ascenso hacia la cavidad bucal (que a partir de ahora llamaremos edad de erupción) y otros parámetros del desarrollo de un elevado número de especies de primates. El ascenso de los dientes hacia la cavidad bucal parece estar relacionada con la proporción de raíz formada y, de manera indirecta, también está bajo control genético. Harvey y Clutton-Brock analizaron variables como la duración del tiempo de gestación, la edad de destete, la edad de la madurez sexual en las hembras, la longevidad y la edad de erupción del primer molar. Los investigadores ingleses observaron correlaciones muy altas entre esta última variable y las otras variables del desarrollo. Los valores del índice de correlación fueron de 0,85 para el tiempo de gestación, 0,93 para la edad de destete, 0,86 para la edad de madurez sexual de las hembras y 0,85 para la longevidad.

Los organismos disponemos de un programa genético de nuestro desarrollo, en el que la orden para dar la señal de salida de la formación de un órgano determinado está muy bien regulada dentro de unos límites razonables. Cada acontecimiento sucede en el momento preciso, en perfecta armonía con otros eventos del desarrollo. La formación de los dientes está bien integrada en el plan de desarrollo somático general y cuando determinamos la edad de muerte de un individuo inmaduro por el estado de desarrollo de sus dientes, indirectamente estamos averiguando mucho sobre su desarrollo somático. Este es un postulado

Tabla 5.1. Matriz de valores del índice de correlación entre los valores de diferentes variables (transformados en logaritmos) del modelo de historia biológica en 21 especies de primates de las familias Lemuridae, Indriidae, Callitrichidae, Cebidae, Cercopithecidae, Pongidae y Hominidae (en B. H. Smith [1989], *Evolution,* 43, pp. 683-688). El número de especies que interviene en cada una de las estimaciones del índice de correlación varía entre 8 y 21. Este número puede consultarse en el trabajo original.

	Variable											
	1	2	3	4	5	6	7	8	9	10	11	12
1. Peso del cuerpo en el adulto	—											
2. Peso del recién nacido	0,93	—										
3. Periodo de gestación	0,69	0,84	—									
4. Edad del destete	0,92	0,95	0,86	—								
5. Intervalo entre nacimientos	0,89	0,85	0,73	0,88	—							
6. Edad de la madurez sexual	0,77	0,87	0,94	0,88	0,77	—						
7. Edad del primer parto	0,87	0,95	0,89	0,92	0,89	0,95	—					
8. Duración total de la vida	0,84	0,82	0,64	0,81	0,91	0,81	0,84	—				
9. Peso del cerebro: recién nacido	0,93	0,99	0,89	0,94	0,82	0,93	0,96	0,82	—			
10. Peso del cerebro en el adulto	0, 94	0, 98	0,82	0,93	0,88	0,87	0,95	0,88	0,99	—		
11. Edad dentición completa	0, 93	0, 97	0, 86	0,95	0,81	0,97	0,93	0,86	0,99	0,97	—	
12. Edad de erupción del M1	0,89	0,96	0, 85	0, 93	0, 82	0,86	0, 93	0,85	0,99	0,98	0,98	—

esencial en el que basaremos la defensa de las hipótesis fundamentales planteadas en este libro.

Varios investigadores, como George Sacher, Robert Martin, Holly Smith y los citados Harvey y Clutton-Brock, han demostrado que en los mamíferos existe una correlación muy alta entre dos variables de tamaño, el peso corporal y el peso del cerebro, así como entre estas y diferentes variables que definen lo que en la literatura científica en inglés se denomina «life history pattern» y que nosotros hemos traducido como «modelo de historia biológica» de una especie determinada. Este término incluye las variables que acabamos de mencionar, como la edad del destete o la edad de madurez sexual, que se miden en unidades de tiempo, y otras como el número de crías por camada, el intervalo entre sucesivos nacimientos o variables demográficas, como la esperanza de vida al nacimiento. El cerebro es un órgano muy caro desde el punto de vista de la energía que necesita para su desarrollo y metabolismo. Pero ese precio tiene su justificación en nuestra dependencia absoluta del funcionamiento correcto del cerebro para integrar y coordinar cualquiera de los gestos, movimientos, pensamientos, etc., que realizamos a lo largo de nuestra vida. Es por esta razón por lo que una variable tan simple como el peso del cerebro tiene una correlación muy elevada con la mayoría de las variables de la historia biológica de cualquier especie. Se puede afirmar que el cerebro es el órgano rector que marca los tiempos de cada uno de los acontecimientos importantes del crecimiento y desarrollo de los vertebrados. En los primates, la edad de erupción del primer molar guarda una correlación muy elevada y próxima a 1 ($r = 0,98$) con el peso del cerebro, lo que nos sugiere una vez más la alta integración del proceso de formación de los dientes en el desarrollo somático general. Por este motivo, la etapas o periodos de desarrollo de una especie se pueden definir tomando como referencia el desarrollo de los dientes ¿Cuáles son esas etapas en *Homo sapiens*?

El modelo humano de desarrollo

Despues del nacimiento y tras un corto periodo posnatal de no más de un mes de duración, los humanos pasamos por una infancia o periodo infantil marcado por la dentición decidua; es decir, en esta etapa se produce la formación y el proceso de erupción de los dientes de leche. Se trata de una etapa no demasiado larga con respecto a la duración total de nuestro desarrollo, que se extiende desde el final de ese corto periodo posnatal hasta la erupción de los segundos molares deciduos, entre 24 y 30 meses de vida. Durante esta etapa los seres humanos somos lactantes. Nuestro alimento procede en exclusiva de la leche materna, al menos en condiciones naturales ideales. La infancia se caracteriza, entre otras cosas, por un crecimiento muy rápido del cerebro, como tendremos ocasión de explicar en próximos capítulos.

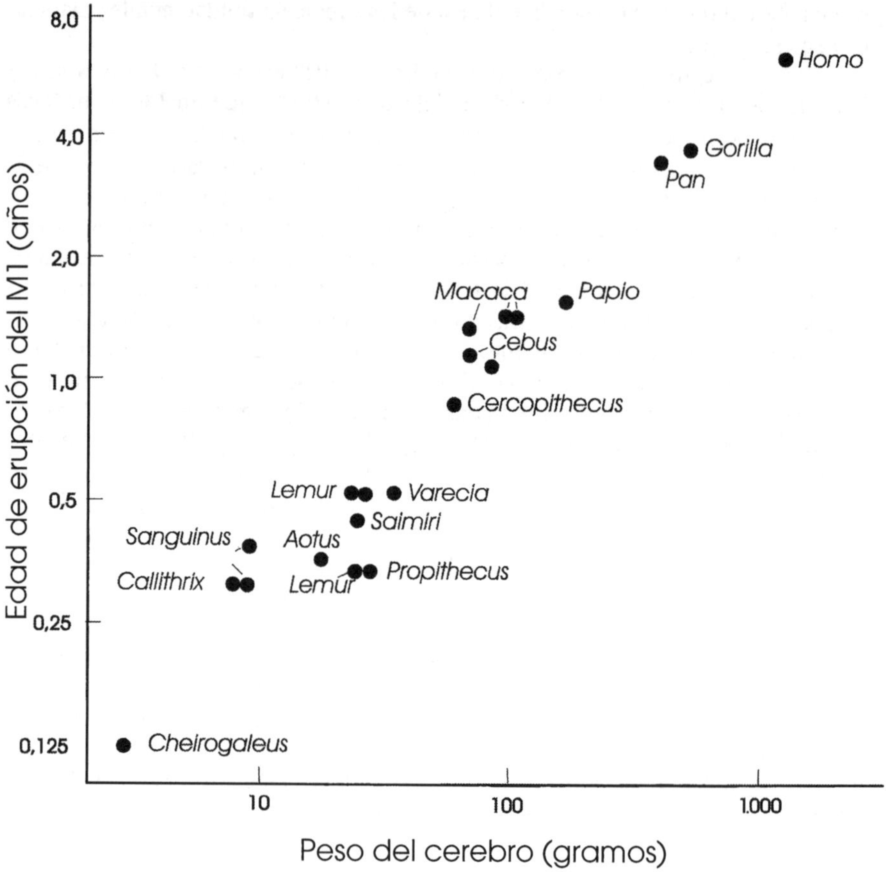

Figura 5.1. Relación entre la edad de erupción del primer molar inferior y el peso del cerebro en 21 especies de primates. El peso del cerebro permite predecir la edad de formación de los dientes: r = 0,98. Figura basada en B. Holly Smith (1991).

El siguiente periodo de nuestra vida se define por el uso de los dientes deciduos y termina hacia los siete años, cuando el primer molar permanente finaliza su proceso de ascenso hacia la cavidad bucal desde el interior del maxilar y la mandíbula y alcanza el plano de oclusión para ser funcional. En la literatura científica inglesa este periodo recibe el nombre de «childhood», si bien algunos autores amplían el uso de este término hasta los doce o trece años, adjetivando con «early», «middle» y «later childhood». En castellano se utiliza con alguna frecuencia el término «segunda infancia». Sin embargo, nosotros preferimos emplear la palabra «niñez», para establecer una clara distinción entre este periodo y la infancia. Esta diferencia no es en absoluto caprichosa, sino que obedece a razones importantes relacionadas con nuestra evolución, como tendremos ocasión de ver a lo largo de estas páginas. Barry Bogin define la niñez como el periodo que sigue a la infancia, una vez el niño es destetado, pero que todavía depende de los mayores para su alimentación y protección. Al finalizar la infancia los niños alcanzan un desarrollo motor y sensorial suficiente para explorar su entorno, al punto de iniciar el uso de habilidades básicas para su propia supervivencia. Durante la niñez el cerebro sigue creciendo de manera muy rápida hasta alcanzar prácticamente el 100 por 100 de su tamaño hacia los siete años, coincidiendo con el final de este periodo. La lactancia ha dejado paso a una dieta que debe ser variada y muy rica en hidratos de carbono, lípidos y proteínas para atender a las demandas energéticas del cerebro en formación. Sin embargo, el crecimiento corporal es muy lento y exige unos requerimientos proteínicos mucho menores. Los alimentos deben tener una cierta preparación antes de ser ingeridos, porque el aparato digestivo de los niños todavía no ha alcanzado su plena madurez.

La dentición permanente marca el siguiente periodo de nuestra vida. Esta etapa, que denominamos juvenil, se caracteriza por la muda de los dientes deciduos que dejan paso a los definitivos. Aquí llamamos la atención sobre la diferencia de usar la palabra «juvenil» desde un punto de vista técnico y el uso cotidiano y coloquial de este mismo término. Durante la etapa juvenil se produce la madurez del aparato digestivo y del sistema inmunitario, mientras que nuestro cerebro, ya totalmente formado, nos permite iniciar el proceso de independencia de los adultos. Este periodo tiene una duración de unos tres años en las chicas y de cinco años en los chicos. El final de la etapa juvenil coincide aproximadamente con el proceso de erupción del segundo molar permanente.

Entre los 10 y los 16 o 17 años en las chicas y entre los 12 y los 18 o 19 años en los chicos tiene lugar la adolescencia, que es la última etapa de nuestro desarrollo antes de llegar al periodo de adulto. El proceso de erupción del tercer molar, o muela del juicio, debería marcar el final de la adolescencia. No obstante, es conocido por todos que en las poblaciones actuales el tercer molar puede quedar retenido en el interior del maxilar o de la mandíbula, causando no pocos trastornos. En ocasiones, el tercer molar se forma en el interior de la rama mandibular, lo que produce un proceso anómalo de ascenso del diente hacia la cavidad bucal. En estos casos, los terceros molares salen en posición inclinada u horizontal, provocando problemas importantes en los pacientes que sufren esta anomalía. En otros casos, las muelas del juicio ni tan siquiera llegan a formarse. Se trata de la llamada «agenesia del tercer molar», que sucede con cierta frecuencia en todas las poblaciones humanas. Pero con independencia de estos problemas, la adolescencia ocurre con una serie de rasgos muy llamativos, como la aparición de los caracteres sexuales secundarios, el cambio en el timbre y tono de la voz, así como una fuerte aceleración del crecimiento, que se denomina «estirón puberal».

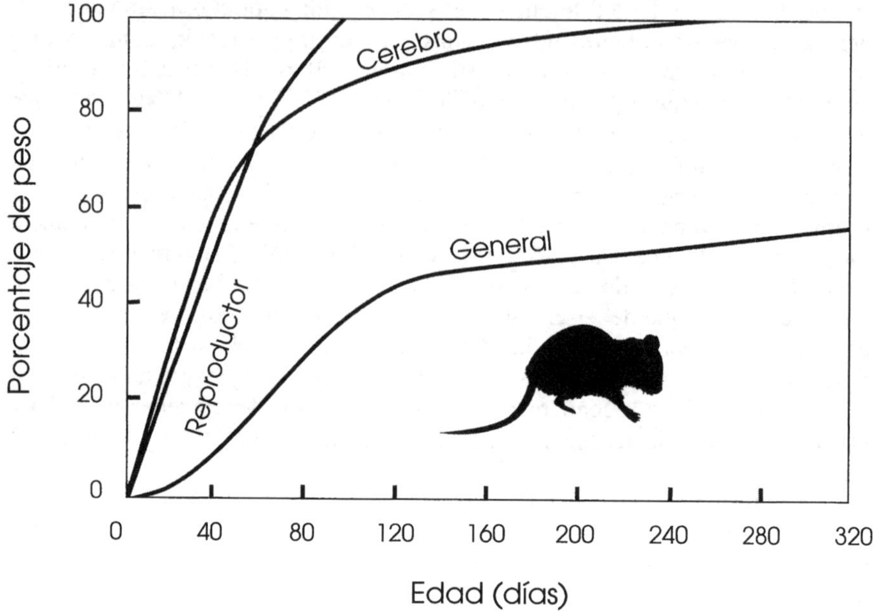

Figura 5.2. En la mayoría de los mamíferos la madurez sexual ocurre mucho antes de que el cerebro y el resto del cuerpo hayan llegado hasta el final de su crecimiento. Figura basada en un dibujo de B. Bogin (1999).

La mayoría de los mamíferos crecen de manera constante desde el nacimiento hasta el periodo adulto sin alteraciones importantes en la trayectoria de crecimiento. En estos animales la tasa o velocidad de crecimiento disminuye desde que llegan a la pubertad hasta que se alcanza el tamaño del adulto siguiendo una curva descendente, que se puede definir mediante una única función matemática. Además, la madurez sexual ocurre mucho antes de que el cerebro y el resto del cuerpo hayan llegado al final de su desarrollo. Los mamíferos muy sociales, como los lobos, leones, elefantes y los primates incluyen un periodo juvenil entre la infancia y el estado de adulto, que retrasa la aparición de la madurez sexual y prolonga la duración total del desarrollo. En este grupo de mamíferos sociales los primates tenemos una singularidad muy significativa: nuestro cerebro finaliza su desarrollo antes de que lo haga el resto del cuerpo y de la aparición de la madurez sexual. No en vano los primates somos por excelencia animales con una extraordiaria capacidad para el aprendizaje, que anteponemos el desarrollo de nuestro cerebro al pleno desarrollo de la madurez reproductora. Los chimpancés y gorilas, nuestros parientes vivos más próximos, tienen un desarrollo más corto que el nuestro y carecen de niñez y adolescencia. Estos animales

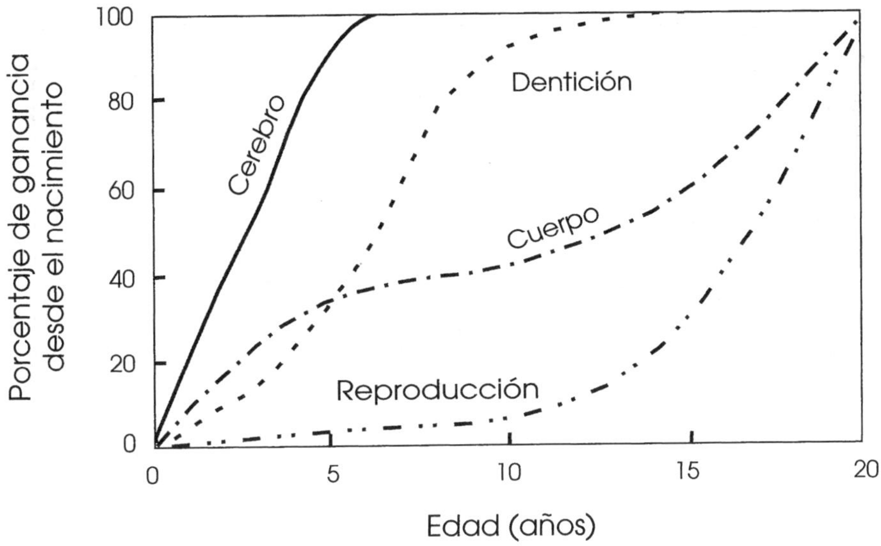

Figura 5.3. En los primates se produce un retraso en el crecimiento corporal y en la madurez reproductora, mientras que el cerebro anticipa su desarrollo al de otros órganos. Figura basada en un dibujo de B. Bogin (1999).

poseen una infancia muy larga, que termina hacia los cinco años. El periodo juvenil también es muy largo y termina hacia los doce años con la madurez reproductora y el comienzo del periodo adulto.

Pero los seres humanos hemos adquirido nuevos rasgos y nuestro modelo de crecimiento es único entre los primates actuales. En *Homo sapiens*, la duración total del desarrollo no sólo es más larga que la de los simios antropomorfos y que la de cualquier otro primate, sino también es más complicada. El estudio de nuestra curva de velocidad de crecimiento corporal requiere al menos tres funciones matemáticas distintas. La primera función define el periodo de crecimiento entre el nacimiento y los cuatro años. En este periodo se produce un descenso brusco de la velocidad de crecimiento. Entre los cuatro y los diez años en las chicas y los doce años en los chicos la velocidad de crecimiento desciende, pero de manera más suave. En este tramo de la curva se necesita una segunda función matemática, y se corresponde con la niñez y el periodo juvenil. El comienzo de la adolescencia está marcado por un incremento muy brusco de la velocidad de crecimiento, el estirón puberal, que es más acusado en los chicos.

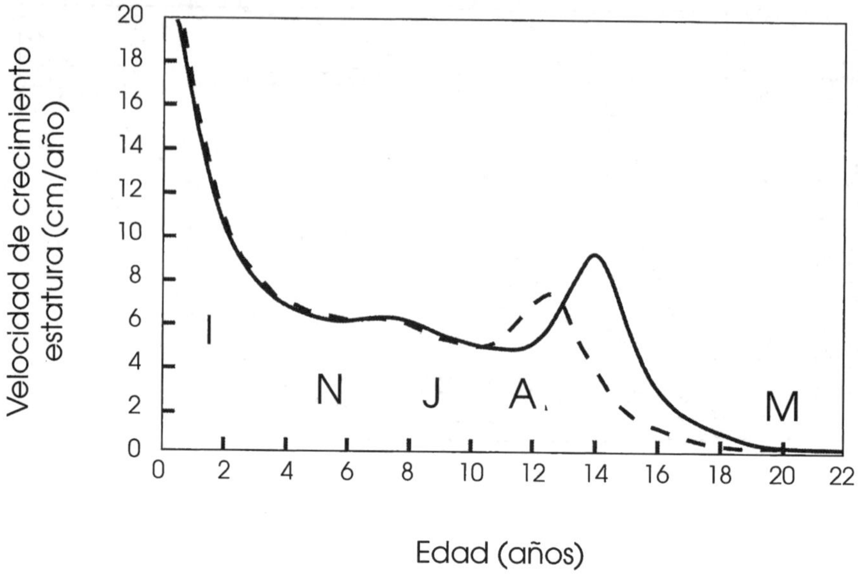

Figura 5.4. Curva de velocidad (centímetros/año) en *Homo sapiens*. La línea discontinua corresponde a las chicas y la línea continua a los chicos. Observamos que después del nacimiento y durante la infancia (I) la velocidad disminuye de manera brusca y se estabiliza durante la niñez (N) y la fase juvenil (J). Nótese el pequeño incremento de la velocidad de crecimiento al final de la niñez y el fuerte estirón puberal durante la adolescencia (A). Redibujado de B. Bogin (1999).

El perfecto orden de los dientes

Ahora ya sabemos que la formación de los dientes no sólo está bien integrada en el desarrollo somático, sino que los distintos eventos de esa formación son excelentes marcadores del desarrollo general del organismo. Cada diente comienza a formarse en un momento concreto bajo estricta regulación genética. La corona y la raíz de cada pieza dentaria también se forman en un tiempo determinado. Cada diente tiene, por tanto, su propia trayectoria de crecimiento y desarrollo, que es relativamente independiente y puede ser referida a la trayectoria de los demás dientes. Aclaremos este punto. Las diferentes clases de dientes, incisivos, caninos, premolares y molares no sólo tienen una morfología específica que las distingue de otras clases de dientes, sino que se caracterizan por lo que los ingleses llamarían su «timing» específico; es decir, cada diente o clase de dientes tiene su momento y su ritmo para formarse y realizar su erupción. Por ejemplo, el comienzo de la formación y el tiempo de erupción de los incisivos parece haber permanecido muy estable a lo largo de la evolución de los homínidos. Esta conclusión puede deducirse del hecho de que compartimos con chimpancés y gorilas un tiempo similar para el comienzo de la formación de los incisivos, mientras que la erupción de estos dientes es sólo un poco posterior en nuestra especie. Por el contrario y con respecto también a gorilas y chimpancés, el segundo y tercer molares de *Homo sapiens* han retrasado el inicio de su formación de manera paulatina y considerable. El resultado es que la relación entre las trayectorias de desarrollo de los incisivos y de los molares es muy distinta en simios antropomorfos y en *Homo sapiens*. Otros aspectos del desarrollo han permanecido en

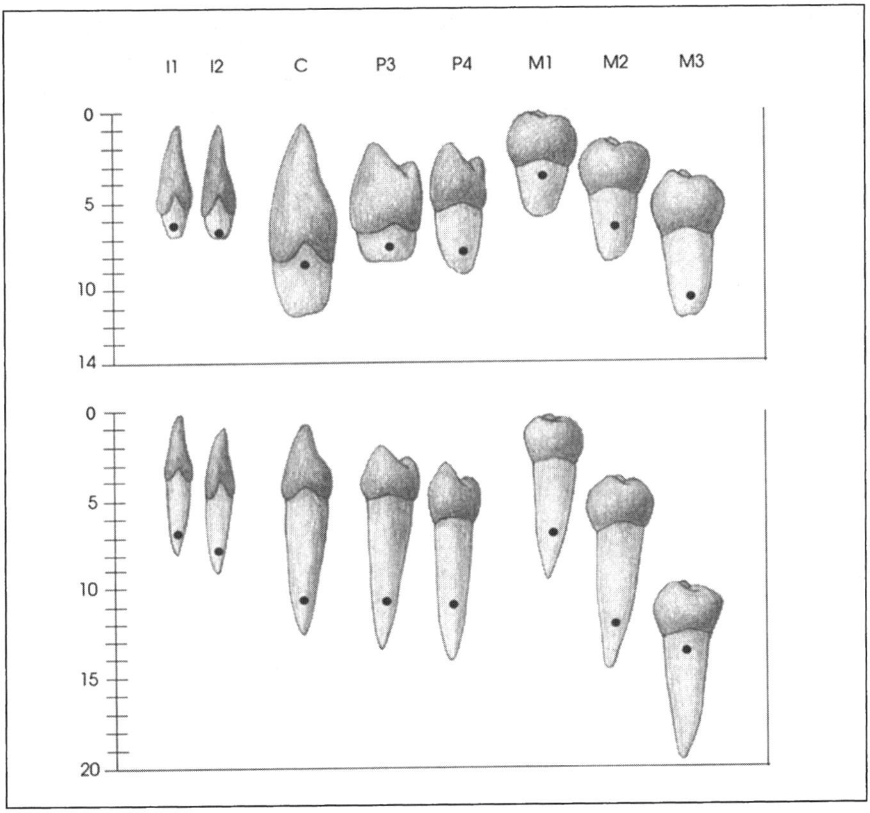

Figura 5.5. Comparación del patrón de desarrollo dental en los simios antropomorfos (*arriba*) y los humanos modernos (*abajo*). La escala a la izquierda de cada esquema muestra la edad en años. La altura total de la imagen de cada diente representa el tiempo de formación de la corona y la raíz. El punto representa el momento aproximado de la erupción de cada diente. En el patrón de las poblaciones humanas modernas resulta evidente cómo el desarrrollo de los molares se retrasa en el tiempo con respecto a los dientes anteriores, incisivos y caninos.

cambio inalterados, como es el momento en el comienzo de la formación de las piezas más anteriores (mesiales) de cada clase de dientes: el incisivo central (I1), primer premolar (P1) y primer molar (M1), que de manera constante, tanto en nuestra especie como en simios antropomorfos, comienzan su desarrollo antes que el incisivo lateral (I2), el segundo premolar (P2) y el segundo y tercer molares (M2 y M3).

En definitiva, para cada especie podemos hablar de un *patrón de desarrollo dental* particular y muy bien definido, en función de las trayectorias de crecimiento concretas de cada diente o clase de dientes. Por definición, el concepto de patrón de desarrollo dental requiere momentos y duraciones específicos de tiempo. Además, esos tiempos están bien regulados y ocurren en armonía con otros tiempos del desarrollo somático. En consecuencia y como conclusión muy importante a tener en cuenta en lo que sigue, el estudio del patrón de desarrollo dental en una especie permite averiguar mucho sobre la duración y el modelo de desarrollo somático de esa especie.

6

Estrategias adaptativas de los primeros homínidos

En el caso de la especie humana, tuvieron (los machos jóvenes) que defender a sus hembras, así como a sus hijos, contra enemigos de todas clases y cazar para asegurar su subsistencia. Pero para evitar a sus enemigos o acometerlos con fortuna, para capturar animales bravíos y preparar armas, se requiere la intervención de facultades mentales superiores, como observación, razón, invención o imaginación.

CHARLES DARWIN, *El origen del hombre*

En 1968, el investigador norteamericano Alan Mann defendió su tesis doctoral en la Universidad de Pennsylvania, que trató sobre la demografía de los primitivos homínidos de África del Sur. Uno de los objetivos esenciales de esta tesis consistía en determinar la edad de muerte de los individuos representados en las colecciones estudiadas. En primer lugar, Alan Mann examinó los restos fósiles del yacimiento surafricano de Swartkrans, asignados a la especie *Paranthropus robustus*. Robert Broom nombró esta especie en 1938 para referir los restos fósiles que él mismo había localizado en Kromdraai, otro yacimiento de Suráfrica situado a escasos tres kilómetros de Swartkrans y no lejos de Johanesburgo. Aunque algunos paleoantropologos consideran que los parántropos deben ser incluidos en el género *Australopithecus*, lo cierto es que las diferencias nos parecen suficientes como para establecer una distinción genérica. En opinión de otros investigadores los parántropos son un grupo o «clado» distinto, con adaptaciones muy particulares, como luego tendremos ocasión de comentar.

La opinión más extendida entre los taxónomos, como Eric Delson, Donald Johanson o Bernard Wood, es que los parántropos derivaron con alta probabilidad de *Australopithecus afarensis* hace en torno a 2,5 millones de años. Esta es también la opinión de mi compañero Ignacio Martínez, cuyas investigaciones de los rasgos de la base del cráneo son muy concluyentes en este mismo sentido. El cráneo KNM-WT 17000, hallado por Richard Leakey y su equipo en uno de los yacimientos de la ribera occidental del lago Turkana (Kenia) en los años ochenta, presenta rasgos intermedios entre *Australopithecus afarensis* y *Paranthropus boisei*. A esta última especie pertenece el cráneo OH 5, descubierto por Mary Leakey en 1959 en Olduvai y al que hicimos referencia en la primera parte del libro. El cráneo KNM-WT 17000 tiene una antigüedad de casi 2,5 millones de años y se ha incluido en la especie *Paranthropus aethiopicus*. Los primeros restos de esta especie fueron hallados por Camille Arambourg e Yves Coppens en Etiopía, en uno de los yacimientos del río Omo, a poca distancia de su desembocadura en el lago Turkana. *Paranthropus aethiopicus* sería la especie antecesora de *Paranthropus boisei* y de *Paranthropus robustus*. Los fósiles de la primera especie tienen una cronología de entre 2,3 y 1,3 millones de años y proceden de yacimientos del este de África: Olduvai y Peninj en Tanzania, Koobi Fora y Chesowanja en Kenia y Konso y valle del río Omo en Etiopía. *Paranthropus robustus* tiene una antigüedad comprendida entre 2,0 y 1,0 millones de años y sus restos proceden de los yacimientos surafricanos de Swartkrans, Kromdraai y Drimolen. Este último yacimiento ha proporcionado en los años noventa un conjunto muy completo de ejemplares de la especie sudafricana.

El especialista de las praderas

Los parántropos coexistieron con diferentes especies de *Homo* durante un millón y medio de años en el mismo o en hábitats muy próximos. Esta coexistencia fue posible porque parántropos y *Homo* ocuparon diferentes nichos ecológicos en el ecosistema; es decir, se especializaron en modos de vida muy distintos, lo que evitó la competencia entre ellos. Mientras que *Homo* incluyó en su dieta una cierta cantidad de carne y grasa de animales en una proporción cada vez mayor, los parántropos se especializaron en consumir vegetales de gran dureza y consistencia, como raíces tuberosas, semillas duras, rizomas carnosos, frutos secos, etc. Este tipo de dieta tan especializada fue posible gracias a una serie de cambios muy llamativos en el aparato dental y en la arquitectura craneofacial de los parántropos.

Los premolares y molares de estos homínidos ampliaron el área de oclusión hasta alcanzar una superficie que duplicó la de los australopitecos. La cubierta de esmalte también aumentó su grosor de manera significativa, lo que permitió alargar el tiempo de uso efectivo de los dientes. La masticación prolongada de los alimentos vegetales, que tienen partículas de sílice en su estructura (fitolitos), así como la tierra que acompaña a las raíces, desgastaban a gran velocidad la superficie oclusal, de manera que unos dientes grandes de esmalte grueso permitieron hacer frente a las demandas funcionales del estilo de vida de los parántropos. Los dientes anteriores, incisivos y caninos, en cambio, se redujeron con respecto a los de los australopitecos. No vamos a describir los cambios que se produjeron en el cráneo y la mandíbula y las consiguientes modificaciones de las áreas de inserción de los músculos temporales y maseteros implicados en la masticación, aunque sí conviene subrayar que la arquitectura craneofacial de los parántropos es todo un ejemplo de eficacia biomecánica y de adaptación de los homínidos a un hábitat diferente al de sus antecesores. Es probable que *Paranthropus aethiopicus* y *Paranthropus robustus* vivieran todavía en medios forestales no demasiado abiertos, pero todas las evidencias señalan que *Paranthropus boisei*, la forma más especializada, ocupó un medio forestal abierto y seco y las sabanas de amplias praderas de gramíneas y escaso arbolado.

Los parántropos tenían un peso corporal muy similar al de *Australopithecus afarensis*, con un promedio que debió de alcanzar los 40 kilogramos en *Paranthropus robustus*. Los datos indican, en cambio, que el promedio del peso de machos y hembras de *Paranthropus boisei* pudo alcanzar los 45 kilogramos. El promedio de la capacidad craneal de *Paranthropus aethiopicus* apenas supera los 400 centímetros cúbicos y sobrepasa, sin embargo, los 500 centímetros cúbicos en las otras dos especies. Es muy intersante resaltar que cuando se comparan las estimaciones del peso del cuerpo y del encéfalo se obtienen índices o relaciones similares en *Australopithecus* y *Paranthropus*. Estos datos indican un grado de encefalización similar en los dos géneros, que es inferior al de *Homo habilis/rudolfensis*, como más adelante tendremos ocasión de comentar.

Humanos del Plioceno

Alan Mann tomó radiografías de los ejemplares SK 63, SK 64, SK 841a y SK 843 de parántropos de Swartkrans, que corresponden a individuos inmaduros, y observó el estado de desarrollo de cada uno de sus dientes. A continuación, Alan Mann consideró la posibilidad de que la combinación de los diferentes estados de desarrollo de cada diente se ajustara en mejor medida bien al patrón de desarrollo dental de *Homo sapiens*, bien al patrón de desarrollo dental de *Pan troglodytes*. Para ello tuvo en cuenta los trabajos realizados hasta entonces sobre el desarrollo dental en nuestra especie y observó una colección de radiografías de chimpancés, que le permitieron encontrar algunos ejemplares con un estado de desarrollo dental comparable al de los fósiles surafricanos. La conclusión de Alan Mann fue muy clara: la especie *Paranthropus robustus* tenía un patrón de desarrollo dental similar al de *Homo sapiens*.

Alan Mann tuvo también la oportunidad de examinar ejemplares fósiles de los yacimientos surafricanos de Taung, Sterkfontein y Makapansgat. En estos yacimientos se han localizado numerosos fósiles atribuidos a la especie *Australopithecus africanus*, cuya cronología se estima entre 3,0 y 2,5 millones de años y cuyas relaciones filogenéticas son inciertas, si bien es una de las mejores candidatas para ser la especie antecesora del género *Homo*. Alan Mann no pudo obtener radiografías de estos fósiles y se tuvo que conformar con una descripción de los dientes que se encontraban en proceso de erupción o que ya habían alcanzado el plano de oclusión. La descripción que realizó Alan Mann de los dientes del niño de Taung fue muy simple: «El yacimiento de Taung ha proporcio-

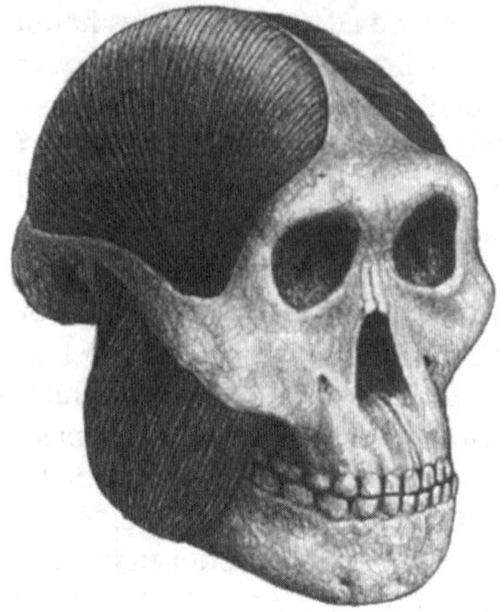

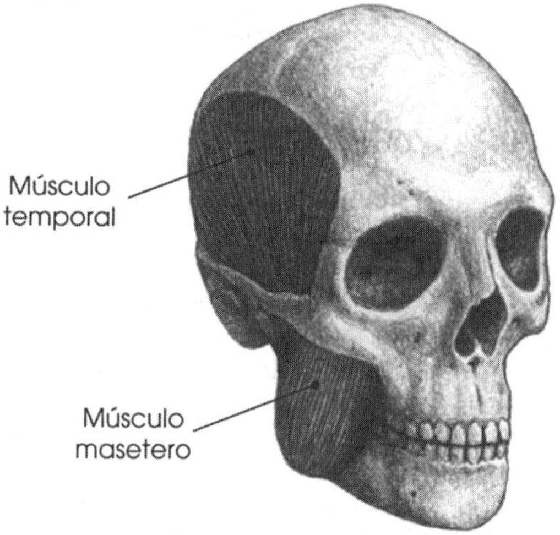

Figura 6.1. Comparación entre el aparato masticador de un parántropo, arriba (*Paranthropus robustus*) y el de un humano moderno. En ambos cráneos se muestra la posición que ocupan los temporales y maseteros, que son los principales músculos del aparato masticador, y cuya posición está asociada a marcas fácilmente reconocibles en el cráneo y la mandíbula. El cráneo de parántropo ilustrado aquí corresponde a una hembra adulta (procedente del yacimiento de Drimolen en Suráfrica) y, por tanto, su aparato masticador estaba menos desarrollado que en un macho adulto de su misma especie. No obstante, el contraste con el cráneo de un humano moderno es elocuente. El gran desarrollo de los músculos de la masticación en los parántropos estaba asociado a la presencia de molares y premolares enormes, una característica que se conoce como megadontia. El cráneo femenino de Drimolen, descrito en 1999, es el más completo que se conoce de cualquier parántropo.

nado un individuo de unos 6 años y medio ± 1 año. Los primeros molares permanentes del niño de Taung acababan de completar su proceso de erupción y presentan poco desgaste». La descripción de la mandíbula Sts 24 de Sterkfontein también fue muy breve y nos refiere las observaciones a simple vista del estado de desarrollo del primer premolar y de los incisivos permanentes, así como el grado de desgaste del primer molar permanente. A partir de estos datos, Alan Mann amplió sus conclusiones a los australopitecos de África del Sur, que también tendrían un patrón de desarrollo similar al de *Homo sapiens*. Las implicaciones de esta conclusión eran ciertamente muy importantes. Si, como hemos explicado en el capítulo anterior, el desarrollo dental guarda una estrecha relación con el desarrollo somático, los australopitecos y los parántropos habrían de tener un periodo de crecimiento tan prolongado como el nuestro. Sir Wilfrid Le Gros Clark ya defendía en los años sesenta que los homínidos más primitivos compartían con nuestra especie un tiempo de desarrollo somático notablemente más prolongado que el de los simios antropomorfos. Desde hace al menos tres millones de años los homínidos habrían adquirido un periodo de desarrollo y unos patrones de maduración similares a los de nuestra especie. En otras palabras, los australopitecos y los parántropos ya habrían prolongado su desarrollo y adquirido las etapas de la niñez y la adolescencia, que caracterizan a *Homo sapiens* ¿Qué otras implicaciones se podrían derivar de las conclusiones de la tesis de Alan Mann?

Los seres humanos tenemos un desarrollo muy largo que nos permite disponer de tiempo suficiente para adquirir un sinfín de conocimientos. De hecho, pasamos la cuarta parte de nuestra vida en periodo de aprendizaje. La prolongación del desarrollo con respecto a otros primates puede entenderse así como un rasgo adaptativo beneficioso para nuestra especie, puesto que la acumulación de experiencias y conocimientos nos proporciona una mayor facilidad para la obtención de recursos, mayor capacidad para evitar los predadores, mejor preparación para la maternidad y la paternidad y, en general, una mejor predisposición para hacer frente a cualquier circunstancia desfavorable. Si las conclusiones de Alan Mann son correctas, los australopitecos y los parántropos se habrían beneficiado como lo hacemos nosotros de las ventajas que supone un desarrollo prolongado. Pero en la naturaleza los beneficios tienen también su precio. El coste del beneficio que supone un desarrollo prolongado es asumido por los padres, que deben realizar un gasto energético muy elevado para cuidar y proteger a las crías, que no pueden valerse por sí mismas hasta el final de la niñez. Aun durante el periodo juvenil y parte de la adolescencia, la protección y la experiencia de los padres pueden jugar un papel importante en la supervivencia de los individuos.

El modelo de Owen Lovejoy

Los australopitecos y parántropos dedicarían mucha energía al cuidado y protección de la prole, por lo que cabe considerar la posibilidad de que la monogamia fuera uno de los rasgos de la biología social de estos homínidos. Este presupuesto forma parte de la sugerente teoría defendida por el investigador norteamericano Owen Lovejoy a principios de los ochenta para explicar el origen de la postura erguida y la locomoción bípeda en homínidos. No cabe duda de que una visión tan humana de nuestros ancestros del Plioceno como la que acabamos de describir tuvo de influir en las reflexiones de Lovejoy. Este investigador considera que el bipedismo se vio favorecido en los primeros homínidos por una serie de circunstancias, que actuaron de manera sinérgica. En primer lugar, Lovejoy piensa que con toda probabilidad nuestro antepasado común con gorilas y chimpancés tendría una estrategia de reproducción, que los ecólogos denominan «K». Esta estrategia pretende basar su éxito reproductor en el cuidado extremo de las crías, si bien ello supone un distanciamiento considerable entre el nacimiento de cada hijo. De este modo, los padres pueden dedicar todo su tiempo y energía en sacar adelante a su cría, antes de tener un nuevo descendiente. Para Lovejoy, la línea evolutiva de gorilas y chimpancés se implicó en una K extrema, que hoy hace peligrar la supervivencia como especies de nuestros parientes vivos más próximos. Si una madre chimpancé pierde un hijo de tres años, podrá volver a quedarse preñada inmediatamente, pero habrá echado a perder cuatro años de su vida fértil. Es innecesario comentar que nuestra especie ha contribuido de manera decisiva a poner en peligro aún más si cabe la continuidad evolutiva de gorilas y chimpancés.

La locomoción bípeda fue, según Lovejoy, la estrategia adaptativa que permitió a los primeros homínidos huir de una K extrema. Todo consiste en sacar adelante el mayor número posible de crías. Ese número debería ser mayor del que consiguen, por ejemplo, los chimpancés. Para ello, los machos deberían contribuir al cuidado tanto de las crías como de las propias madres. Los machos bípedos tenían las dos manos liberadas de la locomoción, lo que les permitiría transportar comida para alimentar a las hembras y a las crías. Las hembras conseguirían así gastar menos energía en sus propios desplazamientos para obtener comida y esa energía podría dividirse entre dos crías, en lugar de dedicarla a un solo hijo. El peligro que suponían los desplazamientos para las hembras y sobre todo para las crías se evitaría con el establecimiento de campamentos base de referencia, donde el grupo podría hacer frente a los predadores con más éxito que en campo abierto. De este modo, el intervalo entre nacimientos podría acortarse lo suficiente para aumentar de manera significativa el número de hijos que podría tener un madre durante su vida fértil. Se había evitado el peligro de una K extrema. Pero ¿cómo conseguir que los machos dedicasen su atención a una sola hembra y a sus crías? En otras palabras, ¿cómo se logró que la biología social de los homínidos se basara en la monogamia? Lo-

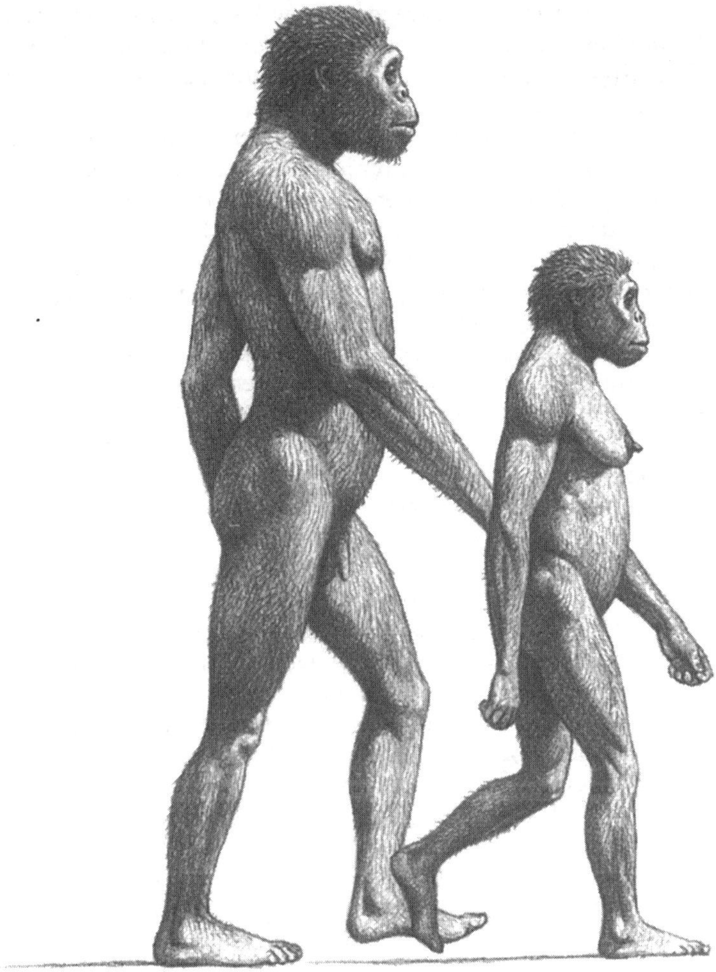

Figura 6.2. Reconstrucción de un macho y una hembra de *Australopithecus afarensis*, mostrando el dimorfismo sexual. Aunque no se conoce ningún esqueleto de un macho de *Auatralopithecus afarensis* que esté tan completo como el de la hembra conocida por «Lucy», existen numerosos huesos aislados procedentes del mismo yacimiento en Hadar, Etiopía, que nos dan información fiable sobre el tamaño de los machos. Esta ilustración no muestra el dimorfismo promedio entre sexos, sino que compara a una hembra en particular, «Lucy», con uno de los machos más grandes de la muestra. En la reconstrucción se han extrapolado al macho las proporciones relativas de los miembros observadas en «Lucy», aunque se le muestra con un mayor desarrollo muscular, como lo sugieren las marcas de inserción muscular en los huesos. La cara del macho, muy prognata, se basa en un cráneo masculino casi completo encontrado en Hadar en 1992.

vejoy superó este problema considerando que en los primeros homínidos habría surgido ya la denominada atracción epigámica femenina; es decir, cada hembra podría disponer de señales y comportamientos particulares para llamar la atención de un solo macho.

El modelo de Lovejoy, por tanto, implica una serie de factores interrelacionados entre sí, que forman parte de un verdadero circuito de retroalimentación. El desarrollo prolongado o, si se prefiere, la aparición de la niñez y la adolescencia, un mayor tiempo de aprendizaje, la tendencia hacia el aumento de la capacidad encefálica y una mayor inteligencia, la formación de grupos numerosos, la monogamia y los cuidados paternos y la aparición de campamentos base serían elementos que se influyeron mutuamente para quedar definitivamente fijados en la biología de los primeros homínidos. Y todo ello habría surgido por el impulso de la adquisición de la postura erguida y de la locomoción bípeda. De esta manera, la mayoría de las adaptaciones fundamentales de los homínidos habrían aparecido de manera casi simultánea en términos relativos de tiempo geológico.

Según la teoría de Lovejoy, los primeros homínidos tendrían dos características biológicas relacionadas con la monogamia: 1) un dimorfismo sexual reducido; es decir, diferencias poco marcadas entre machos y hembras en lo que se refiere a su masa corporal, y 2) una disminución de conflictos entre los machos. En gorilas, por ejemplo, se producen peleas entre los machos por conseguir el acceso sexual a las hembras. La biología social de los gorilas se basa en la formación de harenes, de manera que el más fuerte y sano de los machos es el único que contribuye con sus genes a las siguientes generaciones durante un cierto tiempo, hasta que es destronado por un macho más joven. Este rasgo biológico de los gorilas determina la existencia en estos animales de un considerable dimorfismo sexual; es decir, los machos y las hembras se diferencian de modo muy ostensible por su tamaño. La conflictividad entre los machos determina una fuerte selección natural de los individuos más fuertes y corpulentos. El tamaño de los caninos también presenta un alto grado de dimorfismo sexual, por su función como arma disuasoria en las peleas entre machos. Pero es precisamente en este aspecto, el dimorfismo sexual, donde las hipótesis de Owen Lovejoy tienen un punto de debilidad, que hace peligrar todo el edificio teórico construido por este investigador.

Ahora ya sabemos que los primeros homínidos se caracterizaron por un alto grado de dimorfismo sexual en su masa corporal. Los datos disponibles para estimar la estatura y el peso de las hembras y los machos de *Australopithecus afarensis* indican que éstos serían una vez y media (1,5) más grandes que aquéllas. En los gorilas, la proporción del tamaño corporal es de algo más de 1,6 a favor de los machos. ¿Significa esto que en los primeros homínidos la biología social era similar a la de los gorilas y que, por consiguiente, los machos tendrían harenes y no una sola hembra como sugiere Lovejoy? No necesariamente. Con toda probabilidad el modelo era diferente al que se propone en la teoría del investigador norteamericano, pero también debió de ser distinto al que presentan los gorilas. Las diferencias en el tamaño de los caninos de los machos y las hembras de *Australopithecus afarensis* pudo ser más elevado que en las poblaciones humanas actuales, pero en absoluto se aproximan a las diferencias observadas en los gorilas. Además, el tipo de masticación en esta especie y de todos los homínidos posteriores, con movimientos no sólo verticales sino también laterales de la mandíbula, es incompatible con un gran desarrollo de los caninos. Cuando éstos se proyectan por encima del plano oclusal de los demás dientes necesitan de espacios específicos entre los dientes para alojarse (diastemas) y la mandíbula carece de libertad para producir los movimientos de rotación que permiten un mejor procesado mecánico de los alimentos. En todos los homínidos, incluidos los más antiguos conocidos, *Ardipithecus ramidus*, el canino no tendría una misión de defensa y ataque, aunque en esta última especie los caninos todavía se proyectan de manera visible por encima del plano oclusal de los demás dientes. Mi compañero Juan Luis Arsuaga piensa que los primeros homínidos pudieron combinar las ventajas que proporciona el modelo de poligamia de los gorilas con el modelo propio de los chimpancés, en el que se producen alianzas entre los machos emparentados. Este modelo de dos niveles es propio de *Papio hamadryas* y *Theropithecus gelada*, dos especies de cercopitécidos, y permite explicar el alto grado de dimorfismo sexual de los primeros homínidos.

Por otro lado, los descubrimientos de los últimos años en África nos han permitido conocer mucho más sobre la antigüedad de nuestra familia zoológica y la locomoción bípeda. Ahora sabemos que la especie *Australopithecus afarensis* vivió en el este de África hace al menos entre 3,9 y 3,0 millones de años. También hemos conocido una nueva especie, *Australopithecus anamensis*, cuyos restos fósiles fueron localizados en 1994 por un equipo dirigido por Meave Leakey en las localidades de Kanapoi y Allia Bay, al norte de Kenia. La antigüedad de esta especie supera los 4,0 millones de años y se considera antecesora de *Australopithecus afarensis*. Los fragmentos proximal y distal de una tibia localizada en Kanapoi permiten saber que *Australopithecus anamensis* también era una especie bípeda. Todavía no tenemos certeza sobre el tipo de locomoción de *Ardipithecus ramidus*, un nuevo género y especie descrita en 1994 por Tim White, Gen Suwa y Berhane Asfaw. Los fósiles de esta especie fueron localizados en el yacimiento de Aramis, en la región del curso medio del río Awash, Etiopía, y tienen una antigüedad en torno a 4,4 millones de años. Algunos datos, como la posición anterior del foramen magno y la morfología de varios restos del esqueleto poscraneal, sugieren que la especie *Ardipithecus ramidus* ya había adquirido la locomoción bípeda. En fecha muy reciente, Yohannes Haile-Selassie ha descrito nuevos restos de *Ardipithecus* también procedentes de un yacimiento situado en el curso medio del río Awash, de una antigüedad de 5,2-5,8 millones de años. Una falange proximal de pie del conjunto de fósiles recuperados por Haile-Selassie sugiere que este homínido ya caminaba erguido. Se trataría de la primera

Figura 6.3. Reconstrucción de un grupo de *Paranthropus robustus* en su ambiente para ilustrar el posible sistema social de esta especie. La gran diferencia de talla entre machos y hembras en los parántropos sugiere que los machos competían por el dominio de un harén de hembras. Sin embargo, la presencia de otros machos adultos (aunque subordinados) en el grupo sería ventajosa para defenderse ante la amenaza de grupos rivales o, como en el caso que se muestra en la ilustración, ante posibles predadores. La escena representa un ambiente de bosque mixto y pradera en la zona del Transvaal, en Suráfrica, hace aproximadamente 2 millones de años.

evidencia fósil de un miembro de nuestra familia y probablemente no lejos del antepasado común que compartimos con gorilas y chimpancés, a juzgar por la persistencia de algunos caracteres primitivos en el aparato dental y en el esqueleto poscraneal de *Ardipithecus*.

En definitiva, si la hipótesis de Owen Lovejoy fuera cierta, tendríamos que aceptar que hace tal vez más de cinco millones de años los homínidos estaban en el camino de conseguir, o ya habrían adquirido, una biología social, reproductora y de desarrollo similar a la actual. Además, la prolongación del periodo de desarrollo habría precedido al incremento de la capacidad craneal, que comenzó hace tan sólo dos millones de años. Las teorías de Alan Mann y Owen Lovejoy suponían así un cambio radical en la forma de entender el proceso evolutivo que ha dado lugar a nuestra especie —lo que se ha venido en denominar «proceso de humanización»—, defendido por investigadores tan influyentes como sir Wilfrid Le Gross Clark, Raymond Dart, sir Arthur Keith, Ashley Montagu y Sherwood Washburn. Con anterioridad a los trabajos de Alan Mann, estos científicos consideraban que los rasgos específicos que definen nuestro modelo de desarrollo aparecieron como consecuencia de la formación de cerebros más grandes y complejos y de la aparición de una mayor inteligencia. En otras palabras, el incremento del tamaño del cerebro habría precedido a la prolongación del periodo de desarrollo de los homínidos. Washburn aún llegaba más lejos al considerar que el aumento del tamaño de este órgano y el uso de herramientas podrían haber sido los responsables de la postura erguida y la locomoción bípeda.

La idílica vida de nuestros ancestros

Desde un punto de vista totalmente distinto, el arqueólogo Glynn Isaac nos ofrece también una visión muy humana de *Homo habilis*. No nos cabe duda de que los miembros de esta especie eran asiduos consumidores de carne. El registro arqueológico de yacimientos de hace entre 2,0 y 1,5 millones de años está formado por numerosos fragmentos de fósiles de diferentes animales hervíboros, con marcas de corte y percusión producidas por utensilios líticos, que prueban el acceso de los homínidos a la carne y la grasa de estos animales. Los fósiles aparecen mezclados con los útiles líticos olduvayenses fabricados por *Homo habilis* en Olduvai y Koobi Fora. Mary Leakey nos describe estos yacimientos como «suelos de habitación», mientras que Glynn Isaac los califica de «campamentos base». Esta idea de Isaac tiene su fundamento en la diversidad de especies animales representadas en los yacimientos, lo que sugiere un transporte de las presas desde diferentes puntos del hábitat de *Homo habilis* hasta un lugar central de referencia.

A partir de este concepto, Isaac construye su modelo sobre el estilo de vida y biología social de *Homo habilis*. En el campamento base se repartiría la comida aportada por los machos, mientras que las hembras recolectarían productos vegetales y pequeños animales y cuidarían a las crías. Por consiguiente, se habría establecido una división del trabajo, aunque los machos participarían también en la tarea de cuidar a sus propios descendientes. También se supone la existencia de vínculos de pareja al servicio de la fatigosa tarea de cuidar a unas crías con un desarrollo tan extenso como el nuestro. Finalmente, la comunicación mediante una cierta capacidad para el lenguaje articulado completaría el escenario de Isaac.

No es importante para nuestros objetivos que la teoría de Glynn Isaac fuera criticada por arqueólogos como Lewis Binford o Richard Potts, en el sentido de «deshumanizar» a *Homo habilis* y cambiar su papel de cazador organizado por el de carroñero marginal y oportunista. Lo que nos importa es destacar las similitudes entre las teorías de Lovejoy e Isaac. La monogamia, el desarrollo prolongado y el largo proceso de aprendizaje nos dibujan un escenario definitivamente humano para los homínidos del Plio-Pleistoceno, que tendrían así un modelo de historia biológica similar al de *Homo sapiens*. Las conclusiones de Alan Mann terminaron de formalizar esta visión de nuestros ancestros. Es difícil saber si la «evidencia dura» fue la única razón para que paleoantropólogos y arqueólogos se pusieran de acuerdo en sus conclusiones. Lo cierto es que la ciencia, como otros aspectos de la vida, también está sujeta a modas más o menos impuestas, no sólo por los propios datos, sino por el pensamiento de investigadores influyentes e incluso por el estilo de vida y la cultura en la que surgen las teorías científicas. Por ejemplo, cabe recordar la imagen que Raymond Dart y una divulgación desafortunada nos ofrecieron en los años cuarenta y cincuenta de *Australopithecus africanus* como un depredador feroz, a partir de las evidencias encontradas en las cuevas de Sterkfontein y Makapansgat. Los fragmentos de huesos, cuernos y dientes de antílopes y otros animales encontrados junto a los restos de los australopitecos fueron interpretados por Dart como las herramientas empleadas por aquellos homínidos en sus carnicerías. La «cultura osteodontoquerática», ideada por Dart para explicar aquel registro fósil, fue rechazada cuando los datos fueron reinterpretados años más tarde, pero el mundo tuvo una visión equivocada del comportamiento de nuestros antepasados durante más de una década.

La imágen de los homínidos plio-pleistocenos durante los setenta es mucho más amable e idílica de la que se ofreció en los cuarenta, pero ¿es correcta? Además del problema apuntado antes sobre la incompatibilidad entre la monogamia y el considerable grado de dimorfismo sexual de los primeros homínidos, existe un escollo importante para aceptar esa imagen tan humana de nuestros antepasados del Plio-Pleistoceno. El desarrollo prolongado implica un largo periodo de aprendizaje y una acumulación de gran cantidad de información en el cerebro. Recordamos las conclusiones de Alan Mann de que la extensión del periodo de maduración habría ocurrido hace al menos tres millones de años. Si se hubieran conocido entonces las especies *Ardipithecus ramidus* y *Australopithecus anamensis,* esta conclusión se habría llevado hasta los cinco millones de años. Entonces, ¿Por qué la expansión definitiva del cerebro se inició hace tan sólo dos millones de años? ¿Que impidió el aumento del volumen del cerebro en ese largo periodo de tiempo de hace entre cuatro y dos millones de años? Si existió entre los primeros homínidos un largo proceso de aprendizaje durante la niñez ¿por qué se demoró tanto tiempo la fabricación de utensilios líticos? Este es el único elemento que falta en el modelo de Lovejoy y tan importante ausencia debe ser explicada de manera conveniente.

7

El reloj biológico de los dientes

> La explicación de la idea de tiempo no es una mera curiosidad, es un objeto de la más alta importancia. Basta para convencerse de ello el considerar que se incluye en la explicación todo el edificio de los conocimientos humanos.
>
> JAIME BALMES, *Filosofía fundamental*

En octubre de 1985 conocí personalmente a Tim Bromage, un joven investigador californiano, que realizaba entonces su tesis doctoral en el University College de Londres. Tim Bromage mantenía contacto con nuestro equipo desde 1982 y sabíamos que estaba desarrollando una técnica de múltiples aplicaciones, que consistía en la obtención de réplicas de la superficie de restos fósiles mediante siliconas especiales de una elevada resolución microscópica. Tim estaba en Nairobi en 1985 con otro buen amigo, Alejandro Pérez-Ochoa, cuando de manera repentina tuvieron que salir de Kenia debido a la difícil situación del país. Ya en España, Emiliano Aguirre invitó a Tim a conocer nuestro trabajo en Atapuerca y le propuso colaborar en alguna de nuestras líneas de investigación. En particular, mi compañera Yolanda Fernández estaba comenzando una tesis doctoral para estudiar el proceso de formación de los yacimientos de Atapuerca y las réplicas de alta resolución podían ayudar a observar rasgos microscópicos de la superficie de los fósiles y reconstruir los diferentes ambientes en los que se formaron los yacimientos de la sierra. La colaboración de Tim fue excelente. No sólo publicamos con él varios trabajos de investigación, sino que la relación científica acabó en franca amistad. Durante los años siguientes, Tim regresó a Madrid en un par de ocasiones para discutir la redacción de los trabajos y tuvimos la oportunidad de visitar los yacimientos de Atapuerca. Fue un viaje muy intersante, lleno de anécdotas divertidas. Al llegar a Burgos, recuerdo que Tim quiso conducir la furgoneta en la que viajábamos y no tuvimos inconveniente en satisfacer su capricho. Durante su estancia en Londres, Tim se había acostumbrado a conducir por la izquierda y pudimos tener un serio percance si no le frenamos a tiempo entre todos con nuestros gritos, cuando se dirigió por ese lado de la calzada, de frente a toda velocidad hacia los coches que venían por su carril correspondiente.

En su primer viaje a Madrid, Tim nos dio una charla en el Museo de Ciencias Naturales en la que nos contó con cierto detalle varios aspectos de la tesis doctoral que preparaba en Londres y que terminó al año siguiente. Confieso que no fue sencillo entender lo que Tim explicó en aquella charla, por lo que tenía de novedoso para todos nosotros. Pero lo cierto es que al menos despertó mi curiosidad y la de otros miembros del equipo por conocer más a fondo sus investigaciones. Tim nos habló de un trabajo que estaba a punto de publicar con Chris Dean, un colega suyo del University College de Londres, en la revista *Nature*. En este trabajo Tim y Chris Dean aplicaban los conocimientos sobre histología dental desarrollados en esa institución por Alan Boyde y por David Beynon en la Universidad de Newcastle al estudio de ciertos homínidos del Plio-Pleistoceno. En síntesis, Tim nos habló de cómo podíamos tomar lecturas de tiempo en lo que podemos llamar «el reloj biológico de los dientes». Ellos lo habían hecho en dientes fósiles de *Australopithecus,* de *Paranthropus* y de los representantes más antiguos conocidos del género *Homo* y habían obtenido resultados que iban a cambiar nuestra visión de la biología de los primeros homínidos. Pero antes de contar los contenidos de aquel trabajo de Tim Bromage y Chris Dean, publicado en *Nature* en agosto de 1985, debo intentar explicar de manera sencilla lo que tardé en asimilar algún tiempo despues de la charla de Tim. ¿En qué consiste el reloj biológico de los dientes?

El desarrollo de los dientes

El tiempo puede medirse en el esmalte y la dentina, los dos tejidos fundamentales de los dientes. En particular, el estudio histológico del esmalte se ha empleado de manera habitual en estos últimos años para averiguar el tiempo que tardan las coronas en formarse. De manera sencilla se puede decir que todo consiste en realizar lecturas de tiempo en la dentina y el esmalte. No obstante, para entender los fundamentos del método considero necesario empezar desde el principio y examinar de manera breve los aspectos más generales del desarrollo de los dientes, desde la formación del germen dental hasta que la corona aparece totalmente calcificada. En las líneas que siguen no se pretende realizar una exhaustiva descripción de la ontogenia de los dientes, que escapa claramente del propósito de este libro. Existen obras especializadas en histología, embriología y desarrollo dental, como la editada por Richard Ten Kate (5.ª edición de 1998), que pueden consultarse para una adecuada comprensión de esta materia.

Los gérmenes dentales se desarrollan a partir de la lámina dental, de origen ectodérmico, desde el segundo mes de gestación (dientes deciduos) hasta el cuarto o quinto año de vida posnatal (tercer molar permanente). En un germen dental se pueden distinguir dos elementos esenciales, el órgano del esmalte y la papila

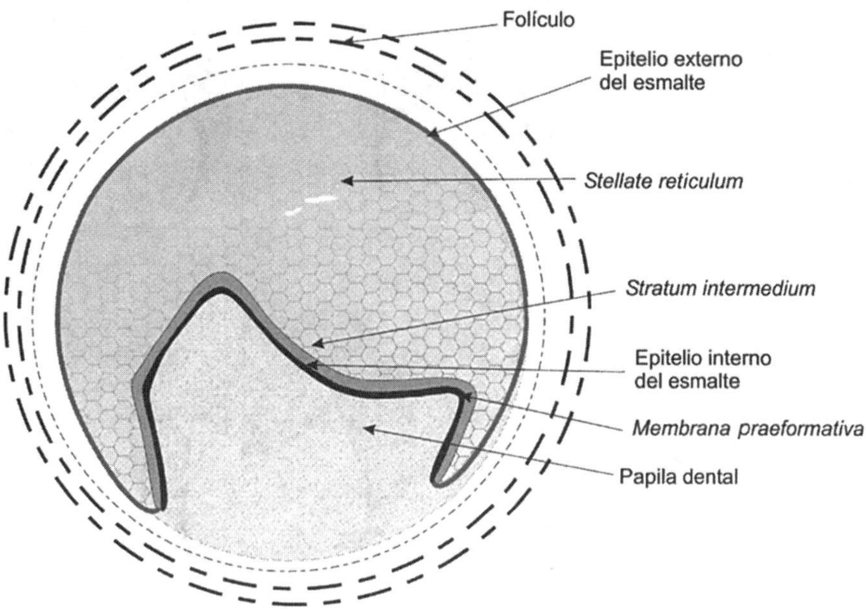

Figura 7.1. Esquema de la sección transversal de un germen dental mostrando sus elementos constituyentes. Redibujado a partir de una ilustración de P. M. Butler (1956).

dental, separadas por una membrana basal y envueltos por el folículo o saco dental. Este último y la papila dental están formados por células de origen mesodérmico. En el órgano del esmalte se pueden diferenciar una capa externa y otra interna, siendo esta última protagonista principal de la morfogénesis de la corona de los dientes. Las células del epitelio interno proliferan rápidamente y se extienden en todas direcciones, con una tasa que supera la velocidad de crecimiento del diámetro del germen dental. En un cierto momento del desarrollo se produce el cese de la actividad mitótica en una zona concreta del epitelio interno del esmalte. En esta zona las células inician la fase de diferenciación, para transformarse en los ameloblastos. Esta zona se convertirá en la cima de la futura cúspide del diente. Mientras, las células que rodean esta zona siguen proliferando, lo que trae como consecuencia el plegamiento del epitelio interno del esmalte y el comienzo de la conformación de lo que será la morfología del diente (morfogénesis). La invaginación del epitelio interno puede verse favorecida por la presión mecánica ejercida por la papila dental (que se compensa en parte con la presión ejercida por las células del *stellate reticulum*: retículo estrellado), pero la proliferación celular de esta capa es, en definitiva, la responsable de dicha invaginación. En dientes con una única cúspide (incisivos y caninos) este será el único plegamiento que se produce. Sin embargo, en dientes con dos o más cúspides aparecerán de modo se-

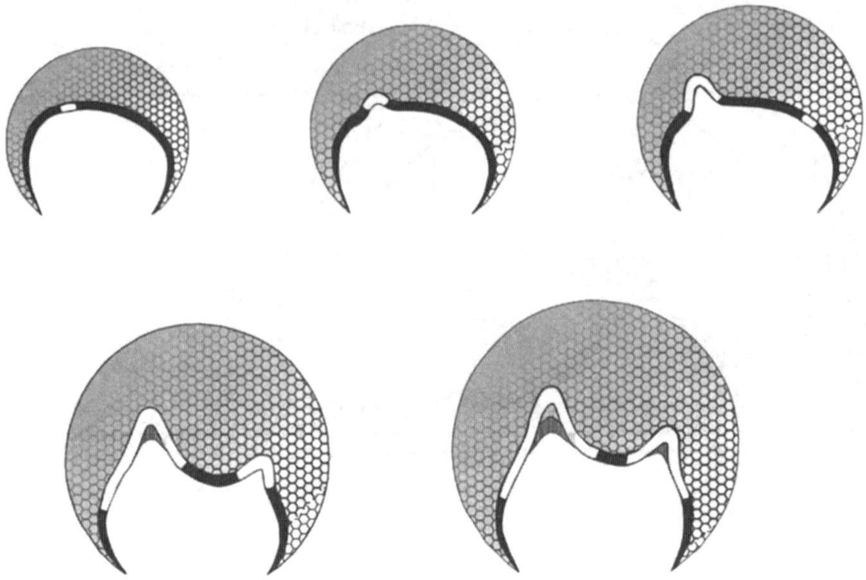

Figura 7.2. Primeras fases de la formación de la corona a partir del epitelio interno del esmalte. En negro aparece la región de esta capa celular en la que se produce mitosis (zona de proliferación celular). En blanco está representada la región en la que se produce la maduración celular que da lugar a los ameloblastos (zona de diferenciación). En la región más elevada de los pliegues del epitelio interno, una vez iniciada la diferenciación, se depositan el esmalte y la dentina. Redibujado a partir de una ilustración de Ten Cate (1998).

cuencial y siguiendo un patrón fijo y ordenado sucesivos centros de diferenciación, que darán origen a la formación de premolares y molares. En definitiva, la morfología particular de la corona de los dientes parece estar determinada por un patrón particular de división celular en el epitelio interno del esmalte.

La células del epitelio interno sufren una serie de cambios histoquímicos y morfológicos y se transforman en ameloblastos (fase de diferenciación), cuya función es la amelogénesis o formación del esmalte. Este proceso se produce por la mutua interacción entre las células del epitelio interno del esmalte y las células de la papila dental. Las primeras inducen a las segundas a formar odontoblastos y éstas, a su vez, provocan la diferenciación de los ameloblastos. La actividad celular de los ameloblastos produce una matriz orgánica formada por una familia de proteínas específicas: amelogenina —la más importante desde el punto de vista cuantitativo—, enamelina, tuftelina y amelina. Durante la fase de secreción de esta matriz se produce también el inicio del paso de ciertos iones desde los capilares del folículo dental hacia la matriz de proteínas a través de los ameloblastos. Este paso marca el comienzo del crecimiento de cristales de hi-

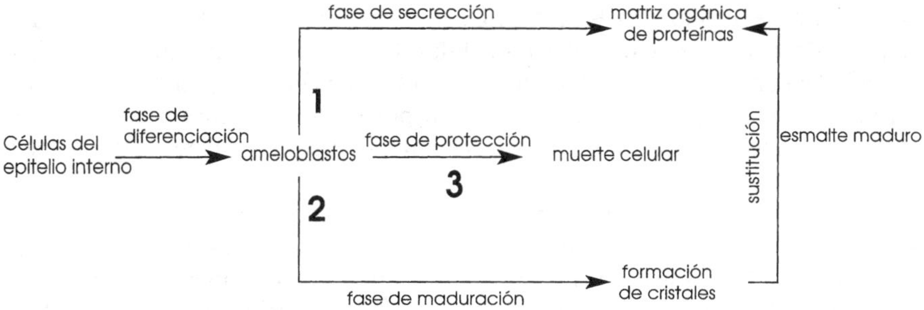

Figura 7.3. Ciclo vital de las células del epitelio interno del esmalte, una vez diferenciadas en ameloblastos. Durante la fase de secreción los ameloblastos producen una matriz orgánica de proteínas, que será sustituida por cristales de hidroxiapatita y fluorapatita en la fase de maduración. Cuando los ameloblastos terminan el proceso de formación del esmalte se fijan con firmeza al esmalte recién formado y producen una lámina protectora que aísla esta sustancia de la actividad de otras células, hasta que se produce la erupción del diente.

droxiapatita $[Ca_{10} (Po_4)_6 (OH)_2]$ en la matriz, que conducirá a la mineralización del esmalte. Pero este proceso ocurre sobre todo durante la fase de maduración, en la que los ameloblastos sufren un nuevo cambio, que pemite modificar su fisiología y función. En la fase de maduración los ameloblastos no sólo dejan de producir proteínas, sino que las degradan, al mismo tiempo que controlan el paso de iones hacia la matriz para la formación de los cristales de hidroxiapatita. Resulta obvio que la estructura final del esmalte está condicionada por la disposición geométrica de las proteínas, entre las que se originan y crecen los cristales inorgánicos, pero queda mucho por investigar sobre el papel que juegan estas proteínas en el complejo proceso de amelogénesis. El final de la fase de maduración implica la sustitución de más del 96 por 100 de la matriz de proteínas por cristales de hidroxiapatita, aunque también es común la fluorapatita $[Ca_{10} (Po_4)_6 F_2]$. Cuando los ameloblastos terminan el proceso de formación del esmalte todavía continúan siendo útiles durante un cierto tiempo, hasta que comienza el proceso de ascenso del diente hacia la cavidad bucal. Los ameloblastos se fijan con firmeza al esmalte recién formado y producen una lámina protectora que aisla esta sustancia de la actividad de otras células.

Como resumen de todo lo anterior vamos a recordar que las células del epitelio interno sufren un ciclo vital, en el que su morfología y fisiología cambian varias veces, hasta que desaparecen durante la erupción del diente. En la fase de proliferación celular y la morfogénesis que define la futura morfología de la corona, estas células no tienen una actividad específica. La fase de diferenciación produce muchos cambios internos y externos en las células, que así se transforman en ameloblastos. Finalmente, la verdadera actividad celular pasa por tres fases bien diferenciadas de secreción, maduración y protección. Pues bien, es muy importante destacar que no todas las células del epitelio interno sufren este ciclo vital de manera simultánea, sino que el ciclo se inicia en la región del epitelio interno que corresponderá a la cima de las cúspides y termina varios años más tarde en el ángulo cervical, donde se unen el epitelio interno y el externo del germen dental.

Los ameloblastos forman un primer frente celular activo en la región de la futura cima de las cúspides. Este frente celular sufrirá todas las transformaciones del ciclo vital hasta que se forme el máximo espesor de la cubierta de esmalte en esa región. Pero durante este proceso nuevas células inician su proceso de dife-

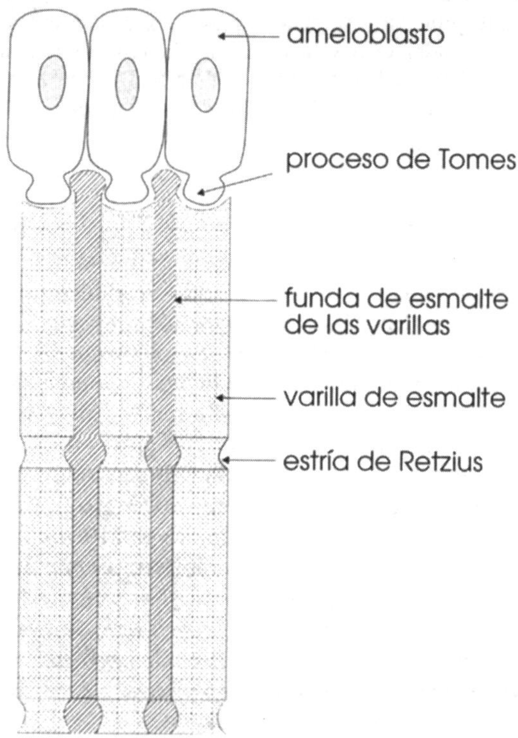

Figura 7.4. Esquema de la formación de las varillas de esmalte y sus correspondientes estuches o fundas por los ameloblastos. Cada una de estas células es responsable de la formación de una varilla, que recorren en toda su longitud la cubierta de esmalte entre la línea de unión dentina-esmalte y la superficie de la corona. Cada cierto tiempo (6-11 días) se produce una menor deposición de esmalte en la varilla, mientras que el estuche aumenta su grosor. De este modo se forman las denominadas estrías de Retzius (véase texto para más detalles). Basado en una figura de Ten Cate (1998).

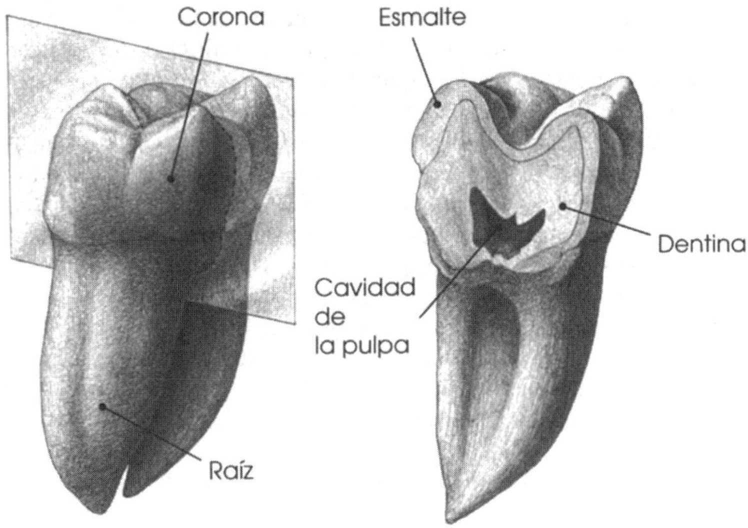

Figura 7.5. Representación esquemática de un diente cortado, mostrando las principales estructuras. A la izquierda se muestra el diente (en este caso un molar) entero y el plano del corte. A la derecha, el corte deja a la vista la cavidad pulpar, la dentina y el esmalte.

renciación para incorporarse de manera progresiva al frente celular activo, que irá poco a poco ampliando la zona de formación de esmalte hacia las diferentes vertientes mesial, distal, lingual y bucal de la corona. La deposición de esmalte produce el alejamiento paulatino de los ameloblastos de la línea de unión entre esa sustancia y la dentina. En un momento determinado, el número de células que termina su fase de maduración y las que comienzan su diferenciación estará equilibrado. Cuando todas las células del epitelio interno se han diferenciado, el frente activo irá disminuyendo hasta que se forme la totalidad de la cubierta de esmalte. La peculiar geometría que se produce en el proceso de formación del esmalte (véanse las figuras 7.5 y 7.7) es muy importante para entender lo que explicaremos en las páginas siguientes. De momento es importante recordar que este proceso se prolonga durante un tiempo muy largo y que progresa desde la cima de cada uno de los pliegues principales del epitelio interno hasta la región más cervical.

La unidad básica estructural del esmalte maduro es la «varilla», de forma alargada y cilíndrica, que recorre en toda su longitud el espesor de la cubierta de esmalte, entre la línea de unión dentina-esmalte y la superficie de la corona. En la mayoría de los textos, aun en los recientes, encontramos que estas unidades básicas reciben el nombre de «prismas de esmalte». Esta denominación responde a la forma aparente de las unidades en corte transversal, que durante mucho tiempo se consideró hexagonal. Las varillas o prismas de esmalte son paquetes muy densos de cristales de hidroxiapatita, resultantes de la actividad de un único ameloblasto. Los cristales situados en la zona más céntrica de las varillas se orientan de manera paralela al eje logitudinal de ésta, mientras que las más externas se disponen de manera oblicua con respecto a este eje. Entre las varillas existe un espacio mínimo, ocupado también por cristales orientados de manera perpendicular a las varillas. Estos cristales se producen por la actividad compartida de ameloblastos vecinos y forman una especie de estuche para cada una de las varillas. El espacio entre las varillas se visualiza bien, no sólo por la diferente orientación de los cristales, sino porque la mayor parte de la materia orgánica del esmalte está depositada en estos espacios. Este hecho permite también observar en un corte transversal que las varillas forman un diseño muy característico en cada grupo o grupos de mamíferos, debido a su peculiar disposición geométrica. Las varillas tienen una anchura aproximada de unas 5 μm, si bien esta dimensión es variable en diferentes zonas del esmalte. Por último, es interesante mencionar que las varillas no son rectas, sino que siguen una trayectoria ondulada, que complica en gran medida la estructura de la capa de esmalte.

El ritmo del crecimiento

Casi desde principios del siglo XX las técnicas de microscopía permitieron observar una serie de estrías transversales muy finas a lo largo de las varillas de esmalte. Primero H. von Asper, en 1916, y más tarde A. Gysi, en 1931, llegaron a la conclusión de que estas estrías podían resultar del crecimiento del esmalte durante 24 horas. Por su parte, I. Schour y sus colaboradores publicaron una conclusión similar, pero esta vez estudiando la dentina de seres humanos y de *Macaca*, un género de primates de la familia de los cercopitécidos. En la dentina también existen estrías similares (líneas de von Ebner) localizadas a lo largo de los llamados túbulos dentinales. Estas líneas tienen una periodicidad de unas 4 μm y podrían formarse como resultado de la actividad diaria de los odontoblastos. Los trabajos de Alan Boyde a partir de los años sesenta en el University College de Londres y de otros investigadores como R. Shellis y D. Beynon han contribuido a esclarecer el significado de las estrías transversales del esmalte. Parece exisitir un acuerdo general entre los especialistas en que las estrías transversales responden a ciclos circadianos (de un día de duración) en la producción de matriz por parte de los ameloblastos. Con el microscopio electrónico se distinguen bien las estrías transversales, que aparecen en el esmalte humano a modo de constricciones de las varillas a intervalos regulares de entre 4 y 8 μm. A pesar de que algunos investigadores han señalado las dificultades que entraña la visualización de las estrías transversales, debido sobre todo a la peculiar disposición de las varillas en diferentes parte del esmalte y a su dirección ondulada, no se ha cuestionado todavía el origen de estas estrías como resultado de la actividad rítmica diaria de los ameloblastos.

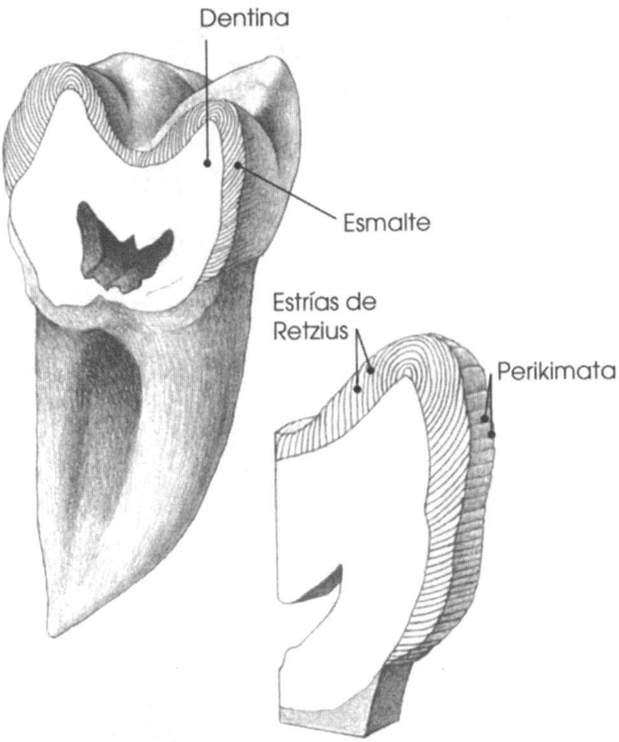

Figura 7.6. Primer nivel de aproximación: estrías. Se observa la misma pieza de la figura 7.5, aumentada para hacer visibles las estrías de Retzius. Una sección del diente (*abajo*) se amplía aún más, permitiendo apreciar con más claridad la correspondencia entre las estrías de Retzius y los perikimata, que se observan en la superficie externa del esmalte.

La literatura científica está llena de ejemplos muy diversos de la naturaleza rítmica del metabolismo de los seres vivos, como resultado de los cambios en el medio ambiente. Las plantas y los animales sufrimos cambios de actividad en nuestro crecimiento, en respuesta a cambios astronómicos. Las células que segregan algún tipo de sustancia representan la mejor oportunidad para verificar ciclos de actividad. Sin embargo es necesario que el producto de esa actividad pueda permanecer de algún modo inalterado con el paso del tiempo. Aun en el hueso, la actividad de remodelación ósea elimina toda posible evidencia de crecimiento periódico de este tejido. En cambio los elementos esqueléticos o de protección de ciertos animales, como los gasterópodos o los corales, conservan la evidencia de la actividad celular, incluso en los fósiles. Este es también el caso afortunado de los dientes de los mamíferos, y las estrías transversales del esmalte y de Von Eb-

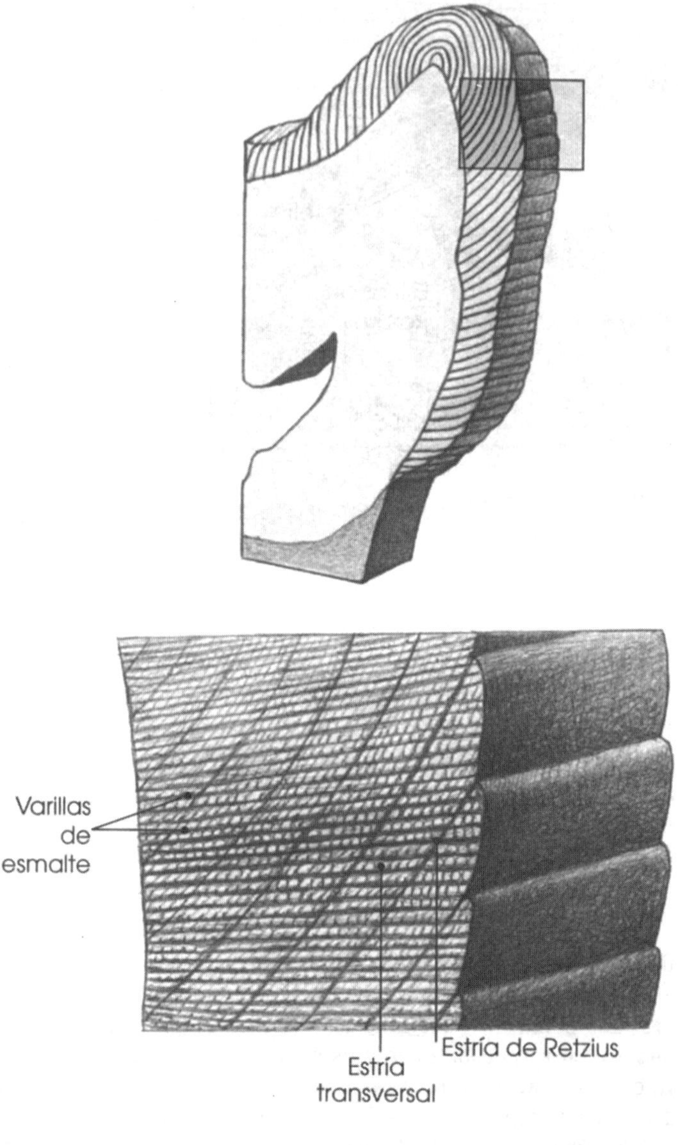

Figura 7.7. Segundo nivel de aproximación: varillas de esmalte. En este dibujo se representa la misma sección del diente ilustrada en la figura 7.6, y se amplía una pequeña sección del esmalte para mostrar las varillas de esmalte, que discurren en sentido radial y son atravesadas en sentido transversal por las estrías de Retzius. Entre cada estría de Retzius y la siguiente, las varillas de esmalte muestran un número variable (6 -11) de surcos o constricciones menos acusadas, llamadas estrías transversales.

ner de la dentina son un magnífico ejemplo de reloj biológico, que permite medir el tiempo de formación de determinadas estructuras. Pero en los dientes aún tenemos otra «manecilla» para medir el tiempo.

En 1836, el anatomista sueco Anders Retzius observó en cortes de dientes humanos a pocos aumentos unas líneas o estrías que formaban un diseño muy característico y separadas de manera regular por un espacio muy constante. Con luz transmitida las líneas se observan nítidamente de un color marrón o naranja, mientras que con luz reflejada el color es azulado. Las varillas de esmalte tienen una disposición entre perpendicular y oblicua con respecto a las estrías observadas por Retzius. A. Gysi, en 1931, fue el primero en notar que en el esmalte humano se pueden contar, en promedio, unas siete estrías transversales entre cada dos líneas de Retzius. Gysi llegó a pensar que esta regularidad podía estar relacionada con los días festivos, los domingos, por ejemplo, cuando los niños consumen gran cantidad de comida y dulces. Esta situación provocaría frecuentes indigestiones durante los fines de semana y una perturbación periódica en la formación del esmalte en los dientes de los niños. Sin embargo, la estrías de Retzius también se observan en otros mamíferos, separadas de modo regular por siete u ocho estrías transversales, como demostró T. Fukuhara en 1959 estudiando el esmalte de hasta 40 especies distintas de mamíferos, que incluían primates como *Macaca mulatta, Macaca fuscata, Macaca cyclopis, Hylobates lar* y *Pongo pygmaeus*. En investigaciones posteriores, como las realizadas por G. Gustafson y A. Gustafson en 1967 y por H. Newman y D. Poole en 1974, entre otros, se demostró finalmente que en el esmalte humano existen de cinco a diez estrías transversales entre cada dos estrías de Retzius. Puesto que las estrías transversales representan la secreción de matriz diaria por un ameloblasto, las estrías de Retzius representarían la secreción de matriz durante un periodo de entre cinco y diez días, o de siete a ocho días, si consideramos el promedio calculado por numerosos estudios en muchas especies de mamíferos.

En los años sesenta, los trabajos de varios investigadores, como Alan Boyde, demostraron que las estrías de Retzius podían representar regiones poco mineralizadas con respecto al resto del esmalte. Las microrradiografías de cortes delgados del esmalte, por ejemplo, mostraban que las estrías de Retzius eran radiotransparentes, lo que sugería una menor cantidad de hidroxiapatita. El color marrón o naranja de las estrías de Retzius, cuando se observan con luz transmitida, indica una estructura distinta con respecto al esmalte adyacente. A partir de estos trabajos, las estrías de Retzius se interpretaron como una perturbación rítmica semanal en la secreción de la matriz por los ameloblastos. En investigaciones más recientes se ha confirmado que la estrías de Retzius resultan de una menor producción de matriz a nivel del proceso de Tomes (la región de los ameloblastos en contacto con el esmalte en formación) y un incremento en la cantidad de matriz que forma el estuche de las varillas de esmalte. De esta manera, las varillas sufren en ese punto un notable adelgazamiento, a la par que aumenta la cantidad de esmalte entre ellas.

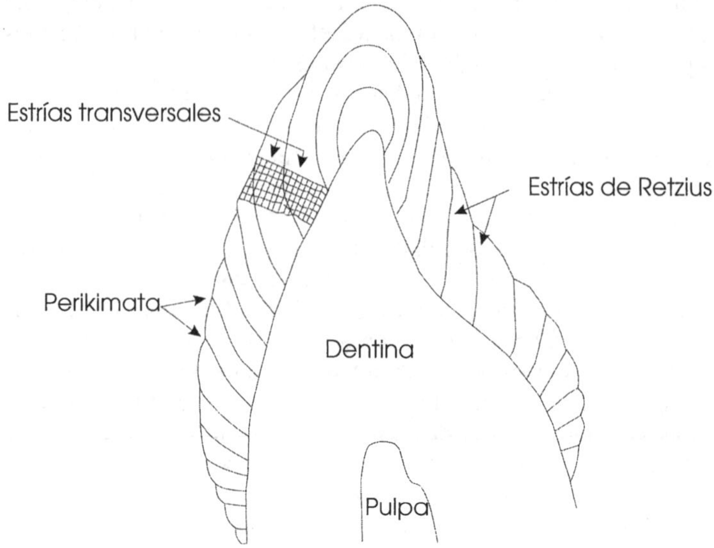

Figura 7.8. Corte transversal de un diente en el que se puede apreciar la disposición geométrica de las estrías transversales y las estrías de Retzius.

No se conoce ningún evento astronómico de una duración aproximada de siete días que pueda relacionarse con este ciclo fisológico celular de los ameloblastos. De todos modos, los ritmos semanales parecen ser frecuentes en mamíferos. Por ejemplo, L. Vollrath y sus colaboradores registraron en 1975 una actividad rítmica semanal de la glándula pineal de los mamíferos. F. Hallberg, en 1983, ha sugerido que el origen de los ritmos semanales de los mamíferos podría estar relacionado con una modulación cronobiológica pineal de la función de las glándulas pituitaria y adrenal. Newman y Poole propusieron en 1974 que las estrías de Retzius podrían formarse como consecuencia de la sincronización imperfecta de dos o más ciclos circadianos. Por ejemplo, un ciclo rítmico de 24 horas para la fisiología general del organismo y un ciclo rítmico de secreción de matriz por los ameloblastos de 27 horas acabarían por estar muy desfasados cada cierto número de horas. Para conseguir de nuevo la sincronización de los dos ciclos, explican Newman y Poole, sería necesario detener el crecimiento del esmalte durante unas horas, quizás hasta un día completo, lo que traería como consecuencia la aparición de una estría de Retzius. Sea cual fuere el origen de las estrías de Retzius, el caso es que la menor cantidad de cristales de hidroxiapatita a lo largo de su trayectoria permite visualizarlas con relativa facilidad. El microscopio electrónico revela que las varillas de esmalte tienden a doblarse a nivel de las estrías de Retzius, debido a su menor mineralización. Si la corona de un diente se está formando durante el nacimiento del individiuo, el estrés provocado por este acontecimiento produce una perturbación muy marcada en la formación del esmalte. Este hecho provoca la formación de una estría de Retzius muy conspicua, que recibe el nombre de «línea neonatal».

Un problema de geometría

Como indica la figura 7.8 las primeras capas de esmalte se superponen unas a otras en la región más elevada de la cúspide o cúspides del diente, limitadas por las estrías de Retzius. Es la denominada «zona de aposición» o «aposicional», que incluye un cierto número de capas de esmalte y sus correspondientes estrías de Retzius. Estas últimas se pueden observar en cortes sagitales de la corona. A partir de un cierto punto de la longitud de la corona en formación, las capas de esmalte ya no se superponen totalmente sino que se imbrican unas con otras y rodean las superficies laterales de la corona. Esta capas también están limitadas por las estrías de Retzius, que en un punto alcanzan la superficie externa de la corona y reciben el nombre de perikimata (véase la figura 7.8). Cada perikimata puede seguirse a lo largo de todo el perímetro de la corona y la distancia entre ellos corresponde al espacio que ocupa el esmalte entre dos estrías de Retzius. Toda la región de la corona, desde el punto en que aparece en superficie la primera estría de Retzius hasta la última que se forma, ya en el punto más cervical de la corona, recibe el nombre de «zona de imbricación» o «imbricacional». Si fuéramos capaces de contar el número de perikimata en la superficie del diente, llegaríamos a saber el número de estrías de Retzius en la zona de imbricación y, por tanto, el número de semanas que tardó en formarse esa porción de la cubierta de esmalte. De la misma manera, un corte sagital de la corona que interese justo al punto más elevado de la cúspide nos permitiría contar todas las estrías de Retzius, incluidas las de la zona aposicional, que no se se pueden ver en la superfice de la corona. Así podremos estimar el tiempo total de formación de la corona de un diente.

¿Cómo conseguir que la corona de un diente se forme de manera más rápida o más lenta? La respuesta no es muy complicada. Se trata sólo de lograr que un mayor o menor número de células del epitelio interno se diferencien al mismo tiempo en ameloblastos. Si ocurre lo primero, es decir, si se forman más ameloblastos de manera simultánea, el frente celular activo será más amplio y se formará mayor cantidad de esmalte por unidad de tiempo. La altura de la corona que se cubre de esmalte cada cierto tiempo —un día, por ejemplo— es lo que se denomina tasa o velocidad diaria de extensión de esmalte. Si esta tasa es muy elevada, como vemos en la figura 7.9 A, la corona se cubrirá de todo el espesor de la cubierta de esmalte de manera muy rápida. En este caso se formarán pocas estrías de Retzius y perikimata, y su geometría (por ejemplo, el ángulo que forman con la superficie de unión entre el esmalte y la dentina) será distinta que cuando la tasa

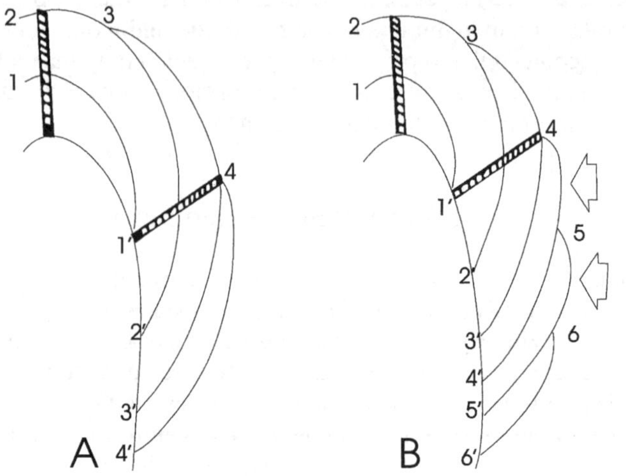

Figura 7.9. El esquema muestra el efecto que se produce cuando la velocidad de extensión de la cubierta de esmalte es alta (A) o baja (B). En el primer caso un mayor número de ameloblastos están implicados al mismo tiempo en la formación del esmalte, aunque la tasa de formación de esmalte sea la misma. El número de estrías de Retzius y perikimata que se forman en este primer caso será menor que cuando la velocidad de extensión no es tan elevada. Nótese que la distancia entre perikimata es mayor en A que en B. Como consecuencia de todo ello, la corona del diente representado en A se formará con mayor rapidez que la corona del diente representado en B.

de extensión del esmalte es muy baja (figura 7.9 B). En los dientes deciduos la velocidad diaria de extensión de esmalte es cinco veces más rápida que en los dientes permanentes. La corona de los dientes de leche se forma en muy poco tiempo, porque muchas células del epitelio interno se diferencian al mismo tiempo en ameloblastos. En estos dientes, las estrías de Retzius se superponen unas a otras en una zona aposicional muy amplia. En los dientes permanentes la tasa de extensión del esmalte es mucho más baja, sobre todo en la región cervical, donde el frente celular activo es muy pequeño. En esta región hay tiempo para que se formen numerosas estrías de Retzius y sus correspondientes perikimata.

Los fósiles y el reloj biológico dental

Tim Bromage resumió todo lo anterior en unas cuantas diapositivas, como paso previo a la explicación de sus resultados en el análisis de los dientes de los homínidos. Cuando Tim Bromage llegó al University College de Londres se propuso trabajar con su colega Chris Dean en una línea de investigación sobre los patrones de maduración de los homínidos plio-pleistocenos de África. Tim y Chris tuvieron acceso a una importante muestra de fósiles de Laetoli, Koobi Fora, Sterkfontein y Swartkrans. Tim tenía mucho interés en trabajar sobre los modelos de crecimiento del cráneo y de la cara, que finalmente fue el tema central de su tesis de doctorado, pero necesitaba conocer la edad de muerte de los individuos inmaduros con la mayor precisión posible. Una manera de lograr ese objetivo era estudiar el desarrollo dental y emplear el estándar de las poblaciones modernas. En otras palabras, Tim y Chris podían seguir el mismo método de Alan Mann, asumiendo la conclusión de este investigador de que el tiempo de maduración de los homínidos plio-pleistocenos era similar al de *Homo sapiens*. Sin embargo, Tim y Chris optaron por investigar sobre el reloj biológico dental de nuestros ancestros. La posibilidad de conocer el tiempo de formación de la corona de los incisivos o el primer molar, que tanto en *Homo sapiens* como en los simios antropomorfos comienzan su mineralización en torno al momento del nacimiento o poco tiempo despues de este suceso, permitiría estimar la edad de muerte con notable precisión. La única condición es que los individuos hubieran muerto cuando las coronas de estos dientes estaban todavía formándose o, en el mejor de los casos, cuando las coronas estaban recién formadas. En el caso de que la raíz hubiera iniciado ya su crecimiento, como sucedió alguna vez, habría que estimar también el tiempo de formación de la raíz. Pero Chris tenía ya algunos datos de la tasa de crecimiento de las raíces de los dientes de los homínidos plio-pleistocenos, que podía utilizar en su investigación.

Tim y Chris consiguieron reunir una muestra de 33 individuos inmaduros de *Australopithecus afarensis, Australopithecus africanus, Paranthropus robustus* y *Homo habilis*. Algunos de estos individuos reunían todos o casi todos los requisitos necesarios para la investigación. El modo más seguro y preciso para conocer el tiempo de formación de los dientes era hacer un corte sagital a las coronas y contar las estrías de Retzius. Así se podría estimar el número de semanas que tardaron las coronas en formarse y averiguar la edad de muerte de los individuos. Sin embargo, los fósiles humanos son un patrimonio muy preciado y valioso y se debe evitar cualquier manipulación que suponga su deterioro o su total destrucción, aunque ello pueda suponer la obtención de información muy valiosa. Por esa razón se han desarrollado técnicas no destructivas, que permiten conseguir información sin romper los fósiles. Con la técnica de réplicas de silicona de alta resolución se pueden obtener imágenes muy precisas de una superficie, de manera que su topografía se puede observar con gran fidelidad a varios miles de aumentos. De este modo, Tim y Chris obtuvieron réplicas de alta resolución de la superficie vestibular de los incisivos de los 33 individuos previamente seleccionados. Después de las observaciones preliminares Tim y Chris decidieron trabajar con las réplicas de 16 dientes, que podían ser útiles. No obstante, la muestra quedó finalmente reducida a 9 dientes en los que se pudo realizar una lectura completa de los perikimata para estimar el tiempo de formación de la corona.

Ya sabemos que los perikimata son la manifestación en superficie de las estrías de Retzius, de manera que si podemos hacer un conteo preciso de perikimata podremos estimar el número de semanas que tardó en formarse la corona de un diente. Sin embargo, también sabemos que no todas las estrías de Retzius se pueden ver en la superficie de la corona. Por ese motivo, Tim y Chris cortaron incisivos humanos actuales y averiguaron que en la zona aposicional se forman entre 20 y 30 estrías de Retzius, que no alcanzan la superficie de la corona. Esto supone un tiempo de unos seis meses de formación de esmalte, que deben añadirse al cómputo de tiempo estimado con el conteo de perikimata. En una muestra de diez incisivos actuales los conteos daban un rango de entre 165 y 202 perikimata, con un promedio de 188. A esa cifra debemos sumar de 20 a 30 estrías de Retzius de la zona aposicional y tendremos el tiempo total de formación de la corona de los incisivos humanos actuales. Ese tiempo es de 4,2 años, un dato muy coherente con otras estimaciones basadas en estudios radiográficos. Además, en hominoideos, el promedio de tiempo para el inicio de la mineralización de los incisivos es de tres meses a partir del nacimiento. Este tiempo debe sumarse al tiempo estimado de formación de la corona a la hora de calcular la edad de muerte de un individuo. A partir de estos datos ya se podía trabajar con los fósiles y averiaguar edades de muerte de los homínidos plio-pleistocenos.

Las marcas de la discordia

El conteo de perikimata en los incisivos fósiles fue sorprendente. El incisivo inferior del ejemplar LH 2 de *Australopithecus afarensis* tenía 130 perikimata. Esto suponía, una vez añadido el tiempo de formación de la zona aposicional, un tiempo de formación de la corona de 3 años. La edad de muerte estimada para LH 2 fue de 3,25 años. Mark Skinner había calculado en cuatro años y medio la edad de muerte de LH 2 empleando los datos de su desarrollo dental con referencia a los patrones actuales. Este desacuerdo fue aún más importante para el espécimen Sts 24a de *Australopithecus africanus*. El incisivo central superior de este fósil tiene 135 perikimata y la edad de muerte estimada por Tim y Chris fue de 3,3 años. Los datos de Mark Skinner indicaban una edad de muerte de 6 años para Sts 24a. Los cinco incisivos de *Paranthropus robustus* de Swartkrans tenían entre 57 y 86 perikimata, lo que suponía un tiempo aún más breve para la formación de las coronas de estos dientes. Tim y Chris estimaron la edad de muerte de los ejemplares SK 62 y SK 63 en 3,35 y 3,25 años respectivamente, cifras que de nuevo eran muy inferiores a las obtenidas por Mark Skinner de 5,85 años para SK 62 y 6,10 para SK 63. Pero la mayor sorpresa se produjo al contar los perikimata de los ejemplares de *Homo*. El incisivo lateral inferior del espécimen KNM-ER 820, que se incluye en *Homo ergaster*, sólo tiene 105 perikimata y la edad de muerte de este individuo se estimó en 5,3 años. Esta cifra es casi dos años inferior a la estimada por Mark Skinner por el método clásico. El otro ejemplar de *Homo* procedía de Swartkrans. Este incisivo, SK-74b, tiene 110 perikimata, por lo que su corona también se formó en un tiempo muy corto. En este caso no había datos para determinar la edad de muerte, pero confirmaba que los incisivos de los representantes más antiguos conocidos del género *Homo* se formaban en un tiempo mucho más corto que los de *Homo sapiens*.

En definitiva, la edad de muerte estimada por el reloj biológico de los dientes daba en todos los casos un valor de entre casi la mitad y dos tercios de la edad estimada con el patrón de desarrollo dental estándar de nuestra especie. La primera conclusión surgió de inmediato: este patrón no se puede utilizar para los homínidos plio-pleistocenos sencillamente porque su desarrollo dental era diferente del nuestro. Los dientes de estos homínidos se formaban en un tiempo más corto, lo que conducía a una segunda conclusión: la duración de su desarrollo somático general sería también más corto que el de nuestra especie, quizás tan corto como el de gorilas y chimpancés. Tim y Chris lanzaron estas conclusiones en aquel artículo de *Nature* y el edificio construido a partir de la tesis de Alan Mann comenzó a derrumbarse.

En un trabajo posterior, publicado en 1987, Tim Bromage hizo una revisión del patrón de desarrollo de los homínidos juveniles del género *Paranthropus* estudiados por Alan Mann. Tim justificó en este trabajo con gran elegancia el posible error en las conclusiones de este investigador y lo atribuyó en primer lugar a la mala calidad de las radiografías observadas. Ahora se disponía de un magnífico atlas radiográfico de homínidos primitivos, publicado en 1982 por Mark Skinner y Geoffrey Sperber. Alan Mann tenía pocos datos de gorilas y chimpancés con los que comparar sus observaciones. Aún no se había elaborado un estándar del desarrollo dental de los simios antropomorfos, y apenas se contaba con radiografías de algunos ejemplares de diferentes museos. Tampoco se disponía de radiografías del niño de Taung, que Alan Mann examinó sin ayuda de esta técnica.

El nuevo estudio de Tim Bromage, sin embargo, no aclaró de manera definitiva la discrepancia entre los datos del reloj biológico de los dientes fósiles y los datos del patrón de desarrollo de los parántropos. Los ejemplares SK 63, SK 64, SK 841a y SK 843 de Sterkfontein no aportaban información concluyente para dictaminar si su patrón de desarrollo tenía más similitudes con el patrón de los simios antropomorfos o con el de *Homo sapiens*. Tan solo los estados de mineralización de los dientes de SK 63 eran más concordantes con el patrón de gorilas y chimpancés, Algunos rasgos, como el desarrollo relativo de los incisivos con respecto a los primeros molares, se explicaban mejor con el patrón humano. A pesar de ello, Tim insistió en sus primeras conclusiones de 1985, que estaban siendo confirmadas por otros colegas, como veremos a continuación. En la discusión de este trabajo, Tim nos recordó también uno de los principios que habían guiado sus investigaciones: el adulto de cualquier especie no es sino el resultado de una determinada trayectoria de crecimiento y desarrollo. En consecuencia, si los homínidos del Plio-Pleistoceno crecían como los seres humanos modernos ¿porqué no eran humanos en aspectos tales como el tamaño corporal y del cerebro?

8

Las claves de un debate

No trato de convencer a mi adversario de que está en un error, sino de unirme a él en una verdad más elevada.

JEAN B. H. LACORDAIRE

Holly Smith entró de manera brillante en el escenario de la discusión sobre los patrones de maduración de los primeros homínidos. Esta investigadora del Museo de Antropología de la Universidad de Michigan publicó en septiembre de 1986 un artículo en *Nature* sobre el desarrollo dental de los homínidos plio-pleistocenos. Lo más interesante del trabajo consistía en presentar el método clásico con un aspecto renovado de indudable poder visual. En realidad, Holly Smith siguió los pasos de Alan Mann y estudió el estado de desarrollo de los dientes en individuos inmaduros, pero su muestra era más amplia y diversa, y contó, además, con una información mucho más precisa sobre el patrón de desarrollo de los simios antropomorfos.

Nuevos métodos

Holly Smith disfrutó de una beca de la National Science Foundation y tuvo acceso a fósiles del Museo Nacional de Kenia y de la Universidad de Witwatersrand y del Museo de Transvaal de Suráfrica. De este modo Holly Smith pudo estudiar el desarrollo dental de ejemplares de Laetoli (*Australopithecus afarensis*), Olduvai (*Paranthropus boisei*), Koobi Fora (*Homo habilis, Homo ergaster* y *Paranthropus boisei*), Swartkrans (*Paranthropus robustus*) y Sterkfontein (*Australopithecus africanus*). Además, Holly Smith pudo estudiar el ejemplar Gibraltar 2 de la cueva de la Torre del Diablo (*Homo neanderthalensis*) conservado en el Museo de Historia Natural de Londres y aportó información de un homínido próximo en el tiempo a las poblaciones modernas. Para visualizar sus resultados, Holly Smith representó el desarrollo de la corona y de la raíz de cada diente permanente de los simios antropomorfos y de *Homo sapiens* con una línea referida a una escala de tiempo. La idea fue tomada de un trabajo ya clásico de Chris Dean y Bernard Wood publicado en 1981 en la revista *Folia Primatologica*, en el que se daban por primera vez datos muy completos sobre el patrón de desarrollo dental de chimpancés y gorilas. Aunque en la actualidad se dispone de datos más precisos sobre el desarrollo dental de estos animales, es imprescindible citar este trabajo, porque ha servido de base para todas las investigaciones posteriores.

La «cartas de desarrollo dental», según fueron denominadas por Dean y Wood, expresan de manera muy clara los tiempos relativos de desarrollo de cada diente. Si en las correspondientes líneas de la carta de desarrollo dental de *Homo sapiens* señalamos con un punto el estado de mineralización de cada diente de un niño actual (observado mediante examen radiográfico), cabe esperar que todos los puntos estén alineados o casi alineados. También cabe dentro de lo posible que alguno o algunos de los dientes de ese niño estén adelantados o retrasados en su desarrollo con respecto a los demás dientes. Sin embargo, ese adelanto o retraso nunca será tan importante como para que la línea que une los diferentes puntos se desvíe de una manera notable de la línea recta ideal esperada en un niño con un desarrollo promedio para su especie. El mismo resultado se obtendría si empleamos la carta de desarrollo dental de los simios antropomorfos para situar los estados de mineralización observados en un joven chimpancé. Por el contrario, si empleamos la carta de las poblaciones humanas modernas para este animal, los puntos dibujarán una línea quebrada porque nuestro desarrollo dental y el de los simios antropomorfos es distinto. Por ejemplo, en un chimpancé los incisivos, caninos y primeros premolares se desarrollan con un cierto retraso respecto a los molares, de manera que cuando los primeros molares comienzan a ser funcionales en la cavidad bucal (hacia los tres años y medio) aún deben pasar dos años y medio hasta la erupción de los incisivos. En cambio, en las poblaciones humanas actuales los molares experimentan un retraso considerable en su desarrollo con respecto a los incisivos. La erupción del primer molar permanente se produce hacia los seis años y casi a continuación despunta en la encía el incisivo central. Un año más tarde se produce la erupción del incisivo lateral.

Podemos tomar como referencia las cartas de desarrollo dental de nuestra especie y de los simios antropomorfos para analizar los estados de mineralización de los dientes de individuos inmaduros de especies extinguidas. De este modo sabremos si su desarrollo dental se ajusta mejor al modelo humano o al modelo antropoide. Holly Smith procedió de este modo, pero se le ocurrió en primer lugar igualar la escala de las dos cartas de desarrollo. Para ello consideró que cada año de *Homo sapiens* equivaldría a 1,8 años de los simios antropomorfos. Si en la carta de estos últimos situamos ahora los estados de desarrollo de un niño actual la falta de sincronía se visualizará aún mejor al haber sido amplificada la escala $\times 1{,}8$. Lo mismo sucederá si un determinado individuo fósil comparte con nuestra especie el mismo patrón de desarrollo dental y lo representamos en la carta de los simios antropomorfos.

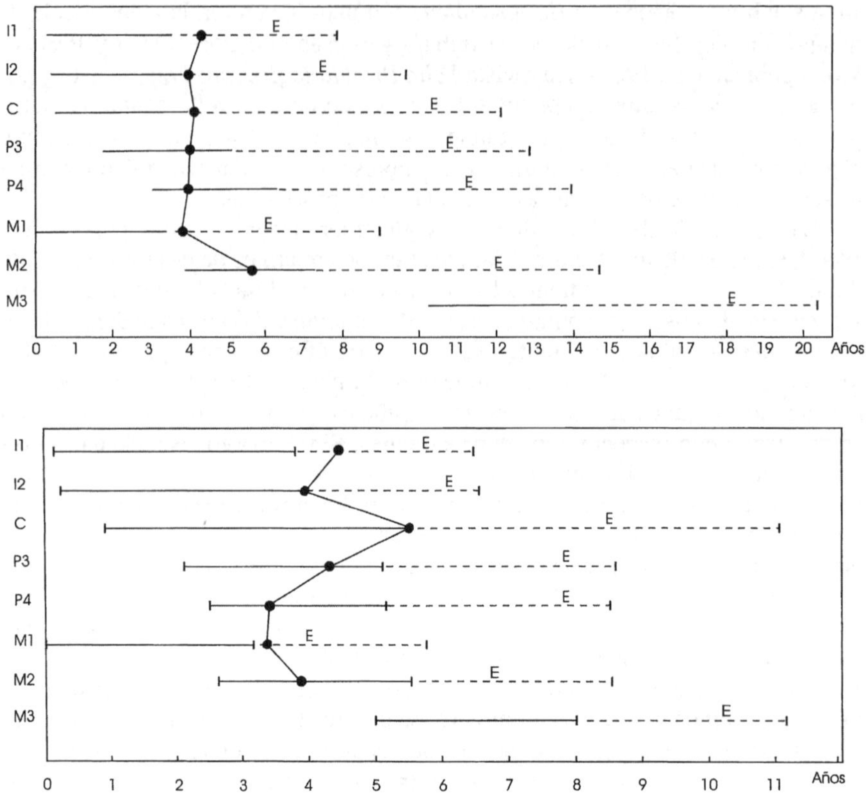

Figura 8.1. Los círculos negros indican el grado de formación de cada uno de los dientes del ejemplar neandertal Gibraltar 2. Los círculos están situados sobre las cartas de desarrollo dental de las poblaciones modernas (cuadro superior) y de los simios antropomorfos publicado por H. Smith (1993) y basado en Dean y Wood (1981). Las líneas continuas indican el tiempo de formación de las coronas; las líneas discontinuas representan el tiempo de formación de las raíces, y la letra E señala el momento aproximado de la erupción gingival de cada diente. La carta de los simios antropomorfos está ampliada 1,8 veces para igualar de manera gráfica los respectivos tiempos de formación de los dientes. Nótese que el desarrollo de los dientes del ejemplar Gibraltar 2 concuerda muy bien en la carta de las poblaciones modernas y tiene, en cambio, muy poca sincronía en la carta de gorilas y chimpancés.

Los resultados de Holly Smith no hicieron sino confirmar las conclusiones de Tim Bromage y Chris Dean. Los ejemplares de *Australopithecus afarensis, Australopithecus africanus, Homo habilis y Homo ergaster* no se ajustaban bien al modelo de desarrollo dental de *Homo sapiens*, sino que guardaban una cierta sincronía en la carta de los simios antropomorfos. Cuando Holly Smith estimó la edad de muerte de estos homínidos, considerando que su desarrollo dental era similar al de gorilas y chimpancés, obtuvo unos datos que diferían muy poco de los calculados por Tim Bromage y Chris Dean con el reloj biológico de los dientes. Por ejemplo, para el ejemplar LH 2 de Laetoli, Smith estimó una edad de muerte de 3,9 años, mientras que Bromage y Dean habían obtenido una edad de 3,3 años. Para el ejemplar Sts 24a, los datos fueron de 3,4 años para Smith, frente a los 3,3 años obtenidos por Bromage y Dean. Los dos métodos parecían funcionar de manera muy similar y apuntaban en la misma dirección.

La singularidad de los parántropos

El caso de los parántropos, sin embargo, apareció de nuevo como un problema de difícil solución. Holly Smith obtuvo que el desarrollo dental tanto de *Paranthropus robustus* como de *Paranthropus boisei* se ajustaba mejor al modelo de las poblaciones actuales. Es decir, parecía que Alan Mann no se había equivocado en sus conclusiones. No obstante, Smith observó que lo incisivos de todos los parántropos se formaban de manera sistemática antes que los primeros molares. Recordemos que en chimpancés y gorilas ocurre todo lo contrario: la formación de los incisivos está muy retrasada con respecto al primer molar, mientras que en las poblaciones humanas modernas el retraso relativo de los incisivos no es tan acusado. De ahí la mayor similitud entre el desarrollo dental de los parántropos con el de *Homo sapiens*. Sin embargo, también es importante recordar que los resultados de Tim Bromage y Chris Dean indicaban una gran velocidad en la formación de las coronas de los incisivos de los parántropos. Así, combinando ambas evidencias comenzaba a esclarecerse el enigma de estos homínidos, cuyo patrón de desarrollo dental parecía haber derivado de manera drástica del patrón de otros homínidos del Plio-Pleistoceno y se había aproximado al de nuestra especie. Pero la similitud era sólo aparente. El desarrollo dental de los parántropos tenía una duración mucho menor que el de las poblaciones modernas.

El interés por el desarrollo dental de los parántropos llevó a Chris Dean, David Beynon y Bernard Wood a investigar más a fondo la histología del esmalte de los dientes de estos homínidos. El conteo de perikimata en incisivos de ejemplares de Koobi Fora y Olduvai confirmó que estos dientes se formaban en un periodo muy breve de entre 2,5 y 3,0 años. Además existía una diferencia muy clara entre los incisivos de los parántropos y los de nuestra especie. En *Homo sapiens* el número de perikimata del tercio cervical de la corona —el más próximo a la raíz— es sensiblemente superior al que se observa en los parántropos. Ya sabemos que cuanto mayor es el número de perikimata en una región de la corona tanto mayor será el tiempo de crecimiento de esa parte del diente. En los parántropos la velocidad de formación de la corona de los incisivos es muy unifor-

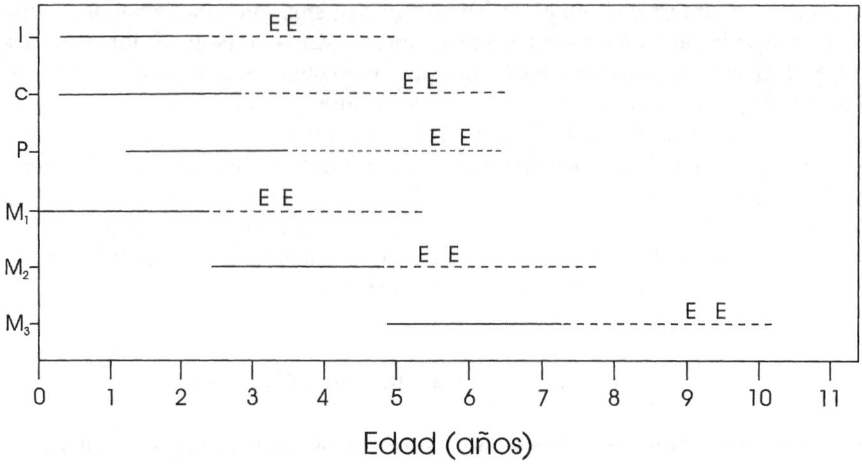

Figura 8.2. Carta de desarrollo dental tentativa propuesta por David Beynon y Chris Dean para los parántropos. Las líneas continuas indican el tiempo de formación de las coronas; las líneas discontinuas representan el tiempo de formación de las raíces y la letra E señala el momento aproximado de la erupción gingival de cada diente.

me, mientras que en los incisivos de las poblaciones modernas se produce una ralentización muy acusada en el tercio cervical, especialmente en los últimos tres milímetros de la corona, donde se puede contar un número elevado de perikimata. El estudio histológico de las coronas de premolares y molares de parántropos rotos de manera natural permitió también averiguar que el esmalte de sus dientes se forma con mayor rapidez en estos homínidos que en *Homo sapiens*. La velocidad de formación de esmalte es muy alta en los parántropos, lo que se traduce en un mayor espesor de la cubierta de esmalte que en los premolares y molares de las poblaciones modernas. Además, la tasa de extensión del esmalte es también más elevada en los dientes posteriores de los parántropos y las coronas se forman con mayor rapidez. De alguna manera, los dientes de los parántropos parecen seguir un modelo de desarrollo parecido al de los dientes de leche, cuya velocidad de extensión del esmalte es cinco veces más rápida que la de los dientes permanentes, como dijimos en páginas anteriores (véase también el capítulo 16).

Beynon y Dean propusieron pronto una carta de desarrollo dental para los parántropos, en la que el proceso de formación de la corona y de la raíz de todos los dientes sucedía en un tiempo mucho más breve que el de *Homo sapiens*. El nicho ecológico específico de los parántropos exigía disponer de un potente aparato masticador, con premolares y molares de gran tamaño y una amplia superficie oclusal, aptos para el tipo de dieta de estos homínidos. Sin embargo, la región anterior del aparato masticador no necesitaba realizar grandes esfuerzos en su función de asir y cortar el alimento, y se redujo de manera drástica con respecto a sus antecesores australopitecos. Esta reducción interesó a las regiones óseas de la parte anterior del macizo facial y a los incisivos y caninos, cuyo tamaño contrasta de manera muy llamativa con el de premolares y molares. Como consecuencia de estos cambios, el patrón de desarrollo de los parántropos derivó tanto en el tiempo como en el «timing» de los diferentes eventos del desarrollo con respecto al de los australopitecos. Las similitudes de los parántropos con *Homo sapiens* en ese «timing» son convergencias evolutivas, que llevaron a Alan Mann a una confusión justificada.

El niño de Taung

Otro acontecimiento importante en este debate científico ocurrió en octubre de 1987, con la publicación en *Nature* de los resultados de un estudio del niño de Taung —el holotipo de *Australopithecus africanus*— mediante tomografía axial computerizada. Este trabajo fue llevado a cabo por Glenn Conroy y Michael Vannier, de la Facultad de Medicina de la Washing University de San Luis, Missouri.

El niño de Taung fue un fósil muy controvertido desde que Raymond Dart lo extrajera en 1924 de un fragmento de roca caliza de la cantera de Taung en Suráfrica, hasta el descubrimiento de nuevos restos de australopitecos varios años más tarde en Sterkfontein. El hecho de que el fósil de Taung perteneciera a un individuo inmaduro no favoreció precisamente su correcta interpretación por la comunidad científica de entonces. Los individuos de especies próximas, que comparten antecesores comunes, tanto más se diferencian cuanto más progresan sus trayectorias ontogenéticas y viceversa. El niño de Taung se parecía a un chimpancé joven, aunque no era posible saber cuál sería su aspecto final como adulto. Sin embargo, Dart tuvo siempre la certeza de que se trataba de un homínido, después de observar la posición inferior del foramen magno, que sugería una clara posición bípeda para el individuo al que perteneció el cráneo de Taung. Los dientes tampoco dejaban lugar a dudas. La ausencia de diastemas o espacios interdentales para el encaje de los grandes caninos de los simios antropomorfos, el pequeño tamaño de los incisivos con respecto a los molares y los caninos reducidos alejaban al niño de Taung de chimpancés y gorilas y lo acercaban en cambio a los seres humanos.

A pesar de todo tuvieron que pasar muchos años hasta que el niño de Taung consiguió de manera definitiva su posición entre los homínidos y un carácter tan humano como el que nos dibujaron Alan Mann y Owen Lovejoy para todos los australopitecos y los parántropos. Debido a esa condición tan humana se podía deducir que el niño de Taung habría muerto hacia los seis años de edad. Los primeros molares permanentes estaban ya en la cavidad bucal y apenas habrían sido usados en el momento de la muerte de este individuo. Pero después de los resultados de Tim Bromage, Chris Dean y Holly Smith parecía obligado realizar una

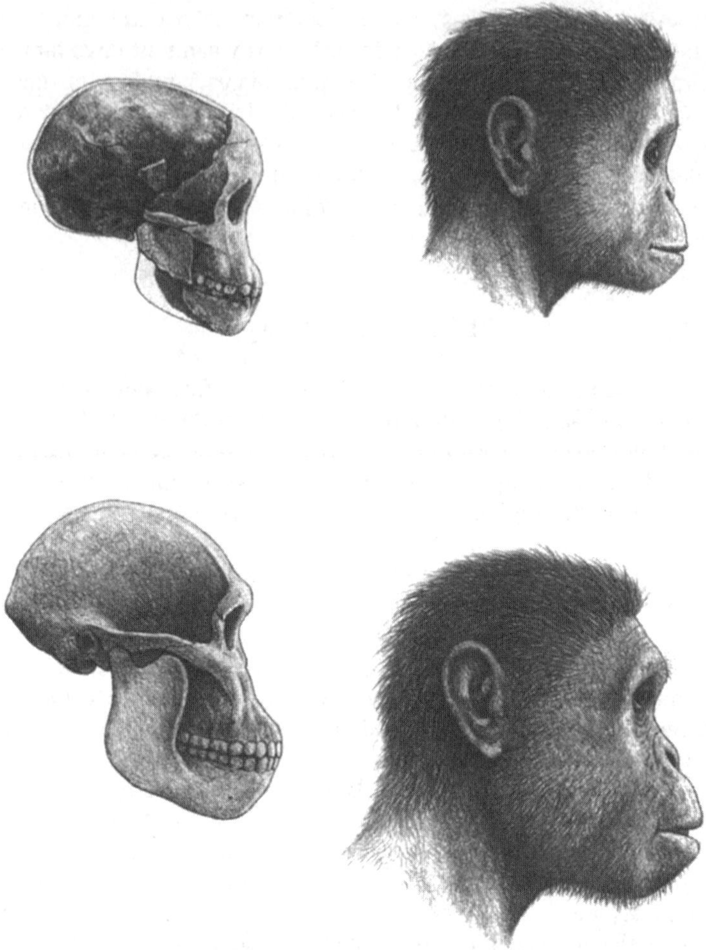

Figura 8.3. Cráneo y reconstrucción facial del niño de Taung (*arriba*) comparado con un ejemplar adulto de la misma especie, *Australopithecus africanus*. Tanto el cráneo de Taung como los ejemplares adultos de Sterkfontein, STS-5 y STS-71 (dos cráneos sin mandíbula que sirvieron de base a la reconstrucción del adulto), están excelentemente preservados, y permiten una reconstrucción fiable de la forma y proporciones de la cara en esta especie. En el caso del cráneo infantil, sólo fue necesario reconstruir el contorno de la parte posterior de la caja craneana y el ángulo inferior de la mandíbula. Por desgracia, no se conoce ninguna mandíbula completa de un ejemplar adulto de *Australopithecus africanus* y para esta reconstrucción se combinaron datos de varios fragmentos de mandíbula. La ilustración permite apreciar muy claramente los cambios en las proporciones de la cabeza asociados al desarrollo: en el adulto, la cara es mucho mayor respecto al cerebro y más proyectada hacia adelante, la frente es más huidiza y los arcos supraciliares están más marcados.

investigación del holotipo de *Australopithecus africanus*. La radiografía convencional nunca había permitido el estudio de las regiones internas de este fósil, debido a su avanzado estado de fosilización y a la matriz calcárea que nunca se pudo eliminar. Mark Skinner y Geoffrey Sperber, en su atlas de radiografías de homínidos primitivos publicado en 1982, fueron incapaces de mostrar buenas imágenes del niño de Taung. En los años ochenta la tomografía axial computerizada había adquirido ya un notable poder de resolución y Conroy y Vannier aplicaron esta técnica al fósil de Taung. De este modo pudieron verse por vez primera las regiones neumatizadas o cavidades internas del esqueleto facial y el estado de mineralización de los dientes permanentes incluidos todavía en el maxilar y en la mandíbula.

En los niños de nuestra especie, cuando los primeros molares permanentes completan su erupción y comienzan a ser funcionales, los incisivos, caninos y primeros premolares han formado ya una cierta porción de su raíz. Además, en esta situación los incisivos ya se encuentran en pleno proceso de ascenso hacia la cavidad bucal, ya que, como dijimos antes, ese proceso ocurre poco después de la erupción de los primeros molares. La tomografía del niño de Taung, sin embargo, mostró que tanto en el maxilar como en la mandíbula los incisivos, caninos y primeros premolares no habían comenzado la formación de la raíz. Es más, los caninos y primeros premolares sólo habían desarrollado las tres cuartas partes de su corona. El primer molar había formado unos 7,5 milímetros de la longitud de la raíz, que podía equivaler a algo más de la mitad de su longitud, mientras que el segundo molar había completado la mitad del desarrollo de su corona. Como indica la figura 8.4, el estándar de las poblaciones modernas sugiere una edad de algo más de tres años para el niño de Taung por el desarrollo de los incisivos y caninos y de seis años si tenemos en cuenta el desarrollo de los primeros molares. Se observa, por tanto, una clara disarmonía, que contrasta con los resultados obtenidos sobre la carta de desarrollo dental de gorilas y chimpancés. En este caso, las evidencias son compatibles con una edad de entre tres y cuatro años según el estándar de los simios antropomorfos. Estos nuevos resultados dejaron claro que *Australopithecus africanus* tuvo un patrón de desarrollo dental similar al de gorilas y chimpancés y mostraron la solidez de las conclusiones anteriores.

El debate

Dos años después de la publicación de Tim Bromage y Chris Dean en *Nature* aparecieron las primeras réplicas de Alan Mann, alentadas sin duda por el fuerte carácter de Michelle Lampl, su segunda esposa. En agosto de 1987 se publicó en *Nature* un breve artículo en la sección de correspondencia científica, firmado por Alan Mann, Michelle Lampl y Janet Monge, en el que criticaban con gran dureza las investigaciones de Holly Smith. Las críticas se centraban en dos puntos, ¿por qué Smith eligió para su trabajo la carta de desarrollo de Moorrees, Fanning

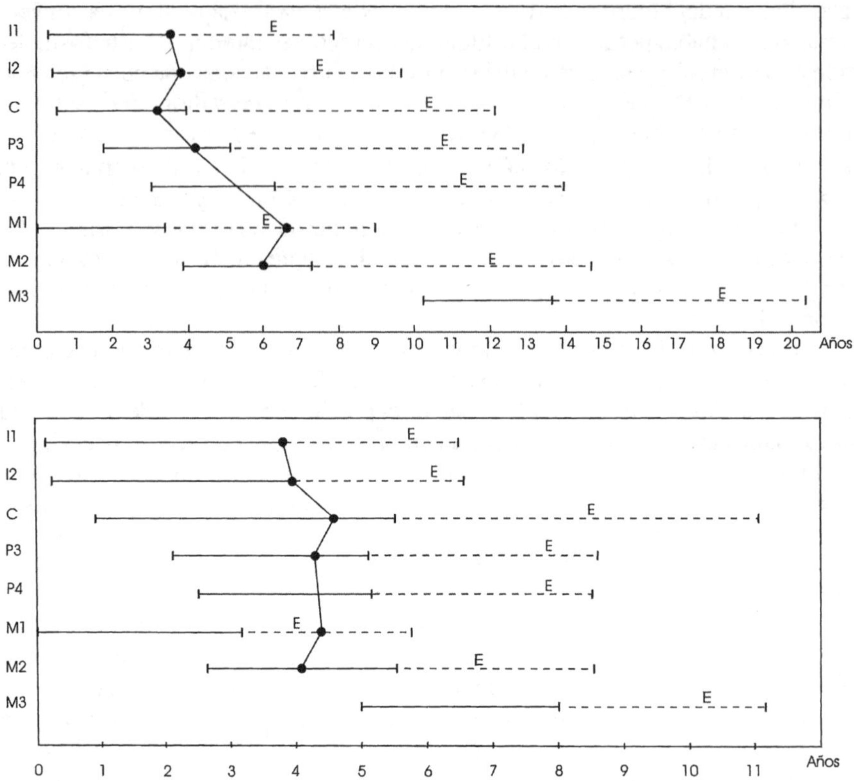

Figura 8.4. Grado de formación de los dientes maxilares del niño de Taung (*Australopithecus africanus*) situado sobre las cartas de desarrollo dental de las poblaciones modernas (*cuadro superior*) y de los simios antropomorfos. Las líneas continuas indican el tiempo de formación de las coronas; las líneas discontinuas representan el tiempo de formación de las raíces y la letra E señala el momento aproximado de la erupción gingival de cada diente. El desarrollo dental del niño de Taung tiene una buena sincronía en la carta de los simios antropomorfos.

y Hunt de 1963 y no los resultados de otros trabajos? La aplicación de esos resultados, explican Mann, Lampl y Monge, nos daría una visión más fiable de la variabilidad del desarrollo dental de nuestra especie. Además, estos investigadores encontraron en la literatura el caso de un niño de ocho años, cuyo desarrollo dental consideraban muy similar al del ejemplar KNM-ER 1590 de *Homo habilis*, que Smith discute en su artículo de 1986.

La réplica de Holly Smith, publicada a continuación, explicaba con detalle las razones por la que había preferido el trabajo de Moorrees, Fanning y Hunt al de otros científicos. Algunos de los trabajos citados por Mann y sus colaboradores tienen, según Smith, graves problemas metodológicos y la variabilidad en el desarrollo dental obtenida en estos trabajos refleja más esos problemas que la realidad de nuestra especie. Por ejemplo, un conocido trabajo de 1940 sobre desarrollo dental en niños norteamericanos se realizó con una muestra muy pequeña y formada por individuos con desarrollo anormal de los dientes. Por otro lado, Smith no estaba de acuerdo con el diagnóstico del estado de mineralización de los dientes de ese niño y rechazó así de modo tajante el segundo argumento de Mann, Lampl y Monge.

Al año siguiente, en mayo de 1988, Alan Mann publicó otro breve artículo en *Nature*, criticando las conclusiones de Conroy y Vannier después de su estudio tomográfico del Niño de Taung. Alan Mann eligió esta vez los restos dentales de un niño de 3.000 años de antigüedad del yacimiento de Hasanlu, en Irán, depositado en el Museo de la Universidad de Pennsylvania, para demostrar que el desarrollo de este niño era muy similar al del niño de Taung. Es quizás interesante señalar que Alan Mann eligió para este trabajo el método propuesto por Holly Smith, que tan duramente había criticado un año antes. Conroy y Vannier respondieron a este artículo, rechazando como válida la evidencia presentada por Alan Mann. El ejemplar elegido por este investigador habría de ser el mejor posible para defender su punto de vista pero, según Conroy y Vannier, el estado de calcificación de los incisivos y del segundo molar de este niño difiere de modo significativo del observado en el niño de Taung y encaja sin problemas en la variabilidad actual.

En 1990 Scott Simpson, Richard Meindl y Owen Lovejoy, de la Universidad de Kent en Ohio, aportaron nuevos argumentos para un debate que poco a poco había ganado en intensidad. Estos investigadores publicaron un artículo en la revista *Journal of Human Evolution*, en el que se planteaba una de las claves más importantes de la discusión. Según Simpson y sus colegas, la asunción realizada por Holly Smith de que el patrón de desarrollo de los dientes representa una evidencia directa de la velocidad o el tiempo de maduración somática es incorrecta. Un sistema orgánico puede madurar siguiendo un mismo patrón en especies distintas, pero los tiempos de desarrollo pueden ser muy diferentes. Las investigaciones de Adolf Schultz demostraron, por ejemplo, que el orden de osificación de las epífisis de los huesos largos es muy similar en la mayoría de los primates. Sin embargo, la duración del proceso oscila en un rango de entre dos y diez años, según las especies. Simpson, Meindl y Lovejoy insistieron por ello en que el orden de acontecimientos en el desarrollo dental tiene poco que ver con la maduración somática y está relacionado, en cambio, con el patrón de crecimiento de los huesos de la cara.

Simpson y sus colegas obtuvieron datos sobre desarrollo dental en sendas muestras de chimpancés y gorilas, y en una muestra arqueológica de amerindios de la región del actual estado de Ohio, todas ellas conservadas en el Museo de Historia Natural de Cleveland. El método de investigación ideado por Simpson,

Meindl y Lovejoy consistía en cuantificar el crecimiento de los dientes como una variable continua y calcular la velocidad de desarrollo de cada diente con respecto a los demás dientes. Para ello se obtuvieron rectas de regresión para cada pareja de dientes a partir de los datos obtenidos en todos los individuos de las muestras. La pendiente de las respectivas rectas de regresión indicaba la velocidad de desarrollo de cada diente con respecto a los demás y suponía una nueva manera de aproximarse a la definición del patrón de desarrollo dental de las especies investigadas. Los resultados de Simpson y sus colegas detectaron las similitudes y diferencias ya conocidas entre simios antropomorfos y poblaciones humanas modernas. De manera muy especial, Simpson, Meindl y Lovejoy destacaron las diferencias observadas entre simios antropomorfos y *Homo sapiens* para el desarrollo de los dientes anteriores y posteriores, que ya hemos explicado en capítulos precedentes.

Para Holly Smith y otros investigadores estas diferencias están relacionadas con cambios específicos en el tiempo de desarrollo somático. Simpson, Meindl y Lovejoy ofrecieron una interpretación muy distinta: la divergencia en el patrón de desarrollo de los dientes anteriores con respecto a los posteriores estaría relacionada con el modo de osificación de los huesos de la cara. En nuestra especie se produce una aceleración en la formación de los incisivos y caninos con respecto al primer molar, que sería consecuencia de la temprana fusión del premaxilar con el maxilar, antes del tercer mes de vida fetal. En chimpancés este proceso es perinatal; es decir, la fusión ocurre alrededor del momento de nacimiento y provocaría una demora relativa en la formación de los dientes anteriores. En los gorilas el proceso de fusión del premaxilar con el maxilar se retrasa hasta el final del periodo juvenil. Este retraso posibilita un crecimiento prolongado de los dos huesos, que se traduce en un notable prognatismo facial y permite el desarrollo de unos caninos enormes. La sutura premaxilar/maxilar se observa en algunos ejemplares de *Australopithecus afarensis* y *Australopithecus africanus*, lo que explicaría el prognatismo facial de estas especies y un posible retraso en la formación de sus incisivos, como sucede en gorilas y chimpancés. En *Homo sapiens*, el canino también acelera su formación, porque se incorpora al campo dental anterior junto a los incisivos. En nuestra especie, la pérdida de la función del canino como arma de ataque y defensa —propia de chimpancés y sobre todo de gorilas— justifica este cambio. En definitiva, Simpson, Lovejoy y Meindl piensan que las diferencias en las trayectorias de crecimiento facial entre las especies repercute en el retraso o aceleración del desarrollo de los incisivos y caninos, y no aceptan que exista una relación entre el desarrollo dental y el desarrollo somático.

Uno de los resultados más problemáticos de Simpson, Meindl y Lovejoy fue la obtención de una gran similitud entre simios antropomorfos y *Homo sapiens* para el desarrollo del segundo molar con respecto al primer molar. Ya sabemos que en nuestra especie se produce un cierto retraso en el inicio de la formación del segundo molar y este retraso se relaciona con la prolongación de nuestro desarrollo. Los resultados de Simpson y sus colegas diferían así de los obtenidos por otros investigadores, como Alan Mann, Chris Dean, Bernard Wood, Tim Bromage, etc.

El método de Simpson, Meindl y Lovejoy, que no vamos a explicar en detalle, fue muy criticado por Robert Anemone y Elizabeth Watts, de la Universidad de Tulane, en Nueva Orleans. Estos investigadores, especialistas en desarrollo dental de primates, mostraron su desacuerdo con los datos obtenidos por Simpson en chimpancés y gorilas, que diferían en algunos aspectos importantes de los suyos. Según Anemone y Watts, el error más importante de Simpson, Lovejoy y Meindl fue cuantificar el desarrollo de los dientes asumiendo que se trata de un proceso lineal, en el que la velocidad de formación de la corona y de la raíz se consideran constantes. Ya sabemos que esto no es así, sino que en la corona esa velocidad o tasa de extensión del esmalte varía en gran medida entre la zona de aposición y la zona de imbricación, con un descenso acusado en la región cervical. En la raíz ocurre algo similar, con un descenso en su velocidad de formación en el tramo final, hasta que se produce el cierre del ápice en torno a los vasos y nervios que dan vida a la cavidad pulpar.

Se debe decir, en honor a la verdad, que Simpson, Meindl y Lovejoy tienen razón al afirmar que un determinado patrón de desarrollo dental no ofrece información directa sobre el tiempo de formación de los dientes. Este dato se debe obtener del reloj biológico de los dientes. Sin embargo, cada vez fue más evidente —y asi lo veremos en el capítulo 12— que los australopitecos y *Homo habilis* compartían un mismo patrón de desarrollo dental con chimpancés y gorilas, mientras que los miembros más recientes de *Homo* presentaban un patrón de desarrollo de los dientes similar al de nuestra especie. Se afianzaba entonces el convencimiento en la comunidad científica de que este hecho tendría alguna relación con los cambios en el tiempo y modo de maduración somática de los homínidos.

La precisión del reloj

Aún habría de producirse una última crítica de Alan Mann, que se centró en la validez del reloj biológico de los dientes. Junto a Monge y Lampl, Alan Mann publicó un breve artículo en noviembre de 1990 en *Nature*, que un año más tarde desarrolló en otro trabajo publicado en la revista *American Journal of Physical Anthropology*. En el primer artículo, estos investigadores incidieron especialmente en la variación del número de perikimata encontrado en una muestra de doce incisivos humanos recientes de la colección arqueológica del yacimiento de Hasanlu. El número de perikimata de esta muestra estaba incluido en un rango de entre 75 y 157, lo que contrastaba de modo muy notable con el rango obtenido por Tim Bromage y Chris Dean de 165 a 202 en aquella muestra de diez incisivos utilizada en su publicación de 1985. En el rango de variación obtenido por Mann, Monge y Lampl cabían las cifras publicadas por Beynon, Bromage y Dean para los incisivos de los australopitecos, la mayoría de los parántropos y los

Homo primitivos. En el segundo artículo, Mann, Monge y Lampl discutieron a fondo estos resultados a la luz de la variación en el número de perikimata observada hasta entonces en incisivos de homínidos fósiles. Por ejemplo, estos investigadores llamaron la atención sobre el número de perikimata contados por Chris Dean, Chris Stringer y Tim Bromage en el incisivo central superior del ejemplar neandertal Gibraltar 2. Ese número fue de 119, que es muy inferior no sólo al rango publicado por Bromage y Dean, sino también al conteo realizado por estos investigadores en *Australopithecus*. Mann y sus colaboradores, por su parte, contaron el número de perikimata en incisivos de individuos inmaduros del yacimiento de Krapina, en Croacia, dispone de una muestra muy elevada de restos de neandertales. El único incisivo de esta colección que tiene la corona recién formada y permite contar los perikimata es el ejemplar Krapina 90. El conteo de perikimata dio una cifra de 202, que es comparable al extremo superior del rango obtenido por Bromage y Dean y nos da una idea de la variabilidad en *Homo neanderthalensis*.

Ante estos resultados, Mann y sus colaboradores criticaron con firmeza el método del conteo de perikimata para estimar tiempos de formación de las coronas de los dientes. El hecho de que cada perikimata representa entre seis y diez días de formación de esmalte podría explicar, según Mann, la enorme variación que se obtiene con este método para el tiempo de formación de la corona de una clase de diente. Por ejemplo, una variación de entre 75 y 200 perikimata en los incisivos de las poblaciones modernas implica un rango de entre 1,9 y 4,4 años para la formación de la corona de estos dientes —asumiendo un promedio de siete días para la formación de las estrías de Retzius y los perikimata. Estos datos no se corresponden con la realidad, puesto que la variación en el tiempo de formación de la corona de los incisivos es mucho menor. Además, Mann, Monge y Lampl pusieron en tela de juicio la validez del reloj dental, que podría ser mucho menos preciso de lo que se suponía. Esa conclusión se apoyaba en los problemas técnicos señalados por algunos investigadores para observar con claridad las estrías tranversales. En definitiva, el método del reloj biológico de los dientes tenía demasiadas dificultades y debería ser abandonado.

Estos dos últimos trabajos de Alan Mann obligaron a una revisión a fondo del método y de los resultados anteriores. Tim Bromage obtuvo una plaza de profesor en el Hunter College de Nueva York y se centró en otra línea de trabajo, que le llevó a dirigir excavaciones en Malawi y al hallazgo de fósiles humanos, como la mandíbula UR 501, atribuida a *Homo rudolfensis* y de la que hemos hablado en la primera parte del libro. En cambio, Chris Dean siguió los pasos de Alan Boyde, su maestro, y continuó las investigaciones sobre desarrollo dental en colaboración con otros científicos del Reino Unido, como David Beynon, Donald Reid o Gabrielle Macho.

Estos investigadores confirmaron que, en efecto, el conteo directo de perikimata para realizar estimaciones del tiempo de formación de las coronas podía tener varios problemas que limitaban su utilidad. Por ejemplo, en cada especie, en cada diente de un mismo individuo y aun en cada cúspide de un mismo diente el tiempo de formación de la zona aposicional es variable. En consecuencia, no se puede asumir un tiempo constante para lo que tarda en formarse esta zona, como hicieron Bromage y Dean en aquel primer trabajo de 1985. El tiempo de formación de la zona de imbricación también es variable, por lo que el número de perikimata puede ser también tan variable como apuntaban Mann y sus colaboradores. Por otro lado, aunque el periodo más frecuente de formación de esmalte entre cada dos estrías de Retzius oscila entre siete y nueve días, los extremos de la variación llegan hasta un mínimo de cinco y hasta un máximo de diez días. Por último, los perikimata no siempre se expresan de manera clara en la zona cervical de la corona, donde tienden a juntarse y a confundir al observador.

Los niños de Saint Bride

En 1995, Tushar Huda y J. Bowman, del Departamento de Anatomía y Biología Celular del Hospital Guy de Londres, publicaron un trabajo que no pretendía entrar en el debate sobre la utilidad del método del reloj biológico de los dientes y los patrones de maduración de los homínidos, sino resolver un problema muy particular de aplicación en investigaciones forenses, pero que de manera indirecta renovó la confianza de muchos en este método. Huda y Bowman decidieron investigar sobre la identificación de los cadáveres de diez niños de entre 1 y 4 años de edad, fallecidos a mediados del siglo XVIII en Londres y enterrados en el exterior de la iglesia de Saint Bride. Esta iglesia se encuentra actualmente en Fleet Street y representa el séptimo edificio levantado en el mismo lugar desde el siglo XVI. El sexto edificio fue destruido por el «Gran Fuego» de Londres de 1665 y en su lugar se construyó la actual iglesia de St. Bride. Las ruinas de los edificios anteriores se convirtieron a partir de entonces en criptas para el entierro de londinenses, hasta la epidemia de cólera de 1854, cuando el parlamento británico decretó, por cuestiones de salud, la prohibición de enterrar cadáveres en la ciudad de Londres. Aquel suceso y el paso del tiempo hicieron caer en el olvido el pequeño cementerio de St. Bride, que sufrió un severo castigo durante los bombardeos de la segunda guerra mundial. Los trabajos de reconstrucción de la iglesia permitieron localizar las antiguas criptas, que contenían huesos apilados de varios cadáveres para ganar espacio y un cierto número de ataúdes con sus correspondientes placas de identificación de los difuntos. Los restos humanos fueron recuperados e inventariados en los años sesenta y guardados en cajas apropiadas, con los datos de los fallecidos.

En la caja 125 se metieron los cadáveres de los diez niños mencionados, que se etiquetaron con las letras de la A a la J, ordenados por su edad de muerte. Se trataba de niños pertenecientes a familias acomodadas, que habían crecido con buena salud y que habían fallecido por diferentes motivos, como problemas en su dentición, fiebres tifoideas, escarlatina o convulsiones. Las placas de los ataúdes tenían información sobre la fecha de nacimiento y de la muerte, por lo que los datos sobre su edad al morir eran muy precisos. Los nombre de los diez niños figuraban también en las placas, pero era prácticamente imposible identificar los restos de cada niño, salvo en el caso de George (individuo H), el mayor de todos, que había muerto a los cuatro años y tres meses. La edades de muerte de los demás niños estaban tan próximas, que resultaba imposible la identificación, aun cuando se hicieron radiografías convencionales de los maxilares y mandíbulas. Huda y Bowman decidieron usar el método del reloj biológico de los dientes, que en teoría debería permitir determinar con una gran precisión la edad de muerte de cada unos de los cadáveres y comparar los resultados con los datos de las placas.

Huda y Bowman extrajeron el primer molar permanente de las mandíbulas, un diente que generalmente comienza a formarse poco antes del nacimiento. Cuando este diente no estaba disponible o no se encontraba en buenas condiciones para su estudio, se empleó alguno de los dientes anteriores deciduos, que comienzan a formarse antes del nacimiento. Se trataba de localizar en estos dientes la línea neonatal, de la que ya hemos hablado en el capítulo anterior. Recordamos que se trata de una estría de Retzius muy marcada, debido a la detención del proceso de formación del esmalte durante un breve periodo de tiempo, como consecuencia del estrés que supone el nacimiento. A partir de la línea neonatal se pueden contar todas las estrías de Retzius hasta la última formada y estimar así la edad de muerte de cada unos de los niños.

Después de un tratamiento previo muy complejo de consolidación, los dientes fueron cortados para obtener secciones delgadas. Las secciones se observaron al microscopio con luz polarizada y se contaron tanto las estrías transversales como las estrías de Retzius. Cada niño mostró un número variable de estrías transversales entre cada dos estrías de Retzius, aunque la mayoría tenía entre cinco y siete. La excepción fue el niño D, que tenía de nueve a once estrías transversales entre cada dos estrías de Retzius. Esta variación individual se tuvo en cuenta a la hora de estimar unos límites para la edad de muerte de cada uno de los niños. El rango obtenido para la estimación de la edad de muerte por el conteo de la estrías de Retzius fue comparado con los datos escritos en las placas de las cajas y en los certificados de defunción. En ocho de los diez casos se pudo realizar la identificación de los niños, demostrándose así la precisión del método del reloj biológico de los dientes. Los niños F e I, que corresponderían a Fred y Emily, murieron a una edad muy similar: dos años y siete meses en el caso de Fred, y dos años y nueve meses en el caso de Emily. El conteo de estrías de Retzius dio un rango de edad de muerte casi idéntico en los dos casos, por lo que no fue posible tomar una decisión sobre la identidad de estos niños. Aunque el método seguido fue muy laborioso y consumió gran cantidad de tiempo, quedó probada su utilidad, cuando se tienen en cuenta los factores que influyen en su precisión.

En los últimos años las investigaciones se han centrado sobre todo en examinar dientes de homínidos rotos de manera natural, para conocer en primer lugar el número de estrías tranversales entre cada dos estrías de Retzius en diferentes regiones del esmalte, y valorar mejor el conteo de estas últimas tanto en la zona de aposición como en la zona de imbricación. Se trata, en definitiva, de aprender a leer mejor en el reloj biológico de los dientes, que se ha consolidado como un método valioso de investigación. Ahora existe un consenso general de que las coronas de los incisivos de los parántropos se formaban en un tiempo de entre 1,7 y 2,2 años, un periodo aún más corto de lo que se pensaba y muy inferior al de los incisivos de las poblaciones modernas, que oscila entre algo más de tres años y algo menos de cinco años, según se trate de los incisivos superiores o de los inferiores. En los australopitecos también ha quedado bien demostrado que el tiempo de formación de los incisivos se sitúa en la parte inferior del rango de las poblaciones actuales. Se han confirmado así las conclusiones de Tim Bromage y Chris Dean y en los últimos años se ha generalizado el acuerdo de que el desarrollo dental fue diferente al de nuestra especie y que esas diferencias reflejan un periodo más corto en el crecimiento y desarrollo de nuestros ancestros.

Un aspecto importante, del que hasta ahora hemos hablado muy poco, es el tiempo de formación de las raíces. Entre los simios antropomorfos y *Homo sapiens* existen diferencias apreciables, que distinguen nuestros respectivos patrones de desarrollo dental. En *Homo sapiens* las raíces de los incisivos tardan menos tiempo en formarse (4,4-5,2 años) que en chimpancés y gorilas (5,0-6,0 años), mientras que el tiempo de formación de la raíz del canino en nuestra especie (unos 7 años) es algo superior al de los simios antropomorfos (alrededor de 6 años). Para los premolares y molares la formación de las raíces es también más rápida en chimpancés y gorilas (4,0-6,0 en premolares y 3,0-6,5 en molares) que en nuestra especie (5,0-6,0 en premolares y 4,6-7,2 en molares). En homínidos fósiles se ha investigado menos sobre el tiempo de formación de las raíces, porque la evidencia de las líneas de crecimiento en la dentina no es tan obvia como en el esmalte. La líneas de Von Ebner y las bandas perirradiculares serían respectivamente equivalentes a las estrías de Retzius y los perikimata. Chris Dean ha contado el número de bandas perirradiculares en las raíces de los dientes del ejemplar OH 16 de Olduvai, asignado a *Homo habilis*, y sus resultados indican tiempos comprendidos en el rango de los simios antropomorfos. Se trata sólo de las primeras exploraciones de la dentina de los dientes fósiles, pero sin duda habrá nuevos e interesantes resultados para conocer mejor el desarrollo dental de los homínidos.

El fiel de la balanza

Hacia mediados de los noventa la balanza se inclinó de manera definitiva del lado de los que defendían que los australopitecos y parántropos tenían una ontogenia similar a la de los simios antropomorfos. El estudio del patrón de desarrollo dental y del reloj biológico de los dientes ofrecía resultados que avalaban esta hipó-

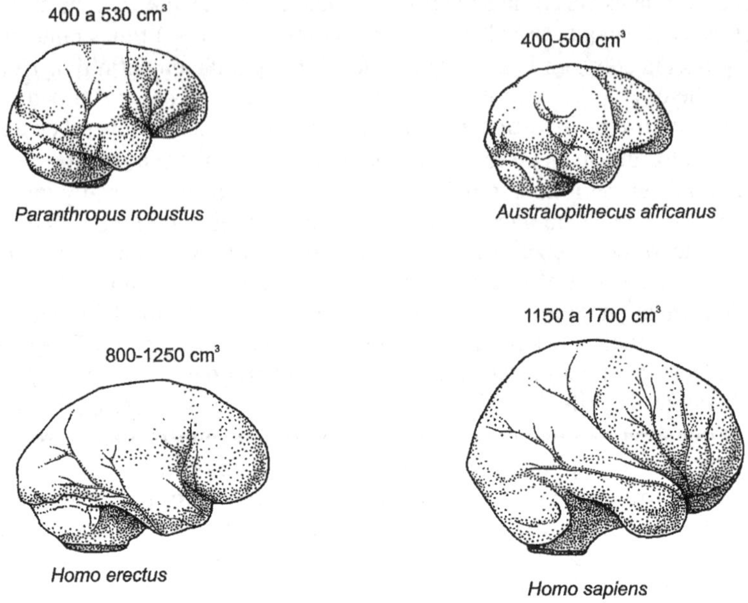

Figura 8.5. Esquema del tamaño y la forma del cerebro en distintos homínidos.

tesis, una vez conocidos y superados los problemas metodológicos. En 1995, un artículo de Richard Smith de la Universidad Washington de San Louis, Missouri, publicado junto con Patrick Gannon y Holly Smith en *Journal of Human Evolution*, nos volvió con recordar que los datos sobre la capacidad craneal de los homínidos no podían ser olvidados en este importante debate. No es necesario insistir en la enorme importancia del cerebro, que se puede considerar como el «marcapasos» del crecimiento y desarrollo. La formación de otros órganos, como los propios dientes, puede suceder dentro de ciertos márgenes de variación, que no afectan a la viabilidad de los individuos. No ocurre así con el cerebro, cuya trayectoria ontogenética está muy bien canalizada y es la referencia principal para los demás aspectos somáticos del desarrollo. En 1989, Holly Smith había establecido una relación muy clara entre el peso del cerebro y el momento de la erupción del primer molar (M1) en diferentes especies de primates, como explicamos en páginas anteriores. Sin embargo, los datos empleados por Smith procedían de un trabajo de Harvey y Clutton Brock, en el que estos autores asumían que el peso del cerebro y la capacidad craneal eran similares desde el punto de vista cuantitativo: $1 cm^3 = 1$ g. Esta asunción no es correcta, como nos mostraron R. Smith, P. Gannon y H. Smith, sino que el valor de la capacidad craneal de un individuo es superior al valor del peso de su cerebro. Por ese motivo, estos investigadores decidieron hacer nuevos cálculos y revisar las interpretaciones.

La capacidad craneal es la única variable de estimación directa que se puede emplear cuando se trabaja con homínidos. La capacidad del cráneo no sólo incluye el volumen del cerebro, sino también el volumen de las meninges que protegen a éste, así como el espacio que ocupan los vasos sanguíneos, senos venosos, nervios y fluido cerebroespinal. El volumen y peso del cerebro sólo pueden ser estimados de modo indirecto en homínidos mediante cálculos apropiados, que incluyen un cierto margen de error. R. Smith, P. Gannon y H. Smith estimaron la capacidad craneal de doce especies de primates, cuyos cráneos se conservan en el Museo Americano de Historia Natural de la Ciudad de Nueva York, y tomaron datos de la literatura para chimpancés y poblaciones humanas modernas obtenidos por Philippe Tobias y sus colaboradores de la Universidad de Witwatersrand en Suráfrica. Se eligieron datos de poblaciones negras, porque la erupción de sus dientes ocurre a edades más tempranas que en poblaciones caucásicas. Lo mismo sucede en poblaciones amerindias y se considera que éstas y las poblaciones negras representan mejor la realidad de nuestra especie para este carácter del desarrollo dental. Si el proceso de erupción de los dientes está en buena parte bajo control genético, las poblaciones caucásicas estarían «derivadas» en el desarrollo de sus dientes con respecto a las poblaciones negras y amerindias.

Cuando R. Smith, P. Gannon y H. Smith compararon los datos de capacidad craneal y erupción del M1 (transformados a logaritmos neperianos) de los primates analizados —que incluían los géneros *Callithrix*, *Saguinus*, *Cebus*, *Saimiri*, *Aotus*, *Cercopithecus*, *Macaca*, *Papio*, *Pan* y *Homo*— obtuvieron una recta de regresión, que se definía por la ecuación:

$$\ln (\text{edad de erupción M1}) = 0{,}582\ (\ln \text{capacidad craneal}) - 2{,}405$$

Fue muy interesante constatar que, con respecto a la tendencia general de los primates, nuestra especie tiene una capacidad craneal más alta de lo esperado para la erupción del M1, mientras que en los chimpancés ocurre lo opuesto. ¿Cómo se comportan los homínidos fósiles con respecto a estos resultados? El objetivo de este tipo de análisis es precisamente predecir algo a partir de una ley general. Es sencillo deducir, teniendo en cuenta los datos que ya conocemos de la capacidad craneal de los homínidos plio-pleistocenos, que la edad de erupción del M1 en los australopitecos y parántropos habría de ser muy similar a la de los chimpancés y así fue. Por ejemplo, la edad de erupción del M1 en *Australopithecus afarensis*, con una capacidad craneal promedio de 404 centímetros cúbicos, estaría comprendida entre 2,7 y 3,2 años. En *Paranthropus boisei* (500 centímetros cúbicos) los límites del rango serían 3,2 y 3,7, mientras que para *Homo habilis* (610 centímetros cúbicos) la edad de erupción del M1 estaría en un rango de 3,5 a 4,1 años. Este último dato es algo superior al que habían estimado Tim Bromage, Chris Dean y la propia Holly Smith, que consideraron a *Homo habilis* muy similar en todos los aspectos de su desarrollo dental a los australopitecos y parántropos. Para *Homo erectus*, con una capacidad craneal media de 983 centímetros cú-

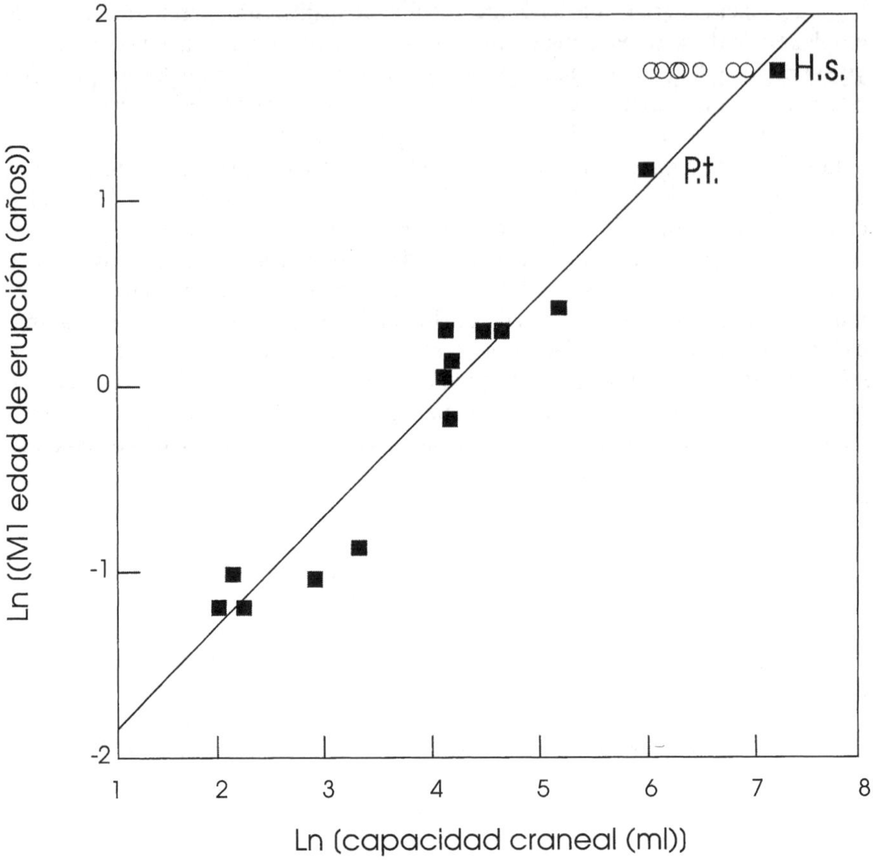

Figura 8.6. Línea de regresión formada a partir de los datos sobre la edad de erupción del primer molar y de la capacidad craneal (en mililitros) en 14 especies de primates antropoides. Las dos variables están transformadas en logaritmos neperianos. La posición del chimpancé comun aparece señalada con las letras P.t. (*Pan troglodytes*). La posición de *Homo sapiens* (H.s.) también está indicada en la figura. Los círculos blancos señalan la posición hipotética que deberían ocupar en el espacio de variación distintos homínidos, de izquierda a derecha: *Australopithecus afarensis*, *Australopithecus africanus*, *Paranthropus robustus*, *Paranthropus boisei*, *Homo habilis*, *Homo ergaster* y *Homo erectus* en el caso de que la edad de erupción de su primer molar fuera similar a la de nuestra especie. Los australopitecos y los parántropos —y tal vez *Homo habilis*— quedan fuera de la línea de regresión de los demás primates incluidos en el análisis. Para estos homínidos deberíamos entonces asumir una relación entre la erupción del primer molar y la capacidad craneal diferente a la de otros primates. La solución a este problema consiste en admitir que las especies citadas tenían una erupción del primer molar más temprana y acorde con su capacidad craneal. Gráfico tomado de Smith, Gannon y Smith (1995).

bicos, la edad de erupción del M1 estimada sería de entre 4,6 y 5,4. Esta última cifra coincide con la edad obtenida por los autores para nuestra especie; es decir, *Homo erectus* habría alcanzado el límite inferior de la variabilidad de *Homo sapiens* para la edad de erupción del M1.

En definitiva y pese a las dificultades metodológicas, todas las evidencias apuntaban en la misma dirección. Los australopitecos y los parántropos eran homínidos bípedos, pero el modelo de su historia biológica debería ser construido a partir de unos cánones menos humanos. La lógica se fue imponiendo, porque carecía de sentido considerar que estos homínidos, con sus rasgos peculiares, habían desarrollado un modelo social y biológico similar al de nuestra especie. Ahora cabe citar de nuevo aquella frase de Tim Bromage, que define muy bien el problema: «... si los primeros homínidos crecían igual que los seres humanos, entonces ¿por qué no fueron humanos en caracteres tales como el tamaño corporal y del cerebro?». Sobre los primeros *Homo* se podía aún discutir, incluso hasta el punto de cuestionar su posición taxonómica en el grupo, como veremos a continuación. Pero lo más importante de todo era disponer ahora de argumentos muy sólidos para conocer mejor la biología de los primeros homínidos. Cabe por último un comentario para hacer justicia a los trabajos de Alan Mann y Owen Lovejoy. Estos investigadores estuvieron muy acertados al suponer que la prolongación del periodo de desarrollo precedió a rasgos biológicos como la monogamia, la división del trabajo, el desarrollo del hogar base y el hábito de compartir el alimento entre los miembros del grupo. Mann y Lovejoy abrieron camino hacia una investigación más profunda y rigurosa de la evolución de la historia biológica de nuestros ancestros, en el que la sociobiología, los modos de vida y el patrón de desarrollo toman un protagonismo esencial en la comprensión del proceso de humanización.

9

Estrategias adaptativas en *Homo habilis*

La misma conclusión puede hacerse respecto al hombre: el entendimiento debió ser para él muy importante, aun en época muy remota, capacitándole para inventar y usar el lenguaje, fabricar armas, instrumentos, tender celadas, etc., lo que, unido a sus hábitos sociales, le hizo ser, desde hace mucho tiempo, señor de todas las criaturas vivientes.

CHARLES DARWIN, *El origen del hombre*

El debate sobre los patrones y el tiempo de maduración de los homínidos plio-pleistocenos se había inclinado finalmente del lado de los que defendían un aspecto menos humano para los australopitecos, parántropos y los representantes más antiguos del género *Homo*. Estos homínidos habrían tenido un desarrollo similar al de gorilas y chimpancés, tanto en su duración como en sus características. Así, a la larga fase de la infancia habría seguido un periodo juvenil, que habría terminado hacia los once años con la madurez sexual y el inicio de la etapa de adulto. El periodo de niñez y la adolescencia prolongada aún no formarían parte del desarrollo de los homínidos plio-pleistocenos. La duración del periodo de aprendizaje y de la dependencia de los progenitores habría sido similar al de los simios antropomorfos, y los modelos basados en el campamento base, división del trabajo, parejas estables, mayor consumo de carne y reparto del alimento entre los miembros del grupo no tendrían sentido en estos primeros homínidos. La postura erguida y la locomoción bípeda fueron en realidad las únicas adaptaciones que aproximaban los australopitecos y los parántropos a nuestra especie. Durante varios millones de años los homínidos fuimos primates muy similares a los chimpancés en aspectos tan importantes como el desarrollo cerebral, aunque nos diferenciamos en el sistema de locomoción, mucho más efectivo en los medios en los que tuvo lugar nuestra evolución. No cabe duda del éxito evolutivo de los homínidos en ese largo periodo de tiempo, a juzgar por el incremento en el número de especies que se han ido conociendo en estas últimas dos décadas.

Dedos muy precisos y cerebros en expansión

Sería imperdonable no hablar ahora de un rasgo adaptativo que debió de surgir en estas primeras etapas de la evolución de los homínidos y que fue esencial para el proceso de humanización. Me refiero a la «pinza de precisión», que nos permite manipular objetos entre el pulgar y el índice de manera muy precisa y es una de las bases anatómicas de nuestra habilidad para crear arte y tecnología y, en definitiva, de la cultura desarrollada por los homínidos. Los simios antropomorfos tienen dedos largos y curvos, con yemas estrechas y pulgares muy cortos. Con estos rasgos anatómicos los chimpancés y gorilas son capaces de manejar objetos de manera relativamente tosca, realizando una «pinza de presión». Nosotros podemos hacer lo mismo sujetando un objeto, el lápiz por ejemplo, entre todos los dedos y la palma de la mano. No obstante, los seres humanos tenemos un dedo pulgar muy desarrollado, los dedos son más cortos y las yemas son anchas, a la par que muy irrigadas por numerosos vasos y capilares y con abundantes terminaciones nerviosas, que proporcionan una extrema sensibilidad.

La morfología de los fósiles nos puede ayudar a deducir hasta qué punto los primeros homínidos, cuyas manos se habían liberado en gran medida de la locomoción, eran capaces de una pinza de precisión. Por ejemplo, el metacarpo del pulgar humano no sólo es más largo que el de gorilas y chimpancés, sino que también es más ancho en sus extremos proximal y distal. En este último se insertan hasta cinco paquetes musculares, que proporcionan fuerza y una amplia libertad de movimientos al pulgar. En *Homo sapiens* la falange distal de este dedo también tiene una base muy ancha para la inserción de un músculo bien desarrollado. Los gorilas y chimpancés carecen de este músculo y sólo cuentan con un tendón (*flexor digitorum profundus*), que realiza una función similar pero menos efectiva. El extremo distal del metacarpo del pulgar de chimpancés y gorilas es más estrecho y en él sólo se insertan tres paquetes musculares.

Randall Susman, de la Universidad de Stony Brook de Nueva York, se ha especializado en el estudio de los restos fósiles de las manos de los homínidos. En septiembre de 1994, Susman publicó un artículo en *Science* con los resultados de sus investigaciones sobre la posibilidad de que los homínidos del Plio-Pleistoceno tuvieran la base anatómica necesaria para la pinza de precisión. Este investigador observó que el primer metacarpo de *Australopithecus afarensis* es muy similar al de los chimpancés. La ausencia de herramientas líticas entre tres y cuatro millones de años parece un hecho en consonancia con la presencia en este periodo de un homínido que con gran probabilidad carecía de pinza de precisión. En cambio, el metacarpo del pulgar de los parántropos de Suráfrica tiene, según Susman, una morfología compatible con un sistema muscular tan desarrollado como el de *Homo sapiens* y permite proponer para estos homínidos la presencia de esta peculiar adaptación.

Es muy probable que *Homo habilis* hubiera desarrollado también la pinza de precisión, aunque ahora no podemos estar seguros de que fueran los únicos ho-

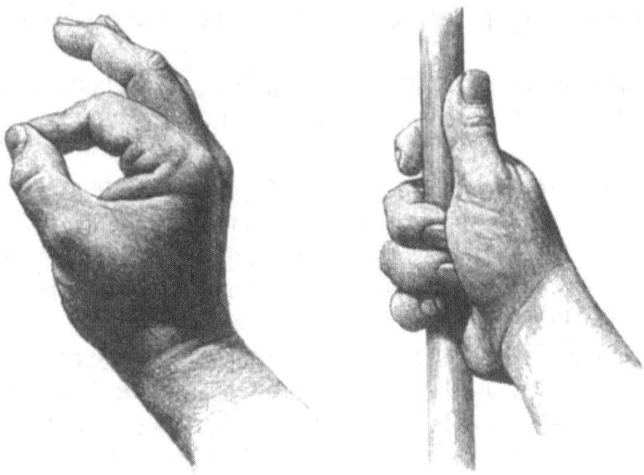

Figura 9.1. Pinza de precisión y pinza de presión. La forma y disposición del pulgar permite a los humanos manipular objetos con mayor precisión de lo que resulta posible para los grandes simios, sin renunciar a la fuerza. En la pinza de precisión (*izquierda*), la punta del pulgar se opone a la yema del índice o de algún otro dedo de la mano, o bien a varios dedos a la vez. En la pinza de presión (*derecha*), el pulgar sirve de apoyo para la presión ejercida por la palma y el resto de los dedos de la mano.

mínidos capaces de fabricar las herramientas de Olduvai. *Homo habilis* y también *Homo rudolfensis* iniciaron el siguiente paso fundamental en el proceso de humanización. El volumen encefálico de estos homínidos aumentó no sólo en términos absolutos con respecto a sus antecesores, sino también en relación a su tamaño corporal. Esta es una de las conclusiones de Henry McHenry, de la Universidad de California, uno de los mayores expertos en el estudio del tamaño y peso del cuerpo de los homínidos. Según este investigador el peso medio de la especie *Homo habilis* no superó los 35 kilogramos, una cifra incluso inferior a la estimada para *Australopithecus afarensis* (37 kg), aunque similar a la de *Australopithecus africanus* (35,5 kg). La capacidad craneal de *Homo habilis*, en cambio, se incrementó en un 50 por 100 con respecto a la primera especie y en un 38 por 100 con respecto a la segunda. En otras palabras, *Homo habilis* mejoró de manera muy significativa su grado de encefalización con respecto a sus antecesores. Existen diferentes métodos para medir esa variable, pero todos se basan en la comparación del peso del cuerpo y el tamaño del cerebro en diferentes especies de primates. A partir de esos datos se generan ecuaciones que permiten estimar el valor del grado o nivel de encefalización del caso particular que nos interesa. La especie *Homo rudolfensis* también incrementó su grado de encefalización con respecto a los australopitecos. La capacidad craneal del ejemplar KNM-ER 1470 de esta especie es de 752 centímetros cúbicos, que aún es superior en 100 unidades al promedio de *Homo habilis*.

Cambio de dieta

Nadie duda de que los miembros de *Homo habilis* comían carne de manera habitual. Si hace 2,5 millones años *Australopithecus garhi* ya incluía carne en su dieta, es indudable que los primeros representantes de *Homo* consumieron apreciables cantidades de proteínas y grasas de origen animal. El registro arqueológico asociado a los yacimientos de *Homo habilis* ofrece evidencias incontestables de que esta especie accedía con cierta frecuencia a las carcasas de bóvidos, suidos o équidos. Por otro lado, es muy probable que la expansión cerebral de *Homo habilis* y el consumo de carne fueran dos aspectos relacionados, una hipótesis que se puede argumentar desde diferentes puntos de vista. En primer lugar, la obtención de carne requiere una serie de habilidades y conocimientos, que no son tan necesarios para conseguir alimentos vegetales. La carne obtenida mediante una actividad cinegética o carroñera es un alimento menos predecible que los vegetales, al menos durante la parte del año en que éstos están disponibles en el hábitat. La adquisición de carne puede requerir unos conocimientos más elaborados y complejos. En definitiva, se necesita una inteligencia más desarrollada para ser consumidor habitual de productos cárnicos.

Para Leslie Aiello y Peter Wheeler, del University College de Londres, un cerebro expandido tiene que estar necesariamente relacionado con el consumo de carne. Aiello y Wheeler publicaron en 1995 esta conclusión basándose en la observación, ya apuntada un siglo antes por sir Arthur Keith, de que en los primates existe una relación inversa entre el tamaño del cerebro y el tamaño del aparato digestivo. El cerebro es un órgano muy caro desde el punto de vista energético y su coste exige el ahorro en la formación y mantenimiento de otros órganos. Con respecto a otros primates, los seres humanos tenemos un cerebro muy grande y un tubo digestivo muy corto en relación a nuestro volumen corporal. En ese delicado equilibrio entre el presupuesto metabólico del organismo y el mantenimiento de todas las funciones vitales, el tubo digestivo hubo de reducir sus costes en favor de la supuesta ventaja que supondría un cerebro más grande. Sin embargo, un tubo digestivo más corto debe reducir algunas de sus funciones, como la digestión de la celulosa, que los seres humanos no podemos realizar.

Los parántropos aumentaron también el tamaño de su cerebro con respecto a *Australopithecus afarensis*, tanto en términos absolutos como en relación a su masa corporal. Pero los parántropos fueron vegetarianos muy estrictos y su mayor encefalización puede parecer que contradice las conclusiones de Aiello y Wheeler. Según las estimaciones de McHenry, el peso medio de *Paranthropus robustus* fue similar al de *Australopithecus afarensis*, mientras que el peso medio de *Paranthropus boisei* (41,3 kg) se incrementó en un 11,6 por 100 con respecto a esa especie de australopiteco. La capacidad craneal de las dos especies de parántropos aumentó casi en un 30 por 100 en relación a sus antecesores y, en consecuencia, aquellos homínidos mejoraron sustancialmente su grado de encefalización con respecto a *Australopithecus afarensis*. Sin embargo, la expansión cerebral de los

Figura 9.2. Comparación entre un gorila actual y una reconstrucción de un parántropo, destacando las barrigas prominentes en ambos herbívoros. Aunque las proporciones corporales, la postura y la locomoción de los parántropos eran radicalmente distintas a las de los grandes simios actuales, ambos grupos tenían en común una dieta casi exclusivamente vegetariana, que lleva aparejada la presencia de un tracto digestivo largo y voluminoso. Esto haría que los parántropos ostentaran a menudo panzas prominentes, sobre todo después de una comida copiosa. Los humanos modernos tenemos un tracto digestivo relativamente corto, lo que no impide que muchos individuos también tengan barrigas acusadas, aunque en este caso por razones distintas. La postura bípeda del gorila de la ilustración se basa en metraje de gorilas de llanura salvajes filmados en África Central.

parántropos se detuvo en los límites que impuso su peculiar estrategia como especie en el ecosistema, hasta su desaparición hace un millón de años. En cambio, la línea evolutiva de *Homo* continuó con su estrategia de encefalización y reducción del aparato digestivo. Esta reducción sólo era posible con un cambio en la dieta. La carne y la grasa de los animales poco a poco irían aumentando su proporción en la dieta en detrimento de los alimentos vegetales, hasta conseguir el equilibrio más adecuado a las necesidades del organismo.

Las proteínas de origen animal se asimilan con facilidad en un tubo digestivo corto y las grasas tienen un gran poder energético. No obstante, los alimentos vegetales siguieron formando parte sustancial de la dieta de los primeros *Homo*.

El consumo de alimentos de origen diferente representa una ventaja indudable en determinadas circunstancias, pues una especie con una dieta de amplio espectro tiene más oportunidades que otra con una dieta muy especializada. Los parántropos nunca pudieron abandonar su ecosistema, porque estaban estrechamente vinculados a una dieta muy uniforme. Las poblaciones de *Homo*, en cambio, ampliaron sus horizontes en la medida en que fueron capaces de diversificar su dieta. Los cambios estacionales dejaron de ser un problema para los homínidos, que poco a poco hicimos de casi todas las latitudes y altitudes nuestro ecosistema natural.

En relación con la dieta, es interesante constatar que en *Homo habilis* no se produjo la reducción del aparato masticador, que caracterizó a formas posteriores de *Homo*. El tamaño de premolares y molares de *Homo habilis* era, en términos absolutos y relativos, similar al de *Australopithecus afarensis* y *Australopithecus africanus*. Si la inclusión de carne en la dieta tiene influencia en la reducción del tamaño de premolares y molares, es evidente que *Homo habilis* no acusó este proceso, tal vez porque la carne y la grasa de los animales todavía fue sólo el complemento de una dieta rica en productos vegetales.

McHenry ha estimado un peso corporal medio de 50 kilogramos para los machos de *Homo habilis*, mientras que las hembras apenas superarían los 30 kilogramos. Esta diferencia entre machos y hembras supone un dimorfismo sexual en el tamaño corporal tan elevado como el de *Australopithecus afarensis*. Por otro lado, el hallazgo de fósiles como OH 62 y KNM-ER 3735 nos ha permitido saber que las proporciones corporales de *Homo habilis* fueron similares a las de esa especie, con brazos largos y piernas cortas. Además, los rasgos anatómicos de los huesos de la mano del ejemplar OH 7 de Olduvai sugieren que *Homo habilis* no había perdido la capacidad para trepar. Todo ello nos dibuja un escenario en el que las capacidades marchadoras de un primate bípedo, como era *Homo habilis*, se combinaban con las habilidades trepadoras de este pequeño homínido, quizás todavía muy sujeto a un hábitat de bosques más o menos abiertos, próximos a cursos fluviales importantes o zonas de lago.

En conclusión, los primeros representantes del género *Homo,* y en particular la especie *Homo habilis* —de la que se dispone de un registro fósil suficientemente amplio—, presentan una gran similitud con los australopitecos en rasgos tan importantes como el tamaño y las proporciones corporales, que están relacionados con otros parámetros del modelo de historia biológica y, en definitiva, con el nicho ecológico. Ahora sabemos que el tiempo y el patrón de maduración de *Homo habilis* era también similar o muy próximo al de australopitecos y parántropos. Bernard Wood, de la Universidad George Washington, y Mark Collard, del University College de Londres, en una revisión del género *Homo* publicada en abril de 1999 en la revista *Science*, repasan las características biológicas de todos los homínidos y llegan a la conclusión de que *Homo habilis y Homo rudolfensis* deben ser excluidos del género *Homo*. Estas dos especies pertenecerían a una «zona adaptativa» muy próxima a la de los australopitecos y

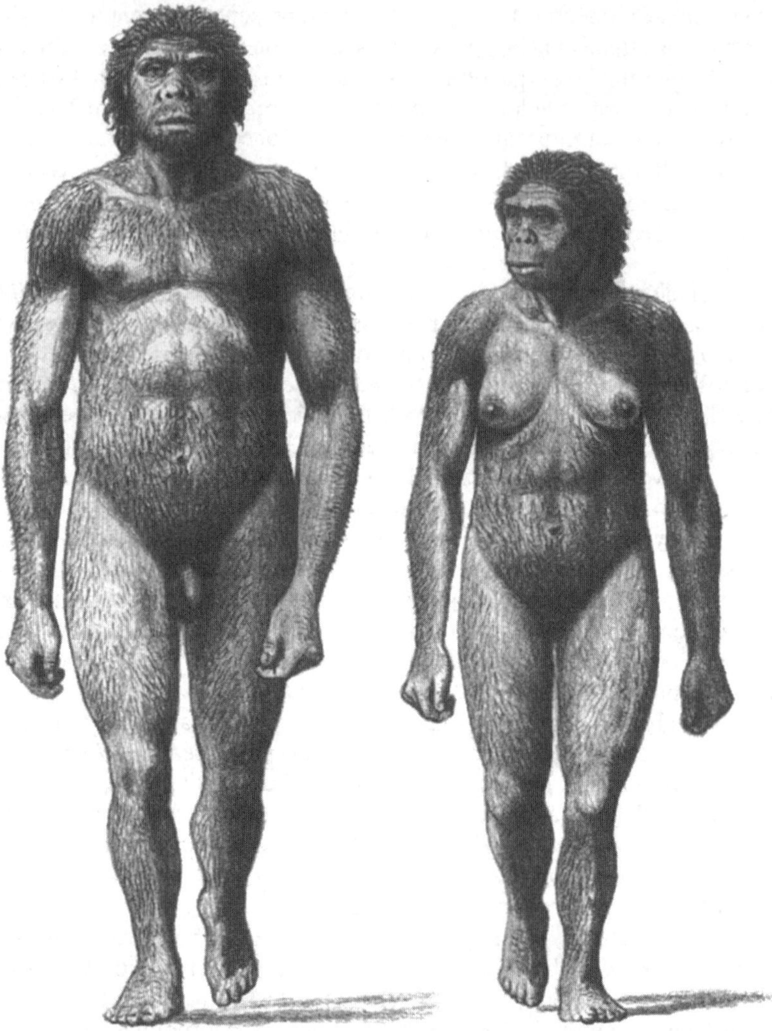

Figura 9.3. Reconstrucción de un macho y una hembra adultos de *Homo habilis*, para mostrar el dimorfismo sexual. El tamaño y proporciones de la hembra de esta especie se conocen gracias al esqueleto parcial OH 62 (véanse las láminas en color) y son, en general, similares a los de «Lucy»; es decir, se trataba de un homínido muy pequeño, con brazos reltivamente largos y piernas cortas. Como en el caso de *Australopithecus afarensis*, tampoco se conoce ningún esqueleto asociado de un macho de *Homo habilis*, por lo cual esta reconstrucción combina las proporciones corporales de OH 62 con la talla sugerida por algunos fósiles fragmentarios aribuidos a machos de la especie. Una vez más, se observa un dimorfismo muy marcado, a diferencia de lo que ocurre en homínidos más modernos.

bien diferenciada de la zona adaptativa de otras especies de *Homo*. Wood y Collard optan en principio por la solución más conservadora de incluir a *Homo habilis* y *Homo rudolfensis* en el género *Australopithecus*, aunque ello supone ampliar quizás en exceso la variabilidad de este género. Una segunda opción sería la de crear un nuevo género para estos homínidos, aunque Wood y Collard aconsejan esperar a tener un mejor y más amplio conocimiento del registro fósil de *Homo rudolfensis* antes de tomar una decisión en ese sentido. No obstante, en fecha reciente Meave Leakey, del Museo Nacional de Kenia y otros investigadores han propuesto un nuevo género y especie, *Kenyanthropus platyops*, para acomodar los restos craneales encontrados en el yacimiento de Lomekwi, en la ribera oeste del lago Turkana, de una antigüedad de 3,5 millones de años. Quizás el aspecto más controvertido de las conclusiones de Meave Leakey y sus colaboradores, publicadas en la revista *Nature* en marzo de 2001, es la propuesta de una posible relación filogenética de la nueva especie con *Homo rudolfensis*. El cráneo KNM-ER 1470, asignado a esta especie, tiene un desarrollo facial que recuerda en muchos aspectos a *Kenyanthropus platyops*. Por este motivo y tal vez atendiendo a las sugerencias de Wood y Collard, se propone en este artículo de *Nature* que el cráneo 1470 se debería incluir en *Kenyanthropus rudolfensis*.

Con independencia de estos debates sobre la asignación taxonómica y las relaciones de parentesco de nuestros ancestros, nos interesa hacer hincapié en las características biológicas de *Homo habilis*. No cabe duda de que este homínido había dado un paso en la dirección de *Homo*, con un incremento significativo del volumen de su cerebro. Este incremento se produjo aparentemente sin modificaciones sustanciales en el tiempo y en el patrón de maduración que ahora sabemos caracterizó a los australopitecos. En otras palabras, la primera expansión cerebral y el incremento del periodo de crecimiento y desarrollo parece que fueron sucesos independientes. Ya hemos comentado que los parántropos también experimentaron un aumento relativo de su tamaño cerebral, teniendo un periodo de maduración similar al de los simios antropomorfos. ¿Cómo se produjo el aumento del volumen del cerebro en *Homo habilis*?

Cerebros y pelvis

Robert Martin, del Museo Americano de Historia Natural de Nueva York, obtuvo en 1982 una relación isométrica (proporcional) entre el peso del cerebro del recién nacido y del adulto en una elevada muestra de especies de primates. De estos resultados se deduce que el tamaño del cerebro de los primates adultos está muy relacionado con peso del cerebro de los recién nacidos. Es probable entonces que hace algo más de dos millones de años las poblaciones de *Homo habilis* consiguieran una velocidad de crecimiento de su cerebro durante la gestación superior a la de los australopitecos, lo que supuso traer al mundo recién

Figura 9.4. Reconstrucción facial de *Kenyanthropus platyops*. El cráneo que constituye el holotipo de esta especie (descubierto en la zona del lago Turkana en Kenia y descrito en 2001) está algo deformado pero básicamente completo y permite apreciar una morfología general primitiva, aunque con algunos rasgos llamativos, especialmente la forma aplanada de la cara. Esto le asemeja a fósiles atribuidos a especies primitivas del género *Homo*, como el cráneo de *Homo rudolfensis*, representado en la figura 3.1.

nacidos con un cerebro algo más grande. Un pequeño incremento del tamaño del cerebro durante la gestación de los embriones de *Homo habilis* se habría traducido en un incremento significativo del grado de encefalización del adulto, sin la necesidad de un tiempo prolongado de maduración. En los capítulos 15 y 16 tendremos ocasión de conocer las opiniones de diferentes investigadores sobre los procesos que permitieron el aumento del tamaño del cerebro durante la gestación de *Homo habilis.*

Por el momento nos interesa responder a una pregunta inevitable: ¿fue posible la expansión cerebral durante la gestación sin que se produjera un conflicto importante entre el tamaño de la cabeza del recién nacido y el canal del parto de las madres? Walter Leutenegger explicaba en un artículo publicado en *Nature* en 1972 que su determinación del diámetro del canal del parto en *Australopithecus africanus,* a partir del estudio de la pelvis Sts 14 de Sterkfontein, le permitió saber que estos homínidos podían dar a luz con relativa facilidad a un bebé australopiteco con una cabeza de dimensiones similares a las de un chimpancé recién nacido. Así pues, no es descabellado suponer que un pequeño aumento del volumen encefálico del neonato no tendría mayores problemas obstétricos para las madres *Homo habilis*. De hecho, las verdaderas dificultades para dar a luz debieron de surgir en fecha muy reciente en las poblaciones modernas. Así nos lo explica Juan Luis Arsuaga en su estudio de la Pelvis 1 de la Sima de los Huesos de Atapuerca, la más completa jamás hallada en un yacimiento de fósiles humanos. La Pelvis 1 confirma que todos los homínidos, excepto nuestra especie, tuvieron caderas muy anchas, tanto a nivel de las alas ilíacas como a nivel de los acetábulos, donde se articula la cabeza del fémur. El diámetro sagital del canal del parto de todos los homínidos también era muy ancho, lo que facilitó siempre el alumbramiento de las crías. El surgimiento de las poblaciones de anatomía moderna supuso, entre otras cosas, una reducción muy notable de las dimensiones de la cadera, en favor de una locomoción más efectiva y menos costosa desde el punto de vista energético, pero en detrimento de las facilidades que tuvieron todos nuestros ancestros para dar a luz. ¿Hasta qué punto pudo aumentar el tamaño de la cabeza del recién nacido en los homínidos?

Antes de responder a esta pregunta vamos a saber algo más sobre el grado de encefalización del recién nacido y del adulto en los homínidos. En *Homo sapiens* la relación entre la capacidad craneal del neonato y del adulto es de 0,23, mientras que en chimpancés es de 0,40. Leutenegger estimó el promedio de la capacidad craneal de los chimpancés recién nacidos en 155 centímetros cúbicos, con un rango de entre 140 y 170 centímetros cúbicos. Los chimpancés recién nacidos son muy precoces, debido a su notable grado de encefalización con respecto al promedio de unos 400 centímetros cúbicos que alcanzan los adultos. A pesar de que los humanos nacemos con un volumen encefálico de unos 320 centímetros cúbicos, una cifra que duplica a la del bebé chimpancé, el cociente de capacidades craneales desciende hasta 0,23. Como nos explica Robert Martin en su trabajo de 1972, la alta velocidad de crecimiento encefálico fetal de nuestra especie no desciende hasta que cumplimos los doce primeros meses de vida. Además, como luego veremos, nuestra alto grado de encefalización está favorecido por la presencia en el desarrollo de un periodo de niñez muy prolongado, en el que la tasa de crecimiento encefálica sigue siendo alta. Como consecuencia, la capacidad craneal del adulto de *Homo sapiens* llega finalmente a triplicar la capacidad del chimpancé adulto. El desarrollo neuromotriz del bebé humano recién nacido es menor que el del chimpancé, a pesar de que su volumen encefálico es mayor.

Otra manera de estimar nuestro grado de encefalización con respecto al de los simios antropomorfos consiste en comparar de manera directa el peso del cerebro y el peso corporal. En estos últimos, la relación entre el peso del cerebro y el peso del cuerpo al nacer es de 0,09, mientras que en nuestra especie esa relación es de 0,12. Es decir, en el momento del nacimiento ya estamos 1,33 veces más encefalizados que los simios antropomorfos. Al llegar al periodo adulto el peso del cuerpo en estos últimos se incrementa proporcionalmente más que el cerebro y la relación pasa a ser de 0,008. Durante nuestro crecimiento el peso del cuerpo experimenta también un incremento superior al del cerebro, pero la relación entre las dos variables es sólo de 0,028. Obtenemos así la misma conclusión: con respecto al peso corporal, los adultos de nuestra especie alcanzamos una encefalización más de tres veces superior a la de los simios antropomorfos.

A partir de los datos obtenidos por Leutengger en 1972 de la pelvis Sts 14 de *Australopithecus africanus*, Juan Luis Arsuaga considera que la relación entre las capacidades craneales del recién nacido y del adulto en esta especie debería ser de 0,34. Este dato resultaría de aceptar, como sugiere Leutenegger, una capacidad craneal de unos 155 centímetros cúbicos (el promedio de los chimpancés) para el recién nacido de *Australopithecus africanus*. La relación de 0,34 para esta especie es muy razonable, porque un valor más elevado o, lo que es lo mismo, un recién nacido con un mayor grado de encefalización haría imposible el parto a través de una pelvis de las dimensiones de Sts 14. Si por el contrario en *Australopithecus africanus* la relación fuera tan baja como la de nuestra especie, los recién nacidos de aquellos homínidos nacerían con una capacidad craneal de tan sólo 100 centímetros cúbicos (104/450 = 0,23). Esta cifra es muy baja y supondría que las madres de *Australopithecus africanus* darían a luz a crías muy altriciales, con una notable inmadurez neuromotriz e indefensión, impensable para estos homínidos.

El ingenio de la evolución

Durante la evolución de los homínidos el valor teórico de 0,34 (o de 0,40, caso de considerar el cociente de capacidades craneales del chimpancé) para la relación entre la capacidad craneal del recién nacido y del adulto descendió hasta 0,23 ¿Cuándo y por qué se produjo esa reducción? La pregunta también se puede formular de otra manera: ¿hasta cuándo pudo mantenerse un valor de 0,40 para la relación entre la capacidad craneal del recién nacido y del adulto? Robert Martin

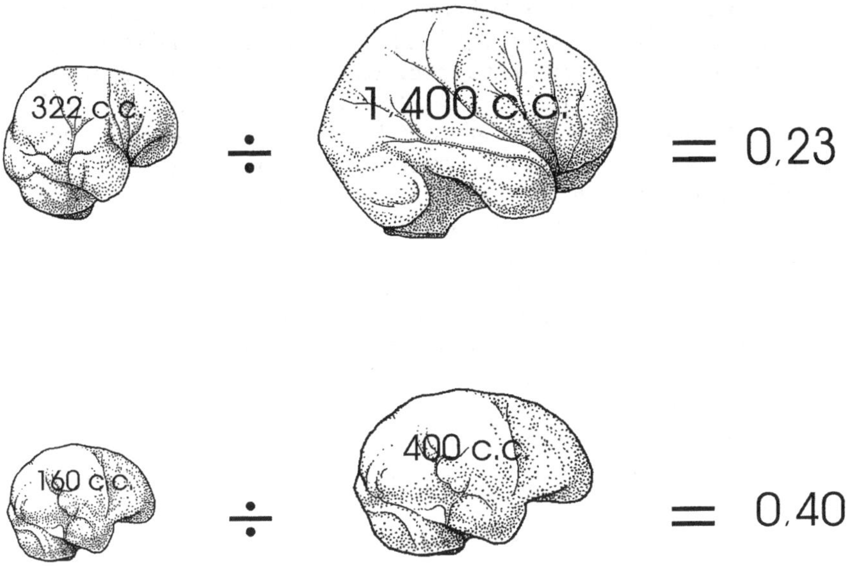

Figura 9.5. Relación entre los valores de capacidad craneal del recién nacido y del adulto en *Homo sapiens* (0,23) y *Pan troglodytes* (0,40).

supone que la relación isométrica entre el peso del cerebro del recién nacido y del adulto, que caracteriza a los primates, se mantuvo sin cambios en los australopitecos y parántropos, pero también en *Homo habilis* y en *Homo ergaster*, al menos hasta un cierto punto de la evolución de esta última especie. En otras palabras, para Robert Martin la relación de 0,40 que es propia de los chimpancés no cambió durante un buen trecho de la evolución humana. El peso del cerebro del recién nacido y del adulto en los australopitecos, parántropos y en los primeros *Homo* habría aumentando de manera proporcional, siguiendo la tendencia general de los primates. Estos cambios implicarían necesariamente un incremento de los diámetros del canal del parto, que sería posible gracias al aumento de las dimensiones corporales de *Homo ergaster*.

Sin embargo, llegó un momento en que el peso del cerebro del recién nacido no pudo seguir el ritmo del crecimiento del peso del adulto, sencillamente porque el canal pélvico llegó a su límite máximo de crecimiento. Los diámetros del canal pélvico no pudieron seguir aumentando, porque se habría producido un serio conflicto con la locomoción. Las dimensiones del cerebro del recién nacido ya no pudieron seguir aumentando. En ese momento, la relación isométrica entre las dos variables se rompió y el género *Homo* dio un salto cualitativo en su evolución. Según Robert Martin, ese salto se produjo cuando los adultos de *Homo ergaster* alcanzaron una capacidad craneal de 850 centímetros cúbicos. A partir de ese «rubicón cerebral» la capacidad craneal del adulto seguiría aumentando sin el consiguiente aumento de la capacidad craneal del recién nacido. El valor de 0,40 empezó a ser insostenible, porque la capacidad craneal del recién nacido (340/850 = 0,40) se acercó a los límites permitidos por el canal pélvico. Ya no habría opción para un incremento mucho mayor del cerebro durante la gestación. ¿Cual fue la solución? Nuestro cerebro aún habría de alcanzar un volumen mucho mayor, ¿cómo conseguirlo? La estrategia que seguimos entonces los homínidos fue muy ingeniosa, aunque no carecía de problemas como enseguida veremos. Cuando el cráneo del recién nacido tropezó con las restricciones de un canal del parto al máximo de sus posibilidades, la elevada tasa de crecimiento fetal del cerebro se prolongó en el neonato durante un tiempo cada vez mayor, en lugar de reducirse de manera paulatina como ocurre en otras especies de primates. En los humanos actuales, la prolongación de la tasa fetal llega hasta los doce meses, lo que ha contribuido a elevar de manera notable la capacidad craneal de los adultos del género *Homo* hasta los límites de nuestra especie. Así, la cifra teórica de 0,40 descendió con relativa rapidez y pronto se alcanzaría el valor actual de 0,23 para la relación entre las capacidades craneales del recién nacido y del adulto.

La solución fue muy afortunada, pero sus resultados nos llevan a reflexionar sobre una cuestión de interés primordial para comprender la estrategia evolutiva del género *Homo*. El descenso del cociente de capacidades craneales entre el recién nacido y el adulto supuso que los niños vinieron al mundo con una indefensión cada vez mayor. En la actualidad nuestros hijos nacen con una notable inmadurez neuromotriz, que nos obliga a protegerles durante un largo periodo de tiempo. De hecho, un infante no alcanza las capacidades locomotoras de un chimpancé recién nacido hasta que no cumple un año de vida. En estos doce meses nuestro cerebro sigue creciendo a «velocidad fetal» y al final de ese primer año de vida extrauterina llegamos a dar nuestros primeros pasos como seres bípedos, aunque todavía con una cierta torpeza. La larga protección de los padres es uno de los elementos que caracteriza y condiciona nuestro modelo sociobiológico. Es por ello por lo que debemos preguntarnos sobre el momento de nuestra evolución en el que los recién nacidos empezaron a llegar al mundo tan desamparados como lo hacemos nosotros. Ya hemos comentado antes que *Australopithecus africanus* daría a luz a crías probablemente casi tan precoces como las de los chimpancés. Si la relación entre las capacidades craneales del neonato y del adulto es un buen índice del grado de madurez neuromotriz al nacer, podremos responder a nuestra pregunta cuando seamos capaces de estimar la capacidad craneal del recién nacido en diferentes homínidos. Supongamos que el cociente de capacidades craneales fue ciertamente de 0,40 en los primeros homínidos. Puesto que conocemos las capacidades craneales de los adultos, podemos estimar la capacidad de los recién nacidos en *Australopithecus africanus* (180 centímetros cúbicos), *Homo habilis* (260) y *Homo ergaster* (340). Si esto fuera así, los recién nacidos de todas estas especies nacerían con un grado de desarrollo neuromotriz y mental cuando menos similar, sino superior, al de los chimpancés.

Desde un punto de vista teórico, el inicio de la reducción del valor 0,40 representaría el punto de inflexión hacia el progresivo y ascendente grado de indefensión del recién nacido. Cabe pues pensar que desde hace 1,6-1,5 millones de años, cuando los homínidos alcanzaron una capacidad craneal de 850-900 centímetros cúbicos, se inició el camino hacia una altricialidad o desamparo de los recién nacidos cada vez mayor, hasta llegar a un estado similar al actual. La Pelvis 1 de la Sima de los Huesos de Atapuerca nos dice que hace 300.000 años los recién nacidos de *Homo heidelbergensis* podrían llegar al mundo con una capacidad craneal similar a la de *Homo sapiens*. Puesto que el promedio de la capacidad craneal de los adultos de la Sima de los Huesos no debió de ser muy inferior a la de nuestra especie, se puede admitir que los neonatos de *Homo heidelbergensis* nacerían con un cuarto de la capacidad craneal del adulto y, por tanto, con una altricialidad casi tan marcada como la de *Homo sapiens*. Cada nueva pelvis que se integre en el registro fósil aportará datos esenciales para averiguar algo más sobre este problema crucial, en el que volveremos a insistir en el capítulo 16.

10

La niñez

Y si llegáis a pasar por allí, os suplico: no os apresuréis; esperad un momento, exactamente debajo de la estrella. Si entonces un niño llega hacia vosotros, si ríe, si tiene cabellos de oro, si no responde cuando se le interroga, adivinaréis quién es. ¡Sed amables entonces! No me dejéis tan triste. Escribidme en seguida, decidme que el principito ha vuelto...

ANTOINE DE SAINT-EXUPÉRY, *El Principito*

A mediados de los noventa Barry Bogin y Holly Smith propusieron un modelo para los cambios en el desarrollo ocurridos durante la evolución de los homínidos. El modelo se basaba en los datos que ofrecía el registro fósil sobre la capacidad craneal y sugería tanto el momento de la aparición de ciertos periodos del desarrollo como su duración en cada etapa de nuestra historia evolutiva. El modelo de Bogin y Smith, en fin, representaba una hipótesis de trabajo sobre la evolución del patrón de desarrollo de los homínidos. Barry Bogin realiza sus investigaciones en el Departamento de Ciencias del Comportamiento de la Universidad de Michigan y tiene un gran reconocimiento como experto en el crecimiento y desarrollo de las poblaciones recientes. Su experiencia y la de Holly Smith en el campo de la paleoantropología se han complementado para producir una excelente colaboración.

Australopithecus africanus incrementó su capacidad craneal en unos 50 centímetros cúbicos con respecto a los simios antropomorfos y a la especie *Australopithecus afarensis*. Bogin y Smith sugieren que ese pequeño incremento de la capacidad craneal se produjo gracias a una ligera prolongación temporal tanto de la infancia como del periodo juvenil de *Australopithecus africanus.* El tiempo extra de desarrollo permitiría un mayor crecimiento del cerebro y esta especie alcanzaría el estado adulto hacia los 13-14 años, en lugar de a los 11-12 años, como sucede en los simios antropomorfos. La especie *Homo habilis* llegó a tener una capacidad craneal superior a 600 centímetros cúbicos. Según Bogin y Smith en esta especie habría aparecido ya una niñez incipiente, mientras que la infancia se habría acortado de manera significativa. Además, la duración de la etapa juvenil de *Homo habilis* no habría variado con respecto a la de *Australopithecus africanus*. En definitiva, la duración total del desarrollo de *Homo habilis* habría sido también de 13-14 años. Pero esta hipótesis es incompatible con las conclusiones de Tim Bromage y Chris Dean. Recordemos que, según los resultados de estos investigadores, *Homo habilis* tuvo un periodo de maduración similar a la de gorilas y chimpancés. El incremento de la capacidad craneal de esta especie habría ocurrido entonces mediante un aumento de la tasa de crecimiento del cerebro durante la gestación, como sugiere Robert Martin, y no mediante una prolongación de los periodos de desarrollo. Más adelante veremos si es posible conciliar las ideas de Bromage y Dean con las de Bogin y Smith. En cualquier caso, las diferencias entre estos investigadores se pueden considerar de matiz dentro del acuerdo general sobre la evolución del patrón de desarrollo de los homínidos.

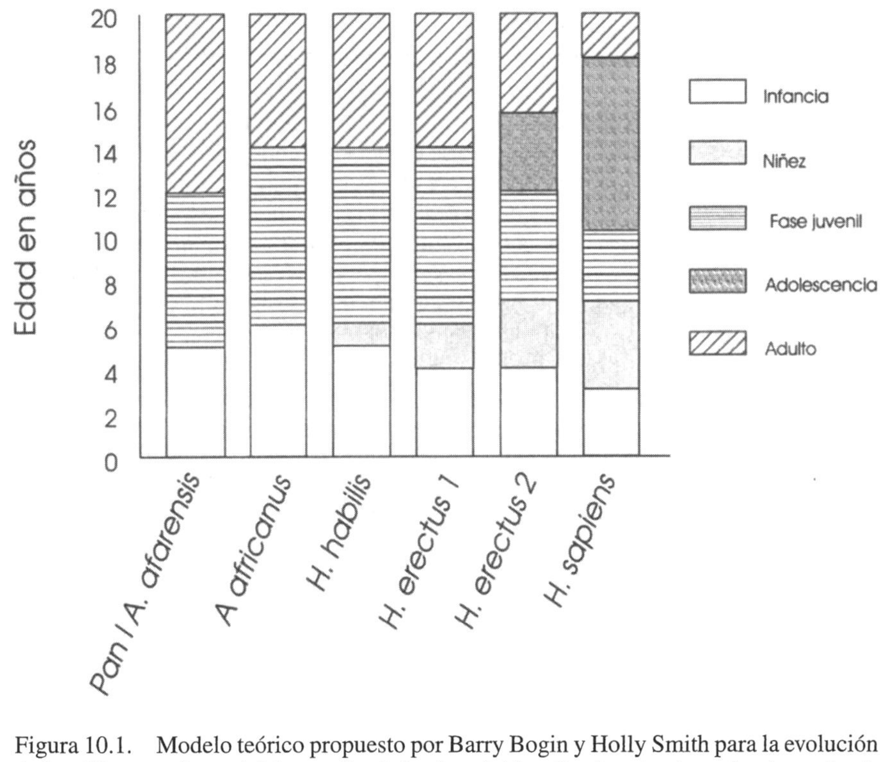

Figura 10.1. Modelo teórico propuesto por Barry Bogin y Holly Smith para la evolución de las diferentes fases del desarrollo de los homínidos. Según estos investigadores, la niñez pudo aparecer en *Homo habilis* y fue incrementando su duración durante el Pleistoceno en detrimento de la duración de la infancia. La adolescencia sería una fase de aparición relativamente reciente.

Por otro lado, Bogin y Smith sugieren que la especie *Homo ergaster* tuvo un periodo de maduración similar al de *Homo habilis*, al menos hasta que se alcanzó una capacidad de 850-900 centímetros cúbicos (el rubicón cerebral de Robert Martin). Sin embargo, el patrón de desarrollo de *Homo ergaster* fue algo diferente al de su especie antecesora. La infancia habría disminuido hasta una duración incluso inferior a la de los simios antropomorfos, mientras que la niñez sería ya una fase destacada del desarrollo. La duración de la etapa juvenil seguiría siendo similar a la de *Homo habilis*. Cuando los homínidos alcanzaron una capacidad craneal de en torno a los 1.000 centímetros cúbicos se produjo el acortamiento progresivo del periodo juvenil y apareció la adolescencia, con su estirón puberal característico. La niñez siguió prolongando su tiempo de duración hasta superar al de la infancia. En sucesivas páginas nos ocuparemos de estos cambios, mientras que ahora es importante que nos paremos a describir y reflexionar sobre lo que sucedió hace entre 2,5 y 1,5 millones de años.

Lactancia: un anticonceptivo natural

El modelo de Bogin y Smith predice que *Australopithecus africanus* aumentó su capacidad craneal en unos 50 centímetros cúbicos mediante un cierto incremento en la duración de la infancia. Durante esta etapa de la vida, los individuos infantiles se alimentan de la leche de sus madres. La lactancia es un proceso imprescindible para la supervivencia de los individuos, puesto que un recién nacido de cualquier especie de mamífero sólo está capacitado para asimilar la leche de su madre o la de otra madre que lo tomara en adopción. Pero hay algo más. La tecnología humana ha inventado la «leche maternizada», que puede sustituir en parte el alimento natural que proporciona una madre. Pero la leche materna no sólo aporta los nutrientes que necesita el infante para su desarrollo normal, sino que contiene una serie de células y moléculas que intervienen de manera específica en la protección de los individuos. Las células pertenecen al grupo de los leucocitos o glóbulos blancos, que luchan de manera activa contra cualquier posible infección en el aparato digestivo de los individuos infantiles, produciendo anticuerpos específicos, actuando como fagocitos bacterianos o segregando sustancias que inducen el desarrollo del sistema inmunitario del infante. Las moléculas son de varias clases, cada una con su función determinada. Por ejemplo, las inmunoglobulinas actúan como anticuerpos neutralizando a los microorganismos que podrían pasar desde el tubo digestivo hasta diferentes tejidos coporales. El factor bífidus estimula el crecimiento de la bacteria *Lactobacillus bifidus*, cuya presencia en el tracto digestivo es incompatible con otras bacterias perjudiciales para la salud. La lactoferrina es capaz de unirse a dos átomos de hierro, que muchas bacterias necesitan para su supervivencia, mientras que cierta proteína es capaz de reducir la cantidad de vitamina B12 del aparato digestivo, necesaria para el crecimiento de muchos microorganismos perjudiciales. En fin, la leche materna contiene hormonas, como el cortisol, así como varios factores de crecimiento y somatomedina C, que estimulan la maduración del tracto digestivo y lo hacen relativamente impermeable al paso de microorganismos. La lactancia, por consiguiente, no sólo es el modo que empleamos los mamíferos para alimentar a las crías, sino que es un sistema muy eficaz y necesario para la protección a corto, medio y largo plazo de los individuos.

En el diseño estratégico de la reproducción de los mamíferos la lactancia tiene, además, una función muy importante. La secreción de leche en las glándulas mamarias se produce gracias a la presencia en la sangre de ciertas hormonas, como la prolactina. Esta hormona se libera del lóbulo anterior de la hipófisis como respuesta a la estimulación mecánica del pezón y al proceso de amamantamiento. La prolactina actúa como un verdadero anticonceptivo, al inhibir la actuación del complejo sistema hormonal responsable del ciclo ovárico. La ausencia de ovulación durante la lactancia impide que la madre vuelva a quedar preñada, lo que perjudicaría la alimentación y el desarrollo normal de su hijo anterior. En un medio natural y en circunstancia normales, la lactancia impide la ovulación, aunque en las poblaciones humanas actuales el sistema puede fallar, si no se producen con la frecuencia necesaria los estímulos mecánicos antes referidos.

En el género *Pan* las madres alimentan a sus crías durante cinco años. En ese largo periodo las madres chimpancés no pueden quedar nuevamente preñadas, con lo que el intervalo entre nacimientos sucesivos puede alargarse hasta los seis años. De hecho, varios investigadores han estimado el intervalo promedio entre nacimientos con éxito en poblaciones naturales de chimpancés en 5,6 años. En los orangutanes esa cifra puede elevarse hasta cerca de los ocho años, lo que da una idea de la baja tasa de natalidad de esta especie, que se encuentra así en un claro peligro de extinción. En chimpancés el caso no es tan dramático, pero la reducción de sus hábitats naturales ha disminuido de manera sustancial el número de individuos de sus poblaciones naturales. El aumento del periodo de lactancia es una buena estrategia para sacar adelante a cada una de las crías, pero puede significar un peligro cierto para la especie si se reduce por cualquier circunstancia el número efectivo de individuos de las poblaciones. Se conocen datos demográficos de chimpancés obtenidos entre 1965 y 1990 por Jane Goodall y por un equipo de investigadores japoneses dirigidos por T. Nishida en comunidades naturales de dos parques naturales de Tanzania. En ese largo periodo se pudo comprobar una estabilidad en el número de individuos de las dos comunidades, con un número similar de nacimientos con éxito y defunciones.

El dilema de Lovejoy

El incremento de la capacidad craneal de ciertos homínidos de finales del Plioceno, desde los 400 centímetros cúbicos de *Australopithecus afarensis* hasta los 600 centímetros cúbicos de los primeros representantes de *Homo,* tal vez pudo

Figura 10.2. Chimpancé hembra con cría lactante. En los chimpancés, la lactancia y, por ende, la dependencia de las crías respecto a su madre, se prolonga hasta los cinco años y más allá. Los ejemplares ilustrados en esta figura corresponden a la especie *Pan troglodytes* o chimpancé común.

lograrse no sólo con un aumento de la tasa fetal de crecimiento del cerebro, como sugiere Robert Martin, sino mediante un alargamiento de la infancia, como sostienen Bogin y Smith. Esta situación crea un claro dilema —empleando una expresión de Owen Lovejoy— entre la ventaja que confiere un cerebro mayor y el problema que supone ampliar el intervalo entre nacimientos como consecuencia del alargamiento de la infancia. Las hembras de aquellas poblaciones de finales del Plioceno no habrían dispuesto de un periodo de fertilidad más largo con respecto a sus predecesoras, por lo que el número de descendientes de cada una de estas hembras habría tendido a disminuir. La denominada «tasa total de fertilidad» de una población, o promedio del número de hijos nacidos vivos por cada hembra reproductora, depende de la duración del periodo de fertilidad o reproductor de éstas y del intervalo entre nacimientos con éxito. Si aceptamos que especies como *Australopithecus afarensis* tuvieron una situación de equilibrio demográfico, similar a la de los chimpancés, un pequeño descenso de la tasa total de fertilidad supondría un riesgo de extinción en pocas generaciones, si las poblaciones no eran muy numerosas. ¿Cómo superar el problema? Una posible solución era acortar el intervalo entre nacimientos y así sucedió en realidad.

Hace quizás en torno a los dos millones de años apareció un rasgo novedoso en las poblaciones de homínidos, que consistía en iniciar el proceso de destete de manera precoz y sustituir la dependencia exclusiva de la madre por una dependencia compartida entre los dos progenitores, que aportarían un alimento rico en calorías y fácil de digerir para el infante recién destetado. Había aparecido así una niñez incipiente, de corta duración en principio, en la que el cerebro podía seguir creciendo con la misma velocidad que durante la última parte de la infancia. Las madres podrían destetar antes a sus hijos, para quedar nuevamente preñadas. A la ventaja de un cerebro mayor se sumaba la posibilidad de acortar el intervalo entre nacimientos e incrementar el número de descendientes de la especie, que es en definitiva el objetivo de la selección natural. El pequeño coste que supondría alimentar a los niños por un corto periodo de tiempo, hasta que éstos pudieran obtener la mayor parte del alimento por sí mismos durante la etapa juvenil, se compensaba con creces por el incremento en el número de descendientes, que alejó el peligro de una estrategia K exagerada en los homínidos de finales del Plioceno.

Cómo definir la niñez

La niñez es, en opinión de Barry Bogin, un rasgo exclusivo del género *Homo*, que habría surgido no como un simple resultado de la extensión del desarrollo, sino como un periodo distinto con características propias. El niño depende de sus progenitores o de otros individuos jóvenes y adultos del grupo tanto para su alimentación como para su protección. La dieta de los niños debe reunir una serie de propiedades. En primer lugar, los niños tienen dientes de leche, con una capa de esmalte más fina que la de los dientes permanentes y con raíces más cortas y delicadas. Por este motivo, los niños no pueden procesar alimentos de cierta dureza y consistencia hasta que no mudan los dientes de leche. En otros mamíferos la dentición de leche sólo está presente durante la lactancia, y la muda se produce durante la transición de la infancia a la fase juvenil. En el género *Homo* los dientes de leche cumplirán también su función durante la niñez.

Por otro lado, los niños tienen un sistema digestivo inmaduro y corto, que no puede digerir todos los alimentos de la dieta del adulto. La necesidad en los niños de una dieta de fácil digestión y rica en calorías se demuestra por estudios realizados en ciertas poblaciones de economías deficitarias. Por ejemplo, Barry Bogin refiere el caso de las poblaciones rurales de Guatemala estudiadas por M. Behar en los años setenta. Los niños de estas poblaciones presentan síntomas de desnutrición y retraso en su crecimiento, a pesar de que ingieren una cantidad razonable de alimento. Sin embargo, la dieta de los niños es similar a la de los adultos, que está basada en habas y maíz. Esta dieta puede ser suficiente para satisfacer las demandas calóricas de los adultos, pero es insuficiente para los niños, que necesitan alimentos más energéticos y de fácil asimilación. Bogin y Smith están convencidos de que la introducción de ciertas cantidades de carne y grasa animal en la dieta de los primitivos *Homo* fue una necesidad asociada a la aparición de una incipiente niñez en estos homínidos. La ingesta de alimentos ricos en energía está relacionada con la alta velocidad de crecimiento del cerebro en los niños, que utilizan entre el 40 y el 85 por 100 del metabolismo basal en el mantenimiento del cerebro. En los adultos, esas cifras descienden hasta valores de entre el 16 y el 25 por 100.

El gran acierto de *Homo*

La mejor prueba del éxito evolutivo de la niñez somos nosotros mismos. La duración de la niñez fue aumentando durante la evolución del género *Homo* y sus efectos beneficiosos se debieron de notar muy pronto. Bogin y Smith suponen que hace 1,5 millones de años la niñez pudo tener ya una duración de unos dos años y sus efectos serían muy evidentes en los homínidos del Pleistoceno inferior. En muchos textos sobre evolución humana se pone un énfasis especial en los beneficios que supone una niñez prolongada. La tasa rápida de crecimiento del cerebro que caracteriza a la infancia, continúa durante la niñez y posibilita la expansión cerebral del género *Homo*. Además, el tiempo de duración de la niñez es idóneo para el aprendizaje de la cultura y la tecnología propios de cada población y para la adquisición de hábitos sociales más o menos complejos, mediante el juego y la interacción con otros niños, jóvenes y adultos del grupo. Sin embargo, estas explicaciones tradicionales del éxito de la niñez se podrían considerar, según Barry Bogin, como consecuencias beneficiosas de un rasgo adaptativo relacionado en principio con una estrategia reproductora y alimentaria.

Figura 10.3. Reconstrucción de un grupo de *Homo ergaster* con infantes y niños. La apariencia de los ejemplares adultos representados en esta ilustración se basa en numerosos restos fósiles de esta especie de homínidos, encontrados en las inmediaciones del lago Turkana. La apariencia de los infantes y niños es hipotética, y se ha inferido a partir de los rasgos faciales de los adultos. La risa es una expresión típicamente humana, que posiblemente ya estaría presente en *Homo ergaster*, pero incluso en los chimpancés actuales existen expresiones faciales semejantes, aunque no equivalentes.

La hipótesis de Bogin me parece muy acertada, porque la aparición de la niñez permitió el acortamiento del intervalo entre nacimientos y la posibilidad de un mayor número de descendientes por cada hembra reproductora, en particular, y de la especie en general. Este es en esencia, como decíamos antes, el objetivo básico de la selección natural. Bogin también apunta la posibilidad de que la niñez tomara un impulso en nuestra historia evolutiva como una estrategia para provocar el cuidado de los niños despues de la infancia por parte de los padres o de otros individuos del grupo. Durante la infancia la madre se responsabiliza de la alimentación y los cuidados de sus hijos lactantes. El periodo de la niñez se caracteriza no sólo por un crecimiento rápido del cerebro y del neurocráneo, sino por un retraso en la muda de los dientes deciduos y un crecimiento lento del cuerpo y del cráneo facial o esplacnocráneo. De este modo, los niños tienen durante varios años un aspecto infantil, que estimularía a los padres y a otros adultos del grupo a proporcionarles alimentos. La idea de Bogin es muy interesante y resulta bien cierto que la apariencia infantil y desvalida de los niños nos mueve a los adultos hacia su protección, en el amplio sentido de la palabra. Sin embargo, es probable que esta fuera una estrategia secundaria, que posibilitó el mantenimiento de la niñez como rasgo adaptativo.

Por otro lado, Bogin piensa que la niñez es una estrategia que minimiza los riesgos que supone la carencia de alimentos en momentos determinados. El lento crecimiento corporal de los niños reduce de modo sensible la cantidad total de alimentos necesarios para su mantenimiento diario. Esta particularidad del crecimiento permite a los niños soportar mejor los periodos de escasez que los jóvenes y los adultos. Esta es ciertamente una ventaja de los niños con respecto a otros individuos de la población y, como en el caso anterior, representaría una estrategia secundaria que pudo facilitar el éxito evolutivo de la niñez. Del mismo modo, el hecho de que no sólo los padres, sino cualquier individuo joven o adulto del grupo pudiera contribuir al cuidado de los niños facilitó sin duda el éxito de la niñez como rasgo adapatativo. Las madres quedarían liberadas para hacerse cargo de un nuevo hijo, al poder compartir la responsabilidad del cuidado del niño recién destetado con el padre o con otros individuos del grupo.

Barry Bogin aún apunta una última razón para el éxito de la niñez en la evolución de *Homo*. Este periodo de nuestra vida permite la acomodación del organismo a un amplio rango de variación de ambientes distintos. Las especies que alcanzan la madurez sexual poco tiempo después del destete tienen menos oportunidades para adaptar su organismo a diferentes ambientes. Cualquier cambio ambiental implica la muerte de un elevado número de individuos de las poblaciones de estas especies. Un desarrollo prolongado proporciona una mayor «plasticidad» fenotípica o potencial de respuesta y acomodación ante los cambios en el medio ambiente. La niñez sería así un rasgo muy beneficioso para las especies de *Homo*, porque incrementaría la probabilidad de que un mayor número de individuos alcanzara la madurez sexual y contribuyera con sus genes a la siguiente generación. En este sentido, Bogin compara los datos de mortalidad de los individuos inmaduros entre diferentes especies de primates y los grupos humanos de cazadores-recolectores, como los bosquimanos del Kalahari (Dobe Kung!) o los Hadza del norte de Tanzania. En estos grupos, el 50 por 100 de los individuos alcanzan la madurez sexual y tienen descendientes, mientras que en muchas especies de primates esa cifra se reduce hasta un rango de entre el 12 y el 36 por 100.

Los argumentos de Bogin invitan a la reflexión y al debate, pero no cabe duda de que los beneficios de la niñez superaron los costes que comportó el mantenimiento del rasgo en el ciclo de desarrollo de los homínidos. Es muy importante insistir en que la niñez fue una novedad evolutiva de los mamíferos y de los

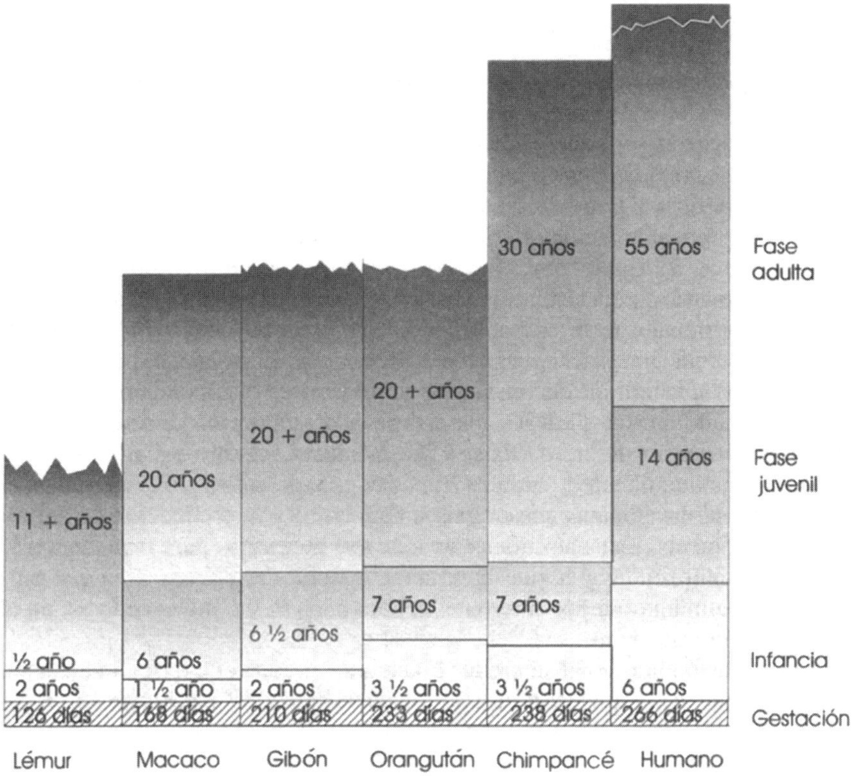

Figura 10.4. Adolf Schultz ilustraba en un trabajo de 1960 el incremento de las fases de desarrollo en la escala natural del orden primates. En su modelo, Schultz no reconocía la niñez como una característica de nuestra especie, sino una prolongación de la infancia hasta la edad de siete años. Este autor tampoco reconocía la adolescencia como una etapa bien diferenciada de la fase juvenil.

primates en particular. Adolf Schultz, en un trabajo clásico de 1960, ilustraba el incremento proporcional de la longitud de las etapas de desarrollo en los primates, en la «escala natural» de este orden de mamíferos. Desde los primates menos evolucionados (lémures, macacos, etc.) hasta *Homo sapiens*, sin olvidar los homínidos primitivos («Early Man»), se habría producido un aumento en la duración de los periodos de gestación, infantil, juvenil y adulto. En su modelo, Schultz no reconocía la niñez como una característica de nuestra especie, sino una prolongación de la infancia hasta los siete años, que sería la cota máxima alcanzada dentro del orden de primates. Esta idea subyace todavía en muchas de las expresiones utilizadas con frecuencia en la literatura, cuando hablamos, por ejemplo, de la «extensión» de nuestro desarrollo.

Fisiología de la niñez

La niñez no sólo tiene características propias que la diferencian de la infancia y del periodo juvenil, sino que puede justificarse desde el punto de vista fisiológico. El desarrollo del organismo esta regulado por un complejo sistema hormonal y de factores de crecimiento mediante la interacción directa del hipotálamo y la hipófisis o glándula pituitaria. Estos órganos se localizan en la base del cerebro y tienen una comunicación neuroquímica directa a través de los vasos sanguíneos. El hipotálamo, la hipófisis y otros órganos como la glándula tiroides, los ovarios o los testículos forman un complejo sistema de acción e interacción hormonal que se activa o inhibe en momentos concretos de la ontogenia, cumpliendo un estricto programa de desarrollo. El sistema se pone en marcha con la producción de determinadas sustancias en el hipotálamo, como la llamada gonadoliberina (GnRH), que estimula la producción de dos hormonas en el lóbulo anterior de la hipófisis: FSH (hormona folículo-estimulante) y la LH (hormona luteinizante), también llamadas gonadotrofinas, que estimulan el crecimiento de las gónadas masculinas y femeninas y la producción de andrógenos y estrógenos. Estas hormonas no sólo son necesarias para la maduración de los espermatozoides y la puesta en marcha del ciclo ovárico, sino que estimulan el crecimiento de los diferentes tejidos corporales, influyendo así en el desarrollo del organismo.

La regulación hormonal se produce mediante circuitos de retroalimentación positiva o negativa. Un exceso en la producción de GnRH determina su propia autorregulación a nivel del hipotálamo, mientras que un exceso de LH, FSH, andrógenos y estrógenos puede también influir de manera positiva o negativa en la producción de GnRH. Después del nacimiento y durante los primeros dos años de vida nuestros niveles en sangre de LH, FSH, andrógenos y estrógenos son elevados, lo que contribuye a la rápida velocidad de crecimiento corporal, desarrollo neurológico y neuromotriz que suceden durante la infancia. A partir de los dos años, el nivel de estas hormonas disminuye drásticamente y no volverá a elevarse hasta el comienzo de la adolescencia, como veremos más adelante. Todo parece indicar que los circuitos de retroalimentación negativa de regulación hipotálamo-hipófisis-gónadas no son suficientemente sensibles durante la infancia, lo que contribuye a mantener una elevada cantidad de andrógenos y estrógenos en sangre. Esos circuitos elevarían su sensibilidad a partir de los dos años, de manera que la presencia de pequeñas cantidades de estrógenos y andrógenos en la sangre determinaría el cese de la producción de GnRH, LH y FSH. De este modo se produciría una relativa inactividad de todo el sistema durante la niñez y el consiguiente retraso de la madurez sexual.

El final de la niñez estaría marcado por un pequeño incremento en la velocidad de crecimiento corporal, que a menudo se puede detectar en los niños. Es lo que James Tanner denominó a finales de los cuarenta «mid-growth spurt» o «estirón de la mitad del crecimiento», de consecuencias poco llamativas para la es-

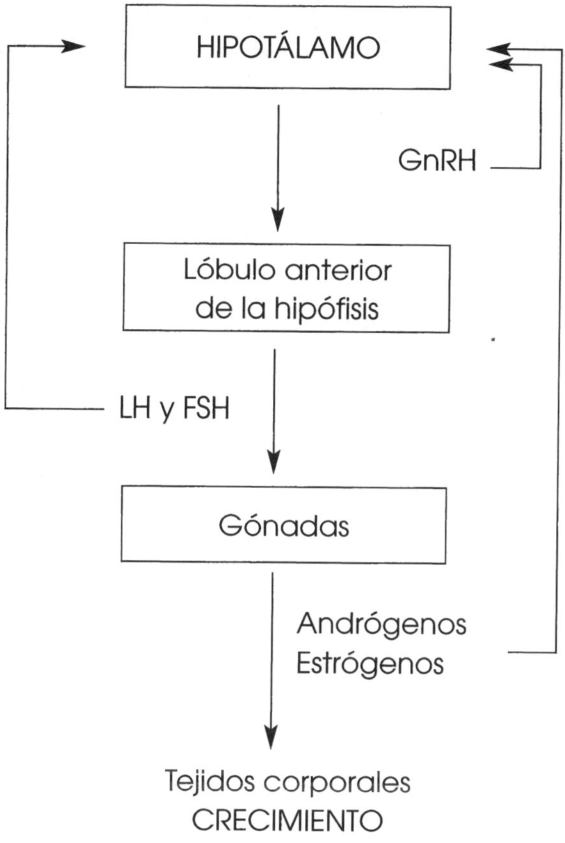

Figura 10.5. Esquema del circuito de autorregulación de las hormonas del complejo hipotálamo-hipófisis-gónadas.

tatura y el peso corporales. Este pequeño estirón está asociado a la adrenarquia, un cambio neuroendocrino que consiste en el incremento progresivo en la concentración de los andrógenos producidos en la *zona reticularis* del córtex adrenal situado en los riñones, a saber, DHA (dehidroepiandosterona), DHAS (sulfato dehidroepiandosterona) y D^4 (delta-androstenodina). Estos andrógenos adrenales no parecen estar relacionados con la madurez sexual en los primates, pero incrementan la tasa de crecimiento óseo, estimulan el crecimiento del pelo corporal y regulan la distribución de la grasa subcutánea. En los chimpancés y en los seres humanos la producción de andrógenos adrenales es muy baja durante la infancia, mientras que sus niveles en sangre ascienden de manera significativa al llegar la fase juvenil. En nuestra especie se produce entonces ese pequeño estirón, que conlleva un mayor crecimiento del esqueleto y precede al estirón puberal de la adolescencia. Bogin piensa que la baja producción de andrógenos adrenales podría ser el mecanismo fisiológico que los chimpancés y los seres humanos empleamos para demorar la maduración de las epífisis de los huesos largos y evitar así el crecimiento esquelético, en espera de los fuertes cambios que ocurrirán al final de la fase juvenil. En los seres humanos esta baja producción de andrógenos adrenales contribuiría de manera eficaz a intercalar el periodo de niñez entre la infancia y la fase juvenil.

Nuevas estrategias

Volveremos a insistir más adelante en la propia identidad de la niñez como novedad evolutiva del género *Homo,* pero no queremos finalizar este capítulo sin reflexionar sobre el alcance que supuso el inicio de esta etapa del desarrollo en la evolución del ser humano. Hemos valorado la posibilidad de que la especie *Homo habilis* sea apartada del género *Homo* como sugieren Bernad Wood y Mark Collard, a pesar de su mayor grado de encefalización con respecto a los australopitecos y parántropos. El rango de la capacidad craneal de *Homo ergaster* indica que las formas más primitivas tendrían un grado de encefalización similar al de *Homo habilis.* Sin embargo, *Homo ergaster* fue capaz de progresar en el desarrollo de su cerebro, lo que denota la entrada de esta especie en una zona adaptativa diferente.

Los cráneos KNM-ER 3733 y 3883 de *Homo ergaster* tienen una antigüedad de 1,8 y 1,6 millones de años, respectivamente. La capacidad craneal del ejemplar 3883 es de 804 centímetros cúbicos, mientras que en el cráneo 3733 la cifra asciende hasta 850 centímetros cúbicos. Otro ejemplar de *Homo ergaster* es KNM-WT 15000, al que dedicaremos el próximo capítulo. Este espécimen tiene también una antigüedad de 1,6 millones de años y su capacidad craneal es de 900 centímetros cúbicos. Por tanto, el rubicón cerebral de 850 centímetros cúbicos, discutido en páginas anteriores, fue alcanzado por la especie *Homo ergaster* hace al menos 1,8 millones de años.

La selección natural modula la estrategia adaptativa de una especie en todos aquellos aspectos que definen su modelo de historia biológica. Se trata, en definitiva, de conseguir un balance energético que permita la presencia de un número suficiente de individuos reproductores en la siguiente generación y garantizar así la continuidad de la especie. *Homo ergaster* se implicó de manera definitiva en una estrategia que suponía emplear gran cantidad de energía en un cerebro cada vez más desarrollado. Los humanos nos gastamos nada menos que el 20 por 100 de nuestro metabolismo basal en mantener las funciones de nuestro cerebro, mientras que la cifra es menor del 10 por 100 en los chimpancés. *Homo ergaster,* además, se decidió por un incremento del tamaño corporal, lo que implicaba un gasto energético cada vez mayor en el crecimiento durante el periodo de desarrollo. Por otro lado, los progenitores deberían gastar más tiempo y energía en sacar adelante a las crías. La obtención de carne y grasa suponía cambiar la estrategia de subsistencia, tal vez hacia una mayor movilidad de los grupos. Pero el éxito de *Homo* sólo se explica desde los beneficios que comportó el cambio estratégico, a pesar del notable incremento del gasto energético en su propio desarrollo y en el de sus hijos.

El gasto que supone el aumento del tamaño corporal tiene dos compensaciones. En primer lugar la superficie de un cuerpo no se incrementa en la misma medida que lo hace su volumen. Un cuerpo voluminoso retiene mejor el calor y necesita menos energía de mantenimiento en su regulación térmica. Por otro lado, el aumento de volumen corporal en una especie objeto de la apetencia de determinados carnívoros disminuye el número de posibles predadores, si éstos no son capaces de aumentar su talla en respuesta al incremento de tamaño de sus presas. Además, un mayor tiempo de dedicación al cuidado y protección de las crías y la permanencia de éstas durante más tiempo en su grupo estrecharía los lazos de unión entre los individuos y potenciaría una mayor socialización. Este rasgo es también un elemento eficaz contra la predación. Sin entrar en la discusión de cuáles fueron las estrategias iniciales para obtener carne y grasa (carroñeo *versus* caza), lo cierto es que en un determinado momento de la evolución los miembros de *Homo* dejaron de ser presa fácil de diferentes carnívoros para convertirse en predadores sociales muy eficaces.

El aumento del cerebro en términos absolutos y relativos, y sobre todo el incremento de su complejidad, implicó una mayor inteligencia en *Homo ergaster*. Este es un beneficio muy obvio que no necesita más explicaciones. Una mayor inteligencia estimularía también la socialización, en la medida en que la cooperación podía ser una estrategia efectiva para la obtención de recursos. No cabe duda que los progresos tecnológicos pudieron desarrollarse en el seno de unas poblaciones cuyos individuos disponían de un mayor tiempo de aprendizaje y una mayor inteligencia. En la primera parte del libro explicamos el significado del salto tecnológico entre el Modo 1 y el Modo 2, ocurrido hace entre 1,5 y 1,6 millones de años. También explicamos la relativa rapidez en la expansión africana de los nuevos conocimientos técnicos del Modo 2. En mi opinión, la aparición del Modo 2 supone la mejor evidencia de la complejidad de los procesos mentales desarrollados por el cerebro de *Homo ergaster*.

Ahora algún lector se preguntará por qué el Modo 2 no fue adoptado por todas las poblaciones de *Homo*. Los homínidos europeos y asiáticos del Pleistoceno inferior siguieron empleando una tecnología menos compleja, que se puede encuadrar en el conjunto de industrias líticas del Modo 1. La primera dispersión fuera de África se produjo antes del desarrollo del Modo 2, como lo atestiguan los hallazgos en Dmanisi y las dataciones de los yacimientos de Mojokerto y Sangiran en la isla de Java. Sin embargo no me atrevo —y creo que nadie lo hará— a poner en duda el potencial de la mente de *Homo erectus* en Asia o de *Homo antecessor* en Europa. Las capacidades craneales de los ejemplares de

Dmanisi —650 y 775 centímetros cúbicos para los cráneos 2282 y 2280, respectivamente— no pueden emplearse en rigor para justificar un menor grado de inteligencia en aquellos primeros emigrantes. Como todos sabemos una mayor capacidad craneal no equivale a una mayor complejidad tecnológica. Sin embargo es bien cierto que determinadas capacidades o habilidades técnicas sólo son posibles si se dispone de una mínima complejidad de la mente. El Modo 2 apareció en escena cuando se dieron esos mínimos, y esto ocurrió durante la evolución de *Homo ergaster*. El Modo 2 fue un salto crucial y decisivo en nuestras habilidades tecnológicas. La técnica se integró, y cada vez con mayor intensidad, en el modelo estratégico adaptativo del género *Homo* porque facilitó y mejoró nuestra interacción con el medio.

Para finalizar y como recordatorio de lo que se ha dicho en estos últimos capítulos cabe reflexionar sobre el modo en que se produjo la encefalización de los homínidos a finales del Plioceno. El incremento de la capacidad craneal de aquellos homínidos pudo suceder sin la necesidad de aumentar la duración total del periodo de desarrollo, como propusieron Tim Bromage y Chris Dean a mediados de los ochenta. Un cierto incremento de la tasa de crecimiento encefálico fetal habría sido suficiente para alcanzar un volumen de hasta 650 y 750 centímetros cúbicos en *Homo habilis* y *Homo rudolfensis*, respectivamente. El aumento del volumen encefálico habría precedido, aunque por escaso margen, a la prolongación del periodo de maduración. Sin embargo, Barry Bogin y Holly Smith sugieren una extensión de la infancia en *Australopithecus africanus* con respecto a homínidos anteriores y la aparición de una incipiente niñez en *Homo habilis*. Estos cambios habrían contribuido a incrementar el volumen encefálico durante el desarrollo y justificarían la aparición de una nueva estrategia adaptativa que permitió el éxito del género *Homo*. Los nuevos rasgos y en particular una mayor inteligencia y socialización, junto a la tecnología como elemento dinamizador con influencia creciente en el modelo evolutivo, habrían quedado fijados en las poblaciones de *Homo ergaster*.

Pero las dos hipótesis no son mutuamente excluyentes. Si *Homo habilis* tuvo una relación de 0,40 entre la capacidad craneal del recién nacido y del adulto, como explicamos en el capítulo anterior, los recién nacidos de esta especie llegarían al mundo con una capacidad craneal de 260 centímetros cúbicos. Despues del parto, el cerebro de *Homo habilis* aún habría de crecer hasta cerca de 400 centímetros cúbicos para alcanzar el promedio de capacidad craneal de los adultos (650 cm^3). Si comparamos estas cifras con las de los chimpancés: 160 y 240 centímetros cúbicos (que serían con toda seguridad muy similares en *Australopithecus afarensis*), comprenderemos enseguida la necesidad de un incremento del cerebro de *Homo habilis* tanto en la gestación como durante el desarrollo posnatal. Así pues, la prolongación de la ontogenia en *Homo habilis* mediante una incipiente niñez no es en absoluto una hipótesis rechazable, a pesar de que su patrón de desarrollo dental fuera muy similar al de los australopitecos. En *Homo ergaster* la etapa de niñez habría quedado consolidada y repercutió en el notable aumento de su cerebro. La suma de los beneficios producidos por una mayor inteligencia y socialización, un mayor cuidado y protección de las crías repartido entre todos los miembros del grupo, una mayor plasticidad fenotípica de los adultos, una mejor defensa contra la predación y por las habilidades técnicas adquiridas fue a la postre superior a la suma de los gastos que comportaba la nueva estrategia de un desarrollo más largo y complejo. El resultado de la ecuación fue el incremento de las expectativas de los individuos para alcanzar la madurez reproductora. Tal vez en ello se basó el incremento demográfico de *Homo ergaster* y su primera expansión fuera de África hace al menos 1,8 millones de años.

Cabe preguntarse, por último, si las predicciones de Bogin y Smith están en consonancia con las evidencias del registro fósil. Aunque en los próximos capítulos examinaremos esas evidencias, adelantamos que las investigaciones sobre el crecimiento y desarrollo están sólo en sus comienzos. La tarea que tenemos por delante es todavía muy larga y compleja. Necesitamos muchos más datos para conocer a fondo los detalles de la evolución de nuestra ontogenia durante el Pleistoceno.

11

El chico de Turkana

> Se trata de un gran hallazgo por sí mismo, pero también nos ofrece nuevas perspectivas sobre otros homínidos fósiles y acerca de la vida y periodos de nuestros antecesores humanos primitivos.
>
> RICHARD LEAKEY Y ALAN WALKER, *The Nariokotome* Homo erectus *skeleton*

En el norte de Kenia, a menos de 5 kilómetros de la ribera oeste del lago Turkana se encuentra el yacimiento denominado Nariokotome III. Este es uno de los numerosos yacimientos fosilíferos situados en las proximidades de este lago, ya mítico para la historia de la paleoantropología. El río Nariokotome desemboca en el lago Turkana y a lo largo de su curso se localizan varios yacimientos de una antigüedad superior a un millón de años. En 1984, un equipo compuesto, entre otros, por los paleoantropólogos Richard Leakey y Alan Walker, el geólogo Frank Brown y el paleontólogo John Harris realizó una expedición a la región occidental del lago Turkana y localizó hasta 25 yacimientos excavados por los ríos de vida efímera y estacional que desembocan en el lago. Estos ríos atraviesan la Formación Nachukui y dejan al descubierto diferentes niveles de gran riqueza fosilífera. La antigüedad de estos niveles se conoce muy bien gracias a las observaciones sobre la estratigrafía de la cuenca del Turkana, realizadas durante casi tres décadas de expediciones a la región, y a las dataciones por el método del potasio/argón de las distintas capas de cenizas volcánicas incluidas en la Formación Nachukui.

El keniata Kamoya Kimeu y su equipo participaban en aquella expedición paleontológica y en agosto de 1984 encontraron el primer resto humano en Nariokotome III. Kimeu fue preparado por Richard Leakey y se convirtió en un auténtico especialista en localizar yacimientos y reconocer los fósiles. Aquel primer hallazgo consistía en un fragmento de hueso frontal y el equipo quiso saber si podrían obtenerse más restos del mismo o de otros homínidos. Se procedió a lavar el sedimento de la zona donde fue hallado el fósil y se recuperó la mayor parte del neurocráneo. Además se realizó una excavación minuciosa de un área de 30 metros cuadrados, que permitió encontrar buena parte del esqueleto de un homínido. Leakey y Walker nos cuentan en la introducción de un volumen monográfico sobre este hallazgo publicado en 1993 que el 21 de septiembre de aquel año agotaron sus fondos y tuvieron que dar por terminada la expedición. Los integrantes del equipo realizaron hasta cinco campañas más y lograron reunir la mayor parte de las piezas óseas del esqueleto de aquel homínido, despues de excavar más de 400 metros cuadrados y remover 1.500 metros cúbicos de sedimentos. El cráneo fue reconstruido a partir de 70 fragmentos y hoy día es uno de los más completos del registro fósil de homínidos. También se recuperaron vértebras, costillas, partes del hueso coxal y de las escápulas, restos de las clavículas, diversos fragmentos de huesos largos, algunos huesos de las manos, etc., que permitieron conocer el tamaño y proporciones del esqueleto poscraneal.

El yacimiento Narikotome III se formó en la llanura aluvial del río Omo, en una zona de praderas, con cinturones de árboles bordeando los canales del río. El minucioso estudio del yacimiento reveló que aquel homínido murió en las proximidades de un lago, en una región pantanosa, a juzgar por los restos de peces del género *Synodontis* y de numerosos opérculos de un tipo de caracol de marismas y ciénagas. En el esqueleto no se detectaban evidencias de que aquel individuo hubiera muerto por el ataque de un predador, ni su cadáver fue descuartizado por animales carroñeros. Alan Walker sospecha que este homínido pudo morir por una septicemia generalizada de su organismo, causada por la infección que le produjo la pérdida traumática de unos de sus molares deciduos. En cualquier caso, la sedimentación tranquila del lugar donde cayó muerto el homínido permitió la conservación de los restos esqueléticos, que apenas se desarticularon y dispersaron en un área de no más de 3 × 7 metros. Todo ello propició uno de los hallazgos más importantes realizados hasta esa fecha en la historia de las investigaciones sobre evolución humana.

Los restos humanos procedían de una capa de sedimentos situada inmediatamente por encima de un tufo de cenizas volcánicas («Okote Tuff»), que fue datado por el método del potasio/argón en 1,65 millones de años. Otras dos capas de cenizas volcánicas situadas a 34 y 46 metros respectivamente por encima del nivel del homínido de Narikotome se dataron en 1,39 y 1,33 millones de años. Con estos datos se pudo calcular el promedio de la velocidad de sedimentación en la región y se estimó la antigüedad del homínido entre 1,5 y 1,6 millones de años. Las observaciones preliminares de los restos fósiles indicaban que se trataba de un individuo inmaduro. El desarrollo de los dientes sueltos y el bajo grado de desgaste indicaban una edad de alrededor de los 12 años, según el patrón de desarrollo dental de *Homo sapiens*. Las epífisis de los huesos largos permanecían sin cerrar en el momento de su muerte, lo que confirmaba la inmadurez del individuo. En el cráneo no se apreciaba el fuerte desarrollo de estructuras óseas, como el torus supraorbitario y las líneas temporales y nucales de inserción muscular, que caracteriza a los individuos adultos. El número de inventario del Museo Nacional de Kenia, donde se depositó el ejemplar, fue KNM-WT (West Turkana) 15000. Sin embargo, este homínido fue muy pronto conocido como el chico de Turkana («Turkana boy»), asumiendo que se trataba de un individuo masculino por la morfología del hueso coxal.

Los resultados del estudio preliminar de los restos humanos fueron publicados por los componentes de la expedición en agosto de 1985 en la revista *Nature*. En aquel primer trabajo no se pudo dar una cifra de la capacidad craneal de KNM-WT 15000, pero a simple vista parecía más elevada que las obtenidas previamente en *Homo habilis*. Un año más tarde, Alan Walker y Richard Leakey confirmaron que este homínido tiene una capacidad encefálica de 900 centímetros cúbicos. En el artículo de *Nature* se daban también estimaciones de la estatura, que podía ser de hasta 168 centímetros, según ecuaciones calculadas para poblaciones caucásicas. Este dato resultaba sorprendente para un homínido de esa antigüedad, pero también es cierto que no había muchos restos en el registro fósil como para tener una idea clara de la estatura de las poblaciones africanas del Pleistoceno inferior. Por todo ello, y por las características craneofaciales, el chico de Turkana fue asignado a la especie *Homo erectus*. Cabe recordar aquí que en aquellos años todavía prevalecía una visión anagenética de la evolución del género *Homo*, con las tres especies: *Homo habilis, Homo erectus* y *Homo sapiens* formando un cadena evolutiva continua. Hoy día, como hemos tenido ocasión de comentar en la primera parte del libro, un ejemplar como KNM-WT 15000 se debe incluir en la especie *Homo ergaster*, si aceptamos que *Homo erectus* incluye sólo a los fósiles asiáticos del Pleistoceno inferior y medio.

Estas discusiones taxonómicas pueden llegar a ser muy aburridas y no deben distraernos de la gran importancia de aquel hallazgo. El chico de Turkana pertenece a una especie que muy posiblemente tuvo conexión directa con la línea evolutiva que conduce hacia las poblaciones humanas modernas y nos ha dado una gran cantidad de datos sobre la biología de nuestros ancestros. En aquella publicación de *Nature* se hacían dos comentarios que nos interesan aquí de manera especial. En primer lugar, los autores explicaban que los caninos de KNM-WT 15000 estaban en proceso de erupción, mientras que los segundos molares ya habían alcanzado el plano de oclusión. La secuencia habitual de erupción en *Homo sapiens* es: canino, segundo molar (C, M2), pero la secuencia contraria se observa en un cierto número de casos. En este sentido, el chico de Turkana presentaría una secuencia de erupción que podemos calificar de «primitiva».

Por otro lado, Alan Walker y Richard Leakey dedicaban unos párrafos a discutir cuestiones sobre el desarrollo somático de *Homo erectus/ergaster*. A partir de ciertos datos obtenidos en la pelvis de KNM-WT 15000, estos investigadores expresaron su desacuerdo con las conclusiones de Robert Martin acerca del grado de encefalización de los recién nacidos de diferentes especies de homínidos. Según comentamos en capítulos anteriores Martin sostiene que el aumento evolutivo de la capacidad encefálica de *Homo erectus/ergaster* hasta los 850 centímetros cúbicos se habría producido en buena medida bien por una extensión del periodo de gestación, bien por un incremento en la tasa de crecimiento del cerebro durante la vida fetal. De este modo, Martin piensa que los recién nacidos de *Homo erectus/ergaster* tendrían una capacidad encefálica relativamente grande con respecto a la capacidad encefálica de los adultos, y su precocidad contrastaría con el notable grado de altricialidad (o escaso desarrollo neuromotriz) de los recién nacidos de *Homo sapiens*. Aunque en términos absolutos los miembros de nuestra especie nacemos con un cerebro de más de 300 centímetros cúbicos, este volumen resulta ser muy pequeño con respecto al tamaño del cerebro de los adultos. Para compensar la diferencia, en el primer año de vida extrauterina nuestro cerebro sigue creciendo con la misma velocidad que durante la gestación, lo que permite a este órgano alcanzar un gran volumen sólo en estos doce primeros meses de vida posnatal. En definitiva, según defiende Martin, nuestro modelo de crecimiento encefálico sólo comenzaría a desarrollarse cuando los homínidos alcanzaron el rubicón cerebral de 850 centímetros cúbicos, a partir del cual se incrementaría de modo progresivo el grado de altricialidad de los recién nacidos.

Alan Walker y Richard Leakey hicieron unos cálculos previos del canal pélvico (que permite el paso del recién nacido) en KNM-WT 15000, que resultó ser muy estrecho. Con independencia de que este ejemplar pudo pertenecer a un individuo masculino, los cálculos indicaban que los recién nacidos de *Homo ergaster* forzosamente deberían tener un cráneo muy pequeño. Robert Martin tenía entonces que estar equivocado. Las observaciones de Leakey y Walker sugerían que los recién nacidos de aquella especie africana del Pleistoceno inferior serían tan altriciales como lo somos nosotros y, en consecuencia, el desarrollo habría de ser tan prolongado como en nuestra especie para permitir la expansión del cerebro en el periodo posnatal, hasta alcanzar los 800-900 centímetros cúbicos del adulto de esta especie. Debemos tener en cuenta que la redacción de aquel artículo publicado en *Nature* se realizó cuando aún prevalecían las teorías de Alan Mann y Owen Lovejoy, que entonces se aceptaban sin discusión. Por otro lado, aún faltaba mucho tiempo para el descubrimiento de la Pelvis 1 de la Sima de los Huesos de Atapuerca. Este hallazgo ha permitido concluir que únicamente los humanos modernos tenemos pelvis estrechas y, por tanto, la anchura estimada por Leakey y Walker en 1985 para la pelvis de KNM-WT 15000 era errónea. Habría que llevar a cabo un estudio más detallado de algunos aspectos del chico de Turkana, como su patrón de desarrollo dental, para saber algo más sobre la duración y complejidad de su desarrollo. Esa investigación fue realizada por Holly Smith.

Los enigmas del chico de Turkana

El chico de Turkana fue sin duda una de las estrellas del segundo Congreso de Paleontología Humana, celebrado en Turín, Italia, en el otoño de 1987. Alan Walker hizo una presentación espectacular con una reproducción del esqueleto de

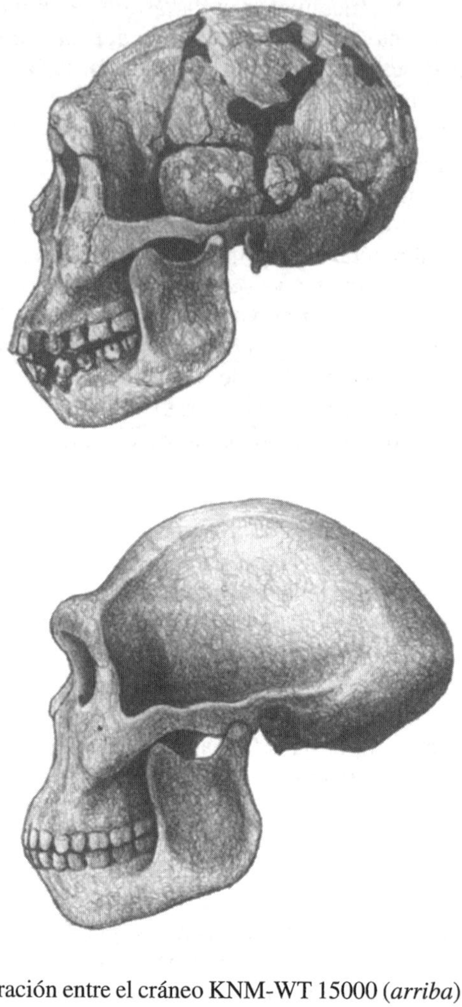

Figura 11.1. Comparación entre el cráneo KNM-WT 15000 (*arriba*) y el de un ejemplar adulto de la misma especie, *Homo ergaster*. En esta ilustración se muestra el cráneo del «chico de Turkana» prácticamente en su estado actual de preservación, aunque se ha añadido el arco zigomático, roto en el original, para facilitar la comparación. En cuanto al cráneo adulto, se trata de una reconstrucción idealizada, basada principalmente en el cráneo KNM-ER 3733 y en otros fósiles más fragmentarios. A grandes rasgos, el cráneo adulto se diferencia del juvenil por la erupción completa de la dentición definitiva, el mayor desarrollo del torus supraorbitario y por el marcado ángulo occipital, que da a la caja craneana una típica forma «de balón de rugby», afilada por detrás. Teniendo en cuenta que el cráneo 3733 se atribuye a una hembra, es posible que, si hubiera llegado a adulto, el chico de Turkana habría desarrollado rasgos craneales aún más exagerados que los mostrados en esta ilustración.

KNM-WT 15000, que causó admiración. En 1993 se publicó un libro que resumía en varios capítulos todo cuanto se sabía sobre el yacimiento Nariokotome III y el homínido KNM-WT 15000. Holly Smith firmaba un capítulo que explicaba con mucho detalle diferentes aspectos del desarrollo del chico de Turkana. El estudio era muy oportuno, porque las investigaciones sobre *Homo habilis* ofrecían una visión cada vez menos humana de esta especie, con un modelo de desarrollo y una forma de tamaño y proporciones corporales similares a las de los australopitecos. La cuestión inevitable era saber cuándo habían aparecido los primeros rasgos «humanos» en la ontogenia de nuestros ancestros. Aunque *Homo habilis* y *Homo ergaster* coexistieron y el chico de Turkana vivió hace 1,6 millones de años, cabía la posibilidad de que su aspecto más humano estuviera relacionado con unos patrones de maduración también más humanos. Holly Smith examinó y comparó el estado de desarrollo de los dientes y el esqueleto de KNM-WT 15000 con los patrones de las poblaciones humanas modernas y varias especies de primates.

En primer lugar, Smith analizó el estado de mineralización de todos los dientes, que se resumen en la tabla 11.1, así como el patrón de erupción dental del chico de Turkana. Algunos dientes estaban sueltos y fue sencillo establecer sus respectivos estados de mineralización, mientras que la radiografía convencional permitió observar los dientes incluidos en el maxilar y la mandíbula. La visualización de los terceros molares superiores ofreció algunos problemas, mientras que los terceros molares inferiores nunca se llegaron a encontrar. Smith estimó que la corona de estos dientes habría alcanzado dos tercios de su mineralización. Los caninos deciduos superiores estaban aún presentes, mientras que ya se había producido la erupción de los segundos molares. Por tanto, este individuo habría tenido una secuencia de erupción M2, C, que ocurre con una frecuencia de entre el 10 y el 20 por 100 en las poblaciones modernas.

En una primera aproximación, la edad de muerte del chico de Turkana se puede estimar considerando que los caninos permanentes aún se encontraban en el interior del maxilar para iniciar su proceso de erupción. Smith eligió como material de comparación los datos de poblaciones africanas y de aborígenes americanos y australianos, en lugar de los datos disponibles para poblaciones asiáticas, europeas o de origen europeo. En estas últimas, la edad de erupción es algo más tardía que en las poblaciones africanas, australianas y americanas. Como explicamos en un capítulo anterior, si la erupción de los dientes está bajo un cierto control genético, se puede afirmar que las poblaciones eurasiáticas están «derivadas» con respecto a otras poblaciones del resto del mundo para este proceso. Por ese motivo parece muy razonable elegir el modelo de erupción menos derivado de las poblaciones africanas, australianas y americanas como de referencia para el estudio del desarrollo dental en homínidos. Smith estimó entonces que el chico de Turkana habría perecido a una edad de entre 10 y 11,5 años, en el caso de que el proceso de erupción de sus caninos y segundos molares permanentes hubiera sido similar al de las poblaciones humanas actuales. Aún fue posible afi-

Tabla 11.1. Estados de mineralización de los dientes del homínido KNM-WT 15000, según la clasificación de Moorrees, Fanning y Hunt (1963) modificada por H. Smith (1991). De la tabla original se han reproducido las edades cronológicas asociadas a esos estados, según el estándar de las poblaciones humanas modernas y según el estándar de chimpancés y gorilas. El estándar humano está basado en una investigación de Anderson, Thompson y Popovich (1976) sobre una muestra experimental de niños de origen europeo en el Centro de Crecimiento de Burlington (Ontario, Canadá), mientras que el estándar de los simios antropomorfos está basado en una investigación de Chris Dean y Bernard Wood (1981).

		Edad cronológica (años)	
Maxilar	Estado de mineralización	Poblaciones humanas modernas	Simios antropomorfos
I1	Ac	(>10,6)	(>6,5)
I2	Rc - A 1/2	10,1	6,2
C	R 2/3	9,5	8,2
P1	R 2/3	9,9	6,6
P2	R 3/4	10,6	7,0
M1	—	—	—
M2	R 2/3	11,4	6,6
M3	Cr 2/3?	12,3	6,7
Mandíbula			
I1	Ac	(>9,2)	(>6,5)
I2	Ac	(>9,9)	(>6,7)
C	R 3/4	10,2	8,6
P1	R 1/2 - R 2/3	10,0	6,4
P2	R 1/2 - R 2/3	10,5	6,6
M1	Ac	(>10,0)	(>5,7)
M2	R 1/2	10,5	6,2
M3	[Cr 2/3?]	12,3	6,7
Edad media dental		10,7	6,9

El paréntesis indica las edades mínimas para el diente totalmente formado.

nar más en la determinación de la edad de muerte del chico de Turkana a partir del estado de desarrollo de sus dientes, porque este proceso parece estar menos influido por factores ambientales que el proceso de erupción. Los datos sobre el desarrollo dental de KNM-WT 15000 basado en los estándares de las poblaciones recientes indicaban edades más bajas para los dientes anteriores que para los dientes posteriores, así como una cierta aceleración del desarrollo del tercer molar con respecto al segundo molar. La edad media de muerte del chico de Turkana sería de 10,7 años, que es muy consistente con la edad estimada a partir de los datos de erupción de los caninos y segundos molares permanentes.

Por otro lado, el desarrollo relativo de los dientes de KNM-WT 15000 es similar al de los chicos actuales, pero no representa el caso más habitual y se aleja de lo que podemos considerar el estándar moderno. En otras palabras, el desarrollo dental del chico de Turkana cabe en el rango de variación de las poblaciones humanas modernas, pero el valor de algunas variables se acerca a los extremos de esa variación. En la figura 11.2 se puede ver que el desarrollo de los dientes inferiores de KNM-WT 15000 está alejado de una perfecta sincronía cuando se comparan sus estados de mineralización con el estándar de las poblaciones modernas. Los dientes anteriores presentan un estado retrasado con respecto a los dientes posteriores, en especial en lo que concierne al tercer molar. La figura 11.3, que muestra el estado de mineralización de los dientes del maxilar, es aún más ilustrativa de lo que acabamos de mencionar. Cuando se comparan los estados de mineralización de los dientes de KNM-WT 15000 con el estándar de los simios antropomorfos se obtiene una mayor congruencia para los dientes posteriores, pero los incisivos y los caninos estarían muy avanzados con respecto a premolares y molares. Este hecho queda muy bien reflejado en la figura 11.4, en la que el canino está muy alejado de la línea que une a los dientes posteriores. En esta figura los incisivos no aparecen porque ya había finalizado su proceso de formación. La edad media de muerte de KNM-WT 15000 obtenida con el estándar de los simios antropomorfos es casi de siete años.

Holly Smith estudió también el estado de madurez esquelética de KNM-WT 15000. El cartílago trirradiado, por ejemplo, todavía permanecía sin osificar en el momento de la muerte de este individuo. En las poblaciones modernas este cartílago termina su osificación entre los 13 y los 15 años, uniendo así de manera definitiva los tres elementos de la pelvis, ilion, isquion y pubis. La epífisis distal del húmero aún no había completado su proceso de osificación y fusión o soldadura con la diáfisis. En los chicos actuales la epífisis distal del húmero comienza a soldarse con la diáfisis entre los 11 y los 15 años y la fusión total ocurre entre los 14 y los 16 años. Por otro lado, ya hemos mencionado que las primeras estimaciones de la estatura del chico de Turkana arrojaban unos datos inesperados. Alan Walker y Christopher Ruff calcularon el rango de la estatura de este individuo entre 156 y 163 centímetros, con un valor más probable de 160 centímetros. Para realizar sus cálculos, estos investigadores emplearon la longitud y la anchura de la epífisis del fémur y la tibia, y tomaron como referencia poblaciones bantúes de

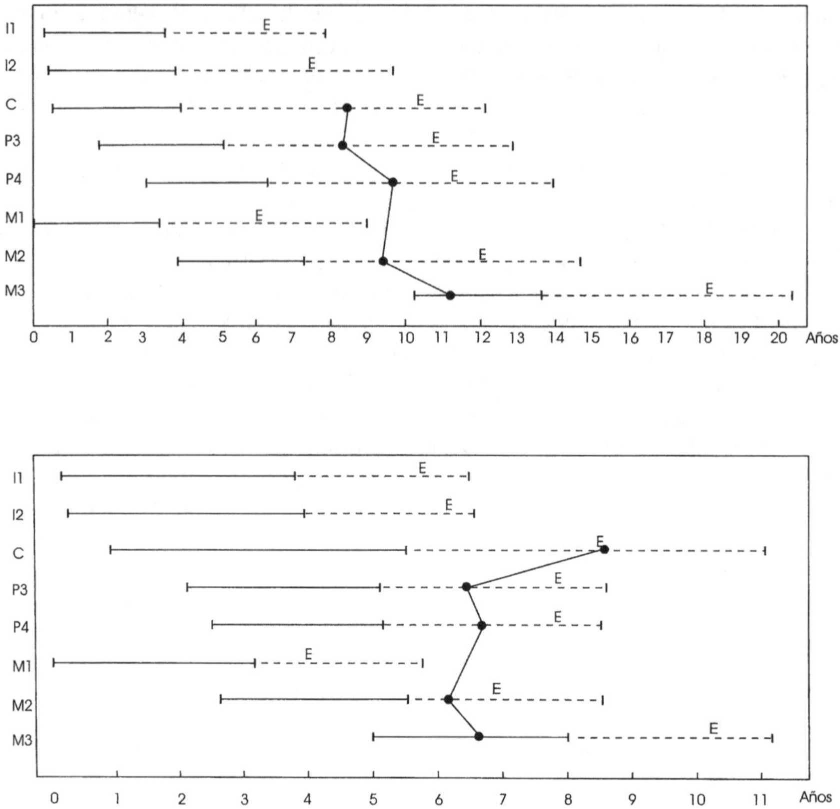

Figura 11.2. Posición relativa de los estados de mineralización de los dientes mandibulares del chico de Turkana (KNM-WT 15000) en la carta de desarrollo de las poblaciones humanas modernas (*figura superior*) y de los simios antropomorfos publicada por H. Smith (1993) y basada en Dean y Wood (1981). En la carta de *Homo sapiens* se puede ver el estado retrasado de los dientes anteriores con respecto a los dientes posteriores. En la carta de simios antropomorfos obsérvese el estado muy avanzado del canino con respecto a los dientes posteriores. Los incisivos también están avanzados porque su formación había concluido y no aparecen por ello en esta figura. Las líneas continuas indican el intervalo de formación de las coronas. Las líneas discontinuas indican el intervalo de formación de la raíz. E: momento estándar para la erupción gingival de los dientes.

África del Sur y Uganda. Si el chico de Turkana tenía realmente 11 años en el momento de su muerte y su crecimiento hubiera sido similar al de los chicos actuales, habría tenido un estirón puberal hacia los 13 o 14 años que le habría llevado a alcanzar una estatura de unos 185 centímetros. Todas las estimaciones de-

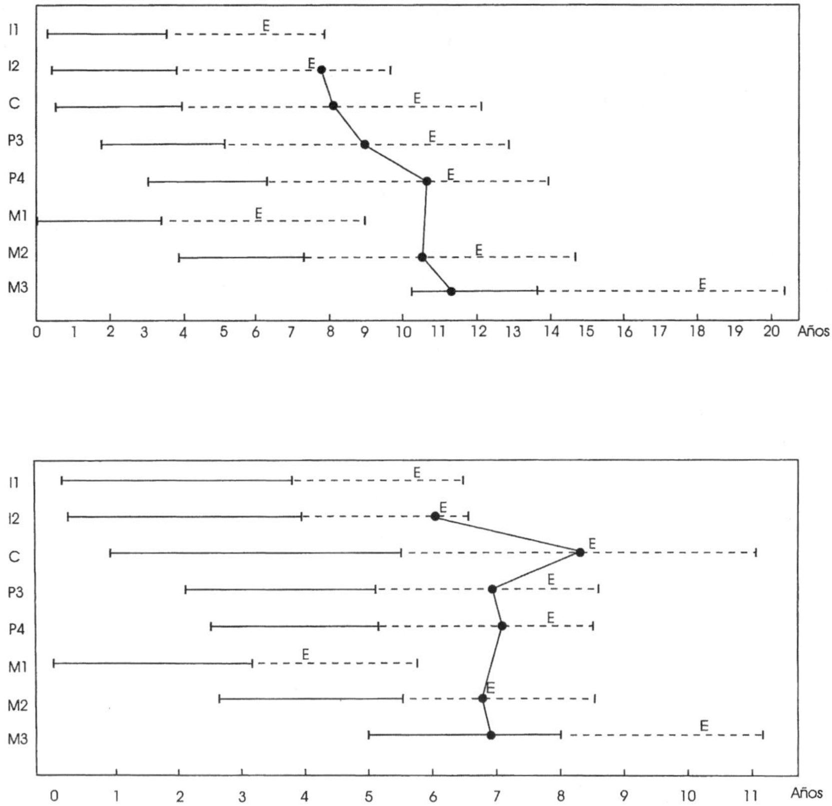

Figura 11.3. Posición relativa de los estados de mineralización de los dientes maxilares del chico de Turkana (KNM-WT 15000) en la carta de desarrollo de las poblaciones humanas modernas y de los simios antropomorfos publicada por H. Smith (1993) y basada en Dean y Wood (1981). Nótese el estado retrasado de los dientes anteriores con respecto a los dientes posteriores. Para otros detalles véase la tabla 11.1.

ben corregirse unos 2-3 centímetros a la baja debido a que la altura del cráneo de *Homo ergaster* es menor que la de *Homo sapiens*. Pese a todo, las estimaciones resultaron sorprendentes para un homínido de hace 1,6 millones de años y para un chico de 11 años, aun si consideramos poblaciones africanas de estatura elevada, como los masai, los turkana o los dinka, que viven en la misma latitud a 200 kilómetros al este de Nariokotome.

En conclusión y tomando como referencia a *Homo sapiens*, el ejemplar KNM-WT 15000 representaría a un individuo de *Homo ergaster* que murió cuando tenía 11 años (edad dental), pero su desarrollo esquelético estaría tan avanzado como el de un chico de 13 o 13,5 años y su estatura podría muy bien corresponder a la de un chico de 15 años. Holly Smith admite que este caso podría ocurrir en un chico moderno, pero no sería ni mucho menos lo habitual. La edad dental del chico de Turkana según el estándar de los simios antropomorfos es de 7 años, que coincide mejor con los patrones de desarrollo esquelético de los chimpancés y explicaría mejor la elevada talla de este individuo. Por todo ello, Holly Smith piensa —y creo que con mucho acierto— que *Homo ergaster* tendría su propio patrón específico de crecimiento y desarrollo. La secuencia de erupción M2, C, el desarrollo acelerado de los dientes posteriores (P2-M3) con respecto a los dientes anteriores (I1-P1) y el desarrollo acelerado del tercer molar con respecto al segundo molar serían rasgos primitivos del desarrollo dental de esta especie. Además, a la edad de 11 años el chico de Turkana tendría una madurez esquelética acelerada con respecto a los chicos actuales. Es probable que el chico de Turkana muriera a una edad intermedia entre 7 y 11 años. El patrón de maduración de *Homo ergaster* se habría alejado ya del patrón de los simios antropomorfos y se estaría aproximando al de *Homo sapiens,* aunque aún quedarían por aparecer aspectos tan importantes como el estirón puberal.

No obstante, Margaret Clegg y Leslie Aiello han aportado algunos datos que no favorecen la credibilidad de esta última hipótesis. Estos investigadores obtuvieron en fecha reciente información de diez londinenses de los siglos XVIII y XIX, que forman parte de la colección de Spitafields, conservada en el Museo de Historia Natural de Londres. Se trata de diez individuos juveniles fallecidos cuando tenían entre 5 y 18 años, de los que pudieron tomarse datos sobre su maduración esquelética y dental, empleando los mismos métodos que Holly Smith usó para el chico de Turkana. Las edades de muerte estimadas a partir del desarrollo dental, desarrollo esquelético y estatura no sólo eran en general inferiores a las edades reales, sino que presentaban una discrepancia muy llamativa. En ocho de los diez casos las edades obtenidas por los indicadores de maduración esquelética eran más elevadas que las edades obtenidas por el desarrollo dental y se aproximaban más a las edades de muerte reales. Estos ocho casos representarían una situación similar a la del chico de Turkana, por lo que Clegg y Aiello advierten de la debilidad de los argumentos de Holly Smith para concluir sobre aspectos tan importantes como la presencia o ausencia de estirón puberal en *Homo ergaster* a partir de la información que aporta un único individuo. La muestra de Spitafields es pequeña, como reconocen Clegg y Aiello, pero los datos obligan a la reflexión y estimulan la realización de nuevas investigaciones.

Las investigaciones sobre el chico de Turkana han sido, no obstante, un buen comienzo para conocer los patrones de maduración de los jóvenes de hace 1,5 millones de años. Resulta difícil admitir que el modelo «sapiens» se hubiese conseguido en apenas 300.000 años de evolución de *Homo ergaster*. La elevada correlación entre el volumen del cerebro y el desarrollo somático en primates nos permite sostener la hipótesis de que esta especie, con una capacidad craneal de no más de 900 centímetros cúbicos, aún no tendría un desarrollo tan largo y com-

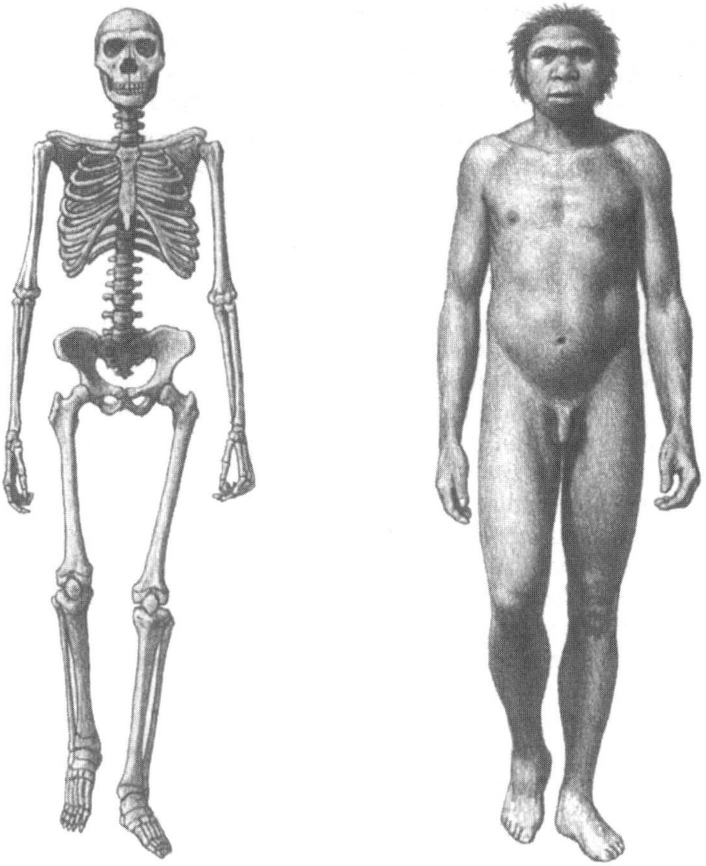

Figura 11.4. Reconstrucción del esqueleto del «chico de Turkana» con la pelvis corregida y apariencia en vida del mismo. La preservación excepcional del esqueleto KNM-WT 15000 permite reconstruir con fiabilidad las proporciones corporales, pero hay un aspecto sobre el cual la información que aporta el fósil es incompleta: la forma de la pelvis. Los fragmentos preservados no permiten conocer con certeza la anchura de las caderas y aunque en una primera reconstrucción se presentó al chico de Turkana con una pelvis estrecha semejante a la de un masai actual, hallazgos recientes sugieren que la condición primitiva es la posesión de una cadera ancha, con las alas del ilion proyectadas hacia los lados, y no verticalizadas, y que esa debería ser la condición presente en *Homo ergaster*. En esta reconstrucción, se ha dotado al chico de Turkana de una pelvis primitiva, semejante a una encontrada en el lago Turkana (KNM-ER 3228) y que podría pertenecer a un miembro muy antiguo de la misma especie. En esta reconstrucción se muestra al chico con la estatura que tendría al morir, que rondaría el metro y sesenta centímetros. Si hubiera llegado a adulto, se supone que podría haber crecido unos 20 centímetros más.

plejo como el de las poblaciones modernas. Barry Bogin y Holly Smith piensan que hace 1,5 millones de años *Homo ergaster* estaba dando los pasos definitivos para entrar en un modelo de historia biológica humano. Un hecho importante en este proceso fue la prolongación del periodo juvenil, que se dividió en dos etapas bien diferenciadas. La segunda etapa, la adolescencia, tiene rasgos definitorios que vamos a describir de manera breve e intentar su justificación desde una perspectiva evolutiva.

Adolescencia

Tras un breve periodo juvenil comienza la adolescencia hacia los diez u once años en las chicas y hacia los doce o trece años en los chicos, cuando se manifiestan los primeros signos del cambio neuroendocrino que conocemos con el nombre de pubertad. La aparición de esos primeros signos, como el vello púbico y axilar, el inicio del desarrollo de las glándulas mamarias o el desarrollo de los genitales externos masculinos es muy variable, no sólo dentro de una misma población sino entre poblaciones distintas, obedeciendo a factores genéticos y ambientales. Durante la adolescencia se producen otros cambios físicos menos visibles, como el incremento de grasa subcutánea en las chicas, que presenta una distribución muy característica y variable, o muy llamativos, como el cambio en el tono y el timbre de la voz de los chicos. También se produce un profundo cambio psicológico, que modifica el comportamiento. En particular, durante la adolescencia aparece una reafirmación de la propia personalidad y una progresiva independencia de los padres en el pensamiento, gustos y tendencias, aunque no necesariamente distintas de las de éstos. Los adolescentes inician un comportamiento más adulto, dejando atrás poco a poco los hábitos propios de la niñez o de la corta fase juvenil. Sus intereses sociales y económicos cambian y, en particular, se manifiesta la atracción epigámica por el otro sexo. La menarquia, o comienzo del ciclo ovárico, es un aspecto fundamental de la madurez sexual de las chicas. La edad de menarquia es muy variable dentro de una misma población, debido a factores genéticos y ambientales. La edad promedio de menarquia varía también entre las poblaciones en función de factores socioeconómicos. La menarquia no es síntoma de fertilidad, sino que durante un periodo variable de entre uno y tres años se producen ciclos menstruales, pero no hay ovulación.

Hacia el final de la fase juvenil, cuando se ha completado poco más del 75 por 100 del desarrollo esquelético, la velocidad de crecimiento alcanza su valor mínimo (mínima velocidad de crecimiento puberal: MVC). A partir de ese momento, el crecimiento se acelera y comienza el estirón puberal. Se trata de una fase de crecimiento muy rápido, que alcanza su máximo aproximadamente entre 2 y 2,5 años despues del MVC, con una velocidad promedio de unos 9 a 10 centímetros/año en los chicos y de unos 7 a 10 centímetros/año en las chicas. A partir de ese momento se produce una deceleración rápida del crecimiento hasta que se alcanza la estatura del adulto hacia los 17-20 años. El estirón puberal es más marcado en los chicos, lo que finalmente se traduce en diferencias de talla entre los dos sexos. El dimorfismo sexual para el promedio de la estatura varía entre poblaciones y suele ser menor del 10 por 100. En grupos humanos cuyo crecimiento normal se encuentra alterado por nutrición inadecuada, enfermedades o determinadas presiones ambientales el estirón puberal es muy moderado o no se produce. En estos casos, las diferencias de estatura entre hombres y mujeres aparecen menos marcadas.

En el capítulo anterior comentamos que durante la niñez se produce una relativa inactividad del sistema hipotálamo-hipófisis-gónadas, que resulta en un claro retraso de la pubertad y de la madurez sexual. También decíamos que esta situación podía deberse a una elevada sensibilidad del sistema, de manera que pequeños incrementos de la concentración de andrógenos y estrógenos en el torrente circulatorio serían capaces de inhibir la producción de gonadoliberina (GnRH) en el hipotálamo. Como hipótesis alternativa, se postula la existencia de un mecanismo ajeno al sistema, que funciona durante la niñez y desaparece al iniciarse la pubertad. En cualquier caso, durante la fase juvenil de los chicos, hacia los 8 o 9 años, comienzan a producirse secreciones pulsátiles durante la noche de GnRH y LH en la hipófisis y testosterona en los testículos. Se trata de los primeros síntomas fisiológicos de un cambio que precede a la pubertad. Más tarde, los pulsos de secreción se producen también durante las horas de vigilia, lo que contribuye a mantener altos niveles de testosterona durante las 24 horas del día. En las chicas también se producen secreciones pulsátiles diurnas o nocturnas de GnRH, FSH, LH y estradiol, que preceden a los primeros signos externos de la pubertad.

Sea cual fuere la causa de la inactividad del sistema durante la niñez, lo cierto es que el notable incremento de la concentración en sangre de estradiol y testosterona tiene un notable efecto anabólico y actúa de manera directa sobre el cartílago de crecimiento. Ademas, la testosterona ejerce una acción estimulante para la liberación de la hormona de crecimiento (GH) en el lóbulo anterior de la hipófisis. La GH, a su vez, estimula la producción de diferentes factores de crecimiento, como las somatomedinas o IGFs (IGF-I e IGF II), que actúan en el cartílago de crecimiento y en otros tejidos promoviendo la división de las células y su posterior diferenciación. Este sistema es responsable de la actividad del cartílago de crecimiento en la epífisis, pero también de su osificación. Una vez alcanzado el pico máximo de velocidad puberal, las elevadas concentraciones de testosterona en los chicos y de estradiol en las chicas durante las últimas fases de la pubertad parecen actuar inhibiendo la división celular y facilitando el cierre de las epífisis, que determina el final del crecimiento.

¿Primates adolescentes?

Tradicionalmente se ha afirmado que el estirón puberal es un rasgo exclusivo de *Homo sapiens*. Sin embargo, muchas especies de primates experimentan al final de su desarrollo una cierta aceleración en el incremento de su masa muscular y de su peso corporal, como demostró Steven Leigh en un estudio sobre cerca de 2.400 individuos de 35 especies distintas. Entre los monos del Nuevo Mundo Leigh observó una aceleración en el aumento del peso corporal únicamente en los machos de la especie *Cebus apella*. Todos los monos del Viejo Mundo, como los géneros *Macaca*, *Cercopithecus*, *Erythrocebus*, *Colobus*, *Papio* o *Mandrillus*, mostraron esa aceleración al final del crecimiento, bien sólo en los machos, bien en los dos sexos. Entre los simios antropomorfos, el género *Hylobates* no presenta aceleración en el peso corporal, mientras que en las especies *Pongo pygmaeus* y *Pan troglodytes* este proceso sólo ocurre en los machos. Finalmente, en las especies *Gorilla gorilla* y *Pan paniscus* existe estirón puberal en peso corporal tanto en los machos como en las hembras. La aceleración en el incremento de la masa muscular y el peso corporal es muy variable en rasgos como la edad relativa del comienzo y del final del proceso, la intensidad y la duración del mismo y la edad del pico máximo de intensidad. Esta variabilidad, así como la presencia/ausencia entre especies y entre sexos, refleja una gran diversidad en la biología y ecología de los primates. Leigh concluye así que la aceleración en el incremento de peso corporal que experimentamos los humanos durante la adolescencia no es un rasgo exclusivo de nuestra especie. Leigh observó que la presencia/ausencia y la duración e intensidad del estirón puberal en peso corporal depende del tamaño de la especie. Cuando se tiene en cuenta este factor los humanos no diferimos de otros primates. Es más, en términos relativos, las mujeres presentan un estirón puberal en peso corporal de menor duración que el de las hembras de otras especies de primates. Lo único que nos diferencia de otros primates es el notable retraso en el inicio del proceso, debido a la inserción en nuestro desarrollo del periodo de niñez.

Un aspecto biológico de gran interés relacionado con las aceleraciones en el incremento del peso corporal durante la pubertad en primates es la diferencia en intensidad de ese fenómeno entre machos y hembras. En los machos el incremento de la masa muscular puede estar al servicio de la competencia entre ellos por las hembras, como sucede en los gorilas. Cuando existe aceleración en la ganancia de peso entre las hembras, el proceso es siempre menos intenso que en los machos. La ausencia o menor intensidad del estirón puberal de las hembras tiene como consecuencia un peso menor que el de los machos. Esta situación es siempre beneficiosa para las hembras, puesto que un cuerpo más pequeño requiere menos coste de mantenimiento durante la gestación y la lactancia. La energía obtenida por las madres puede repartirse de manera adecuada entre ellas mismas y sus hijos, lo que representa una ventaja indudable en la estrategia de la reproducción. Este razonamiento puede aplicarse también a los homínidos. Aunque los humanos tenemos un estirón puberal que afecta tanto al peso como a la estatura, el fenómeno es ciertamente mucho menos intenso en las mujeres, siguiendo el patrón general de todos los primates.

En lo que concierne a la longitud de los elementos óseos, se han detectado pequeñas aceleraciones de crecimiento en algunas especies de primates, coincidiendo con la madurez sexual, pero en ningún caso esos incrementos se aproximan a la intensidad de los humanos. El japonés Y. Hamada y su equipo están realizando estudios sobre el crecimiento de primates y en particular destacan sus recientes trabajos en chimpancés. El equipo de Hamada ha analizado un muestra de 65 individuos, tomando datos de la longitud del tronco, radio, ulna, metacarpos y falanges. Estos investigadores observaron tanto en machos como en hembras dos aceleraciones en la velocidad de crecimiento de los huesos de las extremidades. La primera aceleración sucede después de la infancia y la segunda al final del crecimiento, durante la pubertad. Este patrón es desde luego diferente al de nuestra especie, que se caracteriza por una única y muy intensa aceleración durante la adolescencia.

Los homínidos hemos introducido cambios muy importantes en el tramo final de nuestro periodo de crecimiento. La fase juvenil es más corta que la de los simios antropomorfos, pero hemos prolongado el desarrollo con una adolescencia muy larga, que incluye el estirón puberal. Se podría pensar que la adolescencia y, en particular, la notable aceleración de la velocidad de crecimiento del estirón puberal no es sino el mecanismo que tenemos los humanos para recuperar el tamaño corporal, de algún modo retenido durante la niñez y la fase juvenil. El primatólogo J. Gavan estudió en los años cincuenta las curvas de crecimiento de chimpancés y humanos, y llegó a la conclusión de que el estirón puberal representaba un mecanismo efectivo para recuperar el retraso en la talla y el peso corporal que los niños tienen con respecto a los jóvenes chimpancés de su misma edad fisiológica. Por ejemplo, un chimpancé de siete años ha alcanzado el 88 por 100 de su tamaño corporal, mientras que un preadolescente humano de once años —edad fisiológica equivalente a la del chimpancé de siete años— ha alcanzado sólo el 81 por 100 de su tamaño corporal. El estirón puberal permitirá a ese chico o chica recuperar esa diferencia en porcentaje con respecto al chimpancé. Pero este es sólo un mecanismo del crecimiento particular de nuestra especie y estamos interesados en saber si la adolescencia tuvo alguna ventaja añadida para la estrategia adaptativa de los homínidos.

Selección natural y adolescencia

El problema se puede enfocar desde la perspectiva general de todos los primates, antes de particularizar para el caso concreto de nuestra especie. C. Janson y C. van Schaik propusieron en 1993 un modelo muy sugerente para explicar la aceleración en el incremento de la masa muscular y el peso corporal que se observa en muchas especies de primates. En primer lugar, estos investigadores sostienen que cuando los riesgos de predación para una especie son muy elevados la selección natural favorece la formación de grupos sociales numerosos. Esta estrategia adaptativa, sin embargo, tiene también sus problemas, porque se establece una competencia intraespecífica muy fuerte por el alimento en el seno de los grupos. Esta competencia afecta en mayor medida a los individuos jóvenes, menos experimentados y preparados para obtener alimentos. Además, puesto que los jóvenes son las presas más atractivas, deberán ocupar el centro de los grupos donde el riesgo es menor, pero la competencia por el alimento es máxima. Pero la continuidad de la especie exige que los jóvenes sobrevivan a esa competencia y a la predación. La solución a este dilema consistiría en reducir la tasa de crecimiento durante la fase juvenil y diferir el problema hacia el final del desarrollo. Entonces se produciría la aceleración en la ganancia del peso corporal y el riesgo de predación se concentraría en un momento más corto y concreto del desarrollo.

Esta teoría, que Janson y Van Schaik denominan «aversión al riesgo ecológico debido a la predación», puede ser aplicada también a los homínidos. Desde luego, durante la niñez las necesidades metabólicas son mucho menores que durante la etapa de adulto, como ya se ha explicado en otro capítulo. El estirón puberal ocurre más tarde en *Homo sapiens* que en otros primates debido a la inserción de este periodo en nuestro desarrollo. Durante la niñez, el crecimiento cerebral entra en «competencia metabólica» con el crecimiento corporal y esto podría explicar, al menos en parte, por qué diferimos el estirón puberal hacia una edad más tardía. Entre las edades de seis y siete años nuestro cerebro alcanza su máximo volumen y, al menos en teoría, la competencia entre el cerebro y el resto del cuerpo debería cesar. Sin embargo, aún faltarán de tres a cuatro años en las chicas y hasta cinco años en los chicos para el rápido inicio del estirón puberal. Este periodo es importante para que los jóvenes adquieran experiencia social y conocimientos y no es un tiempo perdido. De todos modos, el modelo de Janson y Van Schaik es perfectamente compatible con estas dos explicaciones, que habrían surgido *a posteriori*, sumando sus efectos y reforzando aún más los lazos sociales del grupo.

Por otro lado, el retraso en el crecimiento supone que los jóvenes prolongan en cierto modo la niñez y permanecen más tiempo bajo la tutela de los padres y otros adultos. El periodo de aprendizaje y la protección prosiguen hasta que el estirón puberal convierte a los adolescentes en adultos en un lapso de tiempo muy breve. Barry Bogin y Holly Smith quieren ver en la adolescencia un periodo en el que los individuos adquieren la experiencia necesaria para ser padres más efectivos; es decir, la adolescencia habría sido favorecida por la selección natural porque proporciona ventajas para la reproducción. Para contrastar su hipótesis, Bogin y Smith comparan los datos de mortalidad infantil en determinadas especies de primates con los observados en poblaciones humanas de cazadores-recolectores actuales. Así, entre los babuinos, macacos y chimpancés la tasa de mortalidad infantil para el primer hijo de las madres de estas especies llega hasta el 60 por 100. Por el contrario, en los bosquimanos o en el pueblo Hadza, esas cifras descienden hasta el 44 y el 39 por 100, respectivamente. Por otro lado, Bogin y Smith citan los datos obtenidos por J. Altmann en 1980 para la tasa de mortalidad infantil de los hijos sucesivos de las madres en babuinos. La tasa de mortalidad para el primer hijo es del 50 por 100, una cifra que desciende hasta el 38 por 100 con el segundo hijo y hasta el 25 por 100 con el tercer y cuarto hijos. Este descenso en la tasa de mortalidad sugiere una acumulación de experiencia por parte de las madres babuinos, que repercute de manera muy positiva en la viabilidad de sus hijos sucesivos.

Si el largo periodo de adolescencia de los humanos permite que las madres adquieran una gran experiencia previa a su primera gestación y maternidad, con el consiguiente descenso en la tasa de mortalidad del primer hijo y sucesivos, es obvio que este rasgo quedaría pronto fijado en el patrimonio genético de los homínidos del Pleistoceno. En todos los grupos actuales de cazadores-recolectores o con una agricultura rudimentaria la primera maternidad no suele ocurrir hasta los 19 años. Es decir, transcurren nada menos que 9 años desde el inicio de la pubertad hasta que las mujeres tienen su primer hijo. Durante este largo periodo las chicas se incorporan de modo progresivo al mundo de los adultos, adquiriendo el patrón de comportamiento social, económico y sexual de sus madres. Entre otros aspectos, las chicas participan de una manera muy activa en el cuidado de los niños, lo que no sólo les permite adquirir experiencia como futuras madres, sino que contribuyen a liberar en parte a las madres con hijos lactantes de la carga que supone cuidar a los hijos anteriores ya destetados. Cabe la posibilidad de que durante el Pleistoceno las chicas tuvieran su primera maternidad mucho antes de los 19 años, como tendremos ocasión de discutir en el capítulo 13. No obstante, aunque esa primera maternidad sucediera, por ejemplo, a los 15-17 años, aún habría tiempo de adquirir esa experiencia que invocan Bogin y Smith para defender su hipótesis.

En el caso de los chicos, sin embargo, las ventajas de un largo periodo de adolescencia y el estirón puberal parecen más difíciles de justificar. Los chicos acumulan también experiencia durante un largo periodo de tiempo antes de su primer compromiso como padres. Aunque los jóvenes adolescentes practiquen un comportamiento sexual activo, sus espermatozoides aún no tienen en general la suficiente movilidad como para fecundar los óvulos, por lo que la paternidad se suele retrasar hasta que el adolescente adquiere la experiencia necesaria para ser un padre efectivo. Durante el Pleistoceno, los adolescentes se incorporarían de modo progresivo a las actividades realizadas por los adultos para obtener recursos, tal y como sucede en los grupos actuales de cazadores-recolectores. Cuanto mayor fuera la experiencia ganada por los jóvenes, mayor sería la eficacia a la hora de obtener esos recursos necesarios para la supervivencia de sus futuros descendientes. Bogin y Smith opinan que esta es una buena razón para que la adolescencia forme hoy día parte de la complejidad del desarrollo de los chicos. Pero sea cual fuere esa razón lo cierto es que hace 1,5 millones de años los homínidos quizás aún no habían alcanzado la complejidad que supone para el desarrollo la presencia de un largo periodo de adolescencia y el estirón puberal.

El esqueleto KNM-WT 15000 es un magnífico ejemplar para estudiar la biología del desarrollo de *Homo ergaster*, aunque es deseable que futuros hallazgos permitan obtener información adicional para tener resultados más concluyentes.

12

El desarrollo de *Homo antecessor*

> Puede excusarse al hombre de sentir cierto orgullo por haberse elevado, aunque no mediante sus propios actos, a la verdadera cúspide de la escala orgánica; y el hecho de haberse elevado así, en lugar de colocarse primitivamente en ella, debe darle esperanzas de un destino aún más elevado en un remoto porvenir.
>
> CHARLES DARWIN, *El origen del hombre*

El chico de Turkana nos ha enseñado que hace 1,6 millones de años los homínidos habíamos avanzado un gran trecho en el camino de conseguir los patrones de crecimiento y desarrollo que caracterizan a la humanidad actual. Ahora queremos saber en qué momento de ese camino evolutivo entramos en los límites de la variación de nuestra especie. En la primera parte del libro explicamos las carencias del registro fósil entre 1,5 y 0,8 millones de años. Necesitamos restos fósiles de individuos inmaduros para conocer cómo han evolucionado los patrones de maduración y apenas contamos en ese periodo con un puñado de evidencias, que nos muestran de manera parcial la morfología de los adultos. Por ese motivo, los restos fósiles humanos del Estrato Aurora de Gran Dolina han resultado ser un hallazgo de gran valor para estudiar la biología de nuestros ancestros. Los homínidos 1, 2 y 3 murieron durante su desarrollo y nos han dejado una rica fuente de conocimientos para avanzar en el objetivo de saber algo más sobre los patrones de maduración de los homínidos y en particular de *Homo antecessor*.

Con ese objetivo nuestras investigaciones se centraron en determinar el estado de mineralización de los dientes de los tres homínidos de TD6. Para ello realizamos radiografías convencionales y tomografía axial computerizada, que permitieron acceder a las imágenes de los dientes incluidos en el interior del maxilar y de la mandíbula. Los dientes que no habían completado su desarrollo se clasificaron atendiendo a su estado de mineralización, siguiendo el método clásico de Moorrees, Fanning y Hunt de 1963, pero incluyendo los estados adicionales que propuso Holly Smith en 1991. En el caso de los homínidos 2 y 3 teníamos información sobre el estado de desarrollo de sus dientes en el preciso momento de su muerte, pero el Homínido 1 no sólo aportaba esos datos, sino que pudimos averiguar cómo era su patrón de desarrollo dental a partir de ciertas evidencias grabadas en sus dientes, cuando aún faltaban casi diez años para su muerte en aquella cueva de la Sierra de Atapuerca.

Las tribulaciones del Homínido 1

El Homínido 1 de Gran Dolina debió de sufrir un corto periodo de malnutrición, bien por escasez de alimento en su hábitat, bien por alguna enfermedad. Ese problema sucedió cuando su primer molar permanente aún no había despuntado en la encía y dejó una huella muy visible en todos sus dientes definitivos. Cuando un niño sufre un problema como el que acabamos de describir se detiene el proceso de crecimiento de sus dientes. Los ameloblastos y los odontoblastos dejan de producir esmalte y dentina durante un cierto tiempo. Si el niño no muere a causa de la malnutrición o enfermedad, los ameloblastos y odontoblastos reanudan su función y los dientes prosiguen con su crecimiento normal. Sin embargo, el cese en la producción de esmalte o dentina en la zona afectada deja una huella muy visible, a modo de «cicatriz» característica. En el caso de la corona esa cicatriz recibe el nombre de «hipoplasia del esmalte». En los casos más graves y de duración prolongada el diente aparece muy deformado y su morfología llega a ser irreconocible. Estos casos son muy poco frecuentes, porque los individuos suelen morir a causa de su malnutrición o por la enfermedad que padecieron y los dientes no llegan a formarse. En cambio, los problemas menos graves se superan y la hipoplasia del esmalte se manifiesta como una zona deprimida, en forma de anillo, que rodea en su totalidad la corona de los dientes y cuya anchura depende de la duración del problema que afectó al individuo.

Si recordamos la estructura de la corona de los dientes explicada en el capítulo 7, podremos entender mejor esta peculiar disposición de la hipoplasia del esmalte. Las primeras capas de esmalte tienen forma de cúpula y se superponen unas a otras durante la fase de mineralización de las cúspides. Si un individuo sufre un problema leve o menos grave cuando uno de sus dientes se encuentra en esta fase, la hipoplasia quedará cubierta por las capas sucesivas y el defecto en la producción de esmalte no será visible a menos que realicemos un corte sagital del diente. En cambio, durante la fase de mineralización de la región cervical las sucesivas capas de esmalte aparecen rodeando la totalidad de la corona y bien delimitadas por los perikimata. Si el problema que sufre un individuo tiene, por ejemplo, dos semanas de duración, la hipoplasia tendrá una anchura equivalente a dos capas de esmalte y sus correspondientes perikimata, y se observará con toda nitidez a simple vista como una línea o banda deprimida que rodea la corona.

Si el estado de malnutrición o enfermedad queda registrado con sendas cicatrices en la corona y la raíz de varios dientes, tendremos constancia del estado de

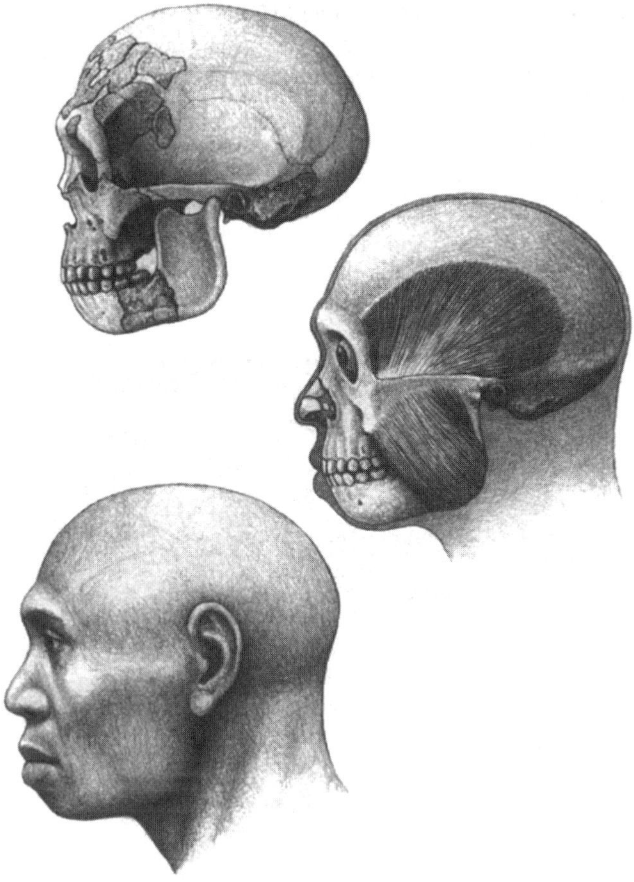

Figura 12.1. Reconstrucción secuencial de la apariencia en vida del chico de la Gran Dolina. Para realizar esta reconstrucción se combinaron los fragmentos craneales ATD6-15 (frontal) y ATD6-69 (maxilar). El fragmento de frontal podría pertenecer al chico de la Gran Dolina, aunque no se ha podido establecer conexión anatómica entre los dos restos para confirmar este supuesto. En la reconstrucción también se ha incorporado un fragmento de mandíbula correspondiente a un individuo de unos 14 años que, a pesar de la diferencia de edad, aporta información valiosa sobre la forma y altura del cuerpo mandibular, así como un fragmento craneal de menor tamaño, correspondiente a la zona mastoidea. Tanto el frontal como el fragmento de mandíbula se han invertido en esta vista lateral para mostrar la mayor cantidad posible de material en el mismo lado. Las partes que faltan del cráneo se han reconstruido en base a la morfología de las restos conservados y por comparación con fósiles de especies emparentadas, especialmente el cráneo del chico de Turkana. Los músculos de masticación se han reconstruido siguiendo las marcas de inserción muscular visibles en el hueso fósil, mientras que otras partes de la anatomía blanda se reconstruyen por analogía con los humanos modernos y los grandes simios.

mineralización particular de cada uno de los dientes para un momento concreto del desarrollo del individuo. Es decir, la hipoplasia de esmalte y los defectos en la formación de la dentina representan una posible manera de conocer el patrón de desarrollo dental. No es necesario que el individuo muera antes de alcanzar el estado adulto y encontrar luego sus restos para determinar el patrón de desarrollo dental. Podemos averiguar ese patrón estudiando la posición relativa de las hipoplasias de esmalte y de los defectos de la dentina en cada uno de los dientes. El Homínido 1 presenta hipoplasia del esmalte en la corona de los caninos, premolares y segundos molares, como una línea visible a simple vista que rodea en su totalidad la corona de estos dientes. El incisivo lateral y el primer molar mues-

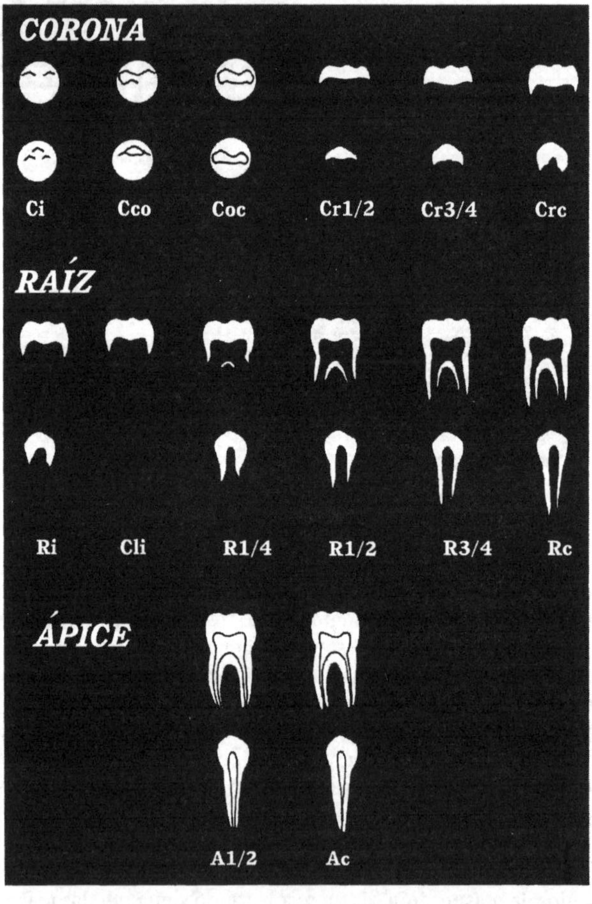

Figura 12.2. Esquema de la clasificación de los diferentes estados de desarrollo de la corona y la raíz de los dientes, propuesta por Moorrees, Fanning y Hunt (1963).

tran un defecto lineal en la dentina, que rodea la raíz y se localiza no lejos del cuello del diente. Además, como explicamos en el capítulo 5, el Hominido 1 murió cuando su tercer molar aún no había iniciado el proceso de ascenso hacia la cavidad bucal y la longitud de su raíz apenas había crecido algo más de dos milímetros.

El desarrollo dental de *Homo antecessor*

Una vez conocido el estado de mineralización de cada diente en los tres homínidos de Gran Dolina, la siguiente cuestión era averiguar a qué edad aproximada suceden esos estados en las poblaciones humanas actuales y en los chimpancés. De este modo podríamos contrastar dos hipótesis alternativas planteadas en nuestro estudio: 1) los homínidos de Gran Dolina tienen un patrón de desarrollo dental similar al de *Pan troglodytes*, y 2) los homínidos de Gran Dolina tienen un patrón de desarrollo dental similar al de *Homo sapiens*. Se trataba de conocer, en definitiva, si los estados de mineralización de los dientes de estos homínidos se ajustaban mejor al patrón de desarrollo dental de los chimpancés o al de nuestra especie. Para llevar a cabo el estudio contamos con datos de diferentes autores, que han investigado el desarrollo dental en humanos y en chimpancés. Un trabajo muy reciente de Donald Reid y otros colegas sobre el desarrollo de las coronas de los dientes en chimpancés, combinado con datos de un trabajo clásico de 1981 de Chris Dean y Bernard Wood, fueron la referencia para contrastar la primera hipótesis. Por otro lado, consultamos los datos de D. Anderson, G. Thompson y F. Popovich tomados en una muestra experimental de niños caucásicos en el Centro de Crecimiento de Burlington, en Ontario, Canadá, y publicados en 1976. También consultamos los datos de 1990 de E. Harris y J. Mckee sobre el desarrollo dental en niños caucásicos norteamericanos.

Los resultados obtenidos en nuestro análisis aparecen en la tabla 12.1. Parecía más razonable esperar que las edades con el estándar para *Homo sapiens* fueran menos dispares que las obtenidas con el estándar para *Pan troglodytes*, y así fue. En el primer caso, la variación de las edades obtenidas fue mucho menor que cuando empleamos el modelo de chimpancés. La variación fue estimada a partir del coeficiente de variación, que se obtiene al dividir la desviación estándar de la distribución (× 100) por el promedio de esa distribución. Los resultados indicaban que el patrón de desarrollo dental de *Homo antecessor* se parecía más al de *Homo sapiens* que al de chimpancés, pero era necesario precisar más las conclusiones.

Como hemos tenido ocasión de comentar en capítulos anteriores, una diferencia fundamental entre el patrón de desarrollo dental en nuestra especie y el de los simios antropomorfos estriba en los tiempos de desarrollo relativos de los dientes anteriores y de los dientes posteriores. En *Homo sapiens* el desarrollo del segundo premolar y de los molares está muy retrasado con respecto al desarrollo

Tabla 12.1. Estados de mineralización (EM) en los dientes de los Homínidos 1, 2 y 3 del nivel TD6 (Estrato Aurora) de Gran Dolina y edades cronológicas asignadas a cada uno de esos estados en poblaciones humanas y en chimpancés.

		Homínido 1							Homínido 2				Homínido 3		
		Edad (A)				Edad (B)			Edad (B)				Edad (B)		
		H. sapiens				*H. sapiens*			*H. sapiens*				*H. sapiens*		
	EM	ATP	HMK	Chimps.	EM	ATP	Chimps.	EM	ATP	HMK	Chimps.	EM	ATP	HMK	Chimps.
Maxilar															
I1								Crc	3,7	4,3	4,0				
I2								Cr3/4-Crc	3,8	4,9	4,5	A 1/2-Ac (at)	10,5	>9,7	7,2
C	Cr3/4-	3,8	4,7	5,1				Cr2/3	3,8	4,3	4,8	R3/4-Rc (a)	10,3	11,0	10,3
P3	Cr3/4 +	5,0	5,8	4,7				Coc-Cr1/2	3,9	4,4	2,9	R3/4-Rc (at)	10,5	11,5	8,0
P4	Cr2/3+	5,2	6,0	4,0				CV	2,1	6,4	20,6	R2/3 (a)	10,1	10,8	7,3
M1	R1/4	4,9	5,3	3,3								Complete	>10,1	>9,5	>6,8
M2	Cr1/2	5,3	5,7	3,0								R1/3 (na)	10,0	11,2	5,5
M3												Cr 2/3 (na)	11,9	11,8	6,0
	CV	12,4	9,3	22,2								CV	6,5	3,5	23,0

Lámina *a*. Paisaje y fauna del nivel TD6 Aurora del yacimiento de Gran Dolina en Atapuerca. El entorno natural en el que vivió el *Homo antecessor* de TD6 incluía bosques mixtos de clima templado, intercalados con praderas y bosques de ribera. Entre los animales que compartían el entorno con los homínidos cabe destacar los bisontes primitivos, que se diferenciaban de los actuales, entre otras cosas, por tener las patas proporcionalmente más largas y la jiba menos prominente. También había grandes cérvidos y otros animales que no se muestran en el dibujo.

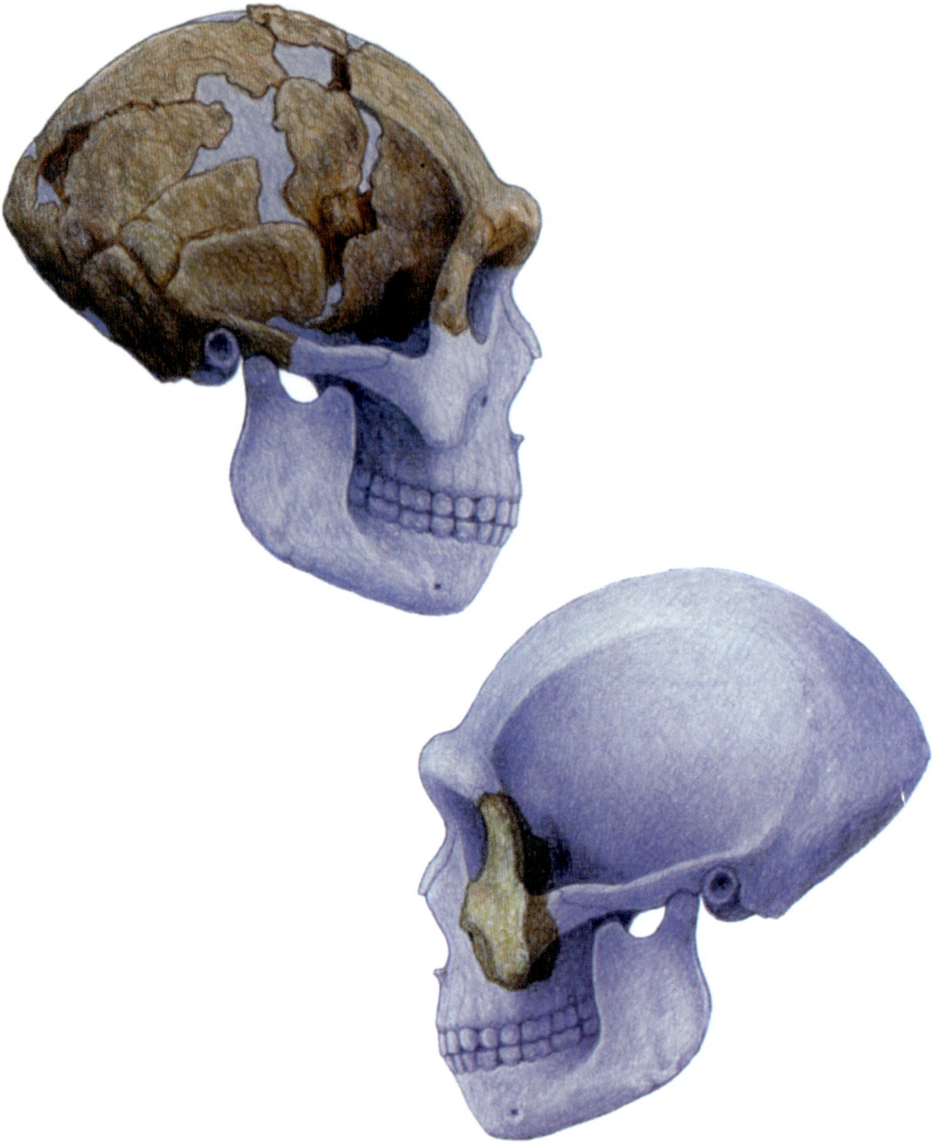

Lámina *b*. Reconstrucción hipotética del cráneo de un individuo adulto de *Homo antecessor*. En el dibujo superior se han remarcado en color siena las partes preservadas del cráneo de Ceprano, según la reconstrucción revisada publicada por Giorgio Manzi y colegas en 2001. En el dibujo inferior se ha resaltado en color ocre el fósil ATD6-58, que incluye parte del maxilar y del malar de un individuo adulto. Si se orienta el suelo de la órbita ocular en ATD6-58 en el mismo plano que en ATD6-69 (el chico de Gran Dolina), se observa que el plano infraorbital no está «extraplomado» como en el ejemplar inmaduro, sino más bien vertical, indicando que la cara estaba más «hinchada» y el maxilar en general proyectado hacia adelante. Estos cambios de orientación se han incorporado a la reconstrucción, y dan a la cara adulta una apariencia más prognata que en el juvenil, pero mucho menos que en un adulto de *Homo heidelbergensis*, como el cráneo 5 de la Sima de los Huesos. Otros aspectos de la reconstrucción se comentan en el texto de la figura 2.1.

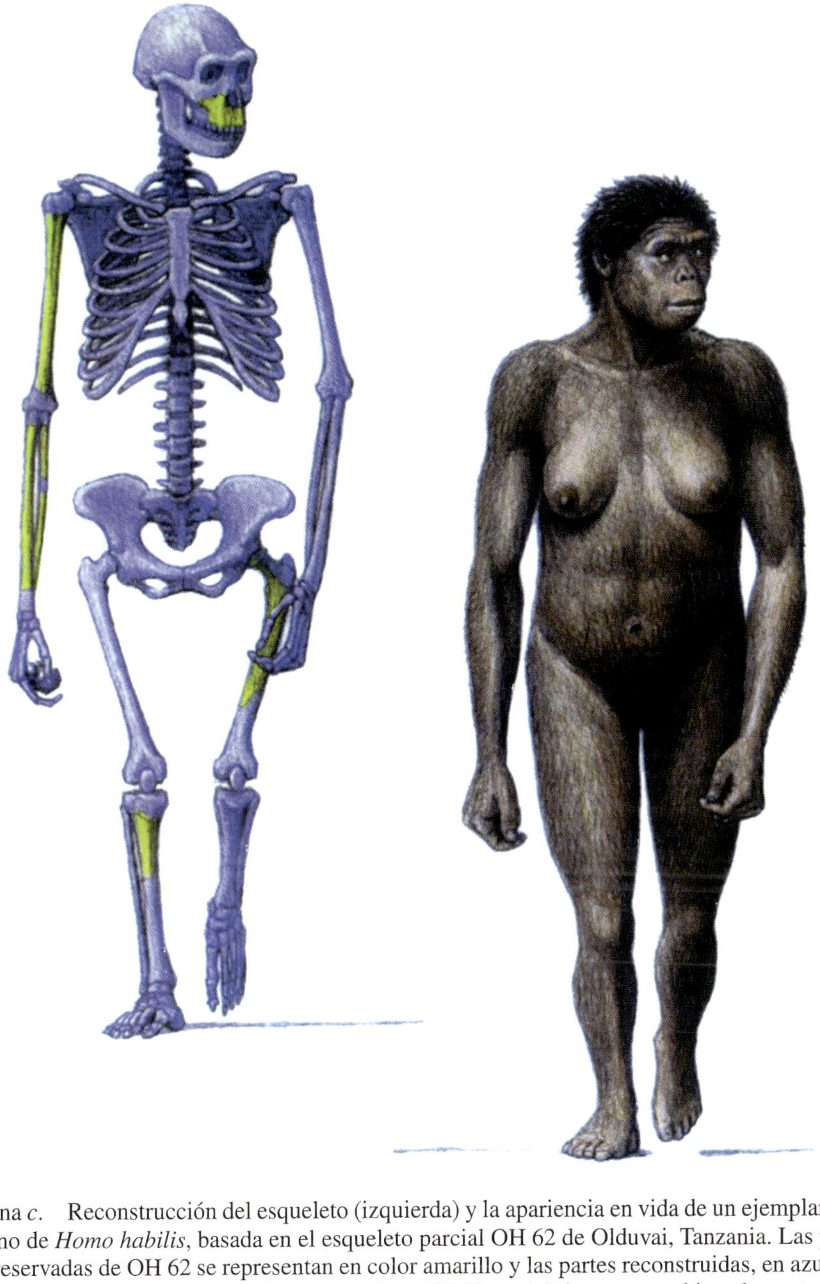

Lámina *c*. Reconstrucción del esqueleto (izquierda) y la apariencia en vida de un ejemplar femenino de *Homo habilis*, basada en el esqueleto parcial OH 62 de Olduvai, Tanzania. Las partes preservadas de OH 62 se representan en color amarillo y las partes reconstruidas, en azul. A pesar de su condición fragmentaria, el esqueleto OH 62 es el único que combina elementos de las extremidades superiores e inferiores de un mismo individuo de *Homo habilis*, mostrando que sus proporciones, con brazos largos y piernas cortas, eran más simiescas que en los humanos actuales e incluso más que en *Australopithecus*. OH 62 perteneció a un individuo de poco más de un metro de altura, seguramente una hembra y su estatura sería similar a la de «Lucy», el ejemplar más conocido de *Australopithecus afarensis*. La reconstrucción del esqueleto se completa en base a otros fósiles aislados de la misma especie, provenientes en su mayoría también de Olduvai, incluyendo un cráneo completo y numerosos huesos del pie y de la mano.

Lámina *d*. Reconstrucción secuencial de la cara del «chico de Gran Dolina». Esta ilustración muestra, en vista frontal, la misma secuencia que se ilustra en la figura 12.1 del texto. En la reconstrucción del cráneo (*arriba*), las partes preservadas se muestran en color ocre y las partes reconstruidas en azul. En la segunda etapa de la reconstrucción (*centro*) se han añadido los músculos faciales, cartílagos nasales y auriculares. En la tercera fase se ha añadido la piel, aunque se ha omitido el cabello para no ocultar las proporciones de la cabeza. Véase el texto de la figura 12.1 para más detalles sobre la reconstrucción.

Lámina *e*. Reconstrucción de la apariencia en vida del «chico de Gran Dolina». En esta ilustración se ve al mismo individuo de la lámina anterior, pero dibujado en tres cuartos de perfil y añadiendo el cabello. El color y textura del mismo, así como el color de la piel y de los ojos son hipotéticos. Asumiendo que una piel de color claro es ventajosa para los humanos que viven en latitudes templadas con menor insolación que en los trópicos, entonces cabe suponer que cualquier especie humana que invadiera Europa, adquiriría ese color de piel al cabo de unos pocos miles de años. La ausencia de vello corporal en los niños y adolescentes es un rasgo común a todas las poblaciones humanas actuales y se ha considerado razonable inferirlo también para *Homo antecessor*.

Lámina *f*. Reconstrucción de un grupo de adultos de *Homo antecessor* consumiendo los restos de otro miembro de su propia especie a la entrada de un abrigo rocoso. Muchos de los restos humanos encontrados en el nivel TD6 de Gran Dolina presentan marcas de descarnamiento y de fractura. Estos y otros muchos indicios sugieren que la carne e incluso el tuétano de aquellos individuos fueron consumidos por otros humanos. Los fósiles humanos se encuentran mezclados indiscriminadamente con los de otros animales que sufrieron el mismo tratamiento «culinario».

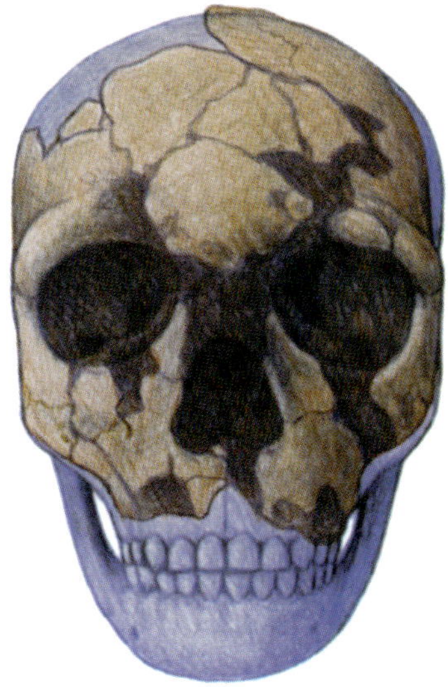

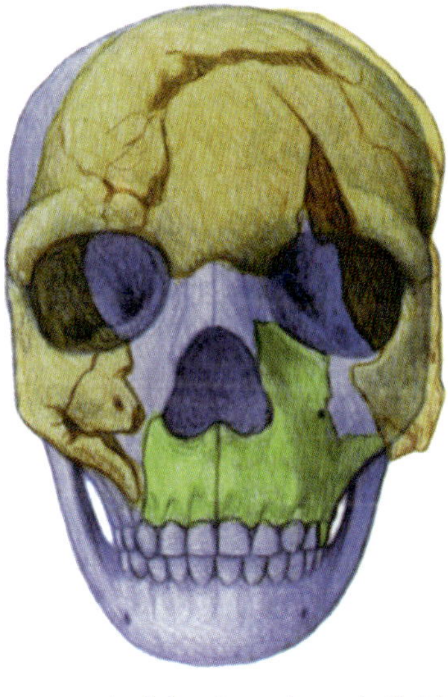

Lámina *g*. Reconstrucción compuesta del cráneo de un individuo adolescente de *Homo heidelbergensis*, basada en los restos craneales de tres individuos distintos provenientes de la Sima de los Huesos. En el dibujo superior se muestra, en color siena, el cráneo 6 de la Sima de los Huesos, perteneciente a un individuo masculino de unos 14 años de edad. En el dibujo inferior se combinan el maxilar AT-767+AT-963 (en color verde), perteneciente también a un ejemplar de unos 14 años y la cara parcial formada por los fragmentos siguientes: AT-465+AT-624+AT-765+AT-766+AT-1159 (en color ocre). En base al desarrollo del torus supraorbital, esta cara se atribuye a un individuo juvenil. Este fósil presenta una leve asimetría. En ambos dibujos, los fósiles se han pintado superpuestos a una misma reconstrucción ideal, que es el resultado de combinar la forma de los distintos individuos. Las partes reconstruidas se representan en color azul y los contornos del fósil no siempre coinciden exactamente con los de la reconstrucción ideal, especialmente si el hueso ha sufrido alguna deformación. En comparación con el cráneo adulto representado en la lámina siguiente, los cráneos juveniles muestran un menor desarrollo del torus supraorbital y de la región facial del cráneo en proporción con el neurocráneo.

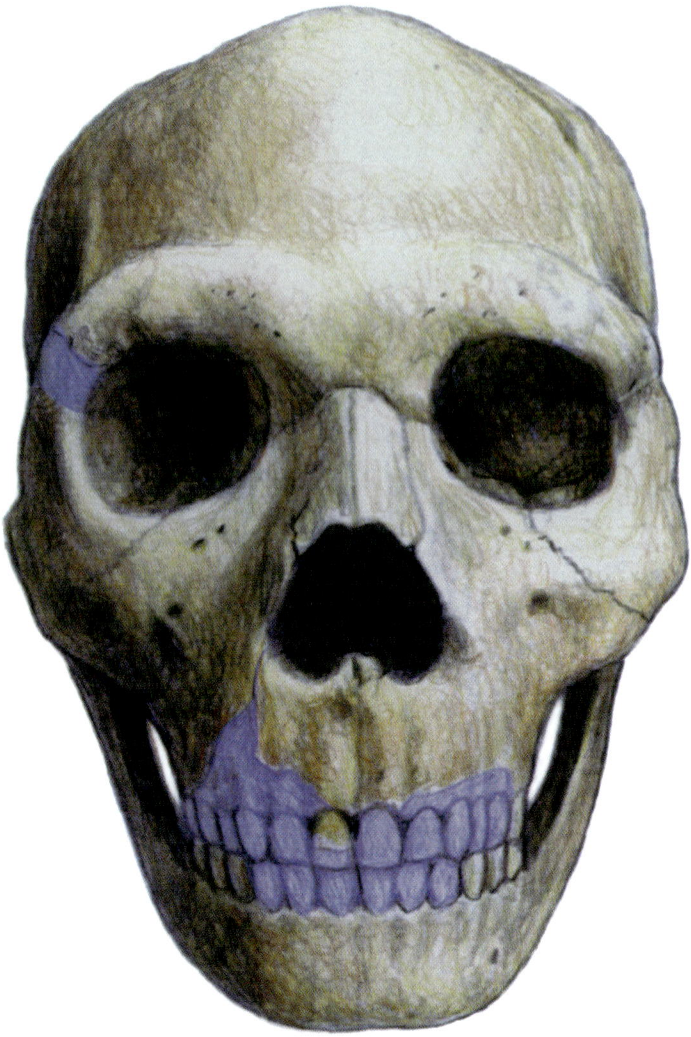

Lámina *h*. Reconstrucción del cráneo de un individuo adulto de *Homo heidelbergensis*, basada en el cráneo 5 de la Sima de los Huesos. Además de reconstruir los fragmentos que faltan de este ejemplar (representados en color azul) también se han restaurado las coronas de los dientes para mostrarlas con un desgaste moderado, en lugar del desgaste acusado que se observa en el primer incisivo derecho y se han omitido los efectos de la patología que afecta al lado izquierdo del maxilar. De esta manera se presenta un cráneo adulto idealizado, correspondiente a un ejemplar sano de *Homo heidelbergensis* en la plenitud de la vida. El mismo criterio se ha utilizado con la reconstrucción del adolescente de la Sima de los Huesos, donde, por ejemplo, se han omitido los efectos del traumatismo sufrido por uno de los individuos juveniles en la zona supraorbital.

		Homínido 1						Homínido 2				Homínido 3			
		Edad (A)				Edad (B)			Edad (B)				Edad (B)		
		H. sapiens				*H. sapiens*			*H. sapiens*				*H. sapiens*		
	EM	ATP	HMK	Chimps.	EM	ATP	Chimps.	EM	ATP	HMK	Chimps.	EM	ATP	HMK	Chimps.
Mandíbula															
I2	Ri-R1/4	5,4	5,7	5,2											
C	Cr3/4	3,9	4,3	5,1											
P3	Cr3/4	4,7	5,7	4,5											
P4	Cr1/2	4,8	5,4	3,8											
M1	R1/4+	5,0	5,3	3,6											
M2	Cr1/2-	5,2	5,7	3,2	A 1/2 (eat)	13,6	8,8								
M3					Cli (na)	14,8	7,5								
	CV	10,8	10,1	19,5											

A: edad en años de formación de las líneas de hipoplasia de esmalte y defectos en la deposición de dentina en los dientes del Homínido 1. B: edad de muerte. CV: coeficiente de variación (desviación estándar × 100/promedio) de las edades asignadas a los EM. (a): diente en proceso de ascenso hacia la cavidad bucal. (at): proceso de ascenso finalizado. (na): proceso de ascenso no iniciado. ATP: edades basadas en los datos de las investigaciones de Anderson, Thompson y Popovich (1976), para individuos masculinos. HMK: edades basadas en los datos de las investigaciones de Harris y McKee (1990), para individuos masculinos. Chimpancés: edades basadas en los datos de las investigaciones de Reid, Schwartz, Dean y Chandrasekera (1988) en chimpancés y en la carta de desarrollo dental elaborada para estos animales por Dean y Wood (1981), modificada por Smith (1991).

de los incisivos y caninos. Esta particularidad nos diferencia tanto de los simios antropomorfos como de los primeros homínidos y puede ser empleada para nuestros propósitos. Si comparamos el estado de mineralización de un incisivo y de un molar obtendremos más información que si comparamos el estado de mineralización de dos dientes de una misma clase. A partir de esta premisa nos propusimos realizar una comparación del estado de desarrollo dental de los homínidos de TD6 con el de otros homínidos empleando tan sólo dos variables, que corresponderían a dientes de clases distintas. Vamos a poner un ejemplo, que nos ayudará a entender el proceso seguido en este análisis.

Imaginemos que se trata de analizar los restos fósiles de un individuo inmaduro de una especie extinguida y supongamos que los estados de mineralización son los indicados a continuación. A esos estados les asignaremos unas edades (edades de muerte en definitiva) basadas en el estándar de desarrollo dental de las poblaciones humanas modernas.

		Años
I1	Cc	4,0
I2	C3/4-Cc	3,7
C	C1/2	3,0
P1	C1/2	3,5
P2	C3/4-Cc	5,5
M1	R1/4	4,5
M2	Cc	7,5
M3	Coc	10,5

Notaremos que las edades son muy dispares y oscilan entre los tres años para el canino y diez años y medio para el tercer molar. Esta disparidad ya nos indica que el estándar de *Homo sapiens* no es el que mejor se ajusta al patrón de desarrollo de la especie a la que perteneció ese homínido. El promedio de la edad de muerte en este individuo según el estándar de *Homo sapiens* es 5,2 años. A continuación vamos a estandarizar las edades del incisivo lateral, canino, primer y segundo molares, dividiendo esas edades por el promedio de la edad de muerte. Obtenemos los siguientes valores: 0,71; 0,57; 0,86 y 1,34. Si este resto fósil perteneciera a nuestra especie y fuera además un individuo estándar para el desarrollo dental, la edad de mineralización de cada diente sería la misma y coincidiría con el promedio de la edad de muerte. En este caso, todos los valores obtenidos serían iguales a 1,0. En el ejemplo que hemos imaginado la variación de los valores obtenidos es considerable y el desarrollo dental de esa supuesta especie extinguida sería muy diferente al de nuestra especie.

Este ejercicio fue realizado para los homínidos 1, 2 y 3 de Gran Dolina. Además, obtuvimos numerosos datos de un trabajo de Holly Smith publicado en 1994 en la revista *American Journal of Physical Anthropology*, relativos al desarrollo de diferentes homínidos y de gorilas y chimpancés. Una vez realizados los cálculos pertinentes obtuvimos una matriz de valores de cuatro variables, que correspondían a los datos para el incisivo lateral, canino, primer y segundo molares. A continuación realizamos diferentes análisis de agrupamiento («cluster») comparando los datos de un diente anterior con los de un diente posterior. Los resultados más claros y consistentes están representados en las figuras 12.2 y 12.3.

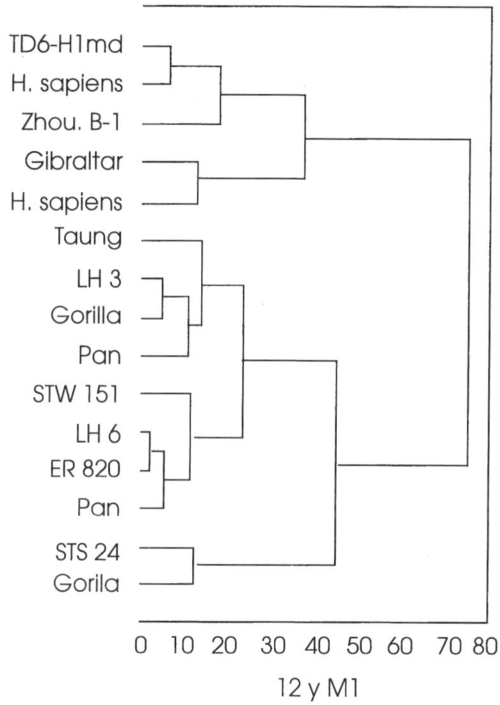

Figura 12.3. Agrupación de especímenes en función del estado de desarrollo relativo del incisivo lateral y primer molar inferiores, según el método explicado en el texto. En esta figura podemos observar cómo se han formado dos conjuntos principales: por una parte los ejemplares de gorila y chimpancé se agrupan con los ejemplares de *Australopithecus afarensis* (LH3 y LH6), *Australopithecus africanus* (Taung, STS 24 y STW 151) y *Homo ergaster* (KNM-ER 820). Por otro lado, aparecen agrupados los especímenes de *Homo sapiens* con un ejemplar de *Homo erectus* (Zhoukoudian B1), *Homo neanderthalensis* (Gibraltar) y *Homo antecessor*. Los resultados confirman que los homínidos del Plioceno presentaban un patrón de desarrollo dental similar al de los simios antropomorfos, mientras que *Homo ergaster* pudo representar la transición a un patrón «moderno» de desarrollo dental.

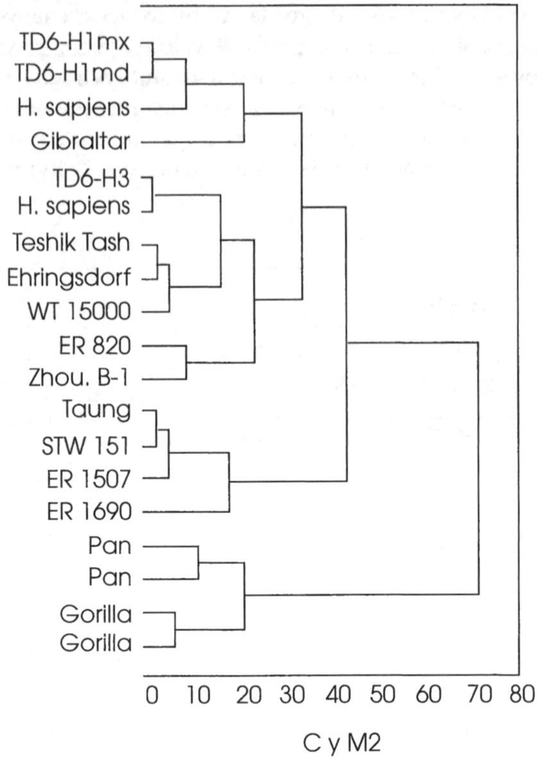

Figura 12.4. Agrupación de especímenes en función del estado de desarrollo relativo del canino y segundo molar inferiores, según el método que se explica en el texto. En este caso los ejemplares de gorila y chimpancé forman un conjunto separado (reflejando el desarrollo muy particular del canino de estos primates), pero próximo a los ejemplares de *Australopithecus africanus* (Taung y STW 151), *Homo habilis* (KNM-ER 1590) y un ejemplar de *Homo ergaster* (KNM-ER 1507). Una segunda agrupación reúne a los especímenes de *Homo sapiens, Homo neanderthalensis* (Gibraltar, Teshik Task y Ehringsdorf), *Homo erectus* (Zhoukoudian B1), *Homo ergaster* (KNM-WT 15000 y KNM-ER 820) y *Homo antecessor.*

La comparación de los datos para el incisivo lateral y el primer molar agrupó a gorilas y chimpancés con *Australopithecus afarensis* (LH 3 y LH 6), *Australopithecus africanus* (Taung, STW 151 y STS 24) y el ejemplar KNM-ER 820 asignado a *H. ergaster*. El Homínido 1 de Gran Dolina se agrupó con un ejemplar de *Homo sapiens* y con un espécimen de *Homo erectus* (Zhoukoudian BI). El ejemplar neandertal de Gibraltar también está muy próximo a este grupo. La comparación de los datos para el canino y el segundo molar clarificó los resultados anteriores. Los ejemplares de gorila y chimpancé se reunieron entre sí. Este resultado es muy congruente con un desarrollo muy particular del canino de los simios antropomorfos. Por otro lado, los ejemplares de *Australopithecus africanus* se agruparon con los de *Homo habilis* y con un espécimen de *Homo ergaster* (KNM-ER 1507). Otros dos ejemplares de esta última especie, KNM-WT 15000 y KNM-ER 820, en cambio, se agruparon con *Homo erectus* (Zhou BI), *Homo neanderthalensis* (Teshik Tash y Ehringsdorf), un ejemplar de *Homo sapiens* y con el Homínido 3 de Gran Dolina. Este conjunto, a su vez, se unió con otra agrupación en la que figuraban el espécimen neandertal de Gibraltar, un ejemplar de *Homo sapiens* y el Homínido 1 de Gran Dolina.

En definitiva, no fue posible diferenciar a *Homo antecessor, Homo erectus, Homo neanderthalensis* y *Homo sapiens* por el contraste entre el estado de desarrollo de sus dientes anteriores y posteriores. Mediante este criterio *Homo ergaster* ocupaba una situación intermedia entre ese grupo de especies y *Australopithecus/Homo habilis*. Los resultados de este análisis no sólo confirmaron que *Homo antecessor* tenía un patrón de desarrollo dental similar al de *Homo sapiens*, sino que demostraban la dificultad para clasificar a *Homo ergaster*. Parece claro que en esta especie se estaban produciendo los cambios que acercaron a los homínidos de modo definitivo al modelo de historia biológica de *Homo sapiens*.

Por otro lado, nuestra investigación prosiguió con el análisis de otra de las diferencias importantes entre simios antropomorfos y *Homo sapiens*. Me refiero al desarrollo relativo de los molares, que en nuestra especie se distancia de manera muy conspicua. En particular, el tiempo que transcurre entre el final de la formación de la corona del segundo molar y el inicio de la formación del tercer molar llega hasta los tres años en *Homo sapiens*, mientras que en gorilas y chimpancés los dos momentos se solapan en el tiempo. La separación en el desarrollo de estos dos molares está en consonancia con la prolongación de nuestra ontogenia y la aparición de una larga adolescencia. Pero esta separación pudo ocurrir de manera paulatina y cabe dentro de lo posible encontrar en el registro fósil casos intermedios entre la situación de chimpancés y gorilas y la de *Homo sapiens*.

Los Homínidos 1, 2 y 3 de Gran Dolina ofrecían una excelente ocasión para analizar esta cuestión. Ante todo era imprescindible conocer la variabilidad en el desarrollo relativo del segundo y tercer molares en nuestra especie y conseguimos encontrar datos para diferentes poblaciones. Robert Tompkins, en un excelente trabajo de 1996, presentó datos para una población arqueológica de amerindios correspondiente a los actuales estados de Kentucky y Nuevo México, una población actual de Suráfrica y una población actual de canadienses de origen francés. También consideramos los datos publicados por E. A. Fanning y C. F. A. Moorrees en 1969 de aborígenes australianos y poblaciones actuales caucásicas de Australia y Estados Unidos. Teníamos, por tanto, datos suficientes para conocer bien la variabilidad en el desarrollo relativo del segundo y tercer molares de una especie tan diversa como la nuestra. Los resultados fueron muy interesantes. El Homínido 3 de TD6 presenta un desarrollo del tercer molar relativamente avanzado con respecto al segundo molar. Esta relación parecía en principio estar fuera de la variabilidad actual. Sin embargo, un 11 por 100 de los surafricanos estudiados tenían un tercer molar todavía más acelerado en su desarrollo que el del chico de la Gran Dolina. Además, el Homínido 1 de TD6 presenta un desarrollo relativo del segundo y tercer molares que está en los rangos de variación de todas las poblaciones mencionadas. En definitiva, *Homo antecessor* también comparte este rasgo del desarrollo dental con *Homo sapiens*, si bien su expresión puede quedar fuera de la variabilidad de ciertas poblaciones de origen europeo. Finalmente, es interesante comentar que el chico de la Gran Dolina murió durante la denominada fase II del proceso de erupción de la dentición permanente, y su secuencia de erupción, [P3 C], P4, M2, corresponde al estándar observado en las poblaciones humanas actuales.

¿Un caso cerrado?

En el capítulo 5 hemos comentado la alta correlación existente entre la erupción de los dientes y el peso del cerebro. También decíamos que el patrón y el tiempo de desarrollo dental y el tamaño del cerebro son dos elementos de la ontogenia estrechamente relacionados, que definen el modelo de historia biológica de los primates. Este hecho llevó a Barry Bogin y Holly Smith a predecir que la cifra de 1.000 centímetros cúbicos podría ser el rubicón cerebral a partir del cual los homínidos consiguieron un modelo de historia biológica similar al de *Homo sapiens*. No disponemos por el momento de cifras precisas sobre el volumen encefálico de los homínidos de la Gran Dolina, pero las dimensiones del fragmento de hueso frontal ATD6-15, que probablemente perteneció al chico de la Gran Dolina, sugieren una capacidad craneal superior a 1.000 centímetros cúbicos. Se trata de un dato provisional, pero también apoya las evidencias que ofrecen los dientes. Además, las estimaciones para el cráneo de Ceprano, asignado en fecha reciente a *Homo antecessor*, arrojan una cifra de 1.185 centímetros cúbicos para la capacidad craneal de este espécimen.

En definitiva, todos los datos señalaban en una misma dirección: hace al menos 800.000 años una especie del género *Homo* había adquirido un patrón de desarrollo dental similar al de las poblaciones humanas actuales. El desarrollo de *Homo antecessor* fue tan extenso como el de las poblaciones modernas. Esta especie habría insertado en su ontogenia un periodo de niñez y habría prolongado su desarrollo con una etapa de adolescencia de características similares a las de *Homo sapiens*. Sin embargo, Chris Dean no considera el caso cerrado. En un artículo publicado por la revista *Nature* el 6 de diciembre de 2001, este investigador inglés y otros colegas expresan sus dudas sobre las conclusiones que se obtienen a partir del estudio del patrón de desarrollo dental. Dean y sus colegas aluden a nuestros datos sobre el patrón de desarrollo dental en *Homo antecessor* para recomendar prudencia a la hora de interpretar esos resultados. La presencia de un patrón de desarrollo dental similar al de las poblaciones modernas en una especie pretérita no implicaría, según estos investigadores, un desarrollo tan prolongado como el de *Homo sapiens*.

En los últimos años Chris Dean ha obtenido una gran cantidad de datos sobre la tasa de crecimiento diario del esmalte y el tiempo de formación de las coronas de los dientes en homínidos fósiles, chimpancés, gorilas y poblaciones humanas modernas. La tasa de crecimiento del esmalte se obtiene observando el número de estrías transversales en intervalos de 100 μm en diferentes partes de la cubierta de esmalte. En el caso de los fósiles, Dean ha tomado los datos de coronas que se rompieron de manera natural durante los procesos de acumulación o fosilización y que permiten la observación de las estrías mediante diferentes técnicas de microscopía (microscopio con focal láser, por ejemplo). La muestra estudiada por Chris Dean incluye ejemplares de diferentes especies de *Paranthropus*, *Australopithecus anamensis* (KNM-KP 30748 y 30749), *Homo rudolfensis* (KNM-ER 1802 y 1482B), *Homo habilis* (KNM-ER 1805E), *Homo ergaster* (KNM-ER 809B y 3733), *Homo erectus* (Sangiran S7-37) y *Homo neanderthalensis* (Tabun C1). Los resultados publicados por Dean y sus colegas en la revista *Nature* son muy claros: todos los homínidos fósiles, excepto el ejemplar neandertal, presentan una tasa de formación del esmalte más rápida que la de las poblaciones modernas y muy similar a la de los simios antropomorfos. Según Dean y los coautores del trabajo, la tasa de crecimiento lento del esmalte habría aparecido en una época muy reciente de la evolución humana y este rasgo tendría una relación directa con el largo periodo de crecimiento y desarrollo que caracteriza a la humanidad actual.

El método y los resultados de Chris Dean representan un avance muy importante en las investigaciones sobre la tasa y el modelo de crecimiento de los dientes de los homínidos. No obstante, algunas de sus conclusiones parecen algo prematuras. En primer lugar, los métodos basados en el estudio del patrón de desarrollo dental son capaces de detectar información muy significativa sobre la relación entre la dentición anterior y la dentición posterior, cuyas trayectorias de desarrollo siguen vías evolutivas diferentes. En la humanidad actual y probablemente también en otras especies de *Homo* se ha producido un retraso en los diferentes eventos del desarrollo de los dientes posteriores, como el inicio de la formación de las coronas de los premolares y del segundo y tercer molares. Ese retraso forma parte de un conjunto de rasgos asociados con la extensión o prolongación de nuestro periodo de crecimiento.

Por otro lado, la pretendida relación entre tasa de crecimiento del esmalte y tiempo de crecimiento somático es una hipótesis que debe ser contrastada en futuros estudios. Por el momento, faltan datos para un largo periodo de la evolución humana, puesto que la mayor parte de los ejemplares de *Homo* analizados por Chris Dean datan del primer tercio del Pleistoceno inferior. El espécimen S7-37 (*Homo erectus*) de la Formación Pucangan de la isla de Java podría tener más de 1,5 millones de años, según las últimas dataciones obtenidas en la colina de Sangiran. Entre esta fecha y el dato de 100.000 años atribuido con algunas dudas al ejemplar neandertal de Tabun hay un largo periodo de tiempo que se debe investigar antes de llegar a conclusiones definitivas.

Finalmente, si los neandertales (*Homo neanderthalensis*) y las poblaciones modernas (*Homo sapiens*) comparten un mismo patrón para la tasa de crecimiento dental, sólo caben dos alternativas: 1) las dos especies adquirieron ese patrón de manera independiente y 2) las dos especies heredaron ese rasgo de su antecesor común. La primera posibilidad también implicaría que dos linajes evolutivos distintos prologaron su crecimiento somático de manera paralela e independiente. Aunque este escenario es perfectamente posible, la mayoría preferirían apuntarse a la segunda alternativa, más sencilla desde el punto de vista evolutivo. Como veremos en el capítulo dedicado a los neandertales, los estudios moleculares de ADN fósil sugieren que estos últimos y las poblaciones modernas compartimos un antecesor común y que nos separamos hace aproximadamente medio millón de años. Si ciertamente los homínidos de la Gran Dolina estuvieron muy próximos a ese antecesor común, una tasa de desarrollo dental tan lenta como la observada en el ejemplar de Tabun y en las poblaciones modernas podría tener una antigüedad muy superior a la que sugieren Dean y sus colegas.

13

Homo heidelbergensis y la longevidad en el Pleistoceno

Al brillar un relámpago nacemos,
Y aún dura su fulgor cuando morimos:
¡Tan corto es el vivir!

GUSTAVO ADOLFO BÉCQUER, *Rimas y leyendas*

La especie *Homo heidelbergensis* fue nombrada en 1908 pot Otto Schoetensack a partir de la mandíbula encontrada un año antes en los sedimentos arenosos del río Neckar en las proximidades de la localidad alemana de Mauer y no lejos de la ciudad de Heidelberg. Esta especie tiende hoy a interpretarse de dos maneras diferentes. Algunos autores, como Chris Stringer, Philip Rightmire o Ian Tattersall, reunen bajo esta denominación a los fósiles europeos y africanos del Pleistoceno medio, debido al conjunto de rasgos comunes que presentan cráneos como los de l'Aragó (Francia), Petralona (Grecia), Bodo (Etiopía) o Broken Hill (Zambia). Para estos investigadores, *Homo heidelbergensis* sería el antecesor común de los neandertales (*Homo neanderthalensis*) y de las poblaciones modernas (*Homo sapiens*). El hallazgo de los fósiles humanos de TD6 y la denominación de la especie *Homo antecessor* nos llevó a proponer una hipótesis alternativa: *Homo antecessor* podría ser el antecesor común de la línea evolutiva europea que condujo a los neandertales y de la línea evolutiva africana que dio origen a las poblaciones humanas modernas. Esta hipótesis sugiere entonces que *Homo heidelbergensis* es una especie exclusivamente europea, que podría tener sus raíces en el Pleistoceno inferior, si se confirma su relación filogenética directa con *Homo antecessor*. Además, la mandíbula de Mauer, los citados cráneos de l'Aragó, y Petralona, los cráneos de Steinheim (Alemania), Swanscombe (Reino Unido) o los más de 3.500 restos fósiles humanos recuperados en el yacimiento de la Sima de los Huesos de Atapuerca, presentan un conjunto inequívoco de rasgos derivados y compartidos con los neandertales, que los sitúan en relación directa con éstos y los excluyen, en cambio, de una posible relación filogenética con *Homo sapiens*.

La Sima de los Huesos de Atapuerca

Si las poblaciones europeas del Pleistoceno medio son el resultado de la evolución de *Homo antecessor* habrían heredado de esta especie su patrón moderno de desarrollo dental. Es probable entonces que *Homo heidelbergensis* tuviera también un desarrollo prolongado y periodos de crecimiento muy similares a los de nuestra especie, con niñez y adolescencia bien diferenciados de la infancia y de la fase juvenil. Hasta fechas muy recientes apenas disponíamos de un puñado de restos fósiles del Pleistoceno medio, la mayoría de individuos adultos, que ofrecían poca información para investigar la biología del desarrollo de *Homo heidelbergensis*. Pero ahora ya contamos con el registro excepcional del yacimiento de la Sima de los Huesos de Atapuerca. Todos los fósiles de este yacimiento proceden de un mismo nivel y la relativa homogeneidad morfológica de los individuos identificados sugiere, con alta probabilidad, que los restos pertenecen a la misma población. No es posible saber cuánto tiempo transcurrió entre la acumulación del primero y del último cadáver, pero en tiempos geológicos ese proceso se puede considerar instantáneo. Los diferentes métodos geocronológicos aplicados a la Sima de los Huesos indican una antigüedad de hace algo más de 300.000 años para los homínidos de este yacimiento de la Sierra de Atapuerca.

Es interesante que conozcamos mejor al grupo humano representado en la Sima de los Huesos. Hasta el verano de 2001 se han realizado 18 campañas de excavación en este sitio, que han permitido reunir una colección de más de 3.500 restos de homínidos. Algunos fósiles emblemáticos, como los cráneos 4 y 5 o la Pelvis 1, están muy completos, pero otros son fragmentos de todos los huesos del esqueleto, que deben ser reconstruidos durante años por los especialistas. Para realizar la identificación de los individuos depositados en la Sima de los Huesos estudiamos los maxilares, mandíbulas y dientes, que son muy abundantes y ofrecen información muy precisa para reconocer a cada uno de ellos. El tamaño y la forma de los dientes son característicos de cada individuo y representan un sistema muy eficaz de identificación. Además, el intenso desgaste tanto de la superficie oclusal, de contacto de los dientes con los alimentos y otros dientes, como de las superficies mesial y distal de contacto entre dientes vecinos, producen facetas de desgaste que de manera inequívoca identifican a los dientes que han funcionado juntos en la misma mandíbula o maxilar. Esta paciente investigación nos ha permitido reconocer a un mínimo de 28 individuos, aunque todos los indicios apuntan hacia un incremento de ese número en los próximos años.

Retrato de una familia

El estado de mineralización de los dientes y su grado de desgaste nos ha permitido realizar una estimación de la edad de muerte de cada uno de los individuos de la Sima de los Huesos. Tan sólo se ha identificado un niño, que murió a una edad de entre 4 y 6 años y que está representado por un canino deciduo. También se ha identificado un individuo juvenil, que murió a una edad de entre 9 y 11 años. Los demás individuos son adolescentes y adultos, por lo que a pesar de la gran abundancia de material no disponemos de muchas evidencias para estudiar el patrón de desarrollo dental de los homínidos de la Sima de los Huesos. El riguroso y complejo trabajo de excavación de este yacimiento ha posibilitado la recuperación de la totalidad de los dientes sueltos del individuo juvenil que denominamos Homínido XVIII. Así, se ha podido estudiar sin necesidad de radiografías el estado de mineralización de todos sus dientes. A continuación se empleó el método de Holly Smith para establecer el grado de sincronía en su desarrollo dental. En la figura 13.1 observamos una situación que nos es ya familiar, pues la hemos visto en el chico de Turkana y en el chico de la Gran Dolina. Los dientes posteriores aparecen ligeramente adelantados en su desarrollo con respecto a los anteriores, aunque siempre dentro de la variación de las poblaciones modernas. En particular, se observa de nuevo un retraso en el desarrollo del canino con respecto a los demás dientes y una cierta aceleración del tercer molar, que parecen ser rasgos comunes en el desarrollo dental de los homínidos del Pleistoceno.

Figura 13.1. Dibujo del grupo de la Sima de los Huesos. Esta ilustración muestra el conjunto de los individuos representados por los fósiles humanos recuperados hasta la fecha en la Sima de los Huesos. En el momento de realizarse la ilustración, en 1999, se estimaba el número mínimo de individuos en 32, aunque un análisis posterior arroja un resultado de 28. En cualquier caso, es previsible que a medida que se recuperen nuevos fósiles en el yacimiento, el número de individuos se incremente.

Un total de siete homínidos de la Sima de los Huesos, el 25 por 100 del grupo, murieron todos durante la adolescencia. Una vez estudiada su edad dental según los patrones de desarrollo moderno, comprobamos que estos siete individuos habrían perecido a una edad muy similar, alrededor de los 13 años. En la colección de dientes de la Sima de los Huesos se contabilizan hasta 11 terceros molares inferiores sueltos, que aún no habían completado la mineralización de la raíz. Estos molares pertenecieron a los siete adolescentes y resulta interesante mencionar que su estado de mineralización aparece avanzado con respecto a la edad asignada a esos individuos. Es decir, de nuevo se repite el mismo carácter y esta vez para un número significativo de individuos. En las poblaciones del Pleistoceno el desarrollo del tercer molar estaba acelerado con respecto a otros dientes posteriores y este rasgo sólo se ha conservado en ciertas poblaciones modernas.

Dos de los homínidos de la Sima de los Huesos murieron a una edad de entre 15 y 17 años, mientras que ocho individuos (28,6 por 100 del grupo) lo hicieron en la transición entre la adolescencia y el estado adulto, a una edad de entre 17 y 20 años. A partir de los 20 años sólo podemos estimar la edad de muerte mediante un análisis del desgaste de los dientes, aplicando la tasa de desgaste dental observada en los jóvenes y adolescentes. Este método es tanto menos preciso cuanto mayor es el grado de desgaste, pero es la mejor aproximación de la que disponemos. En el tramo de edad de entre 24-25 y 30 años contabilizamos hasta un total de seis individuos (21,4 por 100), mientras que los tres individuos restantes (10,7 por 100) murieron después de esa edad y tal vez antes de los 40 años.

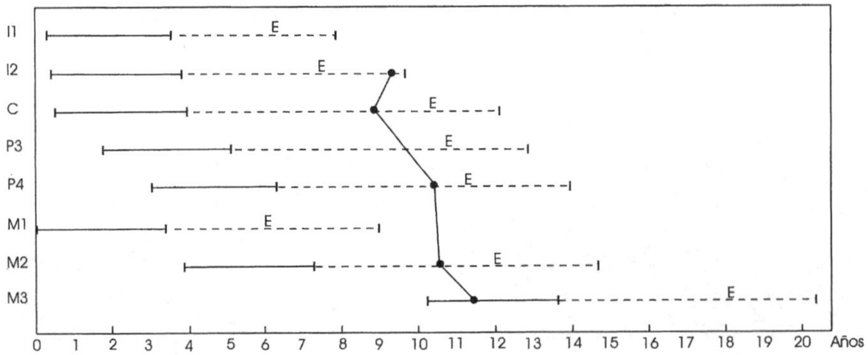

Figura 13.2. Grado de formación de los dientes del Homínido XVIII de la Sima de los Huesos de Atapuerca, situados en la carta de desarrollo dental de las poblaciones humanas modernas. Los dientes posteriores, premolares y molares, aparecen ligeramente adelantados en su desarrollo con respecto a los anteriores, aunque siempre dentro de la variación de las poblaciones modernas. Las líneas continuas indican el tiempo de formación de las coronas, mientras que las líneas de trazo discontinuo señalan el tiempo de formación de las raíces. La letra E indica la edad estándar de erupción de cada diente.

Grupo de edad	N.° de individuos fallecidos	Porcentaje de fallecidos	Porcentaje de supervivientes
0-1	0	0,0	100,0
2-5	1	3,6	96,4
6-10	1	3,6	92,8
11-15	7	25,0	67,8
16-20	10	35,7	32,1
21-25	1	3,6	28,5
26-30	5	17,8	10,7
30 +	3	10,7	0,0
Total	28	100,0	

¿El primer ritual funerario?

La acumulación intencionada de cadáveres por otros individuos (acumulación antrópica) parece la explicación más razonable del origen de un yacimiento tan espectacular y excepcional como es la Sima de los Huesos de Atapuerca. Si las investigaciones de este yacimiento o futuras evidencias confirman la hipótesis planteada, tendremos una prueba incuestionable de la complejidad mental de las poblaciones europeas del Pleistoceno medio, en consonancia con la complejidad de su desarrollo. La selección por grupos de edad de muerte en el registro de la Sima de los Huesos concuerda bien con la hipótesis de una acumulación antrópica. Siete individuos murieron en el inicio de su adolescencia, que pudo ser una «edad de riesgo» en la vida de los homínidos de esta y de otras épocas. Es el momento de apartarse de la protección del grupo como una reafirmación de su independencia y personalidad. Por otro lado, el modelo de Janson y Van Schaik predice un mayor riesgo de predación durante la fase en la que se produce el estirón puberal, cuando los jóvenes adolescentes han de abandonar la protección del grupo para conseguir por ellos mismos el suplemento de energía que necesitan para ese momento tan especial de su desarrollo. Resulta también muy llamativo que el 36 por 100 de los individuos del grupo murieran entre el final de la adolescencia y el inicio de la etapa de adulto. Se trata de uno de los mejores momentos de la vida, en el que se han superado todas las presiones ambientales que debe soportar un individuo debido al proceso de desarrollo. Mi compañero Antonio Rosas ha realizado una estimación del sexo de los individuos mediante el estudio del tamaño y forma de las mandíbulas, uno de los elementos óseos más frecuentes en el registro de la Sima de los Huesos. Es interesante notar que ocho de los fallecidos en este tramo de edad se han asignado al sexo femenino, lo que nos lleva a pensar en la primera gestación y el primer parto como una posible causa de mortalidad entre las mujeres del Pleistoceno medio. Los adultos están relati-

Figura 13.3. Representación del transporte de cadáveres a la Sima de los Huesos. El origen de la acumulación de fósiles humanos en este yacimiento sigue siendo un misterio, por lo cual esta ilustración muestra únicamente una de las interpretaciones posibles. La hipótesis de una acumulación intencionada parece la explicación más razonable y sugiere una notable complejidad mental en estas poblaciones del Pleistoceno medio, pero se necesitan evidencias adicionales para confirmarla.

vamente bien representados a partir de los 25 años y muy pocos sobrevivieron a la tercera década de su vida. Por otra parte, el lector habrá notado, y con acierto, que en este grupo faltan individuos mayores de 40 años, individuos infantiles y niños. Estas notables ausencias requieren una discusión pormenorizada, ya que tenemos gran interés en saber si la distribución de edades de muerte de la Sima de los Huesos es o no atricional; es decir, si esta distribución es la que cabría esperar en estas poblaciones del Pleistoceno cuando los fallecimientos se produjeran de manera normal y habitual o si, por el contrario, se corresponde con algún suceso excepcional (muerte catastrófica).

Los huesos de los individuos infantiles son más pequeños y delicados y están menos mineralizados que los de los adultos. Por tal motivo, estos huesos son más susceptibles de sufrir alteraciones fisicoquímicas y mecánicas previas a su enterramiento (alteraciones posdeposicionales) y durante el largo periodo en el que los restos permanecen incluidos en el sedimento que los contiene (alteraciones fosildiagenéticas). Desde el punto de vista técnico, estos procesos se denominan «tafonómicos» y constituyen el objeto de investigación de la tafonomía, que nos permite averiguar, entre otros aspectos, la génesis y evolución de los yacimientos arqueológicos y paleontológicos. En la mayoría de las muestras de poblaciones pretéritas obtenidas en excavaciones se observa un sesgo importante en la representación de los individuos infantiles. Philip Walker, John Johnson y Patricia Lambert, de la Universidad de California, realizaron el estudio demográfico del cementerio del siglo XIX de la Purisima Mission, próximo a la localidad de Lompoc en California, gestionado por los monjes franciscanos. Estos monjes llevaron un control riguroso en su «Libro de los entierros» de la edad y sexo de los fallecidos y enterrados en este cementerio. Los datos del libro fueron así cotejados con los datos demográficos obtenidos por Walker y sus colegas a partir del análisis de los restos esqueléticos. Los restos de los individuos menores de 18 años, que representaban el 32 por 100 del cementerio, habían desaparecido casi en su totalidad. Apenas se habían preservado las evidencias de dos individuos, que suponían el 6 por 100 de los individuos recuperados. Se trata de un caso extremo, como reconocen los propios autores del trabajo, pero nos alertan sobre el riesgo de establecer conclusiones demográficas sin contar con el sesgo que introducen los procesos tafonómicos susceptibles de alterar en mayor o menor medida la composición demográfica del registro de las muestras de poblaciones pretéritas.

Los datos de mortalidad infantil de los pueblos cazadores-recolectores actuales constituyen una buena referencia para el análisis de las poblaciones del Pleistoceno. Erik Trinkaus, de la Universidad de Nuevo México, reunió una gran cantidad de información sobre tasas de mortalidad de varios grupos humanos actuales y de poblaciones arqueológicas recientes, que publicó en 1995 en un artículo muy interesante sobre paleodemografía de los neandertales. La tasa de mortalidad de los individuos menores de un año ha sido siempre y es hoy día muy elevada en las poblaciones modernas que no disponen de medidas extremas de higiene y de la tecnología médica actual. Entre los bosquimanos y los indios Ache del este de Paraguay mueren hasta el 21 por 100 de los niños menores de un año y la cifra llega hasta el 32 por 100 en los pueblos Hadza, que viven en la proximidades del lago Eyasi en el norte de Tanzania, y hasta el 35 por 100 en los indios Yanomama de las selvas de Brasil y Venezuela. Finalmente, también son muy interesantes los datos obtenidos por Jane Goodall en los años ochenta en la Reserva del Parque Nacional de Gombe en Tanzania sobre la mortalidad de los chimpancés. Goodall observó que que el 24 por 100 de los individuos morían durante el primer año de vida, una cifra similar a la de los pueblos cazadores-recolectores mencionados. El registro fósil nos ofrece muy pocos casos de individuos menores de un año, como los de Amud y Kebara (Israel), Valdegoba (España), La Ferrassie y Hortus (Francia) y Shanidar (Irak), por citar ejemplos de la población neandertal, de la que hablaremos en el próximo capítulo.

La ausencia de individuos menores de un año en la Sima de los Huesos cabe dentro de las expectativas, a pesar de las magníficas condiciones de preservación de este yacimiento. En la Sima de los Huesos se han obtenido restos óseos muy frágiles, como las falanges más pequeñas de la mano o del pie o los propios huesos del oído medio, martillo y yunque, de varios individuos. Estos hallazgos representan una evidencia incontestable de las favorables condiciones para la conservación en la Sima de los Huesos. Cabe pensar en la posibilidad de que las excavaciones incontroladas en el yacimiento durante décadas hubieran destruido una parte importante de la información. Esto ha ocurrido, sin duda, porque algunos individuos están bien representados por su mandíbula, maxilar y dientes, mientras que otros apenas se identifican por pequeños fragmentos de estos huesos o por algún diente suelto. Pero también es cierto que las mandíbulas de todos los individuos menores de 15 años están muy deterioradas o no se han encontrado, mientras que las mandíbulas del 58 por 100 de los individuos mayores de esa edad están intactas o muy completas. Por ese motivo, tendemos a pensar que si bien los restos de algunos individuos infantiles pueden haber desaparecido debido a las intervenciones incontroladas previas a 1976, cuando Trinidad de Torres realizó la primera excavación rigurosa del yacimiento, es muy probable que determinados procesos tafonómicos hayan destruido los restos de un cierto número de individuos infantiles y juveniles. En cualquier caso, aún resta por excavar una parte sustancial del yacimiento de la Sima de los Huesos y la composición demográfica del grupo podría cambiar. Finalmente, si la hipótesis de la acumulación antrópica es correcta, podríamos especular con la posibilidad de que los cadáveres de los individuos infantiles y de los niños no fueran arrojados a este lugar con la misma asiduidad que los de adolescentes y adultos. Pero aún cabe una última posibilidad: estamos asumiendo que la mortalidad infantil en el Pleistoceno medio era tan alta como en las poblaciones de cazadores-recolectores actuales, ¿es esto cierto? La aplicación del actualismo no debe considerarse como un método infalible, sino un apoyo a la investigación del pasado. Por ejemplo, no es obligatorio asumir que en el Pleistoceno medio fallecían entre el 18 y el 30 por 100 de los individuos de 1 a 10 años, como es el caso de los bosquimanos y los Ache, respectivamente. Una posibilidad que no se debe descartar *a priori* es que la protección de los niños y los jóvenes fuera extrema en el Pleistoceno medio y que su tasa de mortalidad fuera inferior a la de las poblaciones de cazadores-recolectores actuales.

Problemas de la paleodemografía

Los yacimientos arqueológicos, como el cementerio de la Purisima Mission de California, presentan un sesgo de representación muy importante de individuos fallecidos a una edad superior a 45 o 50 años. Esto mismo podría suceder también en el caso de la Sima de los Huesos, donde ninguno de los individuos identificados habría superado esas edades, y podría ser un caso muy particular del registro fósil del Pleistoceno medio europeo. Sin embargo, cuando determinamos la edad de muerte de otros homínidos de este periodo recuperados en yacimientos como los de Tautavel, La Chaise, Lazaret y Montmaurin, en Francia; Mauer y Steinheim, en Alemania; Pontnewydd en el País de Gales, o Petralona, en Gre-

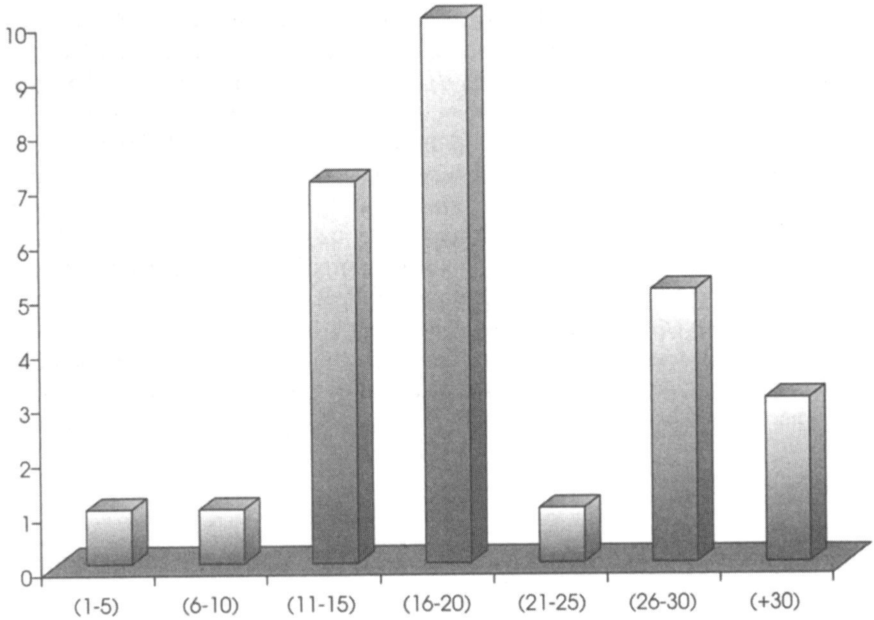

Figura 13.4. Distribución de mortalidad en la muestra de homínidos de la Sima de los Huesos de Atapuerca. Nótese el escaso número de individuos infantiles y de niños (grupos de edad de muerte de 1-5 y 6-10 años), así como la presencia de una mayoría de adolescentes y adultos de menos de 20 años.

cia, observamos una situación muy similar a la de la Sima de los Huesos de Atapuerca: la mortalidad aparentemente era muy elevada entre los adolescentes y adultos más jóvenes y la tasa de mortalidad descendía en consecuencia durante la cuarta década de su vida (figura 13.4). No obstante, algunos investigadores, como Leslie Aiello o Jean Pierre Bocquet-Appel piensan que los métodos para la determinación de la edad de muerte de los homínidos son muy poco precisos y que existe un sesgo muy importante en la representación de los adultos mayores de 40-50 años en las poblaciones del Pleistoceno. En este sentido, cuando analizamos la tasa de desgaste de los dientes de los jóvenes de la Sima de los Huesos, llegamos a la conclusión de que ese desgaste es tan intenso que hacia los 40-45 años las coronas terminarían por desaparecer. Esta situación ocurre realmente en los individuos más «viejos» del grupo, en los que, además, las infecciones bucales por pérdida o rotura de dientes eran muy frecuentes. Estas infecciones podrían provocar septicemias generalizadas en su organismo y constituir una causa frecuente de muerte en estas poblaciones. En otras palabras, la capacidad de supervivencia de los individuos mayores de 40-45 años estaría notablemente disminuida por su dificultad para masticar alimentos y supeditada a su resistencia a las infecciones. Por otra parte, los procesos de envejecimiento, que tienen un origen genético y ambiental, pudieron ser diferentes en las poblaciones del Pleistoceno y en las poblaciones modernas de *Homo sapiens*. Cabe la posibilidad de que esos procesos estuvieran acelerados en aquellas poblaciones con respecto a lo que conocemos hoy en nuestra especie. En otras palabras, un individuo de 40 o 45 años del Pleistoceno medio podría tener un aspecto tan envejecido como una persona actual de 60 años, en aspectos tales como el descalzamiento de sus dientes por pérdida de masa ósea a nivel del hueso alveolar del maxilar y la mandíbula.

No obstante, el perfil de la distribución de mortalidad observado en la muestra de homínidos de la Sima de los Huesos y en la de otros yacimientos europeos del Pleistoceno medio puede estar lejos de mostrar la verdadera tasa de mortalidad de los adultos en las poblaciones de ese periodo. Con toda probabilidad la muestra de homínidos del conjunto de yacimientos europeos de este periodo tiene un cierto sesgo en la representación de los adultos fallecidos en la cuarta dé-

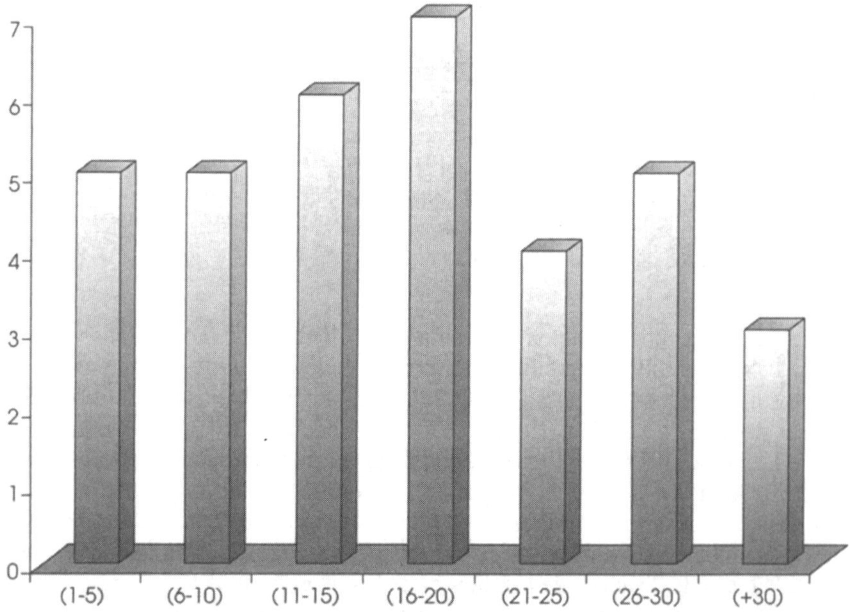

Figura 13.5. Distribución de mortalidad en la muestra de homínidos europeos del Pleistoceno medio. Como en el caso de la Sima de los Huesos de Atapuerca, destaca la presencia de un elevado número de adolescentes y adultos de menos de 20 años. En esta distribución se observa cerca de un 30 por 100 de individuos infantiles y de niños y un 34 por 100 de adultos de más de 20 años. El primer dato difiere del obtenido en la Sima de los Huesos (7,1 por 100), pero la segunda cifra es similar a la estimada en la muestra de homínidos de este yacimiento de la Sierra de Atapuerca (32,1 por 100).

cada de su vida. El registro fósil de homínidos del Pleistoceno medio refleja sin duda las dificultades que tendrían los individuos para superar los 40 o 45 años, pero no es menos cierto que un número elevado de individuos debería morir en torno a esas edades. Esto es lo que cabe esperar en poblaciones que mantuvieron al menos su estabilidad demográfica durante miles de años. Para que esto suceda es imprescindible que un cierto número de mujeres alcanzara el final de su vida fértil o reproductora, contribuyendo de este modo a producir el número suficiente de descendientes para las siguientes generaciones. En todas las especies de mamíferos es habitual encontrar perfiles de mortalidad atricionales o normales, que tienen una forma en «U» característica. Estos perfiles muestran una tasa de mortalidad elevada de los individuos más jóvenes —sobre todo durante el primer año de vida— y de los más viejos, que han llegado al tramo final de su vida fértil (figura 13.5). Por el contrario, cuando se produce una muerte catastrófica en una determinada población, el perfil de mortalidad tendrá forma de U invertida,

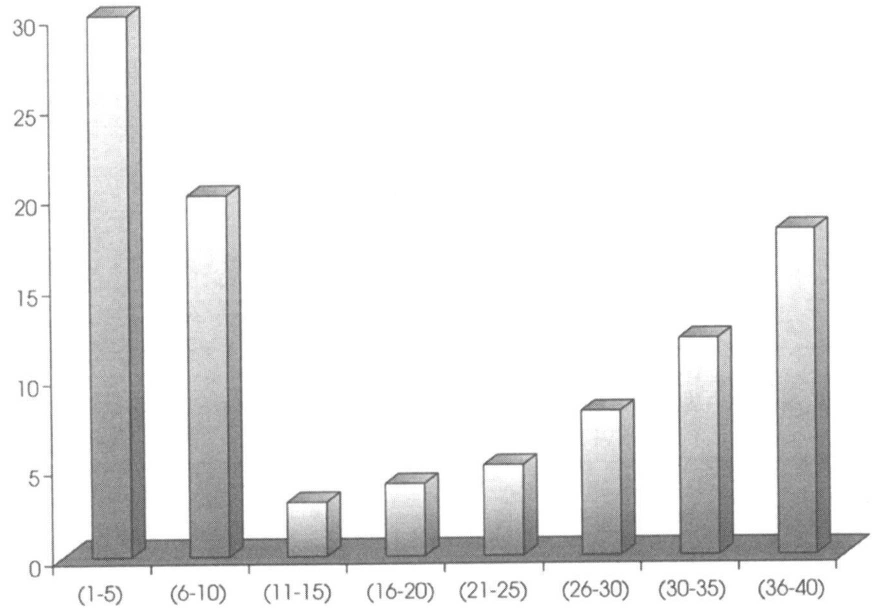

Figura 13.6. Distribución teórica de la mortalidad de la muestra de una población humana con una longevidad de 40 años y una tasa de mortalidad para el intervalo de edad de 1-10 años del 50 por 100. Esta distribución está inspirada en datos de poblaciones de cazadores-recolectores actuales (bosquimanos Kung! y Hadza) publicados por Erik Trinkaus (1995). Estas poblaciones alcanzan una longevidad mucho mayor, pero su tasa de mortalidad en los grupos de edad anteriores a los 40 años es muy diferente a la observada en las poblaciones del Pleistoceno medio y superior.

Tabla 13.1. Edad de muerte estimada para diferentes especímenes del Pleistoceno medio de Europa. Entre paréntesis figura el número de individuos de cada yacimiento de una clase de edad determinada.

	Pleistoceno medio de Europa*		
Clase de edad	Ejemplares	N.° de individuos	Atapuerca-SH, número de individuos
1-5	l'Agró (3) Lazaret (1) Vergranne (1)	5	1
6-10	l'Aragó (4) Mollet (1)	5	1
11-15	l'Aragó (1) Pontnewydd (3) La Chaise A. Suard (1) Montmaurin (1)	6	7
16-20	l'Aragó (4) Montmaurin (3)	7	10
21-25	Mauer (1) Lazaret (1) Pinilla del Valle (1) Steinheim (1)	4	1
26-30	l'Aragó (3) Petralona (1) Pontnewydd (1)	5	5
31-40	l'Aragó (2) Atapuerca, Galería (1)	3	3

* Los datos de los ejemplares de l'Aragó, Lazaret, Mauer, Montmaurin (mandíbula), Petralona, Pontnewydd y Steinheim fueron obtenido por el autor en los originales o en réplicas de buena calidad, comparando su grado de desgaste con el de los ejemplares de la Sima de los Huesos de Atapuerca. No obstante, la edad de muerte de los individuos inmaduros de l'Aragó y Lazaret corresponden a información amablemente cedida por Marie Antoinette de Lumley. El resto de la información fue obtenido en publicaciones de Alférez (1985) para los restos de Pinilla del Valle (Madrid), Billy (1982) para los dientes aislados de Montamaurin, Cortada y Maroto (1990) para el diente de Mollet (Barcelona), Genet-Varcin (1975, 1976) para los restos de La Chaise, y Vandermeersch y Tillier (1983) para los restos de Vergranne.

puesto que la mayor parte de la población viva está compuesta por los individuos reproductores. En el caso de la muestra de homínidos del Pleistoceno medio, la distribución de mortalidad esperada debería presentar una tasa de mortalidad elevada para edades comprendidas entre los 30 y los 40 años, asumiendo que la edad máxima alcanzada por *Homo heidelbergensis* (que no es sinónimo de longevidad teórica máxima) estaba en torno a los 40-45 años.

La fertilidad en el Pleistoceno medio

Vamos a proponer la hipótesis de que la distribución de edades de muerte de la muestra de la Sima de los Huesos representa la mortalidad real de la población. Con esta proposición admitimos también que, a pesar de la elevada tasa de mortalidad de los adolescentes y adultos jóvenes, los escasos supervivientes (mujeres) que llegaban a vivir más allá de los 25 años fueron capaces de mantener la estabilidad demográfica de la población, produciendo un número suficiente de descendientes en cada generación, ¿es esto posible? Para contrastar la hipótesis necesitamos conocer dos parámetros: 1) el intervalo promedio de nacimientos con éxito; es decir, cuánto tiempo debe transcurrir entre un parto y el siguiente, considerando la condición de que los niños nazcan vivos, y 2) la duración del periodo de vida fértil de las mujeres. El intervalo promedio de nacimientos es un parámetro básico del modelo de la historia biológica de las especies, que tiene una gran influencia en la denominada tasa total de fertilidad y que se define como la estimación del número total de hijos vivos que cada hembra puede tener si sobrevive a su periodo reproductor. Es obvio que la tasa será tanto mayor cuanto menor sea el intervalo de tiempo entre cada nacimiento. En las poblaciones humanas actuales de tecnología avanzada, por ejemplo, gracias a las notables condiciones de higiene, la excelente calidad de vida y a los avances en el campo de la medicina, las mujeres pueden dar a luz a un hijo cada doce meses, al menos durante una fase de su vida fértil. La fertilidad es variable con la edad, de manera que este parámetro es máximo entre 20 y 30 años para luego disminuir de manera progresiva hasta el final de la vida fértil, hacia los 50 años. Por este motivo, el intervalo promedio entre nacimientos teórico en las poblaciones actuales resulta ser de algo más de dos años. Pero ¿cuál era ese intervalo en el Pleistoceno medio?, ¿existe algún modo de averiguar este parámetro?

La respuesta es afirmativa o al menos podemos realizar una aproximación a este dato de manera indirecta, mediante el estudio de la hipoplasia de esmalte de los dientes. Como ya se explicó en el capítulo anterior, la hipoplasia del esmalte se considera un indicador muy sensible de la presión ambiental que reciben los individuos durante su desarrollo, debido a numerosos factores, que incluyen muchas enfermedades infecciosas, problemas metabólicos de índole diversa y deficiencias en la cantidad y calidad de los alimentos ingeridos. En todos los casos, el resultado es una reducción local del espesor de la capa de esmalte, en líneas o bandas que rodean la totalidad del perímetro de la corona de los dientes. La anchura y profundidad de esas líneas o bandas se ha relacionado con la duración y la gravedad del problema. También hemos explicado que la posición concreta de las líneas o bandas de hipoplasia de esmalte permite conocer con cierta precisión el momento de la vida del individuo en el que sufrió el problema que generó el cese temporal en la producción de esmalte. El método más preciso para determinar ese momento consiste en estimar el tiempo que transcurrió entre la aparición de la hipoplasia y la finalización de la formación de la corona del diente. Para ello se puede contar el número de perikimata que existe entre la línea de contacto esmalte-cemento, que marca el final de formación de la corona, y la línea o banda de hipoplasia. Veamos un ejemplo para aclarar mejor esta cuestión. Conocemos por una publicación reciente de Donald Reid y Chris Dean que la corona de los caninos inferiores de una población reciente termina de formarse hacia los 6,2 años, en promedio. Si encontramos una línea de hipoplasia de esmalte en un canino de esa población y contamos un total de 100 perikimata entre la línea de contacto esmalte-cemento y la línea de hipoplasia, sabremos que el individuo padeció un determinado problema de presión ambiental entre 600 y 900 días antes de finalizar la formación de la corona de su canino inferior; es decir, habremos aplicado lo que ya sabemos sobre la variación en el tiempo de formación de cada estría de Retzius, que es de 6 a 9 días. Por consiguiente, la línea de hipoplasia se formó entre 1,6 y 2,4 años antes del final de formación de la corona del canino. El individuo en cuestión sufrió ese problema cuando contaba entre 3,7 y 4,5 años de edad. Este mismo procedimiento puede aplicarse a cualquier diente, si bien suele recomendarse el análisis de hipoplasia de esmalte en incisivos y caninos, entre otras razones por su mayor susceptibilidad con respecto a otros dientes a reflejar los problemas de presión ambiental.

Algunos investigadores, como Alan Goodman, Kim Lanphear y Jacopo Mogi-Cecchi, entre otros, han sugerido una estrecha relación entre la hipoplasia de los dientes y el destete de los niños. Estos autores han encontrado en poblaciones recientes picos de frecuencia de hipoplasia de esmalte en edades que oscilan entre los dos y los tres años, que se ha relacionado con el proceso de destete. Este proceso supone un cambio progresivo pero a la vez drástico en la dieta de los niños, que pueden sufrir alteraciones en su desarrollo y que se reflejaría en una formación frecuente de hipoplasias de esmalte durante esa edad crítica. Por ejemplo, Jacopo Moggi-Cecchi, Elsa Pacciani y Juan Pinto-Cisternas estudiaron una muestra de la población de Florencia (Italia) del siglo XIX. Los datos históricos sobre la higiene y la salud de esta población son bien conocidos. Durante el siglo XIX la mayor parte de los habitantes de la ciudad de Florencia pertenecían a las clases menos favorecidas desde el punto de vista económico y vivían en condiciones deplorables. Las epidemias de tifus, tuberculosis o cólera diezmaron la población en diversas ocasiones durante esa centuria, hasta que en 1865 Florencia fue declarada capital de Italia. Las mejoras sanitarias realizadas a partir de entonces en la ciudad disminuyeron la elevada tasa de mortalidad registrada hasta entonces, si bien no impidieron que una buena parte de la población viviera en la indigencia. Los individuos estudiados por Moggi-Cecchi y sus colaboradores pertenecen precisamente al periodo de 1870-1874. Estos individuos murieron en el Hospital de Florencia y no fueron reclamados por sus familiares. No resulta extraño, por lo que acabo de referir, que el 92,8 por 100 de los 83 individuos de la muestra (44 hombres y 39 mujeres) tuviera al menos uno de sus dientes afectado de hipoplasia de esmalte. Además, la mayoría de los dientes examinados mostraban más de una línea o banda de hipoplasia de esmalte. El estudio de los incisivos centrales superiores de los caninos y primeros molares permanentes permitió no sólo realizar una excelente valoración de la prevalencia de hipoplasia en esta población, sino averiguar la frecuencia relativa de los episodios de presión ambiental ocurridos en sucesivos intervalos de seis meses entre el nacimiento y los seis años, cuando finaliza la formación de la corona del canino inferior. Moggi-Cecchi y sus colaboradores observaron que desde el momento en que los individuos cumplían un año y medio el número de hipoplasias de esmalte se incrementaba de manera súbita y alcanzaba un pico de máxima prevalencia en el periodo entre dos años y medio y tres años. Luego, el número de casos de hipoplasia descendía de manera progresiva hasta alcanzar un nuevo mínimo en el periodo de cinco años y medio y seis años.

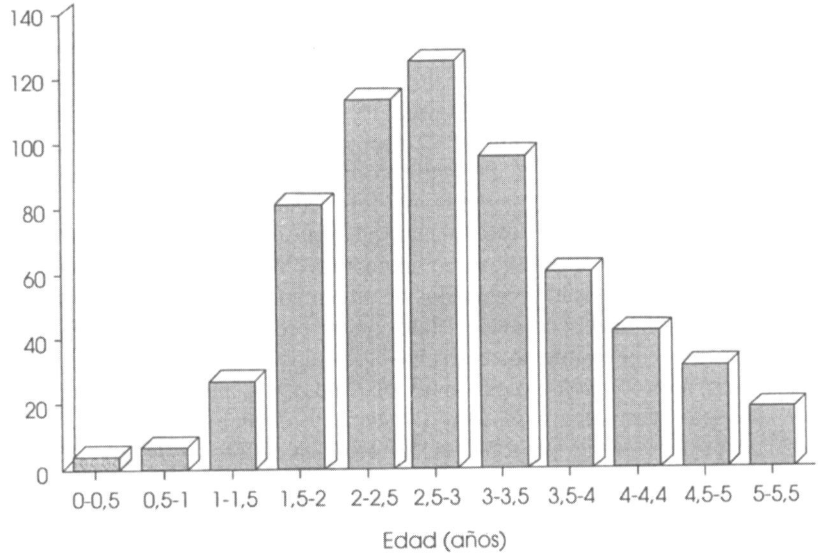

Figura 13.7. Distribución del número total de casos de hipoplasia de esmalte por clases de edad de desarrollo observados en incisivos, caninos y primeros molares de una muestra representativa de la población de Florencia del siglo XIX. Nótese el fuerte incremento de casos a la edad de 1,5 años y un «pico» de máxima prevalencia de hipoplasia entre las edades de 2 y 3 años. Modificado de la figura 2 de J. Moggi-Cecchi, E. Pacciani y J. Pinto-Cisternas (1994).

Durante el siglo XIX las fuentes históricas relatan que en Italia las mujeres amamantaban a sus hijos durante un periodo de entre 12 y 18 meses. El proceso de destete solía comenzar a esa edad, pero muchos niños continuaban con una lactancia parcial combinada con el incremento progresivo de otros alimentos, como es habitual en este proceso. Así, vemos como Moggi-Cecchi y sus colaboradores encontraron una correlación perfecta entre el rápido incremento de los casos de hipoplasia y el inicio del proceso de destete, que sugiere una relación causal entre ellos. No en vano este proceso supone una desaparición gradual de los nutrientes y la inmunidad que proporciona la leche materna, como hemos visto en otro capítulo, y la exposición a los patógenos del ambiente. No puede extrañar, por tanto, que en determinadas condiciones de higiene y calidad de la dieta se produzcan fuertes impactos de presión ambiental durante el proceso de destete, que pueden culminar bien con la muerte de los individuos, bien con alteraciones más o menos severas de su desarrollo.

En 1989, Marsha Ogilvie, Bryan Curran y Erik Trinkaus publicaron un estudio sobre hipoplasia de esmalte en una muestra de más de 100 neandertales. Aunque los resultados de este trabajo merecen por su interés numerosos comentarios, sólo mencionaré que la distribución de casos de hipoplasia en función de la edad es similar a la descrita para el caso de los florentinos del siglo XIX. No obstante, el «pico» de máxima prevalencia de hipoplasia aparece en este caso hacia los dos años y se extiende hasta los cinco años, para descender luego de manera brusca. Los autores de este trabajo sugieren también una relación entre el proceso de destete y este pico de máxima prevalencia en la formación de hipoplasias en neandertales. Pero Ogilvie, Curran y Trinkaus aún van más allá en sus conclusiones, al sugerir que el intervalo promedio de nacimientos pudo ser de cuatro años en esta población europea del Pleistoceno superior. En efecto, como también mencionamos en un capítulo anterior, la prolactina inhibe el ciclo ovárico, por lo que la lactancia supone un anticonceptivo muy eficaz. Las madres que amamantan a sus hijos están preservadas de un nuevo embarazo. Por consiguiente, si el proceso de destete en neandertales ocurría realmente a partir de los dos años y se prolongaba en muchos casos hasta los cinco años, el intervalo promedio de nacimientos de hijos vivos bien pudo ser de cuatro años, como afirman los autores de esta investigación. El dato parece muy razonable y es similar al observado en pueblos cazadores-recolectores actuales, como los bosquimanos del Kalahari.

En la muestra de homínidos de la Sima de los Huesos la prevalencia de hipoplasia de esmalte es muy baja y apenas afecta al 30 por 100 de los individuos, una cifra que contrasta con los datos obtenidos por Ogilvie, Curran y Trinkaus en neandertales. En esta última población la hipoplasia de esmalte afecta al 75 por 100 de los individuos estudiados. Además, en la muestra de la Sima de los Huesos los casos de hipoplasia son en general muy leves y se manifiestan como líneas tenues de adelgazamiento de la capa de esmalte. Los datos de hipoplasia de esmalte obtenidos en esta muestra se pueden interpretar de dos maneras diferentes: en primer lugar se puede pensar que la calidad de vida de los homínidos del Pleistoceno medio de Atapuerca era excelente, al menos en relación a la de los neandertales. Esto supondría admitir un equilibrio entre el número de individuos de la población y los recursos disponibles. Además, esos recursos proporcionarían una dieta adecuada no sólo en cantidad sino también en calidad. Por otro lado, cabría considerar que aquellos individuos sometidos a un cierto grado de presión ambiental morían y, por consiguiente, la posible evidencia de estos problemas (formación de hipoplasias) desaparecía con ellos. No obstante, cuando estudiamos la edad de formación de hipoplasia en la muestra de homínidos de la Sima de los Huesos observamos una situación que recuerda a la de los neandertales. Cuatro individuos sufrieron un problema a la edad de entre dos y tres años. Uno de estos individuos volvió a sufrir un nuevo problema entre los cuatro y cuatro años y medio, y otros dos individuos fueron afectados por sendos episodios hacia los cinco años. Estos datos sugieren formular una conclusión similar a la de Ogilvie, Curran y Trinkaus, aunque el intervalo promedio de nacimientos en el caso de Atapuerca podría rebajarse hasta los tres o los tres años y medio.

Otra cuestión del máximo interés en nuestra discusión es averiguar la duración del periodo de vida fértil en las poblaciones del Pleistoceno medio. Nada se opone a pensar que las mujeres podían alargar su fertilidad hasta los 40 o 45 años, como sucede en la actualidad. Sin embargo, podemos debatir sobre la edad del primer embarazo. La menarquia o primer ciclo menstrual ocurre normalmente después de la formación y erupción del segundo molar permanente, tanto en chimpancés como en las poblaciones humanas actuales. La erupción de este diente en chimpancés sucede entre seis años y medio y siete años, y la menarquia sobreviene a una edad promedio aproximada de nueve años. En las poblaciones humanas modernas la erupción del segundo molar permanente sucede hacia los once-doce años y la menarquia ocurre un año más tarde. En efecto, el rango temporal para la menarquia en muestras de 116 poblaciones actuales recopiladas por Phyllis Eveleth y James Tanner es de 12 a 18 años, con un promedio de 13,3 años y una desviación estándar de algo más de un año; es decir, la mayor parte de las poblaciones presentan una edad de menarquia en el rango de 12 a 14 años. En la variabilidad entre poblaciones para la edad de menarquia influyen factores genéticos, climáticos y socioeconómicos. Por ejemplo, los pueblos del tercer mundo, que viven en condiciones difíciles, con gran austeridad y con problemas ocasionales de malnutrición, retrasan mucho la edad de menarquia y las mujeres no suelen concebir por primera vez hasta los 19 o 20 años. Así se ha observado, por ejemplo, entre los bosquimanos y los Hadza.

La menarquia es una señal de madurez sexual, pero no es un indicador de fertilidad. Despues de la menarquia sigue un periodo de ciclos menstruales en los que no se produce la ovulación. Este periodo dura entre uno y tres años, tanto en los chimpancés como en las poblaciones humanas modernas. Por consiguiente, en condiciones favorables y considerando un promedio de 13 años para la edad de menarquia, la mayor parte de las mujeres no pueden tener su primer hijo hasta que no han cumplido entre 14 y 16 años. Este periodo de esterilidad que sigue al primer ciclo menstrual permite a las chicas completar casi en su totalidad el crecimiento corporal y la acumulación de reservas de grasa antes de afrontar el primer embarazo. Puesto que el desarrollo dental de los homínidos del Pleistoceno medio es similar al de las poblaciones modernas, cabe pensar que la erupción del segundo molar permanente sucedía también hacia los 11 o 12 años y que la fisiología de las hembras era muy similar a la de las mujeres actuales. No es aventurado afirmar, por tanto, que la edad de menarquia podía suceder hacia los 12 o 13 años y que, asumiendo que existían condiciones favorables (como parece mostrar el estudio de hipoplasias de esmalte), las hembras podrían tener su primer hijo hacia los 14-16 años. Con este dato y asumiendo un intervalo promedio de nacimientos de 3,5 años, podemos averiguar si la población de Atapuerca, representada por la muestra de individuos de la Sima de los Huesos, podía mantener su estabilidad demográfica con una tasa de mortalidad de los adolescentes y adultos tan elevada como la que hemos tenido ocasión de comprobar.

Supongamos que en la población de Atapuerca morían un 30 por 100 de los individuos infantiles antes de cumplir un año de vida y que un 5 por 100 lo hacían antes de cumplir diez años. Es decir, imaginemos que la mortalidad infantil de aquella población del Pleistoceno medio era similar a la de las poblaciones de cazadores-recolectores actuales. Al introducir ese dato teórico el número total de fallecidos en la muestra de la Sima de los Huesos asciende a 40. Cuando rehacemos los cálculos obtenemos los siguientes porcentajes de mortalidad para los diferentes grupos de edad:

Grupo de edad	N.° de individuos fallecidos	Porcentaje de fallecidos	Porcentaje de hijos/mujer*	N.° hijos
0-1	12	30,0		
2-5	1	2,5		
6-10	1	2,5		
11-15	7	17,5		
16-20	10	25,0	2	20
21 25	1	2,5	3	3
26-30	5	12,5	5	25
30 +	3	7,5	7	21
Total	40	100,0		69

* N.° máximo de hijos que puede tener una hembra de un determinado grupo de edad, admitiendo un intervalo promedio entre nacimientos de 3,5 años y que el nacimiento del primer hijo sucede a los 16 años.

Supongamos ahora que la distribución de mortalidad teórica es similar para los dos sexos e imaginemos que los 40 individuos de la muestra son hembras. Así, mediante un sencillo ejercicio teórico podemos estimar el número de descendientes que podrían tener aquellas hembras que habían llegado a la época reproductora. En este ejercicio suponemos que el primer hijo puede tenerse a los 16 años y que el intervalo promedio entre nacimientos es de 3,5 años. Por ese motivo, el grupo de hembras de entre 15 y 20 años podría tener un máximo de dos descendientes. El grupo de 20-25 años podría tener hasta tres hijos, mientras que el grupo de 25-30 años tendría hasta 5 descendientes. En el grupo de 30+ asumimos que las hembras podían llegar al menos a la cifra de siete hijos. Para que la población mantuviera constante su número, las 19 hembras reproductoras deberían producir un mínimo de 80 descendientes, de los que 40 habrían de ser hembras y 40 machos, si asumimos que la proporción de sexos en la población era próximo a 1:1 (el mismo número de hembras que de machos) como es, por otro lado, habitual en todas las poblaciones humanas. En nuestro ejercicio teórico las 19 hembras reproductoras sólo son capaces de producir 69 descendientes, que son insuficientes para cubrir las bajas que deja una mortalidad infantil tan elevada como la que pudo ocurrir en esa época. Para que la población se mantuviera estable, por tanto, es imprescindible que un mayor número de hembras alcanzara su periodo fértil y contribuyesen así a las siguientes generaciones.

Como conclusión de este sencillo ejercicio teórico, pensamos que verdaderamente existe un sesgo de representación en el grupo de los adultos mayores de 30 años y que la muestra de individuos de la Sima de los Huesos no representa la tasa de mortalidad real de esta población del Pleistoceno medio. Sin embargo, el ejercicio no exige en ningún caso que las hembras tuvieran que sobrevivir a su periodo de fertilidad; es decir, no es necesario asumir que las hembras de las poblaciones del Pleistoceno medio tenían un largo periodo posreproductor y sufrían la menopausia. Y así llegamos a un punto de gran interés, sobre el que existe un debate que merece la pena comentar.

La menopausia

La fertilidad de la mujer disminuye sobre todo a partir de los 40 años, de manera que en los pueblos cazadores-recolectores actuales es muy raro que una mujer de a luz más allá de los 45 años, mientras que en las sociedades industrializadas los embarazos con éxito en mujeres que han superado los 50 años son excepcionales. Una vez finalizado el periodo de fertilidad comienza una fase posreproductora, que cada vez es más larga en las sociedades que disfrutan de los últimos avances tecnológicos. A poco de comenzar esta fase sobreviene la menopausia, un aspecto muy particular de nuestra historia biológica como especie, que se define por un cese gradual del ciclo menstrual y, por tanto, de la ovulación. En promedio, la menopausia sucede hacia los 50 años en todas las poblaciones huma-

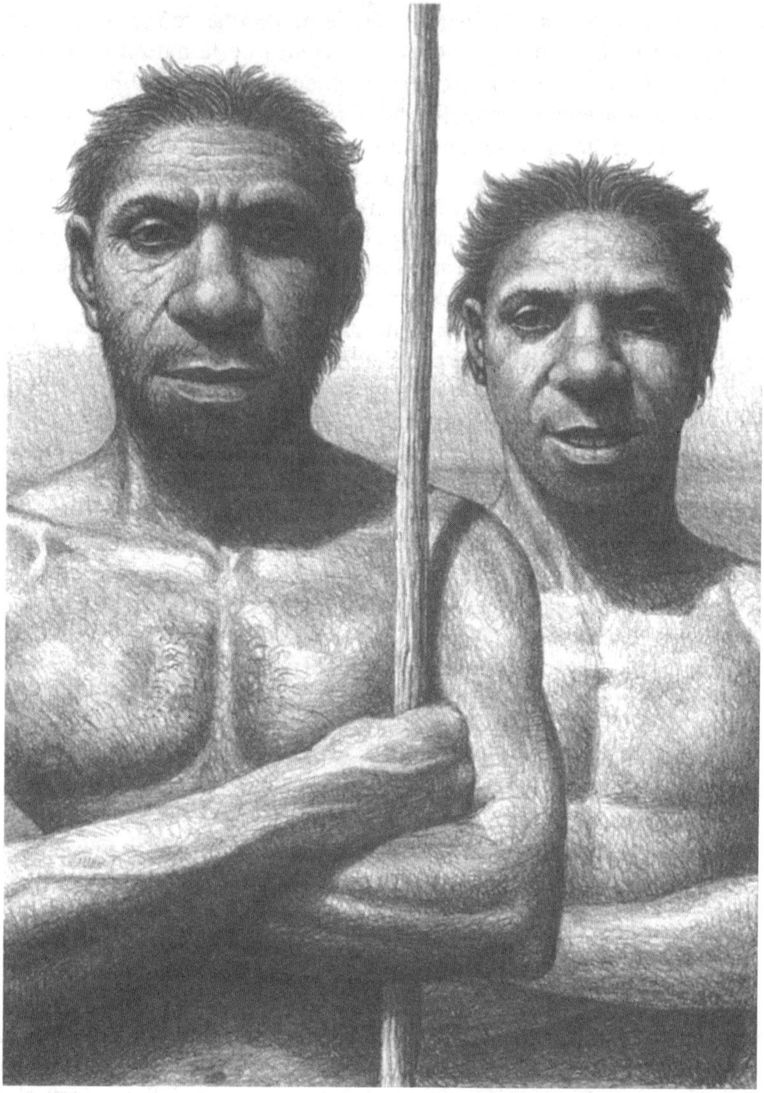

Figura 13.8. Reconstrucción de un individuo adolescente de *Homo heidelbergensis* (*derecha*) de la Sima de los Huesos, comparado con un adulto (*izquierda*). La presencia en la Sima de los Huesos de restos craneales de varios individuos que murieron durante la adolescencia nos permite formarnos una idea bastante precisa de las características faciales de este grupo de edad y de cómo diferían de las de los adultos de la misma especie. Para más detalles sobre las reconstrucciones craneales en las que se basa esta figura, véanse las láminas en color.

nas. Por el contrario, este proceso no se ha detectado en ninguna especie de primate. Nishida, Takasaki y Takahata estudiaron en los años ochenta un grupo de chimpancés en libertad y observaron que las hembras tenían sus últimos hijos hacia finales de la tercera década de su vida o poco después de cumplir 40 años. A continuación, las hembras tenían un corto periodo de vida posreproductora de una duración promedio de cuatro años. En este periodo, las hembras continuaban con sus ciclos ováricos hasta su muerte. ¿Cuándo y por qué surgió un periodo posreproductor tan largo y la menopausia en los homínidos? Analizaremos primero la segunda cuestión, para más adelante recoger diversas opiniones sobre el momento de la evolución en que los homínidos comenzamos a tener una vida prolongada más allá de la edad normal de reproducción de las hembras.

Desde hace tiempo se ha valorado el papel de las personas de edad avanzada, por la experiencia y conocimientos acumulados a lo largo de su vida. En particular, el papel de las mujeres como protectoras de sus hijas en edad de reproducción y de sus nietos, unido al riesgo que suponen la gestación y el parto a partir de cierta edad, se han considerado como razones suficientes para la aparición de una vida prolongada posreproductora y de la menopausia. W. Hamilton formalizó en 1966 el llamado «modelo de la abuela», asumiendo que la selección natural ha favorecido la presencia de estos caracteres en nuestra evolución porque mejoran las expectativas de vida de los niños y jóvenes asistidos por los cuidados adicionales que proporcionan las mujeres de edad, liberadas ya de su papel reproductor. En los años noventa se han realizado diferentes tentativas para contrastar este modelo. En sus investigaciones sobre chimpancés, Nishida, Takasaki y Takahata observaron que las hembras que habían terminado su época de reproducción solían llevar una vida solitaria hasta su muerte y en muy raras ocasiones asistían a sus hijas o a otras hembras en el cuidado de sus hijos. Es evidente que el modelo de la abuela debe ser aplicado en exclusiva a los humanos. K. Hill y A. Hurtado han trabajado con los Ache de Paraguay y, entre otros aspectos, trataron de averiguar si el papel de las abuelas podía mejorar de alguna manera la tasa de reproducción de este grupo humano. Aunque estos antropólogos observaron que la probabilidad de supervivencia de los hijos asistidos por las abuelas era algo mayor que la de los hijos criados sin su ayuda, la diferencia no parecía suficiente como para justificar una vida prolongada posreproductora y la menopausia.

Se ha formulado una hipótesis alternativa que propone la aparición de la menopausia simplemente como una consecuencia indirecta de la prolongación de la vida más allá de los límites fisiológicos que puede alcanzar el sistema reproductor femenino. Una vida prolongada puede tener efectos beneficiosos secundarios para la especie, pero este rasgo y la menopausia no tienen por qué haber sido objeto de selección natural. El cese del periodo reproductor en la mujer tendría un efecto secundario y positivo para nuestra estrategia de la reproducción, porque podría incrementar en alguna medida la tasa de supervivencia de los niños. Bogin y Smith consideran que las dos hipótesis no se excluyen entre sí y piensan que el periodo de vida posreproductor de la mujer debería considerarse como un rasgo exclusivo de los humanos, junto a la niñez y la adolescencia. Estos autores recuerdan un trabajo de M. Mills en el que se describe cómo las hienas llegan a cuidar e incluso a amamantar a los hijos de sus hijas. Se trata de una estrategia excepcional entre los mamíferos, en que las hienas «abuelas» no han perdido su fertilidad, por lo que no representa un caso equivalente al de nuestra especie. Aunque el rol sociocultural de las abuelas es muy beneficioso y está así reconocido en todas las sociedades humanas, mi opinión es que la menopausia no puede ser explicada por selección natural, sino que es una consecuencia de la mejora en la esperanza de vida de las poblaciones a partir de un cierto momento de nuestra evolución.

Desde un punto de vista teórico y empleando datos del peso corporal y del cerebro, Bogin y Smith plantean que *Homo ergaster* pudo sobrepasar la barrera de los 50 años, que es la edad máxima alcanzada por los chimpancés en casos muy excepcionales. Estos animales no suelen vivir más allá de los 40 años, aunque su longevidad teórica está un poco por encima de esa edad. Esa misma longevidad se puede predecir para los australopitecos y parántropos, con ligeros incrementos para los homínidos de finales del Plioceno y comienzos del Pleistoceno

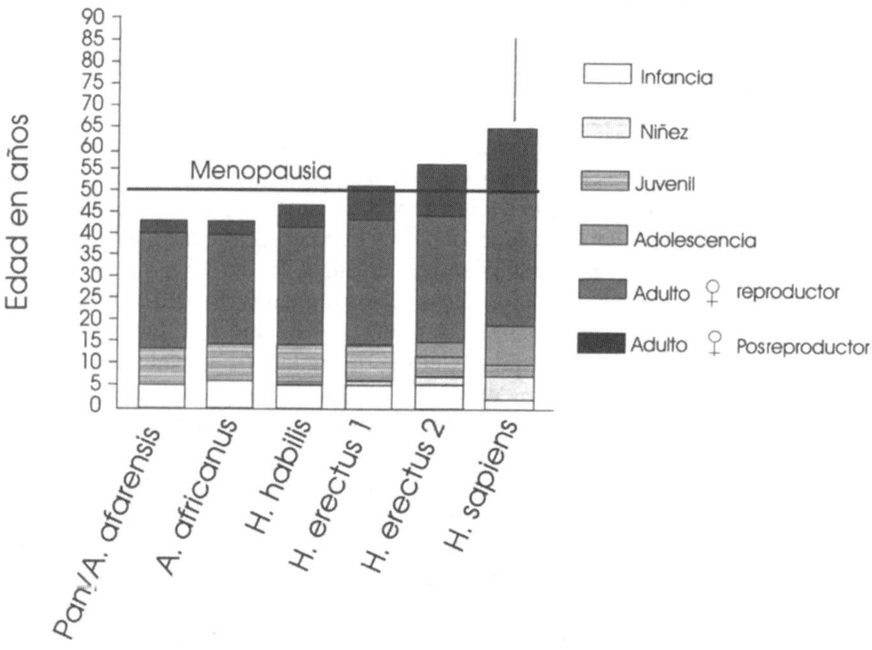

Figura 13.9. Esquema de la posible evolución de la longevidad en los homínidos, según Barry Bogin y Holly Smith (1996). Desde un punto de vista teórico, la menopausia podría haber ocurrido hace al menos 1,5 millones de años. La fase que Bogin y Smith denominan *H. erectus 1* sería equivalente a la fase de *Homo ergaster/erectus* de la primera mitad del Pleistoceno inferior.

inferior. Una vez superada la capacidad encefálica de los 1.000 centímetros cúbicos en especies como *Homo antecessor* y *Homo heidelbergensis*, la longevidad teórica se aproximaría a los 60 años, mientras que en nuestra especie las predicciones basadas en el peso cerebral y corporal sugieren una longevidad máxima de 70 años. No obstante, la higiene y la tecnología aplicada a la medicina y la salud han disparado nuestras expectativas de vivir incluso por encima de la barrera de los 100 años. La cuestión que planteamos es si en el pasado se cumplían o no las predicciones teóricas y las especies del Pleistoceno alcanzaban de manera habitual edades de entre 40 y 60 años.

¿Abuelas pleistocenas?

En un artículo publicado en 1999 en la revista *Journal of Human Evolution*, los antropólogos J. O'Oconnell y K. Hawkes, de la Universidad de Utah, y N. Blurton Jones, de la Universidad de California, defienden una teoría revolucionaria en muchos sentidos, que lleva el modelo de la abuela nada menos que hasta comienzos del Pleistoceno inferior y lo define como el motor central de la evolución del género *Homo*. Las interpretaciones clásicas sugieren que a finales del Plioceno se concretó una modificación importante en la organización social de los primeros representantes del género *Homo*, como consecuencia del cambio en su estrategia de subsistencia. La obtención de carne mediante la caza o el carroñeo —tal vez con el empleo de los dos sistemas—, así como la defensa del territorio, debió promover la fuerte cooperación entre los machos emparentados. La carne y la grasa de los animales serían un componente esencial en la dieta de los primeros *Homo*, debido al fuerte incremento en su capacidad craneal. Los machos pasarían a tener así un papel diferente e importante en la estrategia de la reproducción, aportando y compartiendo un alimento fundamental y participando de manera activa en la defensa del grupo, donde las crías tendrían un desarrollo más prolongado y su viabilidad dependería de los cuidados y protección tanto de sus madres como de los machos. Este comportamiento social, más complejo que el de los australopitecos, habría sido el origen de aspectos como la división del trabajo, organización de campamentos centrales de referencia y mucho más tarde, quizás con la aparición de nuestra especie, de la familia nuclear.

O'Connell, Hawkes y Blurton Jones han trabajado muchos años con el pueblo Hadza y la influencia de sus investigaciones les han llevado a interpretar el pasado desde su visión actualista de los pueblos cazadores-recolectores. Para estos antropólogos, la caza y el carroñeo representan una estrategia muy pobre para alimentar a una familia. La cantidad de calorías que aporta la caza de animales de cierto tamaño sería insuficiente para alimentar a los grupos del Plio-Pleistoceno. En cambio, la recolección de otros alimentos, como pequeños animales vertebrados e invertebrados, frutas, semillas, tubérculos, etc., aportaría un número más alto de calorías. Por ese motivo, O'Connell, Hawkes y Blurton Jones consideran que el papel de las hembras recolectoras fue esencial en la estrategia de alimentación y reproducción. En particular, estos investigadores ponen un énfasis especial en el papel de las hembras que alcanzaban el final de su periodo fértil y aportaban toda su energía en el proceso de alimentación de sus hijas y de las crías destetadas.

Hace 1,8 millones de años, a finales del Plioceno, se produjo una tendencia hacia un clima más frío y seco, que redujo la disponibilidad de recursos vegetales en los hábitats africanos ocupados por los homínidos. En esta época, sostienen O'Connell y sus colegas, los homínidos optaron por recursos antes ignorados o poco tenidos en consideración. En particular, estos investigadores argumentan que los tubérculos de diferentes especies, como la raíz de la planta *Vigna frutescens* que explotan los Hadza, constituyeron la base de la alimentación de los homínidos. La hembras reproductoras y sobre todo las abuelas más «vigorosas» se encargarían de la explotación de estos recursos. Las abuelas se responsabilizarían de alimentar a los niños ya destetados favoreciendo así la maternidad de sus hijas y una mayor fertilidad de las especies. La mayor probabilidad de supervivencia de las hijas de las abuelas más vigorosas habría eliminado poco a poco los alelos deletéreos que se expresan hacia la época de la menopausia, favoreciendo de este modo una vida más larga que incluiría una fase posreproductora. En estas circunstancias se potenciaría un desarrollo más prolongado de los individuos y la consiguiente expansión cerebral. En definitiva, el modelo de la abuela aplicado a los homínidos del Plio-Pleistoceno habría jugado un papel primordial en la evolución del género *Homo*.

Este escenario evolutivo tropieza con distintas dificultades que O'Connell y sus colegas tratan de rodear con suma habilidad. En primer lugar, la explotación de tubérculos requiere un tratamiento previo, que incluye técnicas como la maceración, la cocción o el tueste, a fin de eliminar sus defensas mecánicas y químicas. Sin ese tratamiento los hidratos de carbono de los tubérculos, como el almidón, la sacarosa y la fructosa se digieren con dificultad. En particular, la cocción ayuda a ablandar la celulosa estructural de los tubérculos y reducir los problemas de su tránsito por el tubo digestivo. Con el objeto de apoyar el argumento del uso del fuego intencionado, O'Connell y sus colegas citan algunas evidencias de huesos de animales quemados localizadas en Swartkrans que datan de hace entre 1,0 y 1,5 millones de años, así como ciertas manchas de tierra enrojecida asociadas con industria lítica y restos óseos de animales, encontradas en el yacimiento de Chesowanja y en el este de Turkana, y datadas de hace entre 1,4 y 1,6 millones de años. Todas estas supuestas evidencias han sido contestadas por diferentes especialistas, que las consideran poco consistentes. Se trataría en realidad de restos de fuegos naturales, muy frecuentes en las sabanas africanas. La evidencia incontestable más antigua del uso del fuego data del Pleistoceno medio y se ha localizado en el yacimiento de Terra Amata, en Francia, con una antigüedad no superior a 350.000 años. Es probable que la domesticación del fuego ocurriera durante el Pleistoceno medio, pero no antes, y que su uso cotidiano no se generalizara hasta finales de ese periodo. Por ejemplo, los primeros vestigios de fuego en Atapuerca se han encontrado recientemente en niveles de finales del Pleistoceno medio (yacimiento de la Sima del Elefante), que corresponderían a una de las primeras poblaciones neandertales de Europa. Tampoco hay indicios del uso del fuego en otros yacimientos europeos, como los de Tautavel, en Francia, y Pontnewydd y Boxgrove en el Reino Unido. Por todo ello, parece poco verosímil que los homínidos del Pleistoceno inferior encendieran fuegos de manera sistemática para la cocción de los alimentos vegetales.

Otro problema del modelo de O'Connell, Hawkes y Blurton Jones consiste en explicar la ausencia en el registro fósil de restos de individuos viejos o seniles. Estos investigadores defienden que los factores tafonómicos habrían sido los responsables de la destrucción de los restos óseos más frágiles de los individuos mayores de 50 años. Es decir, la conservación diferencial durante la acumulación, enterramiento de los cadáveres y posterior fosilización de los restos óseos habría destruido en su totalidad las pruebas de que las hembras de *Homo erectus* sobrevivían hasta edades avanzadas. Además, O'Connell y sus colegas están de acuerdo con otros investigadores en que los métodos para determinar la edad de muerte de los adultos son muy poco precisos y con frecuencia se realizan infraestimaciones de la verdadera edad de muerte. Por ese motivo cabría la posibilidad de que el registro fósil incluyera numerosos restos de individuos mayores de 40-50 años. Sin embargo, O'Connell, Hawkes y Blurton Jones olvidan que la fragilidad de los huesos por desaparición de tejido óseo en personas de edad avanzada (osteoporosis) sucede cuando los individuos llevan una vida sedentaria, muy frecuente en sociedades modernas industrializadas, pero nada más lejos del estilo de vida de los homínidos del Plio-Pleistoceno. Por otro lado, los restos esqueléticos de los homínidos del Pleistoceno inferior y medio se caracterizan por un considerable grosor de la cortical y tabular de los huesos largos y planos, un rasgo casi único entre los mamíferos terrestres. Por ese motivo es difícil encontrar una razón para explicar una preservación diferencial de los restos óseos de los individuos de 50 años con respecto a los de otros adultos. Aunque podamos considerar un cierto sesgo en la representación de las clases de edad superiores a 30-35 años, como hemos tenido ocasión de discutir para el caso de la Sima de los Huesos, es difícil admitir que haya desaparecido todo rastro de los homínidos mayores de 40 años, si éstos formaron una parte importante de la composición de las sociedades de entonces. Sencillamente, la probabilidad de los homínidos de superar esa edad durante el Pleistoceno era baja y, en consecuencia, la probabilidad de que los restos de esos individuos sufrieran el proceso de fosilización y de integrar un día el registro fósil era también muy baja. Para que la hipótesis de O'Connell, Hawkes y Blurton Jones pueda ser considerada y finalmente admitida es necesario encontrar los restos de las abuelas *Homo ergaster/erectus*. Si esto no ocurre, la hipótesis debe ser descartada, porque se apoya en argumentos muy débiles.

14

Los neandertales

> Por lo medios que se acaba de consignar, y ayudado tal vez por otros aún por descubrir, se elevó el hombre a su presente posición. Mas así que alcanzó el rango humano, se separó en razas distintas, o como conviene llamarlas, en subespecies. Algunas de éstas, como el negro y el europeo, son tan distintas que si se mostraran repentinamente y sin separación de ninguna clase ejemplares respectivos a un naturalista, habría de considerarlos por especies verdaderas.
>
> CHARLES DARWIN, *El origen del hombre*

Los neandertales constituyen la población de homínidos mejor documentada y estudiada por los científicos y más conocida a nivel popular. Los primeros restos fósiles de individuos de esta población extinguida se descubrieron en 1829 en la localidad belga de Engis. Años más tarde, en 1848, se encontró el cráneo de Forbes Quarry, en Gibraltar, aunque el hallazgo en 1856 de los primeros restos reconocidos por la comunidad científica como pertenecientes al grupo humano neandertal en la Gruta Feldhofer del valle de Neander, en Alemania, significó el verdadero nacimiento de la paleontología humana como ciencia. Desde entonces, los hallazgos no han cesado y los neandertales se han convertido en un verdadero modelo evolutivo para el estudio de nuestros orígenes.

En general se acepta que los neandertales tienen una antigüedad de al menos 150.000 años, a juzgar por la morfología de fósiles datados de finales del Pleistoceno medio, como los de Biache-Saint Vaast y La Chaise Suard, en Francia o Ehringsdorf, en Alemania. No obstante, el linaje de los neandertales parece tener sus raíces en la primera mitad de ese periodo, hace al menos medio millón de años. La propia mandíbula de Mauer, considerada durante casi un siglo como el fósil humano más antiguo de nuestro continente, presenta algunos caracteres neandertales en el hueso, mientras que el tamaño y morfología de sus dientes son indistinguibles de los de la población neandertal. Lo mismo se puede decir de fósiles como los de l'Aragó y Montmaurin (Francia), Swanscombe y Pontnewydd

(Reino Unido) o Steinheim (Alemania), algunos de cuyos rasgos morfológicos se consideran característicos de esta población. Pero el mejor testimonio del origen europeo de los neandertales se encuentra en la extraordinaria muestra de fósiles humanos de la Sima de Los Huesos de Atapuerca. El estudio de estos fósiles ha permitido conocer la variabilidad de la población europea del Pleistoceno medio y saber que en esa variabilidad están ya incluidos varios de los rasgos del cráneo, mandíbula, dientes y esqueleto poscraneal, que más tarde definirán las características propias de los neandertales. Cabe aún dentro de lo posible, como hipótesis de trabajo a constrastar con nuevos estudios y futuros hallazgos, que las raíces europeas de los neandertales lleguen incluso hasta finales del Pleistoceno inferior. Para ello debemos probar que existe una continuidad evolutiva entre *Homo antecessor* y la población europea del Pleistoceno medio.

El proceso de neandertalización

Durante los últimos 400.000 años las oscilaciones climáticas a nivel mundial se acentuaron y las glaciaciones alcanzaron valores extremos. La flora y la fauna europeas sufrieron las consecuencias del intenso frío glaciar. Las masas de hielo avanzaron hacia el sur y la población humana europea quedaría relegada durante milenios a las regiones mediterráneas, posiblemente fragmentada y aislada de otras poblaciones de Eurasia. El aislamiento genético de aquellos europeos de entonces habría significado un endemismo prolongado en el tiempo, que tuvo como consecuencia la fijación de algunos caracteres y la pérdida de otros. En definitiva, sucedió una homogeneización progresiva de la población europea y su deriva hacia una morfología cada vez más neandertal. Se podría decir, en términos muy coloquiales, que se produjo un proceso de «neandertalización» en una región aislada del resto del mundo habitado por los homínidos, donde prosperaban otros linajes evolutivos. Durante años se ha producido una aplicación abusiva de este modelo de evolución europea y con frecuencia se han empleado términos como «neandertaloides», «neandertales asiáticos» o «neadertales africanos» para denominar a grupos contemporáneos asiáticos y africanos. Pero los neandertales no son un grado evolutivo en el que se pueden incluir todos los homínidos de una época determinada, sino una población muy particular resultado de una evolución local en ese «fondo de saco» que fueron las regiones meridionales de Europa durante largos periodos de tiempo.

Desde el punto de vista de la taxonomía, la estrecha relación de parentesco entre la población europea del Pleistoceno medio y los neandertales nos llevaría en buena lógica a su agrupación en una misma especie. Quizás esto es lo correcto. Siendo así y por el principio de prioridad que recoge el código de nomenclatura zoológica, deberíamos hablar de la especie *Homo neanderthalensis*, que tendría una duración de casi medio millón de años y que podría subdividirse en subespecies temporales. Sin embargo, en este linaje europeo muchos taxónomos reconocen por el momento dos especies: *Homo heidelbergensis,* que incluye la variabilidad de los fósiles más antiguos del Pleistoceno medio de Europa occidental, como los de Mauer, l'Aragó, Bilzingsleben, Petralona, Steinheim o la Sima de los Huesos de Atapuerca, y *Homo neanderthalensis*, que reúne a los individuos de una población que durante algún tiempo tuvo un gran éxito evolutivo y llegó más allá de los límites actuales de Europa.

Muchos paleoantropólogos han querido ver en las peculiaridades anatómicas de los neandertales adaptaciones al intenso frío de las regiones que habitaron. En particular, la proyección de la cara hacia adelante, con pómulos salientes y una nariz muy ancha, se ha explicado como un sistema de aislamiento térmico eficaz (por pneumatización del macizo facial) y calefactor del aire inhalado por la nariz. Esta hipótesis ha sido rechazada por algunos investigadores, porque esta morfología (prognatismo mediofacial) aparece ya en sus antecesores del Pleistoceno medio en periodos más cálidos. Otros consideran que la anatomía facial de los neandertales se correlaciona con diferentes rasgos craneales formando una arquitectura específicamente diseñada para disipar las tensiones biomecánicas provocadas por el uso intenso de los fuertes incisivos y caninos en diferentes trabajos, aparte de los propios de cortar el alimento. Por otro lado, los neandertales tuvieron un cuerpo voluminoso, que muchos interpretan como una adaptación para reducir la superficie corporal y conservar el calor que se pierde por radiación. Esta adaptación, según la regla biogeográfica de Bergmann, es común en animales que viven en regiones frías: cuanto mayor es el volumen del cuerpo menor es la superficie expuesta. Sin embargo, el registro fósil ofrece cada vez más pruebas de que un cuerpo voluminoso fue una característica común en todos los homínidos pleistocenos del género *Homo* y que sólo las poblaciones modernas adoptamos una nueva constitución de cuerpos más estilizados. Pero los neandertales también acortaron las extremidades superiores e inferiores, mediante la reducción de la longitud de la tibia y el peroné, por un lado, y del cúbito y el radio, por otro. La regla de Allen nos dice que esta adaptación ocurre en animales que habitan regiones frías, mientras que lo opuesto (alargamiento de las extremidades) es habitual en regiones tropicales. Los esquimales y los Masai Mara de Kenia representan buenos ejemplos de la regla de Allen. La constitución corporal de los primeros nos puede ayudar a imaginar cómo sería el aspecto general de los neandertales.

El destino de los neandertales

Hace unos 120.000 años comenzó una fase interglaciar y Europa vivió un largo periodo de bonanza climática de 40.000 años de duración. Los neandertales ya se habían constituido como una población europea bien diferenciada de sus vecinos africanos y asiáticos. En este periodo interglaciar los neandertales fueron capaces de alcanzar al menos el paralelo 52 en su avance hacia el norte y quizás se ex-

Figura 14.1. Mapa de Eurasia mostrando la ubicación de los principales yacimientos de neandertales.

pandieron hacia el este hasta llegar a regiones de Asia central. Ofer Bar Yosef, de la Universidad de Harvard, piensa que esta expansión ocurrió durante el siguiente periodo frío, que en la terminología de los ciclos climáticos europeos se ha denominado glaciación Würm. Es probable que el intenso frío de este periodo obligara a los neandertales a refugiarse de nuevo en las regiones mediterráneas y a moverse hacia el este. Yacimientos como los de Teshik-Task, al sur del mar de Aral en la actual Uzbekistán, Shanidar en Irak y Amud y Tabun en Israel testimonian esta expansión demográfica, que podría haberse detenido por el contacto con otras poblaciones. En este periodo glaciar se reproducen nuevamente las condiciones biogeográficas de la glaciación anterior (Riss). Ciertas cadenas montañosas, como los Cárpatos, los Balcanes, los Alpes y los Pirineos actuaron como verdaderas barreras geográficas y el flujo genético dentro de la población neandertal se habría producido a través de corredores estrechos, generalmente próximos al mar. El estudio de los restos fósiles de neandertales permite diferenciar gradientes morfológicos norte-sur y este-oeste, que reflejan un modelo biogeográfico bien definido. Los ejemplares recuperados en yacimientos de Europa occidental, como los de La Ferrasie, La Chapelle-aux-Saints, Spy, La Quina y Le Moustier, presentan rasgos geográficos peculiares y se han incluido en el grupo de los denominados neandertales «clásicos».

En los últimos 40 años muchos paleoantropólogos han explicado la evolución humana en el Pleistoceno como una secuencia gradual morfológica de tres especies sucesivas (figura 14.2), primero en África y luego también en Eurasia. La evolución lineal del género *Homo* en tres etapas: *habilis, erectus* y *sapiens* se correspondería con tres grados evolutivos no siempre bien definidos. Según este modelo, los neandertales habrían alcanzado un grado *sapiens* «arcaico» y habrían de ser por ello ubicados en nuestra misma especie. Debido a sus peculiaridades morfológicas, los neandertales quedarían incluidos en la subespecie *neanderthalensis*. El paradigma evolutivo de la evolución gradual anagenética del género *Homo*, que tiene sus raíces en las teorías de Franz Weidenreich de los años treinta sobre la evolución general de los homínidos, ha sido la base de la teoría del origen multirregional de *Homo sapiens*. Esta teoría defiende que las poblaciones modernas surgieron de manera paralela en África y Eurasia a partir de las correspondientes poblaciones autóctonas. Los neandertales, por tanto, no serían sino uno de los eslabones hacia las poblaciones humanas modernas de Europa. En la actualidad el colectivo que defiende la teoría multirregional es minoritario y la mayoría sostenemos que los neandertales fueron sustituidos por una población de caracteres anatómicos modernos, muy similares a los de la actual población europea, pero persiste el debate de una cuestión inquietante: ¿se produjo intercambio genético entre los neandertales y las poblaciones de anatomía moderna con las que mantuvieron contacto?, ¿hubo posibilidad de mestizaje entre los neandertales y estas poblaciones?

Esta cuestión podría afectar a la credibilidad de la especie *Homo neanderthalensis*. Desde el punto de vista de la neontología, en efecto, el concepto de es-

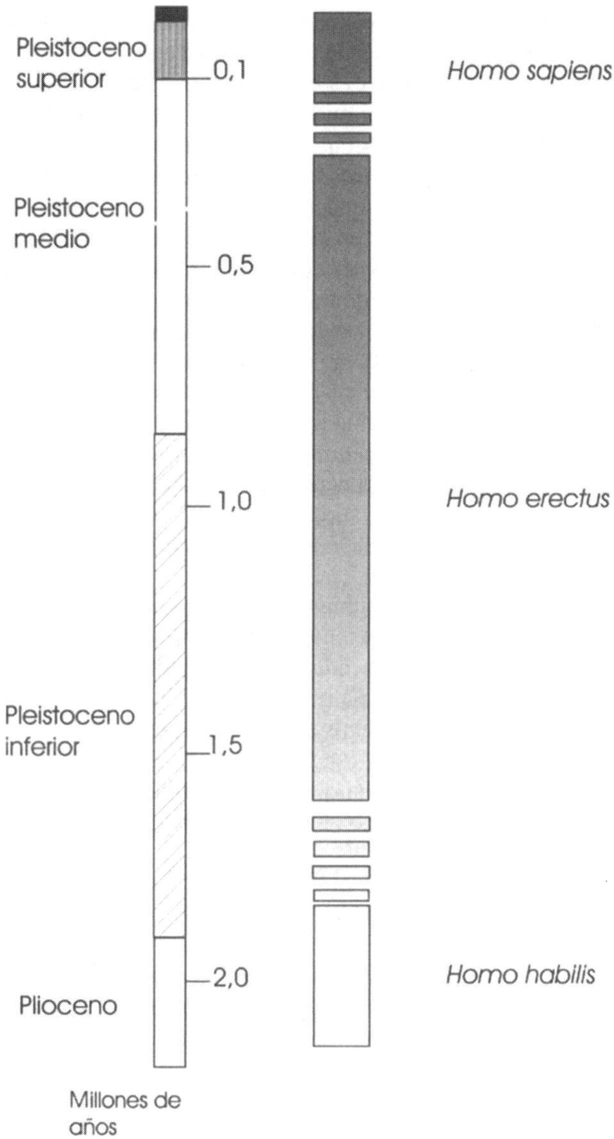

Figura 14.2. Secuencia lineal, anagenética, de la evolución del género *Homo* en tres especies sucesivas: *habilis, erectus* y *sapiens*, según el modelo aceptado durante los años setenta y ochenta por la comunidad científica. Este modelo asumía la evolución gradual del género *Homo*, primero en África y más tarde en Eurasia, después de la primera dispersión de los homínidos fuera del continente africano. Este modelo fue la base de la teoría del origen multirregional de nuestra especie.

pecie implica una cuestión inexcusable: los individuos y poblaciones incluidos en una misma especie han de tener la posibilidad genética de cruzamiento y de producir descendencia fértil. Pero es evidente que este concepto no puede ser aplicado a las poblaciones ya extinguidas. No parece fácil contrastar la hipótesis de un posible cruzamiento con descendencia fértil entre neandertales y poblaciones modernas. Cidalia Duarte y otros investigadores han defendido en las Actas de la Academia de Ciencias de Estados Unidos que el esqueleto de un niño de unos cuatro años de edad, hallado en el abrigo de Lagar Velho en el valle de Lapedo, cerca de la localidad portuguesa de Leiria, presenta una mezcla de rasgos neandertales y modernos. El niño de Lagar Velho o de Lapedo tiene una antigüedad de 24.500 años y representaría, según los investigadores que han realizado su estudio, el testimonio de un mestizaje regional entre los últimos neandertales y los primeros humanos modernos llegados a la Península Ibérica. La morfología del niño de Lapedo es moderna en la mayor parte de sus rasgos craneales, mandibulares y dentales, pero las extremidades inferiores presentan una robustez y un acortamiento relativo de la tibia característico de los neandertales. El niño de Lapedo también presenta una fosa suprainíaca en el occipital, así como otros detalles morfológicos de la mandíbula y del esqueleto poscraneal que se consideran diagnósticos de los neandertales.

Aunque el niño de Lapedo hubiera sido realmente el resultado del cruzamiento de un neandertal y un representante de las poblaciones modernas, no hay argumentos para afirmar que este individuo represente a una estirpe nacida del mestizaje de las dos poblaciones. Se trata de un caso aislado y además muy discutido. La gran mayoría de los rasgos de este niño son típicos de *Homo sapiens* y podría tratarse de un individuo robusto. Además, este niño fue enterrado siguiendo un ritual característico de las poblaciones modernas, rodeado de conchas perforadas y posiblemente envuelto en un sudario teñido de ocre rojo.

Evidencias moleculares

Desde el punto de vista de la morfología las diferencias en la mayoría de los caracteres del cráneo, mandíbula y esqueleto poscraneal entre los neandertales y los humanos modernos son muy obvias. Los especialistas son capaces de distinguir con relativa facilidad los restos fósiles de uno y otro grupo. Si podemos probar que los neandertales y las poblaciones de anatomía moderna son el resultado de historias evolutivas también diferentes y con un origen común suficientemente alejado en el tiempo, estaría bien justificado considerar que los dos grupos pertenecemos a especies distintas. En los últimos años hemos conocido nuevas evidencias del registro fósil, que sólo nuestra avanzada tecnología ha sido capaz de revelar. Nos referimos a los análisis de ADN mitocondrial todavía conservado en los fósiles neandertales que, aunque muy escaso, ofrece datos muy relevantes para apoyar la hipótesis sobre la historia evolutiva de esta población. El primer ejemplar analizado ha sido precisamente el exhumado en 1856 en el valle del Neander, que da nombre al grupo.

Svante Pääbo y sus colaboradores del Instituto Max Planck de Leipzig y de otras instituciones alemanas fueron capaces de extraer y secuenciar fragmentos de las denominadas «primera y segunda regiones hipervariables» (HVRI: 333 pares de bases, y HVRII: 340 pares de bases) de la región control del ADN mitocondrial de este ejemplar fósil. Se observaron entonces las diferencias entre la secuencia neandertal y la secuencia de 663 muestras de poblaciones humanas actuales. La diversidad que existe en la actualidad entre todas las poblaciones modernas es significativamente menor que la obtenida al comparar la secuencia de éstas con la secuencia neandertal. Puesto que las sustituciones de bases en el ADN mitocondrial ocurren a una tasa de tiempo determinada y bien conocida, este «reloj molecular» nos permite estimar cuándo ocurrió la separación de dos linajes evolutivos o, dicho de otro modo, en qué fecha podemos situar al antecesor común de esos dos linajes. Así, se ha estimado que las poblaciones modernas divergieron de un antecesor común africano hace unos 163.000 años, con unos límites de confianza de entre 260.000 y 111.000 años. Los datos de Pääbo y colaboradores indicaron que la separación entre el linaje de los neandertales y el de las poblaciones modernas ocurrió hace cerca de 500.000 años, con unos límites de confianza de entre 741.000 y 317.000 años. En consecuencia, los neandertales no habrían contribuido en ninguna medida a la variabilidad de las poblaciones humanas actuales. Además, el número de diferencias (25,6 en promedio para el HVRI y 35,5 en promedio para el HVRII) entre la secuencia neandertal y las 663 secuencias modernas es superior a la observada entre las diferentes subespecies del chimpancé común, *Pan troglodytes*, y del bonobo, *Pan paniscus*, aunque inferior a las diferencias entre estas dos especies, que pudieron tener un antecesor común hace casi tres millones de años.

Las investigaciones moleculares, por tanto, ofrecen un dato que es compatible con los estudios morfológicos. Fósiles como los de Mauer, l'Aragó y la Sima de los Huesos de Atapuerca sugieren que las raíces de los neandertales tienen al menos medio millón de años. Pero aún los datos moleculares (sus límites de confianza) apuntan hacia fechas más antiguas, próximas al dato obtenido en el nivel TD6 de Gran Dolina. Otra cuestión es si las diferencias genéticas entre los neandertales y los humanos modernos son suficientes para establecer una distinción específica entre los dos grupos. En mi opinión, las diferencias morfológicas observadas son muy significativas y los criterios paleontológicos abogan por esa distinción. No se puede negar de manera tajante la posibilidad de intercambios genéticos entre neandertales y humanos modernos en las regiones de contacto, que se hubieran diluido como gotas de agua en una gran piscina, pero otra cosa es que se hubiera producido un intenso mestizaje, origen de un linaje común.

Figura 14.3. Reconstrucción de una pareja de neandertales. Esta ilustración corresponde a una escena de verano en la Europa templada a finales del Pleistoceno. Las evidencias fósiles nos muestran claramente que los neandertales eran una especie humana y pensante. Sin embargo, las diferencias morfológicas, tanto en la forma del cráneo como en el esqueleto poscraneal, indican que se trataba de una especie distinta de la nuestra.

Una herencia común

Los neandertales y los humanos modernos heredamos mucho de nuestro antecesor común, aunque el prolongado aislamiento nos hizo derivar por «senderos evolutivos» bien distintos. Pero en la herencia nos quedó un rasgo tan importante como son los patrones de maduración. Ese antecesor común muy probablemente habría ya adquirido rasgos como la niñez y la adolescencia, así como una duración prolongada del desarrollo, que también caracterizó a los neandertales. El patrón de desarrollo dental de ejemplares como el niño de la cueva de la Torre del Diablo de Gibraltar, que ya explicamos en su momento, sugieren que el desarrollo somático de los neandertales fue muy similar al de las poblaciones modernas.

Los neandertales se caracterizaron por una cierta aceleración en el desarrollo del segundo y tercer molares, un rasgo que aparece de manera invariable en otros homínidos, como los de TD6 de Gran Dolina y de la Sima de los Huesos de Atapuerca. En 1979, Milford Wolpoff de la Universidad de Michigan ya advertía que los terceros molares de los neandertales de Krapina (Croacia) presentaban un desgaste muy acusado con respecto a los primeros y segundos molares. Según Wolpoff, la explicación de este hecho estaría en una prematura erupción de las muelas del juicio, que podrían ser funcionales ya a los quince años. Esta conclusión tiene mucha lógica, a juzgar por los datos que conocemos sobre el desarrollo dental en estas poblaciones. No obstante, no debemos olvidar que la aceleración en el desarrollo de estos dientes cabe bien en la variabilidad de ciertas poblaciones modernas y no tiene por qué guardar una correlación con una aceleración similar del desarrollo somático de los neandertales.

En un estudio de la histología y desarrollo dental del ejemplar infantil de Gibraltar publicado en 1986, Dean, Stringer y Bromage sugerían la posibilidad de que este niño, de unos 3-4 años de edad, tuviera un desarrollo muy precoz del cerebro, que podría a su vez estar relacionado con una aceleración del crecimiento y desarrollo somáticos. Este punto es muy importante porque, como ya explicamos en su momento, el cerebro es una referencia esencial en el desarrollo general del organismo. En este sentido, Erik Trinkaus y Robert Tompkins reunieron datos sobre la capacidad craneal y la edad dental de diferentes individuos inmaduros neandertales. Así, el niño de Pech-de-l'Azé tiene una edad dental de unos 2-2,5 años y una capacidad craneal de 1.200 centímetros cúbicos, que representa cerca del 80 por 100 de la capacidad media de los adultos neandertales. Este valor es de 1.519 centímetros cúbicos, desde luego superior al promedio de las poblaciones humanas actuales. Otros ejemplares investigados fueron los niños de Subalyuk, de unos tres años de edad y 1.050 centímetros cúbicos de capacidad craneal, Engis 2 (3-4 años y 1.392 cm^3). La Quina 18 (6-7 años y 1.200 cm^3) y Teshik-Tash (8-10 años y 1.475 cm^3).

Trinkaus y Tompkins emplearon como referencia la variación conocida de las poblaciones modernas para el desarrollo cerebral a una edad determinada y observaron que los niños neandertales tenían un porcentaje de desarrollo del cerebro que se correspondía bien con su edad de muerte. Los niños de Subalyuk y La Quina 18 tienen una capacidad craneal algo baja para sus respectivas edades, mientras que el niño de Engis 2 tiene una capacidad craneal relativamente grande para su edad (figura 14.4). En cualquier caso, los datos de todos los niños neandertales encajan bien en la variación actual y no se puede afirmar, por tanto, que esta población tuviera una tendencia hacia un desarrollo precoz de su cerebro.

Los neandertales tuvieron periodos de maduración probablemente muy similares a los nuestros, pero también vamos sabiendo que el crecimiento de su esqueleto óseo presentaba peculiaridades que no tenemos las poblaciones modernas. Marcia Ponce de león y Christoph Zollikofer, de la Universidad de Zurich, han realizado comparaciones morfométricas muy precisas de los cráneos de una muestra representativa de neandertales de todas las edades con los de una muestra de humanos modernos. Los resultados se publicaron en agosto de 2001 en la

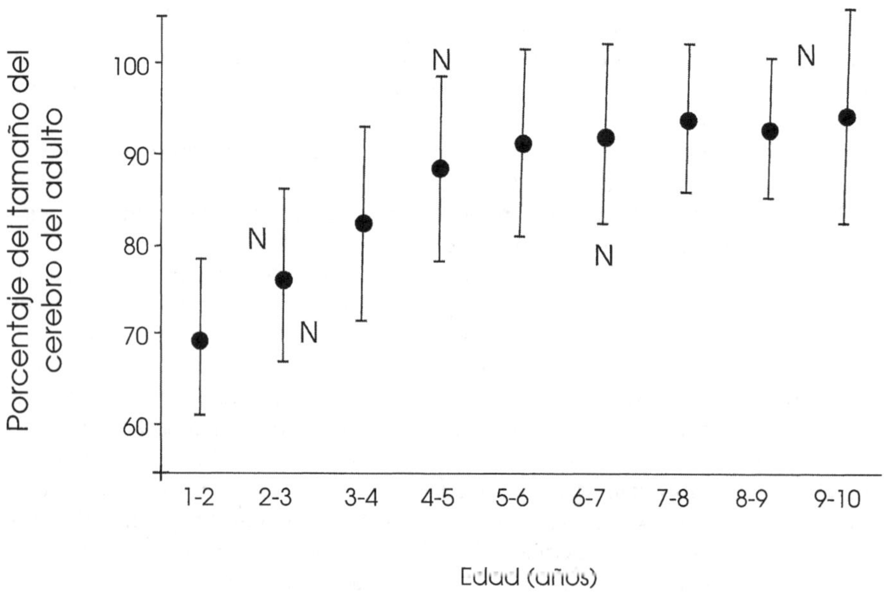

Figura 14.4. El esquema muestra la variación en el porcentaje de desarrollo del cerebro de una población moderna de Estados Unidos entre uno y diez años. Para cada clase de edad la línea señala los límites de una desviación estándar de la variación total, y el punto central indica el valor medio de la variación. La letra N muestra la posición que ocupan en esta variación los niños neandertales de Pech-de-l'Azé (2-2,5 años), Subalyuk (3 años aprox.), Engis 2 (3-4 años), La Quina 18 (6-7 años) y Teshik-Tash (8-10 años). Modificado de Trinkaus y Tompkins (1990).

revista *Nature* y nos mostraron que los patrones de crecimiento del neurocráneo y la cara de los neandertales estaban bien definidos incluso desde los primeros meses de vida extrauterina y tal vez incluso antes del nacimiento. La técnica utilizada por Ponce de León y Zollikofer incluye la obtención de numerosos puntos craneométricos y su posterior tratamiento mediante un complejo programa informático, y supone una mejora sustancial con respecto a métodos anteriores. En definitiva, la temprana separación de los respectivos linaje de neandertales y humanos modernos supuso una divergencia de los patrones de crecimiento óseo en edades muy tempranas de la ontogenia, que explican las diferencias morfológicas tan manifiestas entre los adultos. Una vez más, la distinción específica de los dos grupos se justifica por la evidencia de los datos del registro fósil.

Los viejos neandertales

Pero los neandertales alcanzaban el estado adulto quizás a la misma edad que lo hacemos nosotros y cabría suponer que su esperanza de vida a cualquier edad fuera similar al menos a la de las poblaciones cazadoras-recolectoras actuales. ¿Es esto cierto? La muestra de ejemplares neandertales recuperados durante más de un siglo y medio de excavaciones es suficiente como para plantear estudios paleodemográficos de esta población. Así lo han hecho Erik Trinkaus y sus colaboradores, que han publicado varios trabajos sobre la edad de muerte, perfiles de mortalidad, patologías y estilo de vida de los neandertales. Las dificultades para estimar la edad de muerte de los adultos de poblaciones prehistóricas son muy grandes, sobre todo si esa investigación ha de realizarse a partir de unos pocos restos fósiles fragmentarios. El grado de precisión de los métodos ensayados hasta este momento es poco satisfactorio y ninguno de ellos goza de suficiente confianza como para aceptar un diagnóstico de edad de muerte sin amplios márgenes de error. Trinkaus y sus colaboradores han ensayado diferentes métodos para determinar la edad de muerte de los neandertales y, en mi opinión, debemos dar a sus resultados la mayor credibilidad.

En el capítulo anterior comentamos que un porcentaje muy elevado de los individuos del Pleistoceno medio identificados en diferentes yacimientos europeos murieron siendo todavía adolescentes o adultos muy jóvenes. En cierto modo este patrón se repite en la población neandertal. Cerca del 35 por 100 de los individuos fallecían antes de cumplir los 10 años, mientras que un 20 por 100 morían durante la adolescencia. Es muy probable que la mortalidad entre los neonatos y los individuos infantiles neandertales fuera muy superior a la observada en el registro fósil (5 por 100 para los neonatos). Como ya sabemos, los restos óseos de estos individuos pueden desaparecer con mayor facilidad durante el largo periodo de enterramiento y fosilización. Tal vez la tasa de mortalidad de los recién nacidos en la población neandertal fuera similar a la de los pueblos cazadores-recolectores actuales, que alcanza cifras de entre el 20 y el 30 por 100. La elevada mortalidad infantil en pueblos como los Hadza o los Ache exige que las mujeres empleen al máximo las posibilidades del periodo fértil (maternidad ininterrumpida) y que un número suficiente de ellas alcance el final de su vida reproductora. Este último requisito es indispensable para la estabilidad demográfica de estas poblaciones pequeñas.

En la muestra de neandertales estudiada por Trinkaus se identifican cerca de un 40 por 100 de individuos adultos fallecidos entre 20 y 40 años. Pero esa cifra podría descender hasta un rango de entre el 25 y el 30 por 100 si se hacen las correciones pertinentes, al incluir en los cálculos un porcentaje del 20-30 por 100 de neonatos, en lugar del 5 por 100 observado. En cualquier caso, los patrones de mortalidad observados y estimados llevan a la conclusión de que la población neandertal mantuvo a duras penas su estabilidad demográfica. Es muy probable que en esta población se produjeran fluctuaciones numéricas frecuentes, en función de las condiciones climáticas y ecológicas. Por otro lado, la alta prevalencia de hipoplasia de esmalte en los neandertales, muy superior a la observada en los homínidos de la Sima de los Huesos de Atapuerca, indica un alto grado de presión ambiental (periodos de hambruna, enfermedades infecciosas, etc.) durante su infancia y niñez. Además, los traumatismos y diferentes patologías fueron muy frecuentes y todo ello nos sugiere unas condiciones de vida muy duras, que seguramente disminuían de manera sensible las expectativas de los neandertales de alcanzar la edad de 40 años.

Las investigaciones de Trinkaus concluyen, en efecto, que menos de un diez por 100 de los individuos de la población neandertal sobrevivían más allá de los 40 años. Volviendo a retomar lo que decíamos en el capítulo anterior, los neandertales no pudieron favorecerse de las supuestas ventajas que podía ofrecer la presencia de hembras posreproductoras en los grupos. A pesar de las numerosas excavaciones llevadas a cabo en Europa o en regiones de Próximo Oriente, se han econtrado muy pocas evidencias de que los neandertales hubieran incrementado su longevidad de manera significativa con respecto a las poblaciones del Pleistoceno medio. El registro fósil de esta población está formado mayoritariamente por restos de individuos fallecidos antes de los 35-40 años y la distribución de mortalidad observada no se ajusta bien a lo que cabría esperar para una población en equilibrio demográfico. Por este motivo, Trinkaus especula con diferentes escenarios posibles en la vida y muerte de los neandertales. Tal vez los individuos más viejos no morían en los abrigos o cerca de los lugares donde los grupos establecían sus campamentos. La mayoría de los restos han aparecido en yacimientos situados a la entrada o en el interior de las cuevas que servían de abrigo y refugio. Algunos de estos yacimientos, como los de Shanidar en Irak o La Chapelle-aux-Saint y La Ferrasie en Francia, eran verdaderas sepulturas. Quizás los individuos de mayor edad eran incapaces de seguir a los grupos durante sus constantes desplazamientos en la búsqueda de recursos. Los frecuentes traumatismos, especialmente los que afectaban a las extremidades inferiores, impedirían la movilidad de los ancianos, que serían abandonados a su suerte y morirían solos en el campo.

La explicación de Trinkaus cabe dentro de lo posible, pero él mismo nos recuerda algunos casos llamativos, como los del «viejo» de la Chapelle-aux-Saints, o los de Shanidar 1 y Shanidar 3. Estos individuos murieron a edades avanzadas y lo hicieron sufriendo grandes padecimientos por degeneración de las articulaciones de la cadera y de las extremidades inferiores. A pesar de ello, sobrevivieron en el seno de sus respectivos grupos y sus restos han llegado hasta nosotros. Es por esa razón por lo que no podemos aceptar que los ancianos neandertales fueran abandonados a su suerte, sino más bien al contrario. Cada vez estamos más convencidos de la complejidad social de esta población, de su respeto hacia los ancianos, del cuidado de los enfermos o lisiados y de sus creencias en una vida después de la muerte, como nos explican nuestros compañeros Eudald Carbonell y Robert Sala en su libro *Planeta humano*, en un magnífico repaso de los procesos de inhumación de los muertos durante el Paleolítico medio y superior.

Todo apunta a considerar que la longevidad teórica que predice el modelo de Bogin y Smith no llegó a ser una realidad, incluso un millón de años después de que los homínidos hubiésemos adquirido un desarrollo tan prolongado como el que caracteriza a las poblaciones modernas. La prolongación de la vida más allá del periodo reproductor femenino no ocurrió sino en tiempos muy recientes. El hecho de que algunos individuos pudieran extender su vida hasta los 40-50 años no invalida la conclusión general. Todas las poblaciones de homínidos mantenían su estabilidad demográfica en número pequeño y apropiado a los recursos disponibles. En este sentido, se han propuesto numerosos escenarios para explicar la extinción de los neandertales. Varios de ellos sugieren algún tipo de carencia biológica o cultural de esta población frente al medio ambiente cambiante, al mismo tiempo que predicen la aparición de algún rasgo que se contrapone a esa carencia en la población de *Homo sapiens* que penetró en Europa hace 40.000 años. Aunque la fuerte explosión demográfica de la humanidad es un fenómeno muy reciente, es probable que aquellos emigrantes de *Homo sapiens* tuvieran ya un cierto crecimiento demográfico y fueran poco a poco ganando terreno a una población neandertal en equilibrio inestable. En cualquier caso, la extinción de los neandertales es uno de los interrogantes de nuestra historia evolutiva que provoca mayor fascinación entre los profesionales y en todos los que sienten interés por nuestros orígenes. A pesar de las intensas investigaciones, este problema puede tardar aún mucho tiempo en ser desvelado por la ciencia.

15

Procesos evolutivos

> No hay ningún mamífero que crezca tan lentamente como el hombre y ninguno en que el intervalo entre el nacimiento y el final del desarrollo sea tan largo ... La vida del ser humano progresa como una película ralentizada.
>
> LOUIS BOLK, *Das Problem der Menschwerdung*

A lo largo de los capítulos anteriores hemos explicado los cambios acaecidos en la ontogenia de los homínidos en los últimos dos millones de años y las razones que han posibilitado esos cambios en el marco de estrategias adaptativas específicas. Sin embargo queda por explicar qué procesos evolutivos han intervenido en el modelado de nuestra actual apariencia como seres humanos. Es el momento de hacerlo y ante todo debemos desterrar la idea de que nuestra evolución se puede representar por una sucesión temporal de poblaciones de individuos adultos de diferentes especies de homínidos, que han cambiado su fisonomía a lo largo del tiempo. Deberíamos asumir, en cambio, que la evolución es la sucesión en el tiempo de las ontogenias de los individuos de esas especies, que sufren una serie de alteraciones en sus tiempos y en sus tasas de desarrollo y que podemos percibir tanto en los diferentes estadios del desarrollo como en los adultos.

Es necesario insistir en las diferencias entre tasa o velocidad de crecimiento y tasa o velocidad de desarrollo, dos conceptos muy distintos que tendemos a confundir con relativa facilidad. Cuando hablamos de tasa de crecimiento nos referimos a la velocidad con la que un órgano o un organismo aumenta su volumen, debido a la formación de nuevas células. Este concepto tiene que ver, por tanto, con el tamaño. En cambio, la tasa de desarrollo indica la velocidad a la que se produce la aparición en la ontogenia de cada uno de los órganos o partes constituyentes de un organismo. Este concepto se refiere también al instante en el que cada órgano termina su crecimiento. En definitiva, la tasa de desarrollo mide la velocidad de la secuencia de eventos que suceden durante la ontogenia, que tie-

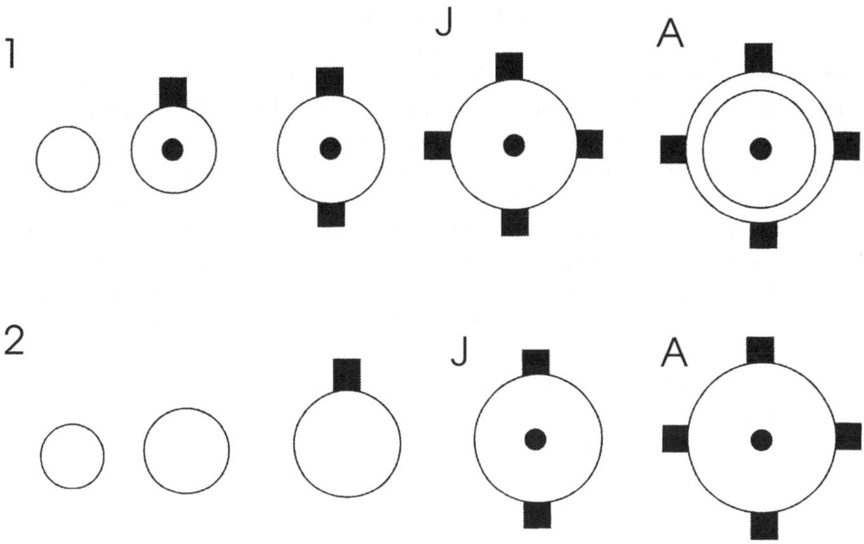

Figura 15.1. La figura representa de manera esquemática la ontogenia de dos organismos (1 y 2). Los dos organismos tienen la misma tasa de crecimiento y en el estado adulto (A) alcanzan el mismo tamaño. Sin embargo, la tasa de desarrollo del organismo 2 está ralentizada con respecto a la del organismo 1. La forma del estado adulto del organismo 2 será similar a la del último estadio juvenil (J) del organismo 1.

ne mucho que ver con el fenómeno de diferenciación celular, mientras que la tasa de crecimiento está relacionada con la velocidad de división celular. La tasa de desarrollo tiene que ver con la forma que adquieren los organismos a medida que se produce su ontogenia (figura 15.1).

También es importante recordar que la ontogenia de una especie es una secuencia jerarquizada y ordenada de eventos del programa de desarrollo de esa especie, bajo control de los productos codificados por sus genes. La posibilidad de que se produzcan cambios genéticos en la especie y la influencia de factores ambientales determinan la modificación del programa de desarrollo y la variabilidad fenotípica de la especie. Los cambios mayores en el programa, que afectan sobre todo a los momentos inicial y final de los eventos del desarrollo —y al consecuente cambio en el orden de los eventos— y a las tasas de división y diferenciación celular, pueden producir modificaciones importantes en el tamaño y la forma de los individuos de la especie.

Tamaño y forma

Tamaño y forma son dos aspectos distintos de un organismo con un profundo significado biológico. El concepto de tamaño se puede entender con facilidad cuando manejamos una o dos dimensiones (variables), pero la dificultad aumenta de manera considerable cuando tratamos de definir el tamaño de un organismo a partir de numerosas variables. Por otra parte, el concepto de forma aplicado a los organismos fósiles o actuales es muy subjetivo y podemos complicar todavía más las cosas si pretendemos de alguna manera cuantificarlo. Las formas más simples, como la esfera, se entienden de manera inmediata y su cuantificación es igualmente sencilla utilizando valores de radios o diámetros. Pero los organismos somos en general mucho más complicados y estamos constituidos por numerosas partes u órganos, cada uno de forma diferente, compleja y difícil de cuantificar. Por ese motivo, cuando nos referimos a un organismo pluricelular hemos de hablar de una combinación de formas, que resultan en una morfología determinada aún más compleja. Si tratamos sólo con una parte del organismo podemos imaginar cómo cambian algunas de sus variables métricas que la definen: para simplificar, anchura, longitud y espesor. Si las tres variables se modifican de manera proporcional, esa parte del organismo habrá cambiado su tamaño también de manera proporcional (isométrica), pero no su forma. Si alguna de las tres variables se modifica de modo diferente a las otras observaremos un cambio de forma de esa parte, que ahora será, por ejemplo, relativamente más ancha o más larga. Es lo que denominamos cambio alométrico. Supongamos ahora un organismo formado por varias partes. Vamos a considerar la variación de tres dimensiones corporales, tal como se indica en la figura 15.2. El individuo A es ciertamente más pequeño que el individuo B. Los tres segmentos corporales de A son menores que los de B, pero guardan una misma proporción. El individuo A no es sino una versión reducida del individuo B, aunque su forma, entendida como la proporción (isometría) que guardan los distintos segmentos corporales, es la misma. Los individuos C y D tienen una forma diferente a la del individuo B, porque las proporciones corporales son diferentes entre sí. En cuanto a la forma, el individuo D parece ser más diferente de B que el individuo C, puesto que la disparidad entre la longitud de sus dimensiones corporales es mayor. Así, podemos cuantificar la forma como la mayor o menor diferencia entre las proporciones de un organismo con respecto a un tercer organismo que utilicemos como referencia o modelo.

La forma de un organismo también puede entenderse como las relaciones de tamaño de una parte del cuerpo con respecto al tamaño total del mismo o de otras partes del cuerpo. El desarrollo podría entonces definirse como una sucesión continua de cambios en la forma corporal. Por ejemplo, el tamaño de un órgano puede aumentar su tamaño relativo a medida que aumenta el tamaño general del organismo (crecimiento alométrico positivo). El tamaño de un órgano también puede disminuir a medida que se incrementa el tamaño general del organismo

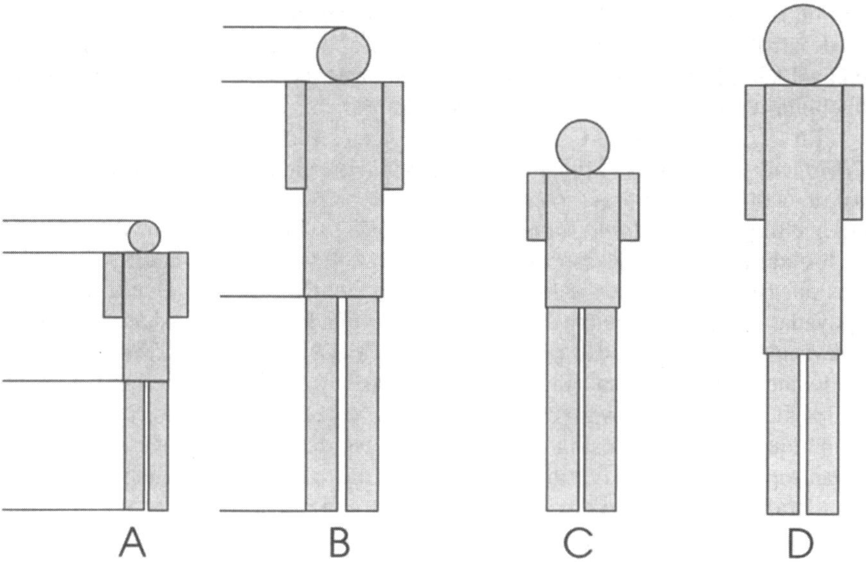

Figura 15.2. El esquema muestra las relaciones entre tamaño y forma de un organismo complejo. El organismo A tiene un tamaño muy diferente al organismo B, pero sus proporciones (forma) son las mismas. Los organismos C y D también difieren en sus proporciones con respecto al organismo B. Sin embargo, la diferencia de forma entre los organismos D y B es mayor que entre los organismos C y B, si entendemos la forma como la mayor o menor disparidad en la proporción de las diferentes variables que se pueden obtener o medir en los organismos comparados y en el número de variables afectadas por una cierta desproporción.

(crecimiento alométrico negativo). Finalmente, a medida que se produce el desarrollo el crecimiento en el tamaño de un órgano puede guardar siempre la misma proporción con el tamaño del organismo (crecimiento isométrico). Durante la ontogenia las proporciones de los órganos con crecimiento alométrico positivo o negativo irán cambiando hasta llegar al estado adulto, marcado por la plena madurez sexual, y cada órgano guardará una proporción final con respecto al tamaño general del organismo y de otros órganos. Si se ralentiza el desarrollo —lo que no implica una modificación en la tasa neta de crecimiento— obviamente esa proporción final tardará más en producirse. Además, si el tiempo de la madurez sexual permanece inalterado, nunca se alcanzarán las proporciones del adulto y éstos quedarán detenidos en una fase juvenil. Este proceso, que implica una disminución de la velocidad o tasa de desarrollo, se denomina «neotenia». Sólo si la madurez sexual se produce también más tarde el organismo puede llegar de nuevo a conseguir las proporciones originales. En definitiva, durante la ontogenia de un organismo sus diferentes partes constituyentes van apareciendo y creciendo con un ritmo determinado hasta su completa formación, siguiendo el programa de desarrollo del organismo. Este programa se ejecuta bajo control genético con una velocidad determinada y caraterística de una especie, que puede aumentar o disminuir en su especie o especies descendientes.

En 1977, Stephen Jay Gould nos proponía en su conocida obra *Ontogeny and Phylogeny* que los seres humanos hemos evolucionado mediante un proceso global de neotenia. Este proceso explicaría la mayor parte de los rasgos morfológicos y etológicos de *Homo sapiens* y conllevaría profundos cambios en la forma de los adultos de nuestra especie con respecto a la forma de los adultos de nuestros ancestros los simios antropomorfos. Las conclusiones de Gould han sido apoyadas de manera ferviente por algunos investigadores, como Ashley Montagu, y revisadas en profundidad por otros, como Pere Alberch, Brian Shea, Michael McKinney, Kenneth McNamara, Laurie Godfrey y Michael Sutherland, a la luz de los avances en las investigaciones sobre biología del desarrollo, aunque también requieren una discusión en el marco del progreso experimentado por la paleoantropología en estos últimos 20 años. De todos estos autores hablaremos en los párrafos que siguen, pero antes de entrar en materia es conveniente retroceder en el tiempo hasta comienzos del siglo XIX para encontrar las raíces del pensamiento y reflexiones de Gould.

La ley biogenética de Haeckel

La idea de complejidad del mundo animal desde las formas más primitivas hasta el Hombre, como obra cumbre de la Creación, estaba bien implantada en la filosofía natural de los científicos en las primeras décadas del siglo XIX. Así, se creía que durante la ontogenia, las formas «superiores» pasarían por los estadios adultos de las formas «inferiores» de la escala natural de su grupo zoológico, a modo de recapitulación de la filogenia. En este marco de pensamiento cabe citar a Louis Agassiz, que realizó una síntesis de la teoría de la recapitulación y los conocimientos paleontológicos de la época. En varios trabajos publicados entre 1830 y 1845 Agassiz explicaba que los organismos repiten durante su ontogenia no sólo toda una serie de formas inferiores, sino que explican la historia geológica de su propio grupo, que podemos seguir a través del estudio del registro fósil. La teoría de la recapitulación dominó el pensamiento filosófico de los naturalistas del siglo XIX y culminó en la famosa «ley biogenética» propuesta por Ernst Haeckel en 1866, en su obra *Generalle Morphologie der Organismen.*

En palabras de Haeckel «...la ontogenia es una breve y rápida recapitulación de la filogenia...», de manera que los organismos van añadiendo al final de su desarrollo embrionario sucesivos estados, que reflejan toda la historia natural del grupo (principio de adición terminal). No obstante, la ontogenia no puede tener una duración ilimitada, por lo que el desarrollo sufre una aceleración y algunos estadios pueden desaparecer o acortarse para permitir nuevas adiciones (principio de condensación). La ley biogenética de Haeckel ha tenido una enorme repercusión en la biología evolutiva de finales del siglo XIX y de buena parte del siglo XX y aún estuvo de actualidad y era incluida en los libros de texto de los años setenta. Todo ello a pesar de que Walter Garstang propuso en 1922 el término *paedomorphosis* («pedomorfosis»), que literalmente siginifica forma juvenil, para definir lo que él consideraba el factor dominante en la relación entre la ontogenia y la filogenia. Según Garstang, la ontogenia sufre con mucha frecuencia un retraso en su trayectoria y las especies descendientes presentan la morfología juvenil de sus antecesores. Sin embargo, este concepto no era nuevo, porque ya en 1885 Julius Kollman había introducido el término neotenia para describir el proceso de retención de rasgos juveniles en las salamandras del género *Ambystoma*.

Como dijimos en párrafos anteriores, la neotenia puede definirse como una reducción de la tasa de desarrollo durante la fase juvenil de una especie con respecto a su antecesora. El resultado es un adulto morfológicamente retrasado con respecto al adulto de la especie descendiente, aunque su tamaño puede ser similar o incluso mayor. Esto último sucede cuando la madurez sexual, que marca el final del desarrollo, también se retrasa hasta un cierto punto en la especie descendiente. Si el desarrollo somático llega más lejos debido a ese retraso de la madurez sexual, ocurrirá un proceso diferente denominado «hipermorfosis» y la morfología

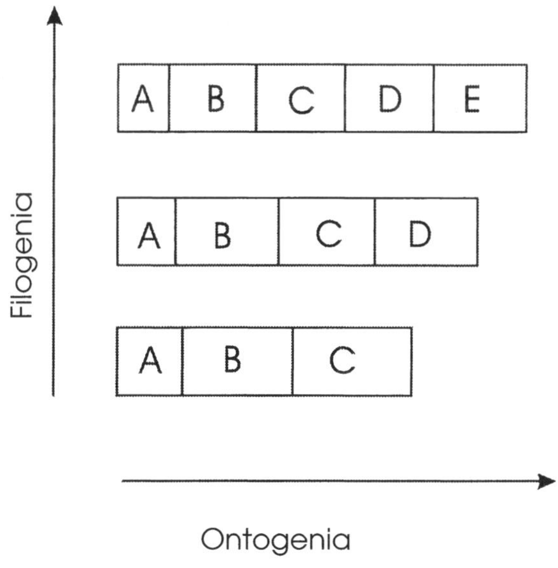

Figura 15.3. La ley biogenética de Ernst Haeckel (1866) propone que la ontogenia de los organismos reproduce mediante procesos de adición terminal y condensación la filogenia de los grupos zoológicos.

del adulto será avanzada y con novedades respecto a la especie antecesora. Es muy importante señalar que un retraso en el desarrollo no implica una disminución en la tasa del crecimiento, como hemos insistido al principio de este capítulo. En 1887 D. Giard propuso el término «progénesis» para definir el proceso por el que una especie adelanta de manera significativa el inicio de la madurez sexual y detiene así su desarrollo con una morfología juvenil respecto a su especie antecesora. En los dos casos, neotenia y progénesis, la especie descendiente presentará una morfología pedomórfica en relación a la especie antecesora.

Ese mismo año, 1887, Edward Cope acuñó el término «aceleración» para explicar un proceso que tiene consecuencias opuestas a lo que sucede en la neotenia. El incremento de la tasa de desarrollo durante la ontogenia produce una el cuya morfología llega más lejos con respecto al adulto de la especie antecesora. El tamaño de la especie acelerada puede ser similar o menor que el de la especie antecesora, cuando su madurez sexual experimenta también el proceso de aceleración. Varias décadas más tarde, en 1930, Gavin de Beer presentó el término «hipermorfosis», que ya hemos mencionado en el párrafo anterior, para definir un proceso cuya consecuencia es la extensión del periodo de crecimiento juvenil, debido a un retraso en el inicio de la madurez sexual. La hipermorfosis es, por tanto, un proceso de consecuencias contrarias a la progénesis. En los dos casos la tasa de desarrollo permanece inalterada con respecto a la especie descendiente. Hipermorfosis y aceleración son procesos «peramórficos», que producen una morfología (= forma) avanzada y se anteponen así a los procesos pedomórficos, cuyo resultado es una morfología juvenil retrasada. Los cambios en el tiempo relativo de aparición de caracteres durante el desarrollo, como consecuencia de estos procesos y las modificaciones en la tasa de desarrollo, fueron denominados por de Beer en 1930 como «procesos de heterocronía» (del griego *cronos* = tiempo y *hetero* = diferente).

Teoría de la fetalización

En este marco teórico de debate científico, con el desarrollo como protagonista y en un tiempo previo a la formulación de la moderna teoría sintética neodarwinista, el profesor de anatomía humana de Amsterdam Louis Bolk propuso en su trabajo de 1926 *Das Problem der Menschwerdung* la teoría de la fetalización del ser humano. Según Bolk, durante la «antropogénesis» del ser humano habría sucedido un retraso fisiológico de nuestro desarrollo con respecto a un primate antecesor, que habría producido la retención somática de caracteres y proporciones juveniles del antecesor. Este último ya poseía todas las características específicas primarias del hombre moderno, pero sólo durante una corta fase de su desarrollo. Todos nuestros caracteres esenciales habrían surgido de manera conjunta mediante un retraso gradual y coordinado de nuestro desarrollo, causado por una alteración simple del sistema neuroendocrino. La presencia en *Homo sapiens* de características tan evidentes e importantes como la postura erguida dificultaba la interpretación de nuestra especie simplemente como un estado transicional de la ontogenia de un primate antecesor. Este problema fue solucionado por Bolk estableciendo una división entre caracteres esenciales o primarios y sucesivos o secundarios. Los caracteres primarios surgen por nuestro retraso fisiológico del desarrollo, mientras que los secundarios, como la postura erguida, reflejarían modificaciones menores de la especie por las necesidades de adaptación a los hábitats del ser humano. Bolk preparó una lista de los caracteres que definen nuestra fetalización durante la antropogénesis. Entre otros, cabe citar la ausencia de crestas craneales y de arcos superciliares desarrollados, cara plana, escaso espesor de los huesos craneales, dientes pequeños de erupción retrasada, posición de las órbitas bajo la cavidad craneal, peso relativo del cerebro muy elevado, reducción o desaparición del pelo corporal, pérdida de pigmentación, gestación externa, desarrollo prolongado y retraso en la madurez sexual, tasa fetal de crecimiento corporal durante el primer año de vida extrauterina, etc.

Por otra parte, Louis Bolk no era darwinista y, en consecuencia, no mostró preocupación por el significado adaptativo del restraso en el desarrollo propuesto en su teoría. Bolk creía que una serie de factores internos controlaban nuestras tendencias evolutivas, transformando el organismo de manera global y armoniosa. Los factores externos que se postulaban en la teoría de Charles Darwin como la fuerza directora (selección natural) de la evolución no podrían ser responsables de esa armonía, sencillamente porque cada carácter debería responder a necesidades adaptativas muy distintas.

Lo primero que se nos puede venir a la cabeza para disculpar los posibles errores de la teoría de la fetalización de Bolk es que la única referencia posible en aquellos primeros años del siglo XX para establecer una comparación con el ser humano eran los simios antropomorfos. Setenta y cinco años más tarde disponemos de un rico registro fósil, que nos permite referencias mucho más precisas y una valoración del tiempo que no tenían los científicos de principios del siglo XX. En cualquier caso, la teoría de la fetalización de Bolk no se ajustaba con exactitud a ninguno de los procesos que antes hemos definido. En esta teoría se propone la retención de caracteres juveniles (neotenia), pero también se habla de un retraso en la madurez sexual (hipermorfosis). No obstante, en la mente de Bolk estaba principalmente la idea de nuestro aspecto juvenil con respecto a los adultos de gorilas y chimpancés, que ya había anticipado el propio Julius Kollman en 1905.

El reloj de Gould

El testigo de la teoría de la fetalización fue recogido por De Beer en 1958 y Gould en 1977. Estos dos investigadores actualizaron las ideas de Bolk y propusieron que la neotenia es el proceso fundamental responsable de nuestra evolución. Gould concluye que los seres humanos somos esencialmente neoténicos no sólo porque seamos capaces de elaborar una lista de rasgos pedomórficos, sino porque la evolución humana se ha caracterizado por un retraso general de la tasa de desarrollo. Este retraso definió una matriz en la que se pueden valorar todas las tendencias evolutivas morfológicas de nuestra especie.

Con el deseo de hacer más comprensivos sus argumentos y conclusiones, Gould realizó una aportación esencial a la definición de los procesos de heterocronía con su conocido modelo en reloj. Con este modelo Gould trató de diferenciar los cambios de tamaño (crecimiento) y forma (desarrollo) producidos durante la ontogenia de los organismos. El tamaño y la forma están representados por las manecillas de un reloj, que se mueven de izquierda a derecha desde un punto 0 inicial. El tiempo (maduración) es un factor fundamental en la ontogenia, que también está representado en el modelo de Gould por una barra horizontal, que progresa de izquierda a derecha haciendo mover las manecillas del reloj. En una especie ancestral el tiempo se habrá movido hasta el punto medio de la barra, arrastrando las manecillas de tamaño y forma de manera simultánea hasta el punto más alto de su trayectoria. No obstante, la duración de la ontogenia puede disminuir o aumentar en la especie descendiente por un adelanto o por un retraso de la madurez sexual. El resultado es que las manecillas no llegarán al punto más alto de su trayectoria o lo sobrepasarán. En el primer caso la especie descendiente habrá sufrido un proceso de progénesis, que afectará tanto a su tamaño (menor que en la especie antecesora) como a su forma (juvenil o retrasada con respecto a la especie antecesora). En el segundo caso la especie descendiente será peramórfica y habrá sufrido un proceso de hipermorfosis de consecuencias contrarias al caso anterior. La duración de la ontogenia puede permanecer inalterada en la especie descendiente y su tamaño no se modificará con respecto a la especie antecesora. Pero si se produce un cambio en la tasa de desarrollo la manecilla de la forma quedará desacoplada de la manecilla del tamaño, para dar lugar a formas juveniles (neotenia) o avanzadas (aceleración) en relación a la especie antecesora. Finalmente, si la duración de la ontogenia y la tasa de desarrollo no se modifican, pero se produce un incremento o una disminución de la tasa de crecimiento, el resultado será un aumento o una disminución del tamaño de la especie descendiente sin modificación de la forma. Es lo que Gould denomina «gigantismo o enanismo proporcional».

En 1983 Brian Shea introdujo dos nuevas variantes en el modelo en reloj de Gould. Las manecillas de tamaño y forma de la especie descendiente pueden variar de manera simultánea —aun cuando no se modifique la duración de la ontogenia— bien sin alcanzar el punto más alto de su trayectoria bien sobrepasándolo. Shea denomina a estos procesos «hipomorfosis de tasa» e «hipermorfosis de tasa», respectivamente. El resultado de los dos procesos es idéntico al que sucede en progénesis e hipermorfosis, aunque se trate de situaciones diferentes. Para evitar confusiones, Shea introduce los términos «hipomorfosis de tiempo» e «hipermorfosis de tiempo», que serán equivalentes a progénesis e hipermorfosis, respectivamente.

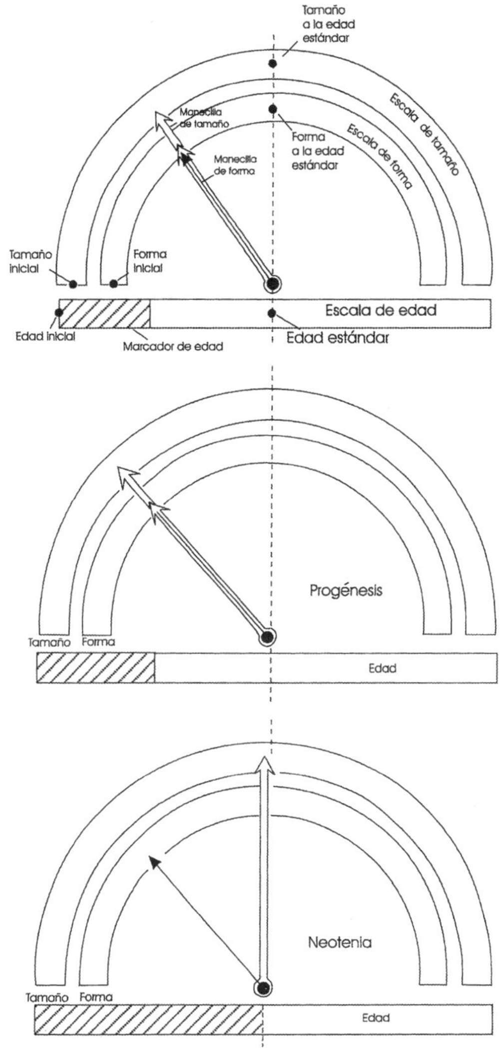

Figura 15.4. Modelo en reloj de Stephen Jay Gould. Las manecillas del reloj indican el tamaño y la forma del organismo, mientras que la barra horizontal señala el tiempo de duración de la ontogenia. El tamaño, forma y edad estándar definen al organismo antecesor. Los cambios en estos tres parámetros producen heterocronías del desarrollo. En esta figura aparecen los cambios producidos mediante los procesos de progénesis —menor duración de la ontogenia—, que produce una disminución del tamaño y la forma con respecto a la especie antecesora, y neotenia —ralentización del desarrollo—, que produce formas adultas similares a las formas juveniles de la especie antecesora. En este caso, las manecillas de forma y tamaño quedan desacopladas.

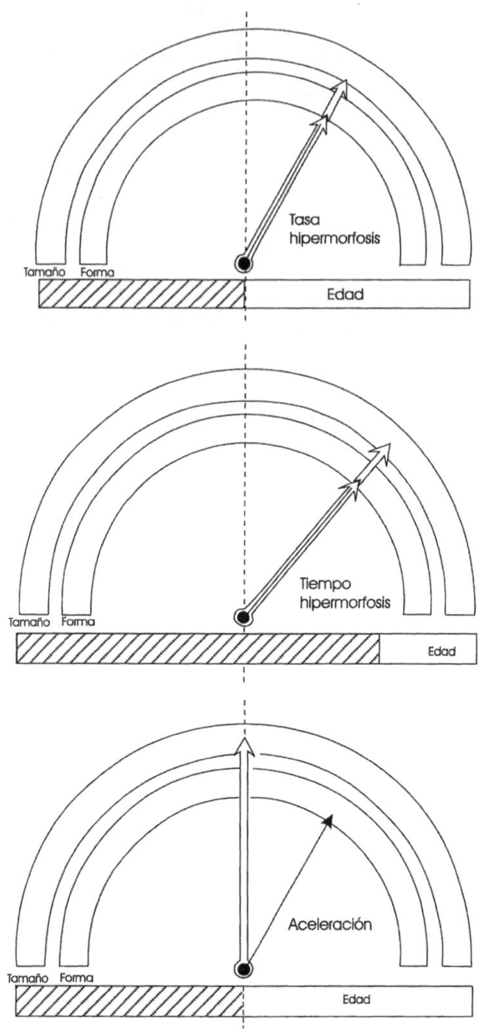

Figura 15.5. En el modelo en reloj de S. J. Gould aparecen los cambios producidos mediante los procesos de tasa hipermorfosis, tiempo hipermorfosis (que es equivalente a hipermorfosis en la terminología clásica) y aceleración. En el primer caso, un incremento de la tasa de crecimiento produce organismos avanzados en su forma y tamaño, sin cambios en la duración de la ontogenia. El mismo resultado se produce mediante un mayor tiempo en la duración de la ontogenia. Finalmente, un aumento de la tasa de desarrollo también produce organismos peramórficos (forma avanzada), con desacoplamiento de las manecillas de forma y tamaño.

Todas estas variaciones del modelo de Gould pueden afectar al organismo en su totalidad, pero este no suele ser el caso más común. Es muy importante tener en cuenta que una especie puede sufrir dos o más procesos de heterocronía que afectan a las diferentes partes de su organismo. Es lo que se denomina «heterocronía disociada» y es la base de la llamada «evolución en mosaico». Este concepto es muy interesante y nos recuerda los primeros capítulos en los que comentamos cómo una combinación única de caracteres puede definir una especie; es decir, una especie descendiente no tiene por qué diferenciarse en su totalidad de la especie antecesora, sino que puede heredar de ésta varios de sus caracteres y combinarlos con otros nuevos, que pueden aparecer por uno o más procesos de heterocronía. Insistiremos más adelante en este concepto, pero antes vamos a comentar de manera resumida las aportaciones de Pere Alberch a los modelos de heterocronía.

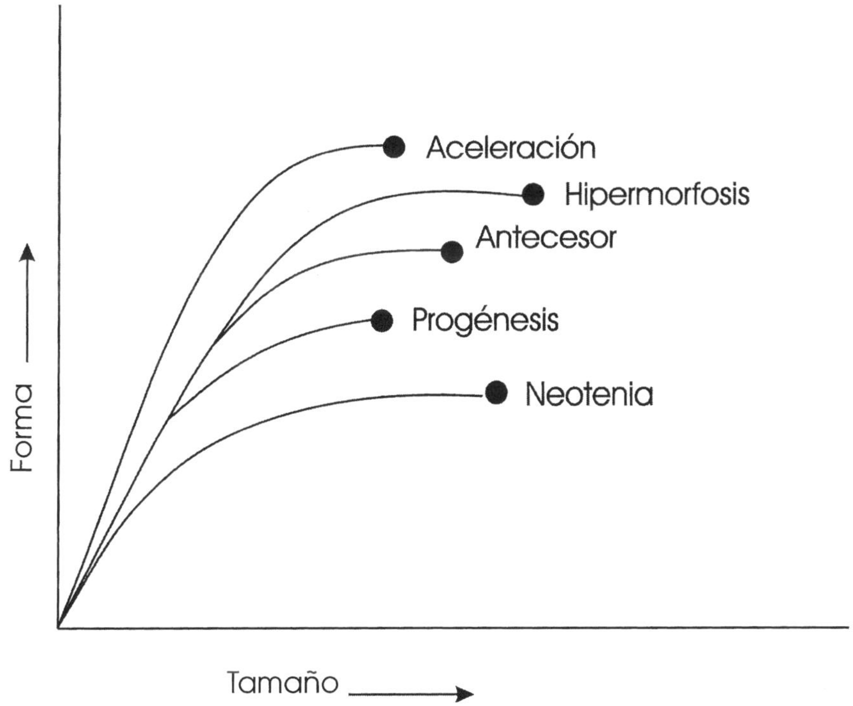

Figura 15.6. Este diagrama muestra el espacio de dos dimensiones definido por el tamaño y la forma (morfología). La curva de crecimiento de la especie antecesora puede sufrir cambios vía neotenia, aceleración, progénesis e hipermorfosis, produciendo una especie descendiente con un tamaño diferente y con una morfología avanzada o retrasada.

El modelo de Alberch

Pere Alberch dedicó su vida de investigador a la biología del desarrollo, con el objetivo de entender los mecanismos esenciales implicados en los cambios de los programas y trayectorias de desarrollo de los organismos. En 1979 Alberch publicó un trabajo en la revista *Paleobiology*, que tuvo gran influencia en investigaciones posteriores sobre heterocronía. Alberch intentó cuantificar estos procesos introduciendo una serie de parámetros del desarrollo, a saber, el comienzo de la edad de crecimiento (α) del organismo o de una de sus partes, el momento final del crecimiento (β) del organismo o de una de sus partes, la tasa de desarrollo (κ) y el tamaño inicial (S_0) del organismo o de una de sus partes. La trayectoria ontogenética de un organismo puede representarse en un espacio de tres dimensiones definido por los tres ejes cartesianos, siendo $x = \alpha$, $y = \beta$ y $z = \kappa$. El organismo o una de sus partes alcanzará el punto γ a través de una trayectoria

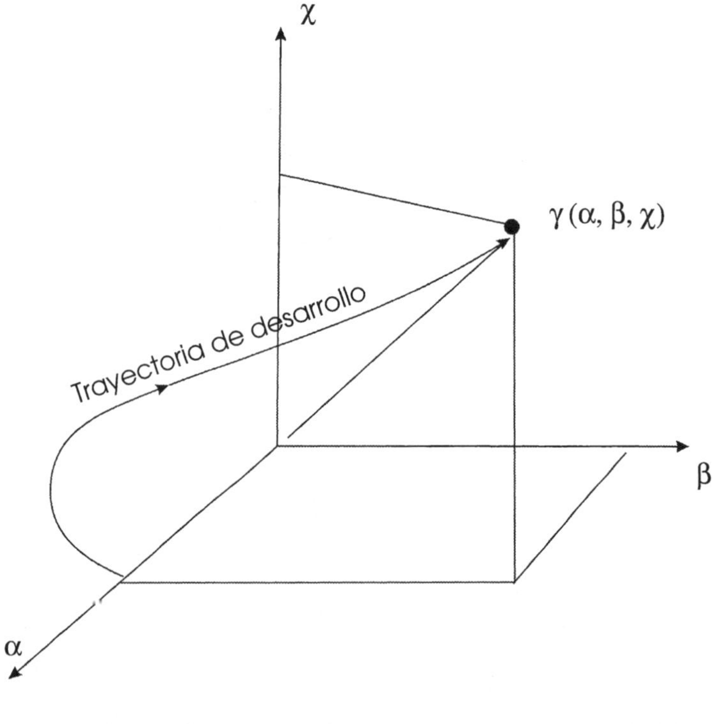

Figura 15.7. Representación gráfica de los tres parámetros básicos del desarrollo, según Pere Alberch: α = tiempo inicial del desarrollo; β = tiempo final del desarrollo y k= tasa de desarrollo. El punto γ (α, β, k) marca el final de la trayectoria ontogenética del organismo.

controlada por los tres parámetros básicos del desarrollo. Cualquier perturbación en uno de éstos producirá una modificación en la trayectoria y, por tanto, un cambio de la posición del punto γ. Alberch explica, por ejemplo, cómo un incremento o disminución de k producirá una aceleración o un retraso en el desarrollo de la especie descendiente, que tendrá así una morfología avanzada (aceleración) o retrasada (neotenia) con respecto a la especie antecesora.

Una de las novedades del modelo de Alberch es la definición de dos procesos nuevos, pre y posdesplazamiento, que se producen cuando la señal α para el inicio de formación de una parte del organismo se desplaza en el tiempo. Estos procesos son muy comunes en evolución, según señala Alberch, y producen cambios en el adulto sólo cuando la señal para el final del crecimiento β de esa parte del organismo permanece inalterada. Los efectos del pre y posdesplazamiento pueden tener consecuencias morfológicas importantes para el organismo. Si una parte de ese organismo retrasa su momento inicial del desarrollo puede incluso no llegar a formarse, como el propio Alberch tuvo ocasión de demostrar en su investigación de los huesos craneales de diferentes especies de urodelos.

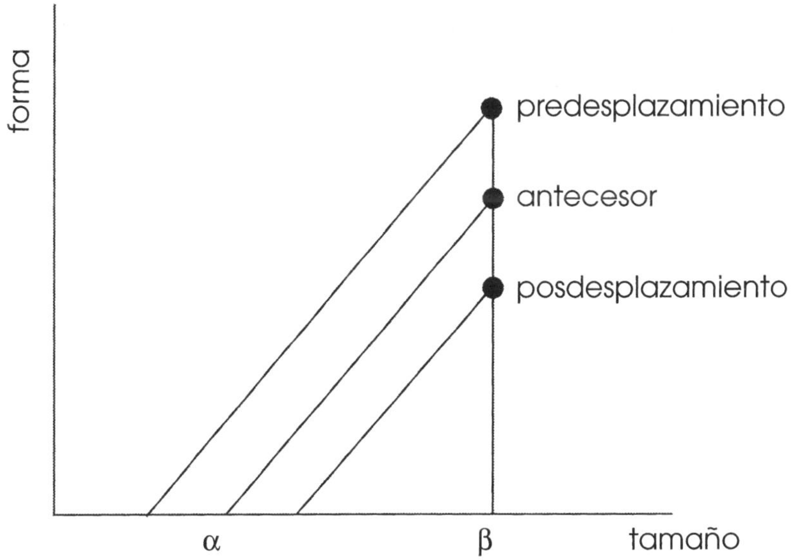

Figura 15.8. Representación de los procesos de pre y posdesplazamiento, según la definición de Pere Alberch, donde α = tiempo inicial del desarrollo y β = tiempo final del desarrollo. En un proceso de posdesplazamiento el tamaño de la parte del organismo afectada disminuye, e incluso esa parte puede llegar a desparecer si el retraso en el inicio de formación es considerable.

Neotenia *versus* hipermorfosis

Una vez conocidos los diferentes procesos de heterocronía, es momento de preguntarse si ciertamente nuestra evolución se ha caracterizado por un proceso global de neotenia, como proponía Gould en 1977. Michel McKinney y Kenneth McNamara, de la Universidad de Tennessee y del Museo Australiano de Perth, respectivamente, no comparten esa conclusión. Estos investigadores creen, en primer lugar, que la evolución humana no puede ser explicada en su totalidad por un proceso simple, aunque consideran que buena parte de los caracteres de *Homo sapiens* se deben a una prolongación de nuestro crecimiento (hipermorfosis) y no a una disminución de la tasa de desarrollo. McKinney y McNamara piensan que el diagnóstico equivocado de neotenia se debe a nuestra aparente semejanza con las formas juveniles de los simios antropomorfos, tales como la forma globosa del cráneo. Nuestro cráneo tiene esa forma porque es la más adecuada para un cerebro que prolonga su crecimiento (hipermorfosis) y aumenta el volumen de algunas de sus partes, como los lóbulos frontales. En cambio, otras partes del cráneo, en particular la mandíbula y los dientes, se disocian de esta particular trayectoria ontogenética del neurocráneo y reducen su tamaño, probablemente mediante un proceso de neotenia. Además, nuestra curiosidad y habilidad para el aprendizaje, que también se han empleado como argumentos para demostrar que somos neoténicos con respecto a los simios antropomorfos, no serían sino la consecuencia de un cerebro mucho mayor y porque permanecemos como formas juveniles durante más tiempo (hipermorfosis). Los seres humanos no crecemos más despacio que los chimpancés, sino que crecemos durante un periodo más extenso. Cada fase de nuestra ontogenia se prolonga por más tiempo, no porque se produzca una ralentización del desarrollo (neotenia) sino porque su duración es mayor (hipermorfosis).

Siguiendo una larga tradición, McKinney y McNamara comparan las trayectorias ontogenéticas de *Homo sapiens* y de los chimpancés, pues no en vano compartimos más del 99 por 100 de nuestro patrimonio genético. Esta circunstancia es importante para los dos investigadores, que ven en ella la oportunidad para obtener conclusiones firmes sobre nuestros procesos evolutivos. McKinney y McNamara realizan esta comparación en el marco general de la evolución de los primates, siguiendo el modelo propuesto por Adolf Schultz en los años sesenta. Según este modelo, los primates habríamos prolongado las tres fases principales de nuestro desarrollo, gestación, infancia y fase juvenil, desde las formas menos evolucionadas, como los lémures, hasta el punto más elevado de la evolución, en el que nos situamos los seres humanos. El aumento en la duración de cada periodo no es necesariamente proporcional. Nuestra gestación, por ejemplo, no se ha incrementado en la misma medida que la infancia o la fase juvenil. Sin embargo, McKinney y McNamara piensan que se trata de una desviación producida por ajustes adaptativos (véase más adelante) y sometida a una intensa selección natural. En cualquier caso, la velocidad de desarrollo no sería más lenta (neotenia) sino que la duración de los periodos de desarrollo se prolongaría por más tiempo (hipermorfosis). El planteamiento de estos investigadores supone admitir en primer lugar que la evolución de los primates se puede definir como la progresión de una tendencia evolutiva con ajustes y que nuestro desarrollo, como el de los demás primates, consta sólo de tres fases. En este modelo, por consiguiente, no se reconocen ni la niñez ni la adolescencia, como periodos propios de *Homo sapiens*.

McKinney y McNamara están convencidos de que la evolución humana es consecuencia de un proceso de hipermorfosis, en el que se pueden explicar la mayor parte de los caracteres que definen nuestro modelo de historia biológica. Todo termina más tarde y todo aparece retrasado en nuestro desarrollo. Así, retrasamos el final de la fase fetal de desarrollo (que no es equivalente a la fase de gestación), el final de la infancia y de la fase juvenil. Al mismo tiempo demoramos el inicio del desarrollo de los rasgos sexuales secundarios o la erupción de los dientes. Nuestro reloj biológico prolonga por más tiempo la duración de los diferentes eventos del desarrollo y resultamos en definitiva hipermórficos con respecto a nuestros parientes más próximos, gorilas y chimpancés. Es lo que McKinney y McNamara denominan «hipermorfosis secuencial». Además, el inicio de cada fase del desarrollo comienza más tarde, por lo que también habría que hablar de un proceso de «posdesplazamiento secuencial», que se sumaría al proceso de hipermorfosis secuencial.

Cerebros hipermórficos

Nuestros cuerpos y cerebros crecen a velocidad fetal durante casi dos años después de la concepción. Ya hemos explicado en otro capítulo que esto supone una prolongación de más de doce meses del patrón de crecimiento embrionario de gorilas y chimpancés. También hemos explicado las razones obstétricas de nuestro «parto prematuro». Las dimensiones máximas del canal del parto, ligadas como sabemos a la postura erguida y la locomoción bípeda, sólo permiten el paso de un determinado tamaño corporal y encefálico del recién nacido. Aun así, los fetos a término humanos tienen un peso corporal y un volumen encefálico muy superior al de los fetos a término de gorilas y chimpancés. Por ese motivo no se puede aceptar que nuestro tamaño corporal y encefálico a los nueve meses de gestación sea el resultado de un crecimiento con una tasa fetal similar a la de estas dos especies de simios antropomorfos. Para salvar este escollo, McKinney y McNamara proponen que durante la gestación el desarrollo del cerebro sucede en varias fases, cada una con su tasa correspondiente. En los seres humanos cada fase se prolongará para producir una mayor número de células y tendrá un efecto multiplicador sobre las fases siguientes (hipermorfosis secuencial). El resultado será un feto a término con un cerebro mayor que el de los fetos a término de gorilas y chimpancés.

Por otro lado, nuestro cerebro no es sólo una versión ampliada del cerebro de un primate antecesor como resultado de un desarrollo prolongado. Es bien sabido que cada especie puede tener unas partes del cerebro más desarrolladas que otras. Nuestro cerebro es un claro ejemplo, con una región olfativa reducida y con un gran desarrollo de las áreas de Broca y de Wernicke, que controlan la capacidad para hablar y para entender el lenguaje, respectivamente. El cerebro humano es tres veces mayor que el de otros primates con un tamaño corporal equivalente, pero buena parte de nuestro tejido cerebral extra está formado por células gliales, que actúan como tejido conectivo. Disponemos de tan sólo un 25 por 100 más de neuronas en el neocórtex, que se forman en las primeras 15-18 semanas de gestación, como resultado de la prolongación de la tasa fetal de los simios antropomorfos. El desarrollo posterior viene definido sobre todo por la multiplicación de las células gliales conectivas y por el crecimiento de los axones y dendritas de las neuronas. Este último proceso es responsable de una mayor cantidad de conexiones neuronales, que es la base de muchas de las funciones exclusivas de los seres humanos. Pues bien, además de un incremento neto en el número de neuronas, la prolongación del desarrollo de nuestro cerebro parece estar definido por el enriquecimiento de los patrones de conexión neuronal existentes en especies anteriores. Durante la evolución de los mamíferos el cerebro no sufre una reestructuración en cada nueva especie, sino que enriquece y mejora sus conexiones para producir cambios sin necesidad de ampliar el tamaño del cerebro.

Según McKinney y McNamara el cerebro de *Homo sapiens* sería el resultado de dos procesos: en primer lugar se habría producido una alteración global debido a la prolongación del desarrollo, que habría provocado cambios locales de tamaño de algunas regiones, debido a la extensión en el tiempo del crecimiento alométrico positivo de esas regiones. Esto es, aquellas regiones que se desarrollaban a una velocidad relativamente más alta en nuestros ancestros australopitecos aún aparecerán más desarrolladas en *Homo sapiens* por la extensión de ese crecimiento alométrico. Por otro lado, algunas partes del cerebro se habrían desarrollado más de lo que cabría predecir a partir de estos procesos de crecimiento alométrico positivo. En estos casos se habría producido una selección a favor del incremento relativo de esas regiones, como las de Broca y Wernicke, situadas en el córtex prefrontal y parietal-temporal, respectivamente, y que están conectadas por un tracto de fibras nerviosas, denominado *arcuata fasciculus*. En los primates, el área de Broca controla los movimientos faciales y de la boca durante la ingesta de alimentos. En los seres humanos el notable incremento del área de Broca no se puede explicar por una extensión de crecimiento alométrico, sino por un gran incremento en el número de neuronas y de conexiones neuronales, que permiten todos los movimientos necesarios para el habla (vocalizaciones).

La cuestión del comportamiento

Un aspecto muy interesante en este debate, que ha sido objeto de particular atención por parte de los defensores de la evolución humana vía neotenia, es el comportamiento. La eterna curiosidad y el carácter alegre, bromista y en ocasiones infantil que solemos mostrar los humanos, no sólo durante el periodo de desarrollo sino incluso cuando somos adultos, se ha relacionado con el proceso de neotenia que supuestamente ha presidido nuestra evolución. McKinney y McNamara no están de acuerdo con esta conclusión, sino que, según ellos, este tipo de comportamiento sería una consecuencia más de la prolongación del desarrollo vía hipermorfosis. Una cuestión difícil de solucionar en este debate es la necesidad de cuantificar de alguna manera el comportamiento, como puede hacerse con el cuerpo o cualquiera de sus partes, que permita tomar decisiones basadas en datos objetivos. Para solucionar el problema podemos apoyarnos en el hecho de que el comportamento tiene su base anatómica correspondiente en determinadas regiones del cerebro, de manera que los cambios tanto en el número de neuronas como en el de conexiones neuronales pueden producir alteraciones en el comportamiento. Durante la ontogenia de los individuos se produce un paralelismo entre el desarrollo del cerebro y el desarrollo del comportamiento. A medida que progresa la formación de nuevas neuronas, axones y dendritas y se completa la mielinización del sistema se suceden en la ontogenia diferentes patrones de comportamiento, desde los más elementales propios de la vida postembrionaria hasta los más complejos del adulto.

El desarrollo de un cerebro como el nuestro es sencillamente fascinante. Disponemos de cientos de miles de conexiones neuronales, que nos permiten realizar funciones a veces inimaginables. El potencial del cerebro de *Homo sapiens* es enorme, como quizás se podrá revelar durante nuestra evolución en un futuro más o menos próximo. En este sentido, desde los trabajos de J. Piaget en los años cincuenta numerosos investigadores se han ocupado de clasificar las diferentes clases de inteligencia y comportamientos asociados, que aparecen no sólo en *Homo sapiens* sino en todas las especies de primates. Estas clases de inteligencia se suceden de manera secuencial durante la ontogenia del cerebro. Así, Piaget reconoce tres grandes periodos o niveles en el desarrollo del cerebro humano, a saber, el periodo sensorimotor, durante el cual el niño aprende a conocer el mundo físico que le rodea. Sigue un periodo de inteligencia social, en el que el individuo aprende a integrarse en la sociedad a la que pertenece, y finalmente sucede un periodo en que el individuo desarrolla todas sus capacidades de imaginación, memoria, etc. Si bien no todos los autores están de acuerdo con esta clasificación y existen infinidad de estudios sobre un tema tan apasionante como es la inteligencia humana —cuyo análisis escapa de los propósitos de este libro—, lo cierto es que la mayoría de los investigadores están de acuerdo en reconocer la existencia real de un periodo sensorimotor en la ontogenia de nuestro comportamiento. Este periodo sucede durante la infancia, entre el nacimiento y aproximadamente los dos años de edad y se puede subdividir en al menos seis niveles o fases sucesivas: inteligencia sensorimotora, espacial, temporal, de causalidad, imitadora y conceptual referida a objetos concretos. A su vez, cada una de estas fases puede dividirse en los mismos seis subniveles mencionados. Por ejemplo, ciertos prosimios como los lorísidos o los lemúridos sólo son capaces de desarrollar totalmente los dos o tres primeros subniveles, mientras que los cercopitécidos pueden alcanzar el nivel conceptual referido a objetos. Sin embargo, estos primates no progresan mucho en este nivel, al ser incapaces de relacionar espacial o causalmente diferentes objetos. Los chimpancés y gorilas, en cambio, completan la secuencia de fases del nivel conceptual de objetos y aun llegan a fabricar y emplear útiles sencillos.

McKinney y McNamara reflexionan sobre estas investigaciones que justifican plenamente su propuesta: existe una tendencia evolutiva en los primates hacia un comportamiento cada vez más hipermórfico, por aparición sucesiva de nuevos niveles, según se avanza en la escala evolutiva de este orden. Todo ello basado en la evolución de un cerebro cada vez más complejo, en el que aparecen un mayor número de neuronas y de conexiones neuronales. Sin embargo, el modelo no es tan sencillo como puede parecer en principio. No se trata sólo de ir sumando niveles sucesivos de una duración temporal determinada. Según avanzamos en la escala evolutiva de los primates y el comportamiento se hace más complejo, los diferentes niveles incrementan el tiempo en el que están operativos. Por ejemplo, nuestro cerebro crece muy deprisa durante más tiempo y, a pesar de ello, las primeras fases de comportamiento tienen una mayor duración y alcanzamos las fases sucesivas más tarde que gorilas y chimpancés. La primera impresión entonces es que el desarrollo de nuestro comportamiento ocurre de manera ralentizada (neoténica) con respecto a los simios antropomorfos. Pero lo que en realidad sucede, según McKinney y McNamara, es que los diferentes niveles de comportamiento no pueden aparecer hasta que el cerebro alcanza el nivel de complejidad correspondiente. La prolongación hipermórfica de cada fase de desarrollo del cerebro conlleva una prolongación paralela del tipo de comportamiento asociado. Puesto que a las 18 semanas de gestación nuestro neurocórtex cerebral dispone ya del 100 por 100 de sus neuronas, parece que la prolongación del comportamiento está basada en el crecimiento y posibilidad de conexión de axones y dendritas. Como cada célula nerviosa puede llegar a tener hasta 10.000 conexiones, es fácil deducir que la presencia de muy pocas nuevas neuronas puede significar un salto cualitativo importante en el comportamiento y en la inteligencia. En otras palabras, la organización del cerebro más que su tamaño absoluto es la base de un comportamiento cada vez más complejo en las especies. Es lo que McKinney y McNamara denominan «heterocronía de organización».

Llegados a este punto de la discusión podemos reflexionar de nuevo sobre el debate neotenia *versus* hipermorfosis. Los que defienden que la evolución humana ha sucedido mediante una ralentización de la tasa de desarrollo están persuadidos de que alcanzamos el estado adulto con un nivel de comportamiento propio de los individuos juveniles de nuestros antecesores, como la curiosidad, sensibilidad, creatividad, flexibilidad, sentido del humor o la capacidad para aprender. Además, los humanos no alcanzaríamos el nivel propio de los adultos de nuestros antecesores y permaneceríamos en una fase de comportamiento juvenil todo el resto de nuestra vida. La otra cara de la moneda, hipermorfosis, defendería que los diferentes niveles de comportamiento de los seres humanos permanecen operativos por más tiempo, porque el cerebro dilata cada una de sus fases de crecimiento. No obstante, nuestro comportamiento llegaría más lejos que el de nuestros antecesores gracias a que el cerebro humano tiene una mayor complejidad. Esa complejidad se debería no sólo a un mayor número de neuronas y conexiones, sino también a la aparición de regiones hiperdesarrolladas (Broca y Wernicke, por ejemplo) con respecto a nuestros antecesores. En otras palabras, si medimos el comportamiento mediante algo tan real y tangible como es el número de neuronas y el nivel de organización cerebral (número de conexiones), tenemos que admitir que hemos llegado mucho más lejos que nuestros antecesores en ese comportamiento. La prolongación de las primeras fases (fetales) del crecimiento del cerebro supone un aumento de su volumen, pero también un retraso de su madurez y organización (con respecto a nuestros antecesores) que implica un comportamiento infantil y juvenil prolongados. Pero éstos no se retienen en el adulto, sino que la evolución ontogenética del comportamiento prosigue hasta rebasar los niveles de organización de nuestros ancestros en un proceso de «hipermorfosis secuencial organizada».

McKinney y McNamara defienden que muchos caracteres de nuestro comportamiento, como la creatividad, el deseo de explorar nuevos territorios o nuevos planetas, el afán de conocimiento científico o el sentido del humor —atribuidos por Montagu a un proceso de neotenia— no son sino el resultado de nuestra mayor complejidad cerebral. Otros rasgos listados por Montagu, como la honestidad, la amistad y la lealtad podrían ser, según McKinney y McNamara, necesidades emergentes para una cohesión social cada vez más compleja, resultado de nuestro cerebro peramórfico. La retención de algunos comportamientos juveniles en los adultos sucedería cuando el aprendizaje ha sido muy intenso e influye de manera positiva en el comportamiento posterior.

Asignatura pendiente

Laurie Godfrey y Michael Sutherland, de la Universidad de Massachusetts, publicaron en 1996 un artículo en la revista *American Journal of Physical Anthropology*, que significó un avance importante en el campo de los procesos de heterocronía. Estos investigadores transformaron el modelo en reloj de Gould en tres vectores lineales: tamaño, forma y tiempo. El vector forma fue definido para cada parte del organismo como la proporción entre su tamaño y el tamaño total del organismo. Este último resulta de la suma de los tamaños de cada parte del organismo. La cuantificación de los tres elementos del modelo de Gould permite predecir las diferencias entre una especie antecesora y su especie descendiente para cada proceso de heterocronía. De este modo, Godfrey y Sutherland pudieron contrastar las hipótesis que se plantean en diferentes modelos de heterocronía, como los de McKinney y McNamara. No queremos entrar en la discusión de las conclusiones de este trabajo, que interesan a un amplio cuerpo de conocimientos sobre la biología del desarrollo y nos distraería de nuestro objetivo. Sin embargo es importante señalar que estas conclusiones afectan en gran medida a los planteamientos generales de los citados investigadores. En este sentido, Godfrey y Sutherland critican la propuesta del nuevo proceso de heterocronía introducido por McKinney y McNamara como alternativa a las teorías vigentes durante más de 50 años sobre el proceso director de la evolución humana. Este proceso implica, como hemos explicado en párrafos anteriores, que nuestra morfología y comportamiento son el resultado de una duración prolongada de cada una de nuestras diferentes fases somáticas de desarrollo (hipermorfosis secuencial), con el consecuente desplazamiento del inicio de esas fases (posdesplazamiento secuencial). Pero, precisamente, la neotenia predice una extensión del desarrollo con desplazamiento en el inicio y final de la formación de estructuras (desarrollo más lento). La hipermorfosis se producirá únicamente cuando el desarrollo de la especie descendiente (que puede discurrir con mayor lentitud o a la misma velocidad) llegue más lejos que en la especie antecesora. En el próximo capítulo retomaremos este punto crucial del debate.

En sus investigaciones sobre el desarrollo de nuestra especie, Barry Bogin también ha reflexionado sobre los modelos de neotenia e hipermorfosis y no se muestra partidario de ninguna de las dos alternativas. Sus conclusiones sobre la niñez son incompatibles con los dos modelos. En el capítulo 10 explicamos que la niñez se puede considerar una novedad evolutiva de nuestro desarrollo, diseñada como una estrategia adaptativa para evitar un modelo de reproducción K extremo. En su trabajo de 1997 acerca del significado evolutivo de la niñez Bogin nos recuerda una frase de Gould, en la que este científico explica las dos posibles vías para producir cambio evolutivo durante la ontogenia: 1) introducción de nuevos caracteres en el desarrollo y 2) alteración de los tiempos y/o tasas de rasgos ya presentes en la ontogenia (heterocronía). Bogin es partidario de la primera posibilidad para el ser humano porque las características de la niñez no pueden ser explicadas ni por una ralentización de las velocidades de desarrollo cerebral o corporal propias de la infancia (neotenia), ni por una extensión del tiempo o la tasa de crecimiento (hipermorfosis). En realidad, como ya explicamos en el capítulo 10, la niñez aparece como consecuencia de un cambio en la sensibilidad de un sistema de producción hormonal. A partir de los dos años, aproximadamente, la presencia de niveles bajos de estrógenos y andrógenos en sangre es capaz de inhibir la producción de GnRH en el hipotálamo, lo que a su vez inhibe la producción de LH y FSH en el lóbulo anterior de la hipófisis. Este cambio determina una caída importante en la velocidad de crecimiento corporal, mientras que el cerebro aún continúa con gran rapidez hasta alcanzar casi el 100 por 100 de su volumen total al final de la niñez.

En definitiva, la cuestión acerca del proceso fundamental que ha regido nuestro desarrollo permanece pendiente de resolución. Queda mucho por investigar en esta materia, aunque en el próximo capítulo veremos que el incremento espectacular del registro fósil en los últimos años está permitiendo avanzar con paso firme hacia una solución del problema.

16

Procesos de heterocronía y registro fósil

> La única forma de llegar a conocer lo que en realidad ha sido la evolución del los seres vivos es el *estudio histórico del proceso*, y por ello está reservado a la *Paleontología* —ciencia que estudia los seres vivos que se han sucedido en el transcurso de las eras geológicas— un papel decisivo, porque esta ciencia es la única que, sondeando en el pasado mediante el estudio de los fósiles, está en condiciones de revelarnos los detalles históricos del proceso evolutivo.
>
> BERMUDO MELÉNDEZ, *Evolución y paleontología*

En el capítulo anterior hemos referido un debate en el que casi los únicos protagonistas eran los simios antropomorfos (en particular los chimpancés) y *Homo sapiens*. Los procesos evolutivos responsables de la aparición de nuestro tamaño, morfología, y comportamiento se deducen de la comparación directa de especies vivas, *Pan, Gorilla* y *Homo*, que aportan una gran cantidad de información para nuestros propósitos. Sin embargo, el lector se habrá dado cuenta enseguida de que existen otras referencias, de las que aún no se ha dicho nada. Bien es verdad que compartimos con nuestros parientes vivos más próximos un porcentaje muy elevado del patrimonio genético que podría justificar esa comparación, pero no es menos cierto que han existido otras formas ya extinguidas, que comenzamos a conocer bien gracias a un registro fósil cada vez más amplio y diverso. Además, la inferencia de procesos de heterocronía a través de la comparación del tamaño y morfología de nuestra especie con los de gorilas y chimpancés es demasiado simple y a mi juicio incorrecta. Esta comparación asume que nuestro antecesor común con gorilas y chimpancés sería muy similar a estos animales. Esta asunción parece poco probable. El linaje de chimpancés y gorilas puede tener una historia evolutiva tan compleja como la de nuestra especie.

Para proponer un proceso evolutivo concreto, como responsable de un cambio de tamaño y forma, necesitamos por definición dos especies, una antecesora y otra descendiente o al menos con un parentesco entre ellas bien contrastado. Es una obviedad decir que tenemos una relación filogenética con nuestro antecesor común con gorilas y chimpancés y que podemos deducir una serie de procesos evolutivos como responsables de nuestras diferencias morfológicas con ese ancestro común. Sin embargo, la reconstrucción de toda la historia de procesos de cambio sólo será posible si reunimos datos sobre las numerosas formas ancestrales que nos han precedido. McKinney y McNamara, por ejemplo, en su obra *Heterochrony* ya comentan la necesidad de obtener información del registro fósil y nos recuerdan, entre otras cosas, el debate surgido a raíz de la investigación de las líneas del crecimiento del esmalte de los dientes de los homínidos. Ahora tenemos constancia de que la duración de la ontogenia de los primeros homínidos, australopitecos y parántropos era similar a la de gorilas y chimpancés. Un parámetro tan importante como es el tiempo de maduración tiene una gran incidencia en las investigaciones sobre heterocronía de los homínidos. En este sentido, los australopitecos apenas sufrieron variaciones en cuanto al tamaño y proporciones corporales y al volumen del cerebro con respecto a nuestro antecesor común con los simios antropomorfos. La prolongación de la ontogenia pudo ocurrir hace tan sólo 2,0 millones de años y desde entonces se han producido modificaciones significativas, que en parte podemos atribuir a diferentes procesos de heterocronía. ¿Podemos inferir algún proceso concreto a partir del tamaño y la forma de los fósiles? Para responder a esa pregunta resulta imprescindible acudir a las evidencias duras que aporta el registro fósil de especies próximas, cuya relación filogenética esté razonablemente bien demostrada. De este modo iremos deduciendo todos y cada uno de los procesos evolutivos responsables de nuestra compleja historia evolutiva y podremos tener una visión general, de la que se partió a principios del siglo XX sin apenas un solo resto fósil humano encima de la mesa. Sin el ánimo de ser exhaustivos, presentaremos aquí algunos de los progresos en materia de procesos evolutivos inferidos a través del estudio del registro fósil. Los datos que se discuten proceden de las investigaciones sobre la capacidad craneal, el tamaño del cuerpo, los dientes y el cráneo facial.

El extraño caso del cerebro

En primer lugar, resulta esencial discutir a la luz del registro fósil qué procesos han podido afectar al cerebro, porque en él residen las principales diferencias con nuestros ancestros. En el capítulo 9 hablamos del cociente de capacidades craneales entre el recién nacido y el adulto. Comentamos entonces que los chimpancés recién nacidos tienen una capacidad craneal que representa el 40 por 100 de la capacidad craneal del adulto y discutimos la posibilidad, defendida por Robert Martin, de que los primeros homínidos tuvieran esa misma relación (0,40), al menos hasta que se alcanzó un rubicón cerebral de 850 centímetros cúbicos en los adultos. De ser esto cierto, durante la gestación se habría producido un incremento progresivo de la capacidad craneal desde unos 180 centímetros cúbicos en

Australopithecus africanus (180:450 = 0,40), hasta unos 340 centímetros cúbicos en *Homo ergaster* (340:850 = 0,40). Tim Bromage piensa que este incremento sucedió mediante un proceso de tasa hipermorfosis, puesto que la duración del periodo de gestación debió de ser el mismo en todas las especies del Plio-Pleistoceno. Es decir, un simple incremento en la tasa de crecimiento habría producido cerebros más grandes y peramórficos, con un tamaño y forma avanzados respecto a sus respectivas especies antecesoras. Si se mantuvo la relación de 0,40 para el cociente de capacidades craneales entre el recién nacido y el adulto, los australopitecos y los primeros representantes del género *Homo* llegarían al mundo tan espabilados como los bebés chimpancés. Esto habría aumentado la probabilidad de supervivencia de los neonatos en un escenario donde la organización social de los grupos aún no permitía un cuidado de las crías tan extraordinario como el que hoy los padres prodigamos a nuestros hijos recién nacidos. Pero, ¿qué sucedió después?

Siguiendo el modelo de Bromage y Martin, la capacidad craneal del recién nacido de *Homo sapiens* sería similar a la de *Homo ergaster* (320-340 centímetros cúbicos). Sin embargo, nuestro grado de altricialidad al nacer es muy notorio. La pregunta inevitable es la siguiente: ¿por qué los humanos actuales —y posiblemente también otras especies anteriores como el *Homo antecessor*— nacemos con tan escaso grado de desarrollo neuromotriz?, ¿qué ha sucedido con nuestro cerebro en el último millón y medio de años?, ¿qué procesos han ocurrido para que el cerebro del recién nacido de nuestra especie tenga una menor complejidad relativa que el cerebro del recién nacido de *Homo ergaster*, aun teniendo un volumen probablemente muy similar? Cuando los homínidos superaron el rubicón cerebral de los 850 centímetros cúbicos, el cerebro no pudo seguir creciendo durante la gestación por los problemas obstétricos que hemos señalado en varias ocasiones a lo largo del libro. A partir de ese momento los homínidos adoptamos la estrategia de continuar con la tasa de crecimiento fetal después del parto durante un cierto tiempo, que llega hasta los doce meses en *Homo sapiens*. Tim Bromage deduce de todo esto que los subsiguientes incrementos cerebrales a partir de *Homo ergaster* sucedieron mediante un proceso de tiempo hipermorfosis o simplemente hipermorfosis. Es decir, se trataría sólo de extender el modelo fetal de crecimiento del cerebro por un periodo de hasta doce meses.

Sin embargo, insistimos en que los neonatos de *Homo ergaster* no debieron de ser tan indefensos como lo son nuestros recién nacidos, así que no podemos aceptar que el cerebro de *Homo sapiens* resulte de una simple extensión del crecimiento del cerebro del recién nacido de aquella especie del Pleistoceno inferior. Como hipótesis alternativa se puede proponer que desde hace 1,5 millones de años, una vez alcanzado el rubicón cerebral de 850 centímetros cúbicos, el cerebro embrionario sufrió un progresivo retraso en su tasa de desarrollo (lo que no significa una disminución de la tasa de crecimiento). De este modo, el cerebro del neonato vino a tener el mismo volumen pero una menor complejidad (un menor número de conexiones neuronales). Este cerebro cada vez «menos especializado» del neonato pudo aumentar el número de neuronas durante el periodo postembrionario, antes de proceder a realizar el complejo entramado de conexiones neuronales que sucede durante el resto del desarrollo. Un periodo de hasta doce meses de tasa fetal de crecimiento y desarrollo y el periodo de niñez cada vez más largo permitieron alcanzar el gran volumen cerebral que caracteriza a los adultos de especies tales como *Homo antecessor, Homo neanderthalensis* y *Homo sapiens*.

Como vimos en el capítulo anterior, nuestro cerebro ha adquirido unas capacidades de las que muy probablemente carecían nuestros ancestros y, en ese sentido, nuestro cerebro ha alcanzado estadios evolutivos avanzados con respecto a todas las especies anteriores. Y aquí se produce la paradoja: a partir de homínidos que incluimos en la especie *Homo ergaster,* el cerebro habría experimentado un descenso en la tasa de desarrollo; si nuestra ontogenia terminara a los doce meses de vida posnatal tendríamos un cerebro neoténico, que habría retenido muchas de las características del cerebro embrionario de nuestra especie antecesora *Homo ergaster*. Sin embargo, la rápida extensión de nuestro desarrollo somático, que pudo llegar a los niveles actuales hace tal vez algo más de un millón de años, produjo un cerebro peramórfico, con un tamaño relativo y unas capacidades nunca antes alcanzadas en el orden primates. En otras palabras, hace tal vez algo menos de dos millones de años el cerebro del género *Homo* pudo comenzar a evolucionar mediante un proceso de neotenia. Este proceso habría producido un mayor tamaño, pero una ralentización de la forma. No obstante, el incremento en la duración de la ontogenia habría permitido la progresión ya no sólo del tamaño, sino también de la forma, produciendo un cerebro avanzado en su morfología. Fijémonos otra vez en la figura 15.4 del capítulo anterior, que representa el modelo de Gould. En este modelo si la manecilla de la forma se retrasa con respecto a la manecilla del tamaño, como ocurre en el caso de neotenia, se producen morfologías pedomórficas. Pero si la ontogenia se prolonga mucho en la especie descendiente las dos manecillas seguirán avanzando al punto de so-

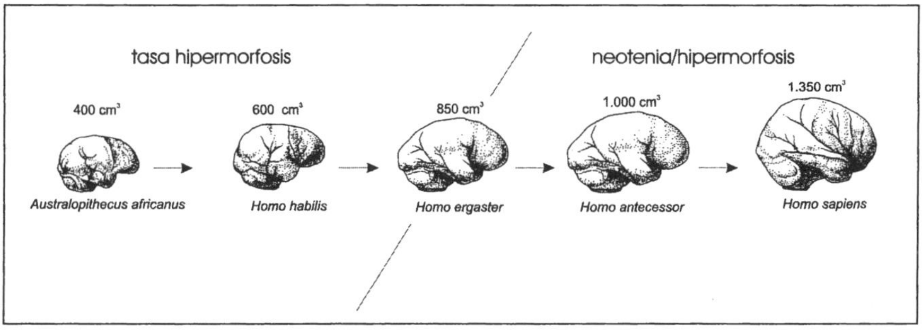

Figura 16.1. Hipótesis sobre los procesos de heterocronía que han afectado al cerebro durante la evolución humana.

brepasar ya no sólo el tamaño sino también la forma estándar de la especie antecesora. Así, obtendremos una forma con un tamaño mucho mayor y con una forma avanzada o peramórfica con respecto a la especie antecesora. En definitiva, los datos del registro fósil permiten ahora realizar un enfoque diferente y más realista del problema y abre el debate a nuevas perspectivas. Cada nuevo hallazgo de los restos fósiles craneales de individuos inmaduros arrojará nueva luz en este debate.

Tamaño y forma del cuerpo

El registro fósil nos ofrece datos para obtener algunas conclusiones acerca de los cambios en el tamaño corporal. Como ya hemos comentado en el capítulo 7, las investigaciones de Tim Bromage y Chris Dean sobre las líneas de crecimiento del esmalte mostraron por primera vez la posibilidad de que *Australopithecus, Paranthropus* y *Homo habilis* compartieran un tiempo de desarrollo de duración similar. Esta conclusión fue aprovechada por Tim Bromage para hacer varias inferencias sobre los procesos evolutivos responsables de la evolución de los parántropos y de las primeras formas de *Homo* a partir de alguna especie ancestral de australopiteco. Se ha sugerido que los bonobos o chimpancés pigmeos (*Pan paniscus*) representan un prototipo ideal para el tamaño de esa forma ancestral. Puesto que las evidencias sugieren que los parántropos tuvieron un tamaño y peso corporal más elevado que el de los australopitecos, Bromage concluye que la evolución de aquéllos se caracterizó necesariamente por un proceso de tasa hipermorfosis, en el que se mantuvieron las relaciones alométricas del desarrollo de los australopitecos, pero se incrementó la tasa de crecimiento produciendo seres de mayor peso y tamaño. Este mismo proceso pudo afectar a la línea evolutiva que desembocó en el género *Homo*, sin olvidar que hubo de producirse un ajuste en las proporciones de los miembros superiores e inferiores.

El hallazgo del esqueleto KNM-WT 15000 del chico de Turkana, de una antigüedad algo superior a 1,5 millones de años, reveló que las formas evolucionadas de *Homo ergaster* tuvieron una estatura y unas proporciones muy similares a las nuestras, excepto en lo que concierne a la anchura de la pelvis y otras dimensiones correlacionadas. La prolongación definitiva de los periodos de desarrollo hace dos millones de años en la especie *Homo ergaster* posibilitó un mayor tiempo para el crecimiento del cuerpo. Hace 1,5 millones de años, las formas más evolucionadas de esta especie, como el chico de Turkana, pudieron tener adolescencia y estirón puberal, lo que estaría sin duda relacionado con el incremento del tamaño del cuerpo y en particular con el alargamiento de las extremidades inferiores, que eran muy cortas en *Homo habilis*. La especie *Homo ergaster* y sus especies descendientes tendríamos entonces un cuerpo peramórfico (hipermorfosis), porque mostramos una morfología avanzada con respecto a la de nuestros ancestros. Todo ello como consecuencia de un mayor tiempo de desarrollo y un retraso en la madurez sexual.

Dientes en evolución

El estudio del aparato dental de los homínidos nos ofrece muchas posibilidades para inferir procesos evolutivos. Podemos comenzar con el caso de los parántropos, de los que ya hemos hablado en los capítulos 6 y 7. Los parántropos forman un clado en el grupo de los homínidos con adaptaciones muy particulares en el aparato masticador. David Beynon y Bernard Wood se preguntaron acerca de los procesos responsables del considerable aumento de tamaño de los premolares y molares permanentes de estos homínidos con respecto a sus antecesores australopitecos. Estos investigadores estimaron la tasa diaria de extensión del esmalte y estudiaron la dirección e inclinación de las estrías de Retzius de los molares de *Paranthropus boisei*. En otras palabras, Beynon y Wood averiguaron de qué modo y a qué velocidad se forma la cubierta de esmalte de los dientes posteriores de los parántropos. Los resultados fueron muy interesantes: los premolares y molares permanentes de *Paranthropus boisei* presentan un modelo de formación de la cubierta de esmalte similar a la de los dientes de leche. Si nos fijamos de nuevo en la figura 7.8 tendremos una mejor idea de cómo evolucionaron los premolares y molares de los parántropos. La velocidad de extensión de la cubierta de esmalte era muy rápida. La zona aposicional cubría un porcentaje importante de la corona, mientras que la zona de imbricación se completaba con pocas estrías de Retzius y sus correspondientes perikimata. Además, la cantidad de esmalte depositado por unidad de tiempo (la tasa de formación del esmalte) en *Paranthropus boisei*, medido como la longitud de las estrías transversales, resultó ser considerablemente más elevado que en *Homo sapiens*. En definitiva, a pesar de que las coronas de los dientes posteriores permanentes de los parántropos son mucho mayores que las de *Homo sapiens* y que su capa de esmalte es también mucho más gruesa que la de nuestra especie, el tiempo de formación de estos dientes era menor o igual que el de las poblaciones modernas.

Los incisivos y caninos de los parántropos, que son muy pequeños con respecto a los de los australopitecos, también presentan un modelo de cubierta de esmalte similar al de los dientes deciduos, con una velocidad de extensión de la cubierta de esmalte muy rápida y la consiguiente aparición de un número reducido de perikimata en la superficie de la corona. Beynon y Wood consideran que los dientes permanentes de los parántropos retuvieron los patrones de crecimiento de los dientes deciduos de sus antecesores australopitecos. Esta retención representaría un ejemplo de pedomorfosis y el proceso concreto sería neotenia. Los investigadores británicos especulan con la posibilidad de que los parántropos estuvieron bajo una fuerte presión de selección para formar sus dientes con gran rapidez y con una tasa de formación del esmalte más elevada, como consecuencia de las adapataciones de estos homínidos a una dieta vegetal en los hábitats de sabana africana.

En cuanto a la evolución del género *Homo,* el registro fósil nos ofrece pruebas muy evidentes de cambios en el tamaño, forma y patrón de desarrollo de los dientes. En capítulos anteriores hemos comentado las diferencias que nos distinguen de los simios antropomorfos en cuanto a los tiempos relativos de formación de las distintas clases de dientes. Esas mismas diferencias nos separan de los australopitecos y de *Homo habilis*. Desde hace unos dos millones de años el patrón de desarrollo dental se ha modificado mediante algún tipo de proceso evolutivo que estamos interesados en identificar. Pero además, las especies de *Homo* hemos sufrido cambios drásticos en el tamaño absoluto y relativo de los dientes. Por ejemplo, durante el pleistoceno los premolares y molares de *Homo* redujeron su tamaño con respecto a los homínidos plio-pleistocenos y la reducción afectó en mayor medida a unos dientes que a otros. En los australopitecos y *Homo habilis* observamos una serie molar de tamaño creciente: M1 < M2 < M3, mientras que en nuestra especie la serie molar es decreciente: M1 > M2 > M3. Entre los dos extremos existe en las distintas especies de *Homo* toda una gama de variación, que se traduce en una notable diversidad en las proporciones del aparato dental. Se trata, por tanto, de una modificación de la forma, según fue definida en el capítulo anterior. Nos preguntamos si todas estas modificaciones, y otras que veremos enseguida, obedecen a un mismo proceso o si se pueden inferir procesos distintos para explicar los cambios en el patrón de desarrollo, por un lado y para los cambios de forma y tamaño, por otro.

En los años noventa el investigador surafricano Kevin Kuykendall, de la Universidad de Witwatersrand en Johannesburgo, llevó a cabo una investigación muy detallada del desarrollo de los dientes de *Pan troglodytes.* Por consiguiente, ahora tenemos datos muy precisos para comparar el patrón de desarrollo dental de esta especie con el de *Homo sapiens*. Las diferencias más significativas interesan al desarrollo del canino y al conjunto de la dentición posterior. Los caninos humanos inician su desarrollo varios meses antes que los caninos de *Pan troglodytes*. De esta manera, los caninos de nuestra especie llevan la delantera en su formación a los de los chimpancés hasta los nueve años aproximadamente. Para entonces, el canino de los chimpancés alcanza la trayectoria de crecimiento de su homólogo humano, debido a la mayor rapidez del crecimiento de su raíz. Los caninos de las dos especies terminan así su desarrollo hacia los doce años, a una edad muy similar. Los premolares y molares de *Homo sapiens*, en cambio, no sólo demoran el comienzo de su mineralización, sino que acumulan un retraso cada vez mayor —debido a un tiempo de crecimiento de las raíces más prolongado— y terminan su formación más tarde que en los chimpancés. El retraso en el inicio de la formación de los dientes posteriores humanos es progresivo. El primer molar de los chimpancés comienza a formarse antes del nacimiento, mientras que el primer molar humano inicia su desarrollo en torno al nacimiento. El primer premolar humano inicia su mineralización dos años y medio más tarde que su homólogo en *Pan troglodytes*, mientra que el segundo premolar tiene un retraso de casi dos años. El segundo molar humano retrasa el comienzo de su formación en dos años y medio, mientras que el tercer molar sufre una demora de más de cinco años.

Estos datos sugieren un proceso de posdesplazamiento de la señal para el comienzo de la fase de proliferación del epitelio interno del esmalte y de la fase de mineralización o formación de esmalte por los ameloblastos. Si recordamos los argumentos y la terminología de McKinney y McNamara (capítulo anterior) podríamos hablar de un posdesplazamiento secuencial en el desarrollo de los premolares y molares durante la evolución del género *Homo*. Pero también recordamos que para Godfrey y Sutherland el posdesplazamiento secuencial es sinónimo de neotenia, puesto que este proceso de heterocronía predice una extensión del desarrollo con cambios en el inicio y final de la formación de las estructuras. Por consiguiente, la evolución del desarrollo de aparato dental del género *Homo* debió experimentar un proceso pedomórfico —muy posiblemente de neotenia— que podría estar asociado a un proceso equivalente del maxilar y de la mandíbula. Este último supuesto parece en principio lógico, puesto que existe una relación entre la formación de los dientes y la necesidad del espacio mínimo imprescindible para dar cabida a cada germen dental. Luego abordaremos esta cuestión cuando hablemos del esqueleto facial.

Por otro lado, desde hace casi dos millones de años las coronas de los premolares y molares de las diferentes especies del género *Homo* han venido sufriendo una reducción de tamaño, que ha sido muy acusada a finales del Pleistoceno medio y ha llegado a su valor mínimo en las poblaciones modernas. Esta reducción implicó no sólo un cambio de tamaño, sino también de forma, por cuanto algunas de las cúspides que constituyen las coronas de los premolares y molares disminuyeron su tamaño relativo y acabaron por desaparecer. Las cúspides de estos dientes se forman siguiendo un orden determinado y bien conocido. La desaparición de cúspides en la evolución de *Homo* (que implica también reducción de tamaño) se produce en orden inverso a su aparición en la ontogenia. Todo parece indicar que durante la evolución de *Homo* los premolares y molares redujeron la velocidad de proliferación de las células del epitelio interno del esmalte. Esta disminución habría sido progresiva desde la formación de la primera hasta la última cúspide. Si el número de células del epitelio interno responsables de la formación de una cierta cúspide disminuye y se mantiene el tiempo para el inicio de la diferenciación de esas células en ameloblastos (véase la figura 7.2), el tamaño de la cúspide sufrirá una reducción. Finalmente, esa cúspide podrá llegar incluso a desaparecer si el número de células implicadas en su formación no supera un mínimo crítico. Como resultado final tendremos premolares y molares simplificados, con un menor número de cúspides. Este resultado es sin duda pedomórfico y el proceso implicado en este caso sería tasa hipomorfosis.

Un firme apoyo a esta hipótesis proviene de las observaciones realizadas en 1984 por Tasman Brown y Grant Townsend en una muestra de chicos con síndrome de Down (trisomía 21). Estos investigadores encontraron que los primeros molares inferiores de los individuos afectados tenían un tamaño significativamente inferior al de una muestra de chicos normales. Las diferencias de tamaño se debían sobre todo a la reducción de las tres cúspides distales. La trisomía 21 está relacionada con una ralentización generalizada de la mitosis y de la tasa de proliferación celular. Brown y Townsend concluyen que debe existir un descenso en la tasa de proliferación celular de los gérmenes dentales y que ese descenso debe ser más intenso en la región de los dientes que se forman en último término, que, como ya sabemos, corresponde a las cúspides distales. Si la disminución de la tasa de proliferación celular produce una reducción en el número de células por debajo de un cierto umbral, se puede alcanzar una situación límite en la que ya no se formen las cúspides distales y se produzca una reorganización espacial de las cúspides restantes, con el consiguiente cambio de forma de la corona. Este proceso pedomórfico podría resultar en la pérdida completa (agenesia) del tercer molar. Además, las investigaciones de Harris Keene en los años ochenta han demostrado en las poblaciones modernas una «caída» en la actividad celular desde la formación del primer molar hasta la formación del tercer molar, que explicaría la secuencia de tamaño decreciente de los molares de nuestra especie.

En conclusión, todo parece indicar que, a pesar de la prolongación de nuestra ontogenia con respecto a los australopitecos, la combinación de un posdesplazamiento secuencial en el inicio de la formación de los premolares y molares (que según Godfrey y Sutherland sería equivalente a un proceso de neotenia) y una disminución de la tasa de proliferación celular han producido los cambios en el patrón de desarrollo y en el tamaño y forma de los dientes posteriores del género *Homo*.

Por otra parte, los incisivos y caninos de los homínidos europeos del Pleistoceno medio (*Homo heidelbergensis*) y de los neandertales (*Homo neanderthalensis*) experimentaron un aumento de tamaño muy notable con respecto a homínidos anteriores (*Homo ergaster/antecessor*). Los dientes anteriores de los homínidos de aquella línea evolutiva europea presentan coronas de base ancha y abombada, con formación de tubérculos linguales muy conspicuos y con una raíz larga y robusta. Los bordes de la corona suelen ser muy espesos y se giran sobre sí mismos hacia la cara lingual, para constituir una «forma en pala» característica. Los incisivos y caninos de *Homo heidelbergensis* se formaban en un tiempo similar al de las poblaciones modernas y probablemente también similar al de sus ancestros, según se desprende del estudio del patrón y número de perikimata de los dientes de los homínidos de la Sima de los Huesos de Atapuerca. El incremento de tamaño de estos dientes podría explicarse mediante un aumento en la tasa de proliferación del epitelio interno del esmalte (véase el capítulo 7), de manera que un mayor número de ameloblastos participarían en la formación de la cubierta de esmalte. Al mismo tiempo también se produciría un incremento de la tasa de proliferación de las células de la papila dental, responsable de la formación de la dentina. Este aumento de la velocidad de proliferación celular es compatible con un

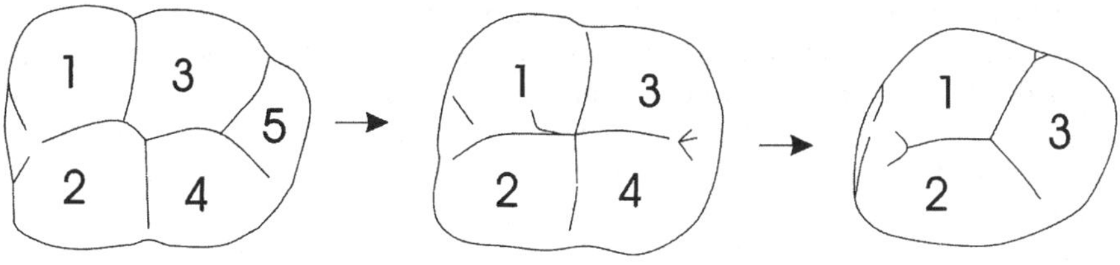

Figura 16.2. Esquema del proceso de reducción de cúspides en los molares mandibulares. El proceso de reducción es en parte continuo, pero también se producen saltos, con pérdidas de elementos de la corona. La primera cúspide que se pierde es el hipoconúlido (5.ª cúspide). En las poblaciones modernas esta cúspide suele faltar en los segundos y terceros molares. El entocónido (4.ª cúspide) puede faltar sobre todo en los terceros molares. El último salto en la reducción produce la agenesia de los molares; es decir, a partir de un determinado umbral de reducción los molares ya no pueden formarse.

proceso de tasa hipermorfosis. La consecuencia de este proceso no es sólo un aumento del tamaño de los dientes, sino también un incremento de la forma por aparición de nuevas estructuras, como los espesos bordes marginales, tubérculos dentales de aspecto muy variable y forma en pala.

Una vez descritos los hipotéticos procesos implicados en el incremento o reducción de los dientes, estoy convencido de que muchos lectores se preguntarán por las razones que impulsaron estos cambios. En los años setenta del siglo XX, Loring Brace propuso la hipótesis de que la reducción del tamaño general de los dientes en homínidos corrió paralela al progreso en las técnicas de preparación de los alimentos. La masticación prolongada de alimentos crudos de origen animal y vegetal dejó paso a una preparación cada vez más compleja de los alimentos, mediante el instrumental adecuado, y finalmente a su cocción. De este modo, la función de los dientes fue sustituida por la tecnología. La acumulación de mutaciones de los genes responsables de la formación de los dientes, explica Loring Brace, junto con una ausencia de selección natural en favor de una dentadura grande, habrían sido los responsables últimos de la reducción progresiva del tamaño de los dientes. Patricia Smith, de la Universidad de Hadassah de Jerusalén, nunca estuvo muy convencida de la teoría de Loring Brace. En el marco de esta hipótesis cabría proponer una reducción del tamaño de los dientes de los neandertales con respecto a sus antecesores del Pleistoceno medio, asociada a una supuesta mejora en la tecnología (Modo 3). Esta mejora habría reducido el esfuerzo exigido a los dientes, que tendrían un menor desgaste funcional y menos patologías asociadas al uso de los dientes. Patricia Smith observó que el desgaste dental de los neandertales y las patologías asociadas no sólo no disminuyeron en el Pleistoceno superior, sino que se incrementaron, probablemente debido a un cierto aumento de la esperanza de vida de estos homínidos. La mejora tecnológica que supuso el Modo 3 fue incapaz de sustituir el gran esfuerzo realizado por los dientes. Estos datos redujeron la credibilidad de la hipótesis de Loring Brace. Sin embargo, los datos obtenidos en la amplia muestra de dientes de homínidos de la Sima de los Huesos han permitido contrastar de manera definitiva esta hipótesis. Los premolares y molares permanentes de los homínidos de este yacimiento presentan unos promedios para las dimensiones de sus coronas similares a los de las poblaciones modernas; es decir, una población europea que vivió hace 300.000 años, que probablemente no controlaba el fuego, que empleaba tecnología del Modo 2 y que se alimentaba de una dieta con un gran poder abrasivo, redujo el tamaño de sus dientes posteriores hasta llegar a los límites de la variación actual.

Es evidente que el reducido tamaño de los dientes de las poblaciones de *Homo heidelbergensis* no fue obstáculo para el éxito evolutivo de esta especie, que finalmente dio origen a los neandertales. En consecuencia, la hipótesis de Loring Brace debe ser rechazada. Cabe recordar que los dientes de los homínidos del yacimiento del Pleistoceno medio de Tautavel, en el sur de Francia y próximo en el espacio y en el tiempo al yacimiento de la Sima de los Huesos, presentan un tamaño general muy grande y desde luego mayor que el de los homínidos burgaleses. Así pues, todo cuanto podemos afirmar es que hace tal vez más de 1,5 millones de años el tamaño de los dientes posteriores ha sido muy variable entre las poblaciones de las diferentes especies de *Homo* e independiente de los progresos tecnológicos. De todos modos, parece que podría existir un acuerdo en admitir que el tamaño de los dientes y su complejidad morfológica estaría relacionado con el tipo de dieta y con la eficacia biomecánica de la función que desempeñan; es decir, los dientes han de tener un tamaño adecuado para el complejo óseo y muscular del que forman parte. En las poblaciones modernas, la reducción de tamaño del soporte óseo de los dientes, mandíbula y maxilar, ha impuesto una restricción importante al tamaño de los dientes, que han reducido así los límites de variación de sus dimensiones con respecto a las poblaciones del Pleistoceno.

Por otro lado, Loring Brace y otros investigadores como Milford Wolpoff y Fred Smith defienden que la selección natural favoreció el incremento de tamaño de los dientes anteriores en *Homo heidelbergensis/neanderthalensis*, debido a que fueron empleados habitualmente en tareas no relacionadas con la masticación. Los dientes anteriores tomarían entonces una función adicional, a modo de herramienta, que les provocaría un fuerte estrés y una tasa considerable de desgaste. La selección natural, por consiguiente, tendería a favorecer a los individuos provistos de dientes anteriores de gran tamaño. Es más, el incremento de tamaño de estos dientes sería responsable de cambios en la morfología craneofacial. Así, la presencia de rasgos como el torus supraorbital bien desarrollado, bóveda craneal baja con escama frontal inclinada, prognatismo mediofacial, amplios senos maxilares, torus nucal bien desarrollado, etc., representarían en conjunto una adaptación para disipar las fuerzas generadas por el uso de la dentición anterior con propósitos paramasticadores.

La morfología facial

Un último ejemplo de la inferencia de procesos de heterocronía a partir de las evidencias del registro fósil es el que ofrece la morfología de la cara. En los australopitecos, parántropos y en los primeros representantes del género *Homo (habilis, rudolfensis* y *ergaster*) la porción media de la cara —la región situada entre las órbitas y el borde del maxilar— presenta la forma primitiva típica de nuestra familia que, entre otros rasgos, se caracteriza por un plano óseo infraorbital con disposición vertical o inclinado hacia adelante y orientado en el plano coronal o frontal del cuerpo. Además, las paredes nasales del maxilar no sobresalen en la cara y, en consecuencia, estos homínidos primitivos no tendrían una nariz protuberante como la nuestra. En las poblaciones modernas el plano óseo infraorbital se inclina hacia atrás, produciendo una marcada depresión en la cara, que recibe el nombre de fosa canina, y que reduce el volumen del seno maxilar. Las paredes nasales del maxilar son muy salientes, se orientan en el plano sagital y forman un cierto ángulo con el plano infraorbital. Finalmente, en la línea evolutiva europea formada por las especies *Homo heidelbergensis/neanderthalensis* aparece una derivación muy particular de la topografía de la cara media, de manera que el plano óseo infraorbital adopta una inclinación hacia adelante, pero no en el plano coronal (como en las formas primitivas) sino intermedia entre ese plano y el plano sagital. De este modo, las paredes nasales del maxilar (que sobresalen de la cara) se confunden con el plano infraorbital en un único plano muy conspicuo. Es lo que se denomina prognatismo mediofacial, característico y exclusivo de esta línea evolutiva europea.

La morfología del resto fósil ATD6-69, que corresponde a buena parte de la cara media del chico de la Gran Dolina, es claramente de tipo moderno. No obstante, el resto ATD6-58, que perteneció a un individuo adulto, nos muestra que los senos maxilares sufrirían una cierta expansión con la edad, que en cierto modo llegaría a enmascarar la topografía moderna de la cara de los adultos de *Homo antecessor*. El individuo juvenil de *Homo ergaster* KNM-WT 15000, que murió a la misma edad que el chico de la Gran Dolina, presenta una topografía mediofacial de tipo primitivo. Como consecuencia de todo ello, parece claro que el aspecto totalmente moderno de la cara media aparece por primera vez en las formas juveniles de *Homo antecessor*. Si existe una relación filogenética entre esta especie y *Homo sapiens*, se puede afirmar que los adultos de las poblaciones modernas hemos retenido el aspecto juvenil de la cara de *Homo antecessor*, probablemente mediante un proceso de neotenia, por reducción de la tasa de desarrollo morfológico de la cara. Susan Antón, de la Academia de Ciencias de California, ha llegado recientemente a conclusiones similares en su estudio de la morfología de la cara durante el desarrollo en la especie *Homo erectus/ergaster*. Según Antón, nuestra cara de adulto recuerda en gran medida a la cara de las formas juveniles de estas especies.

En definitiva y para concluir, cabe reflexionar sobre las enseñanzas de los ejemplos anteriores. Estos caso nos alertan de la imposibilidad de entender la

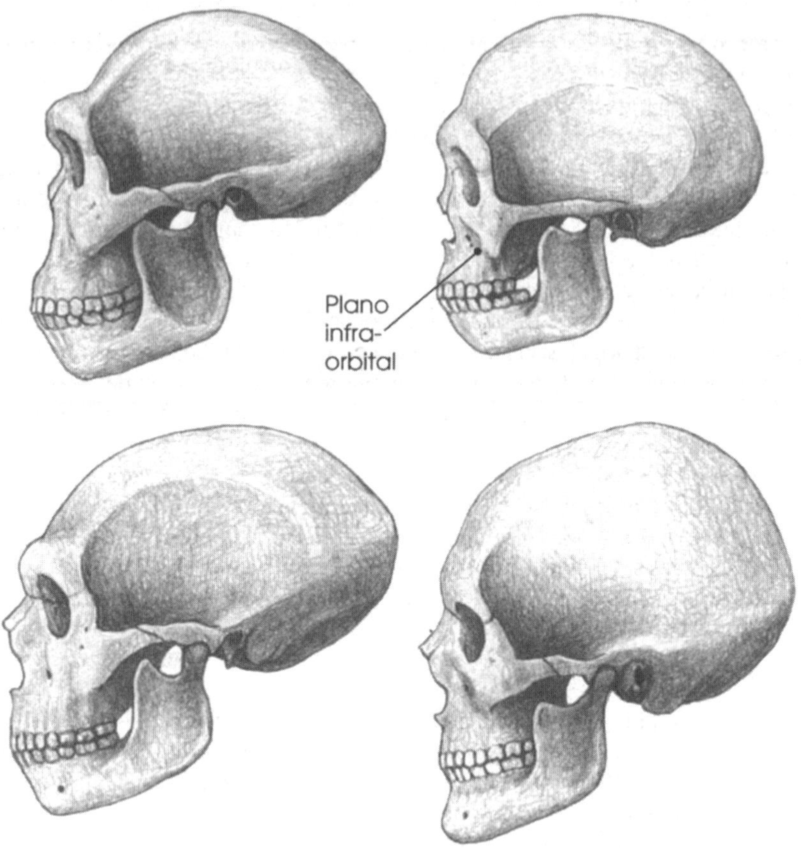

Figura 16.3. Comparación en vista lateral de los caras de cuatro especies de homínidos. Arriba a la izquierda, *Homo ergaster*; arriba a la derecha, *Homo antecessor*; abajo a la izquierda, *Homo neanderthalensis*; abajo a la derecha, *Homo sapiens*. Todos los cráneos corresponden a individuos adultos, salvo el de *Homo antecessor*, que corresponde al cráneo del chico de Gran Dolina. Este último se asemeja a *Homo sapiens* en la posesión de una cara verticalizada y un plano infraorbital orientado hacia abajo.

evolución humana de una manera simple, mediante un único proceso (neotenia, hipermorfosis, etc.). No se trata sólo de comparar dos especies vivas, chimpancés y seres humanos, para comprender toda nuestra evolución, sino de leer en el registro fósil lo que las especies pretéritas nos pueden enseñar. Es sólo cuestión de tiempo. Somos portadores de novedades evolutivas dentro del orden primates, como los cambios fisiológicos que permiten definir la niñez, pero también hemos sufrido diferentes procesos de heterocronía que se han superpuesto para definir combinaciones de rasgos en distintas especies en una verdadera evolución en mosaico. Como explicamos en el prólogo del libro, sólo cuando dispongamos de distintas formas infantiles y juveniles de todas las especies de homínidos podremos tener una visión más precisa de las relaciones filogenéticas entre esas especies y de los procesos que han determinado los cambios de forma, tamaño y morfología a lo largo de nuestra historia evolutiva.

Epílogo

17

El proceso de humanización

> El origen del hombre, como el de todas las especies animales o vegetales, ¿es de creación inmediata y súbita, o es la creación mediata y lenta como efecto de una ley suprema que rige y gobierna los destinos de la vida?
>
> MANUEL ANTÓN Y FERRÁNDIZ,
> *Antropología o historia natural del hombre*

En capítulos anteriores se han descrito algunos de los rasgos que de manera progresiva se han incorporado al patrimonio biológico y cultural de los homínidos, hasta conformar nuestra actual entidad como seres humanos. A modo de recapitulación haremos una breve síntesis de esos rasgos y de su interacción en el proceso de humanización. Es importante dejar claro desde el principio que este proceso no responde a ningún plan preestablecido, evitando caer así en concepciones direccionalistas y finalistas, a las que somos proclives los humanos desde nuestra posición prepotente frente al resto de los seres vivos. No somos el resultado final de un proceso dirigido por la selección natural o por cualquier otra fuerza desconocida o imaginada, sino los representantes vivos de uno de los linajes evolutivos del planeta, producto de cambios genómicos sucedidos al azar y su selección en circunstancias determinadas. En este mismo sentido, los seres humanos no somos una etapa o la culminación del plan estratégico de los primates, como sugería Adolf Schultz en los años sesenta. Los seres humanos no estamos alineados con otras especies de primates en una cadena evolutiva de eslabones de complejidad creciente. Los primates hemos seguido estrategias adaptativas diversas, que se sustentan en nuestro patrimonio genético común, pero que han adquirido su propia singularidad como respuesta a situaciones evolutivas diferentes. De ahí nuestra diversidad y riqueza como grupo zoológico. Es bien cierto que los humanos hemos tenido un éxito sin precedentes, producto de la adquisición de unas facultades mentales de las que suponemos carecen otras especies vivas, pero aún está por demostrar que nuestra singular estrategia adaptativa tenga un largo futuro por delante o si, por el contrario, será incapaz de afrontar los nuevos retos que le depara ese futuro incierto. La técnica, como ahora comentaremos, es una adaptación propia de los humanos, que nos ha conducido a ocupar todos los hábitats de la Tierra y que ya anuncia la posibilidad de llegar a otros planetas y quizás pronto a otras galaxias. La técnica es ahora la protagonista principal de nuestro proceso de humanización, cuyo final se nos antoja lejano, a juzgar por la perversidad de muchos de nuestros actos. ¿En qué punto nos encontramos?, ¿tenemos futuro como especie?

Después de más de cien años de excavaciones e investigaciones, hemos sido capaces de obtener muchas respuestas en el registro fósil acerca de las diferentes estrategias adaptativas ensayadas por los homínidos durante nuestra evolución. Los homínidos fuimos primates bípedos durante varios millones de años antes de empezar a golpear piedras de manera sistemática para fabricar herramientas. En ese tiempo no dejamos de ser buenos trepadores y sólo algunos consiguieron una mano capaz de manipular objetos con mayor precisión que la de nuestro antepasado común con los simios antropomorfos. Probablemente no todos los homínidos encontraron un motivo suficiente para emplear esa ventaja en otras actividades que no fueran las de coger con sus manos el alimento del entorno. Otros aprovecharon esa ventaja para fabricar objetos y la pinza de precisión mejoró y se fijó en nuestro patrimonio biológico como un activo de gran valor. Puesto que el nicho funcional de nuestra especie se define por la cultura, la aparición de las primeras herramientas se podrían considerar, en mi opinión, como el inicio del proceso de humanización.

Desde la perspectiva temporal que tenemos ahora a partir de los datos de la geocronología y del registro fósil, la obtención de carne y grasa de los animales para su inclusión en la dieta, la fabricación de los útiles de piedra, el incremento de la capacidad craneal hasta un rango aproximado de entre 450 y 500 centímetros cúbicos y tal vez un cierto aumento en la duración de la infancia se perciben como rasgos sincrónicos aparecidos hace entre 2,5 y 2,0 millones de años. Por el momento puede resultar estéril la discusión de cual fue la llave que abrió la puerta hacia una estrategia adaptativa novedosa en la que se conjugaron todos estos rasgos. Sin embargo, cabe admitir que su influencia mutua fue decisiva en la consolidación de esa estrategia, que permitió la aparición de nuevas formas de homínidos. En algunos textos se habla también de un «proceso de hominización» para describir las adaptaciones que determinaron la aparición de los homínidos que clasificamos como género *Homo*. A la luz de las investigaciones sobre la biología de homínidos, ese proceso habría cristalizado en las formas que se han clasificado como *Homo ergaster*, que adoptaron de manera definitiva la nueva estrategia.

La presencia de útiles líticos en niveles de hasta 2,6 millones de años de yacimientos de Kenia y Etiopía y el hallazgo de evidencias de procesos de carnicería asociados a la especie *Australopithecus garhi* sugieren que tanto la técnica más elemental, el Modo 1, y el consumo de carne formaron parte del nicho eco-

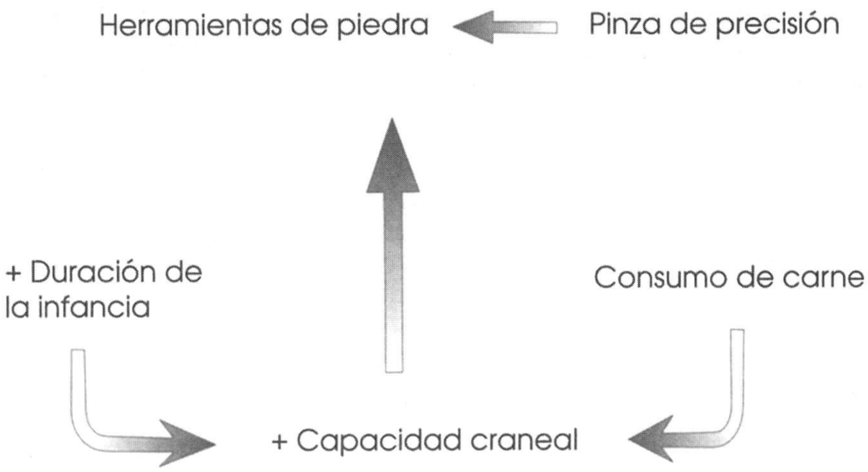

Figura 17.1. Hace entre 2,5 y 2,0 millones de años: esquema de las relaciones entre las adaptaciones fundamentales de los homínidos plio-pleistocenos. No es posible establecer una secuencia jerárquica o temporal en estas adaptaciones. Pero la interacción entre todas ellas creó un escenario adecuado para la radiación adaptativa del género *Homo*.

lógico de los homínidos mucho antes de que surgieran las formas que tradicionalmente hemos incluido en el género *Homo*. Tal vez ha llegado el momento de admitir que los australopitecos y los parántropos fabricaron utensilios líticos. Como hipótesis de trabajo y de acuerdo con Barry Bogin y Holly Smith, podemos proponer que un cierto incremento tanto de la tasa de crecimiento encefálico durante la gestación como de la duración de la infancia permitieron el aumento relativo del promedio de la capacidad encefálica de *Australopithecus africanus*, *Australopithecus garhi* y de los parántropos con respecto a las formas anteriores. Cabe entonces especular con la posibilidad de que la fabricación sistemática de herramientas estuviera relacionada con ese pequeño aumento del tamaño del encéfalo, que a su vez estaría relacionado con el consumo de una cierta cantidad de carne, como han sugerido Leslie Aiello y Peter Wheeler. Debo insistir una vez más en que no se trata de establecer una estrecha relación entre el tamaño del cerebro y la tecnología, pero sí de reconocer que unas determinadas habilidades técnicas sólo son posible en homínidos con cierto grado de complejidad cerebral.

En términos evolutivos, la suma de los efectos de los tres rasgos condujo hacia la explotación de un nuevo nicho funcional en los ecosistemas africanos, que divergió del nicho ocupado por los parántropos. Hemos justificado la niñez como un rasgo del desarrollo necesario para evitar los riesgos de la depresión demográfica que supone una prolongación excesiva de la infancia. Aquí creo que pudo estar la clave de la continuidad de ese nuevo nicho funcional, que fue explotado por

Homo habilis. Esta especie pudo ser el origen de *Homo ergaster* hace algo menos de dos millones de años. La ventaja que proporcionaba una niñez prolongada en la reproducción acabó por producir una expansión demográfica de *Homo ergaster*, que amplió su hábitat fuera del continente africano. El proceso de humanización estaba ya en marcha.

Si las estimaciones de Robert Martin son correctas y la cifra de 850 centímetros cúbicos fue un verdadero rubicón cerebral para las posibilidades del canal pélvico, debió aparecer muy pronto lo que habría de ser nuestro patrón de desarrollo cerebral, con la prolongación de la tasa fetal de crecimiento encefálico después del nacimiento. La progresiva altricialidad del recién nacido, con un desarrollo neuromotor cada vez más retrasado, condicionó el modelo sociobiológico de *Homo ergaster*. Ahora ya debe plantearse la necesidad de incluir en aquellas sociedades primitivas del Pleistoceno inferior ingredientes tales como un vínculo más estrecho entre los progenitores, necesario para la protección de los individuos infantiles y de los niños, un mayor tiempo de aprendizaje y estrategias más complejas para obtener recursos del medio. Sólo en este contexto se pudo dar el primer paso importante en la complejidad de la técnica y probablemente también de la comunicación entre los individuos mediante un incipiente lenguaje, sencillo pero preciso y eficaz y a mi entender necesario en el mundo de *Homo ergaster*.

En su libro *Planeta humano* mis compañeros Eudald Carbonell y Robert Sala dedican un magnífico capítulo al análisis de un rasgo tan humano como es el lenguaje. Los autores, expertos en tecnología lítica, realizan una reflexión profunda sobre el paralelismo entre la técnica y el lenguaje. El registro fósil apenas nos da cancha para la investigación del lenguaje en el pasado. La reconstrucción de la superficie del cerebro a partir de los moldes endocraneales o de la tomografía axial computerizada y del aparato fonador a partir de la anatomía de la base del cráneo se han mostrado insuficientes para alcanzar conclusiones definitivas. En los capítulos precedentes no hemos analizado el problema del lenguaje, aunque es un aspecto importante del proceso de humanización. Por eso es interesante comentar ahora que la mayoría de los investigadores y entre ellos mis compañeros Juan Luis Arsuaga e Ignacio Martínez, están de acuerdo en que la anatomía de la base del cráneo de especies como *Homo ergaster* y *Homo erectus* son compatibles o no contradicen la posibilidad de una cierta capacidad lingüística. Eudald Carbonell y Robert Sala tienen una opinión similar y compartida con muchos prehistoriadores, pero basada en el análisis de las secuencias de gestos técnicos necesarios para producir determinados útiles líticos. Esos gestos técnicos reflejarían, según explican mis compañeros, un cierto código lingüístico. El lenguaje sería imprescindible para la trasmisión de sistemas técnicos, que exigen pautas aprendidas, no por simple observación, sino mediante la enseñanza.

Algunos investigadores, como Paul Mellars, sostienen que un lenguaje simbólico tan desarrollado como el que usamos los humanos en la actualidad debió de surgir hace tan sólo unos 40.000 años, durante el Paleolítico Superior y en el seno de las poblaciones modernas. Esta hipótesis se basa en la consideración de que el lenguaje humano supuso un salto cualitativo muy importante con respecto al sistema de comunicación de homínidos anteriores, según se puede deducir del análisis del registro arqueológico. Las poblaciones modernas fabricaron una serie de utensilios con un grado de sofisticación sin precedentes, que justifica el uso de un lenguaje simbólico igualmente sofisticado, radicalmente distinto de posibles sistemas de comunicación de poblaciones precedentes. Otros investigadores, como Robert Foley, manejan argumentos procedentes de la anatomía comparada de los moldes endocraneales de homínidos, de la etología comparada de primates y del propio registro arqueológico, y concluyen que nuestro lenguaje simbólico no es sino el resultado de la evolución progresiva del sistema de comunicación de los primates. Nuestro lenguaje simbólico tendría raíces más profundas de lo que supone Paul Mellars. En este debate se trata, en definitiva, bien de reconocer las similitudes entre nuestro sistema de comunicación y el de otros primates asumiendo una evolución progresiva del lenguaje en homínidos, bien de enfatizar las diferencias hasta el punto de suponer un salto cualitativo muy importante para lograr el grado de complejidad del lenguaje moderno.

Leslie Aiello y Robin Dunbar ofrecen un punto de vista muy interesante en este debate, combinando los datos del registro fósil sobre la capacidad craneal de los homínidos y ciertas pautas del comportamiento de los primates. En las especies de primates sociales los individuos dedican una buena parte del día al aseo mutuo, que implica una interacción individual muy importante para mantener la cohesión social de los grupos. Dunbar y otros investigadores han obtenido una estrecha correlación entre el tamaño del neocórtex y el tamaño de los grupos en estas especies de primates. Los mamíferos hemos conseguido una gran complejidad de la corteza cerebral (córtex) desarrollando una capa neuronal nueva (neocórtex), que se superpone a la capa de neuronas de la corteza cerebral de otros vertebrados (paleocórtex) y donde se realiza el control de muchas de las funciones propias de los mamíferos. Los simios antropomorfos y los homínidos tenemos un gran desarrollo del neocórtex, que ocupa la mayor parte de la corteza cerebral. En nuestra especie, el neocórtex debe replegarse formando *sulcus* y *circunvalaciones* para ocupar una superficie mayor y evitar así un volumen excesivo del cerebro. Cuanto mayor es el neocórtex con respecto al tamaño del resto del cerebro —lo que Dunbar denomina «neocortex ratio» o tamaño relativo del neocórtex—, mayor es el tamaño de los grupos. La correlación entre las dos variables se explica porque un neocórtex más desarrollado implica una interacción más larga y compleja entre los individuos, que ayuda a mejorar la cohesión del grupo.

A partir de estos resultados, Aiello y Dunbar plantean la siguiente hipótesis: el tamaño de los grupos debió de ser cada vez mayor entre los homínidos, por lo que también debió aumentar el tiempo dedicado a la interacción entre los individuos. Sin embargo, ese incremento de tiempo no podría superar unos ciertos límites, dado que había que atender a otras actividades tan importantes como obtener el alimento. En este contexto, habría surgido el lenguaje como un sistema para mejorar sustancialmente las relaciones individuales y ayudar a mantener la cohesión de grupos cada vez más numerosos. ¿Cómo contrastar esta hipótesis?

En principio, al emplear la correlación observada entre el tamaño relativo del neocórtex y el tamaño de los grupos en primates se obtiene que en las sociadades de cazadores-recolectores actuales el tamaño de sus grupos debería estar en un rango de entre 90 y 220 individuos, con un promedio de 150. La estimaciones coinciden con la realidad. La comunicación de los individuos mediante el lenguaje es suficiente para mantener grupos de hasta 200 individuos. Por encima de esa cifra surge la necesidad de una coordinación diferente, que va más allá de la interacción personal y que termina por estratificar a las poblaciones en grupos sociales distintos. Pero ¿cuál era el tamaño de los grupos en el Plio-Pleistoceno? Para estimar ese dato necesitamos saber el tamaño del neocórtex en las diferentes especies de *Australopithecus, Paranthropus* y *Homo*. En primates se conoce bien la relación entre el tamaño de neocórtex y el tamaño del cerebro. Como esta última variable está a su vez muy correlacionada con la capacidad craneal —el único dato que tenemos en el registro fósil— podremos calcular de manera indirecta el tamaño del neocórtex en todos los homínidos.

Aiello y Dunbar realizaron estos cálculos y obtuvieron, como cabía esperar, que el tamaño de los grupos se habría incrementado desde un número algo mayor de 60 individuos para las diferentes especies de australopitecos y parántropos hasta los 150 individuos de las poblaciones modernas. El tamaño de los grupos en aquellos primeros homínidos sugiere un tiempo de interacción entre los individuos similar o incluso menor al estimado en primates actuales, como la especie *Teropithecus gelada*, un babuino social habitante de espacios abiertos, o los chimpancés. Por ese motivo, Aiello y Dunbar piensan que el lenguaje no fue necesario en los primeros homínidos para mantener la cohesión de los grupos. Sin embargo, en *Homo habilis* y *Homo rudolfensis* la estimación del tamaño del neocórtex indica grupos de hasta 80 y 90 individuos, cuya cohesión requiere algo más que su interacción personal mediante los procedimientos habituales de aseo mutuo característico de otras especies de primates. Por ese motivo, Aiello y Dunbar plantean la necesidad de una cierta capacidad de lenguaje para estas especies de finales del Plioceno.

Las estimaciones teóricas para las poblaciones de la segunda mitad del Pleistoceno medio, como las de la Sima de los Huesos de Atapuerca, indican tamaños de grupo similares a los de las poblaciones recientes, con cifras que oscilan entre 125 y 140 individuos. Si estos números son correctos, el tiempo de interacción personal necesario para mantener la cohesión de los grupos debió de ser considerable. La única posibilidad para reducir ese tiempo es utilizar algún tipo de lenguaje, pero ya no tanto para una comunicación simple entre los individuos que intercambian información sobre ellos mismos, sino sobre otros miembros del grupo. Es decir, especies como *Homo heidelbergensis* habrían adquirido un notable grado de complejidad en el lenguaje para referirse a situaciones de tiempo y lugar en las que están implicados diferentes individuos del grupo. Esta complejidad sería la base del lenguaje aún más sofisticado y simbólico de las poblaciones modernas, que habría surgido de manera gradual en respuesta a presiones selectivas para una cohesión social más eficaz asociada a aspectos como la religión y el respeto a los muertos. En suma, Aiello y Dunbar son partidarios de considerar el lenguaje como un rasgo aparecido hace unos dos millones de años, que evolucionó en complejidad fonética y conceptual, en respuesta a la necesidad de grupos cada vez más numerosos, que requerían una fuerte cohesión social.

Aiello y Dunbar, además, analizan las causas del incremento del tamaño de los grupos en homínidos. El riesgo de predación es una causa muy obvia para el crecimiento de los grupos en muchas especies de primates, que basan su defensa no en la capacidad individual sino en la del grupo. El hábitat abierto de *Homo habilis* y *Homo rudolfensis* habría requerido un tamaño mayor de los grupos como defensa de los riesgos de predación. Pero la propia competencia intraespecífica por los recursos del medio podría haber forzado el crecimiento del número de individuos de los grupos, según indican estos investigadores. Recordemos ahora que el primer acto de canibalismo bien documentado está en el nivel TD6 de Gran Dolina, que podría haber resultado de la rivalidad entre dos grupos en competencia por los recursos de la Sierra de Atapuerca y su entorno. Por último, Aiello y Dunbar apuntan la posibilidad de que el estilo de vida nómada de especies como *Homo ergaster*, que incluye amplios movimientos migratorios, habría requerido grupos muy numerosos formados por subgrupos más pequeños con una fuerte interacción social entre ellos para controlar los recursos del medio. Estoy de acuerdo con estos investigadores en que el lenguaje pudo evolucionar en complejidad desde hace dos millones de años, pero no me parece tan necesario invocar el progresivo incremento de los grupos como el único motor que impulsó su desarrollo. En cambio, el aumento en la duración y complejidad del desarrollo ontogenético habría potenciado los lazos sociales no sólo de los padres con sus hijos, sino también de todo el grupo. Esta mayor interacción entre los individuos tuvo que favorecer la progresiva complejidad de su sistema de comunicación. Tampoco podemos olvidar que los homínidos pronto dejaron de ser una presa habitual para convertirse en una presa ocasional, en el momento en que nos convertimos en predadores muy eficaces. La caza en grupo y el desarrollo de la técnica por otra parte, exige un código de comunicaciones muy complejo, que habría favorecido también el desarrollo y evolución del lenguaje.

Durante el Pleistoceno inferior, el patrón de desarrollo de los homínidos adquirió una mayor complejidad hasta alcanzar un estatus similar al de nuestra especie. Hace 800.000 años, formas como *Homo antecessor* tendrían ya una niñez prolongada y una adolescencia con su correspondiente estirón puberal. Susan Antón apoya con sus datos métricos del cráneo la existencia de un estirón puberal en los homínidos del Pleistoceno inferior de África y Eurasia. Durante el Pleistoceno medio se debieron de producir los ajustes mínimos necesarios para que al menos una forma de homínido africano (la primera población de *Homo sapiens*) alcanzase la plenitud de nuestro modelo de desarrollo. Las ventajas para la estrategia de reproducción de un desarrollo largo y complejo habrían de producir sucesivas expansiones demográficas durante el Pleistoceno inferior y buena parte del Pleistoceno medio. Sin embargo, los homínidos sólo pudieron colonizar determinadas latitudes, de acuerdo con sus capacidades biológicas. Cabe aquí recordar el debate sobre los primeros europeos, cuando algunos colegas insisten en que Europa fue colonizada hace tan sólo 500.000 años. En realidad, su afirmación debería ser que las latitudes altas de Europa pudieron ser colonizadas hace medio millón de años, precisamente cuando apareció en escena en este continente el Modo técnico 2. Es decir, nuestros conocimientos y habilidades técnicas empezaron a tener una influencia importante en la distribución de las especies de *Homo* cuando adquirieron la complejidad que percibimos en poblaciones como la de la Sima de los Huesos de la Sierra de Atapuerca. Podemos decir entonces que la tecnología comenzó a interferir con la selección natural que modulaba nuestra evolución, aunque mi preferencia sería afirmar que la tecnología se integró como un elemento más en esa abstracción que denominamos selección natural.

Muchos opinarán que el proceso de humanización terminó en el momento en que nuestra especie apareció en el escenario evolutivo de los homínidos. En efecto, hace algo más de 100.000 años surgió en África una población que poseía todos los atributos biológicos que caracterizan a *Homo sapiens*. Ese estatus evolutivo podría ser suficiente para hablar del ser humano en su pleno derecho, por supuesto. En aquella época remota los humanos habíamos logrado alcanzar un grado de complejidad técnica, que clasificamos como Modo 3, que estaba todavía muy lejos de los progresos de la tecnología moderna. La cuestión entonces es si deberíamos incluir la técnica o los progresos tecnológicos en nuestra valoración del proceso de humanización, o si, por el contrario, el estatus biológico evo-

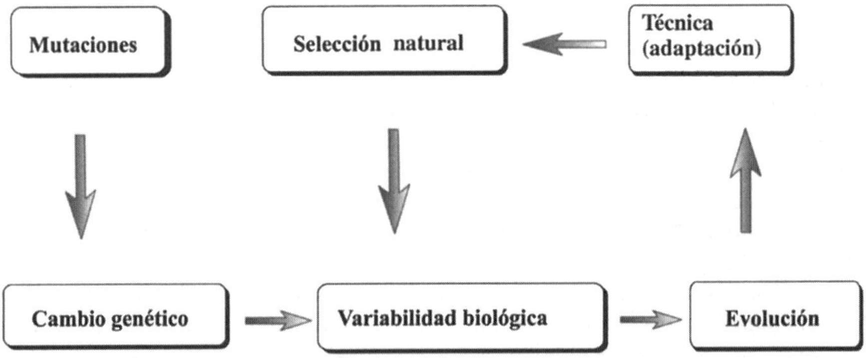

Figura 17.2. La cultura es una adaptación extrasomática o exobiológica surgida como una consecuencia más de la selección de la variabilidad biológica de los homínidos. Pero la tecnología, que forma parte de nuestro bagaje cultural, nos ha trascendido al punto de integrarse como un elemento básico de la propia selección natural.

lutivo de los homínidos africanos de finales del Pleistoceno medio podría ser suficiente para hablar del ser humano en su pleno derecho. En mi opinión, no es posible ignorar que los seres humanos estamos ligados de manera definitiva a la tecnología. Se suele afirmar que la técnica es un rasgo extrasomático o exobiológico, que proyectamos fuera de nuestro cuerpo y que conocemos con el nombre genérico de cultura. Aunque la técnica no forma parte de nuestro cuerpo es un rasgo humano con un origen biológico. Durante miles de años, la técnica se utilizó en perfecta armonía y combinación con otras adaptaciones biológicas para el desarrollo de nuestra estrategia específica. No obstante, una novedad técnica no tiene valor o no supone evolución cultural si no trasciende al individuo o a los individuos que la idearon. Una novedad técnica adquiere todo su valor (si es que lo tiene) en la medida en que todos los individuos de la población o de la especie tienen acceso a su disfrute y deja de ser individual para producir su efecto beneficioso en el colectivo.

La evolución del nicho funcional de *Homo* sólo se concibe desde la evolución de la complejidad de la técnica y en paralelismo con ella. Ante una necesidad o situación determinada nuestra mente busca una solución concibiendo una idea más o menos compleja, que luego proyecta y convierte en realidad a partir de las materia primas disponibles en el entorno. Los humanos empleamos los objetos con el mismo sentido que usamos otras adaptaciones biológicas. Es más, ahora la técnica permite fabricar elementos que forman parte de nuestro cuerpo, desde unas sencillas lentes de contacto hasta el delicado mecanismo de una válvula cardíaca artificial. No obstante, la técnica no se puede considerar como una adaptación individual, aunque cada sujeto en particular se beneficie de las ventajas que puede aportar. Los progresos técnicos sólo son eficaces cuando todos los individuos de la población participan de sus beneficios. Es decir, cuando se produce la socialización de la técnica, como nos explican Eudald Carbonell y Robert Sala en su libro. La técnica nos hace humanos, sostienen nuestros compañeros, que no conciben la humanización como un proceso acabado.

Y en este debate podemos hacernos la pregunta: ¿qué significa o qué entendemos por ser humanos? Los sistemas de comunicación inventados por los humanos, como los diarios, la radio, la televisión, internet..., nos presentan cada dia el escenario del planeta, en el que asistimos apenas sin inmutarnos al espectáculo de la barbarie generada por los humanos, cuyos efectos se multiplican gracias al concurso de la tecnología. La técnica al servicio de la guerra, las fuertes desigualdades planetarias, el agotamiento de los recursos, etc. ¿Es este un síntoma de humanización?, o se trata de la más clara prueba de que aún falta un largo camino por recorrer. Muchos se sienten orgullosos de los avances técnicos, que nos han llevado a los seres humanos a viajar por el espacio en el deseo de realizar una última expansión, ahora ya fuera de nuestro propio planeta. Otros en cambio, los más pesimistas, consideran que la técnica es un mal terrible y la rechazan, porque produce efectos indeseables, como la degradación ambiental, la disminución de la diversidad biológica y su empleo para fines bélicos o terroristas. Sin embargo, el problema no está en la técnica sino en nosotros mismos. La técnica no se puede categorizar de buena o de mala. La cuestión es el uso, bueno o malo, que hacemos de los progresos tecnológicos. La cultura es nuestro nicho ecológico y no podemos prescindir de ella. En todo caso, deberíamos controlar la tecnología con eficacia e inteligencia y evolucionar con ella. Pero hay algo más, la técnica ya no sólo forma parte de la selección natural, sino que está alcanzando el primer nivel, el de la mutación. La ingeniería genética nos plantea un futuro lleno de interrogantes: ¿podremos alterar de manera selectiva nuestro patrimonio genético?, ¿podremos llegar a conocer y eliminar la base genética de nuestros peores defectos como especie: el egoísmo, la envidia, el exceso de vanidad, la prepotencia, la soberbia, la intolerancia... ¿podremos preparar nuestro organismo para colonizar medios extraterrestres? Si todo esto es posible en el marco de una ética razonable, quizás la tecnología nos permita alcanzar ese grado de humanización al que todos deberíamos aspirar.

Bibliografía

Abbate, E., A. Albianelli, A. Azzaroli, M. Benvenuti, B. Tesfamariam, P. Bruni, N. Cipriani, R. J. Clarke, G. Ficcarelli, R. Macchiarelli, G. Napoleone, M. Papini, L. Rook, M. Sagri, T. Medchin Tecl, D. Torre y I. Villa (1998), «A one-million-year-old *Homo* cranuim from the Danakil (Afar) Depression of Eritrea», *Nature*, 393, pp. 458-460.

Aiello, L., y R. I. M. Dunbar (1993), «Neocortex size, group size and the evolution of language», *Current Anthropology,* 34, pp. 184-193.

Aiello, L. y P. Wheeler (1995), «Brains and guts in human and primate evolution: the expensive organ hypothesis», *Current Anthropology*, 36, pp. 199-221.

Alberch, P., S. J. Gould, G. F. Oster y D. B. Wake (1979), «Size and shape in ontogeny and phylogeny», *Paleobiology*, 5, pp. 296-317.

Alférez, F. (1985), «Dos molares humanos procedentes del yacimiento del Pleistoceno Medio de Pinilla del Valle (Madrid)», *Trabajos de Antropología*, 19, p. 303.

Anderson, Ð. L., G.W. Thompson y F. Popovich (1976), «Age of attainment of mineralization stages of the permanent dentition», *Journal of Forensic Sciences*, 21, pp. 191-200.

Anemone, R. L. y E.S. Watts (1992), «Dental development in apes and humans: a comment on Simpson, Lovejoy and Meindl» (1990). *J. Hum. Evol.*, 22, pp. 149-153.

Antón, S. (2001), «Growth and life history in *Homo erectus. Am. J. Phys. Anthropol*», Sup., 32, p. 32.

Arsuaga, J. L. (1979), «Algunas pautas de la evolución en los homínidos del cociente entre las capacidades craneales del recién nacido y del adulto: sus posibles implicaciones», *Estudios geol*, 35, pp. 341-343.

Arsuaga, J. L., J. M. Bermúdez de Castro y E. Carbonell, eds. (1997), «The Sima de los Huesos Hominid site», *J. Hum. Evol.*, 33, pp. 105-409.

Arsuaga, J. L., y I. Martínez (1998), «*La especie elegida*», Temas de Hoy, Madrid.

Arsuaga, J. L., C. Lorenzo, J. M., Carretero, A. Gracia, I. Martínez, N. García, J. M. Bermúdez de Castro y E. Carbonell (1999), «A complete human pelvis from the Middle Pleistocene of Spain», *Nature*, 399, pp. 255-258.

Arsuaga, J. L., C. Lorenzo, I. Martínez, A. Gracia y J. M. Carretero (2000), «Sociobiología de homínidos», *Mundo Científico*, 214, pp. 10-16.

Arsuaga, J. L., I. Martínez, C. Lorenzo, A. Gracia, A. Muñoz, O. Alonso y J. Gallego (1999), «The human cranial remains from Gran Dolina Lower Pleistocene site (Sierra de Atapuerca, Spain)», *J. Hum. Evol.*, 37, pp. 431-457.

Ascenzi, A., I. Biddittu, P. F. Cassoli, A.G. Segre y E. Segre-Naldini (1996), «A calvarium of late *Homo erectus* from Ceprano, Italy», *J. Hum. Evol.*, 31, pp. 409-423.

Asfaw, B., Y. Beyene, G. Suwa, R. C. Walter, T. D. White, G. WoldeGabriel y T. Yemane (1992), «The earliest Acheulan from Konso-Gardula», *J. Hum. Evol.*, 360, pp. 732-734.

Asfaw, B., T. D. White, O. Lovejoy, B. Latimer, S. Simpson y G. Suwa (1999), «*Australopithecus garhi*: a new species of early hominid from Ethiopia», *Science*, 284, pp. 629-635.

Asper, H. Von (1916), «Über die "Braune Retzinusgsche Parallelstreifung" im Schmelz der menschlichen Zähne», *Schwiz. V j schr. Zahnheilk*, 26, pp. 275-214.

Beer, de G. (1930), «*Embryology and Evolution*», Oxford, Oxford University Press (Clarendon).

Beer, de G. (1958), «*Embryos and Ancestors*», Oxford, Oxford University Press (Clarendon).

Bermúdez de Castro, J. M., J. L. Arsuaga, E. Carbonell, A. Rosas, I. Martínez y M. Mosquera (1997), «A hominid from the Lower Pleistocene of Atapuerca, Spain: possible ancestor to Neandertals and modern humans», *Science*, 276, pp. 1.392-1.395.

Bermúdez de Castro, J. M., E. Carbonell, I. Cáceres, J. C. Díez, Y. Fernández-Jalvo, M. Mosquera, A. Ollé, J. Rodríguez, X. P. Rodríguez, A. Rosas, J. Rosell, R. Sala, J. M. Vergés y J. van der, Made (1999), «The TD6 (Aurora Stratum) hominid site. Faunal remarks and new questions», *J. Hum. Evol.*, 37, pp. 695-700.

Bermúdez de Castro, J. M. y P. J. Pérez (1995), «Enamel hypolasia in the Middle Pleistocene hominids from Atapuerca (Spain)», *J. Hum. Evol.*, 96, pp. 301-314.

Bermúdez de Castro, J. M. y A. Rosas (2001), «Pattern of dental development in Hominid XVIII from the Middle Pleistocene Atapuerca-Sima de los Huesos site (Spain)», *American Journal of Physical Anthropology*, 114, pp. 325-330.

Bermúdez de Castro, J. M., A. Rosas, E. Carbonell, E. Nicolás, J. Rodríguez y J. L. Arsuaga (1999), «A modern human pattern of dental development in Lower Pleistocene hominids from Atapuerca-TD6 (Spain)», *Proc. Natl. Acad. Sci., USA*, 96, pp. 4.210-4.213.

Bermúdez de Castro, J. M., A. Rosas y M.E. Nicolás (1999), «Dental remains from Atapuerca-TD6 (Gran Dolina site, Burgos, Spain)», *J. Hum. Evol.*, 37, pp. 523-566.

Beynon, A. D. (1986), «Tooth growth and structure in living and fossil hominoids», en E. Cruwys y R. A. Foley, eds., *Teeth and Antrhopology*, Oxford, B.A.R. Int. Series, 291, pp. 23-30.

Beynon, A. D., y B. A. Wood (1987), «Patterns and rates of enamel growth in the molar teeth of early hominids», *Nature*, 326, pp. 493-496.

Beynon, A. D., y M. C. Dean (1988), «Distinct dental development patterns in early fossil hominids», *Nature,* 335, pp. 509-514.

Billy, G. (1982), «Les dents humaines de la Grotte du Coupe-Gorge a Montmaurin», *Bulletin et Mémoires de la Societé d'Anthropologie de Paris,* 9, pp. 211-225.

Binford, L. R. (1981), *Bones: Ancient Men, Modern Myths*, Nueva York, Academic Press.

Binford, L. R. (1985), «Human ancestors: changing views of their behavior», *J. Anthrop. Arch.,* 4, pp. 292-327.

Blurton Jones, N. G., L. C. Smith, J. F. O'Oconnell, K. Hawkes y C. L. Kamuzora (1992), «Demography of the Hadza, an increasing and high density population of savanna foragers», *Am. J. Phys. Anthropol,* 89, pp. 159-181.

Bowen, D. Q., G. A. Sykes (1994), «How old is "Boxgrove man"?», *Nature,* 371, p. 751.

Bogin, B. (1991), *Patterns of Human Growth,* Cambridge, Cambridge University Press.

Bogin, B. (1997), «Evolutionary hypotheses for human childhood», *Yearbook Phys. Anthropol.,* 40, pp. 63-89.

Bogin, B. (1999), «Evolutionary perspective on human growth», *Annu. Rev. Anthropol.,* 28, pp. 109-153.

Bogin, B. y B.H. Smith (1996), «Evolution of the Human Life Cycle», *Am. J. Hum. Biol.*, 8, pp. 703-716.

Boyde, A. (1963), «Estimation of age at death of young human skeletal remains from incremental lines in the dental enamel», *Proc. 3rd Int. Meeting Forensic Immunology, Medicine, pathology, and Toxicology. London,* Sesión Plenaria IIA.

Brace, C. L. (1967), «Environment, tooth form, and size in the Pleistocene», *J. Dent. Res.*, 46, pp. 809-816.

Brace, C. L. (1979), «Krapina, "Classic Neanderthals", and the evolution of the European face», *J. Hum. Evol.*, 8, pp. 527-550.

Brace, C. L., y P. E. Mahler, (1971), «Post-Pleistocene changes in the human dentition», *Am. J. Phys. Anthropol.*, 34, pp. 191-204.

Brace, C, L., K. R. Rosenberg, y K. D. Hunt, (1987), «Gradual change in human tooh size in the late Pleistocene and post-Pleistocene», *Evolution,* 41, pp. 705-720.

Bräuer, G. y M. Schultz (1996), «The morphological affinities of the Plio-Pleistocene mandible from Dmanisi», Georgia, *J. Hum. Evol.,* 30, pp. 445-481.

Bromage, T. G., (1987), «The biological and chronological maturation of early hominids», *J. Hum. Evol.*, 16, pp. 257-272.

Bromage, T. G. y M. C. Dean (1985), «Re-evaluation of the age at death of immature fossil hominids», *Nature*, 317, pp. 525-527.
Brown, F., J. Harris, R. Leakey y A. Walker (1985), «Early *Homo erectus* skeleton from west Lake Turkana, Kenya», *Nature,* 316, pp. 788-792.
Cambell, K. L. y J. W. Wood (1988), «Fertility in traditional societies», en *Natural Human Fertility: Social and Biological Determinants* (P. Diggory, M. Potts y S. Tepen, eds.), pp. 39-69, Londres, Macmillan.
Carbonell, E., J. M. Bermúdez de Castro, J. L. Arsuaga, J. C. Díez, A. Rosas, G. Cuenca-Bescós, R. Sala, M. Mosquera y X. P. Rodríguez (1995), «Lower Pleistocene hominids and artifacts from Atapuerca-TD6 (Spain)», *Science,* 269, pp. 826-830.
Carbonell, E., M. Esteban, A. M. Nájera, M. Mosquera, X. P. Rodríguez, A. Ollé, R. Sala, J. M. Vergés, J. M. Bermúdez de Castro y A. I. Ortega (1999), «The Pleistocene site of Gran Dolina, Sierra de Atapuerca, Spain: a history of the archaeological investigations», *J. Hum. Evol.,* 37, pp. 313-324.
Carbonell, E., M. D. García-Antón, C. Mallol, M. Mosquera, A. Ollé, X. P. Rodríguez, M. Sahnouni, R. Sala y J. M. Vergés (1999), «The TD6 level lithic industry from Gran Dolina, Atapuerca (Burgos, Spain): production and use», *J. Hum. Evol.,* 37, pp. 653-693.
Carbonell, E., M. Mosquera, X. P. Rodríguez y R. Sala (1995), «The first human settlement of Europe», *J. Anthropol. Res.,* 51, pp. 107-114.
Carbonell, E., M. Mosquera, X. P. Rodríguez, R. Sala y J. van der Made (1999), «Out of Africa: The dispersal of the earliest technical systems reconsidered», *J. Anthropol. Archaeol,* 18, pp. 119-136.
Carbonell, E., y X. P. Rodríguez (1994), «Early Middle Pleistocene deposits and artefacts in the Gran Dolina site (TD4) of the "Sierra de Atapuerca" (Burgos, Spain», *J. Hum. Evol.*, 26, pp. 291-311.
Carbonell, E., y R. Sala (2000), *Planeta Humano*, Barcelona, Península.
Clegg, M., y L. Aiello (1999), «A comparison of the Nariokotome *Homo erectus* with juveniles from a modern human population», *Am. J. Phys. Anthropol.*, 110, pp. 81-93.
Conroy, G. C., y M. W. Vannier (1987), «Dental development of the Taung skull from computerized tomography», *Nature,* 329, pp. 625-627.
Conroy, G. C., y M. W. Vannier (1988), «The nature of Taung dental maturation continued», *Nature*, 333, p. 808.
Cortada, T., y J. Maroto (1990), «La dent humana paleolítica de la Cova de Mollet I (Serinyà)», *Quaderns d'Estudis Comarcals de Banyoles*, 1988-1989, pp. 135-148.
Cuenca-Bescós, G., C. Laplana y J. I. Canudo (1999), «Biochronological implications of the Arvicolidae (Rodentia, Mammalia) from the Lower Pleistocene hominid-bearing level of Trinchera Dolina 6 (TD6, Atapuerca, Spain)», *J. Hum. Evol.,* 37, pp. 353-373.

Dean, M. N. (1987), «The dental developmental status of six East African juvenile fossil hominids», *J. Hum. Evol.*, 16, pp. 197-213.

Dean, M. C. (1987), «Growth layers and incremental markings in hard tissues; a review of the literature and some preliminary observations about enamel structure in *Paranthropus boisei*», *J. Hum. Evol.*, 16, pp. 157-172.

Dean, M. C., C. B. Stringer y T. G. Bromage (1986), «Age at death of the Neanderthal child from Devil's Tower, Gibraltar and the implications for studies of general growth and development in Neanderthals», *Am. J. Phys. Anthropol.*, 70, pp. 301-309.

Dean, M. C. y B. A. Wood (1981), «Developing pongid dentition and its use for ageing crania in comparative cross-sectional growth studies», *Folia Primatol.*, 36, pp. 111-127.

Dean, M. C., M. G. Leakey, D. Reid, F. Schrenk, G. T. Schwartz, C. B. Stringer y A. Walker (2001), «Growth processes in teeth distinguish modern humans from *Homo erectus* and earlier hominins», *Nature*, 414, pp. 628-631.

Dennell, R.W. y W. Roebroeks (1996), «The earliest colonisation of Europe: the short chronology revisited», *Antiquity*, 70, pp. 535-542.

Díez, J. C., Y. Fernández-Jalvo, J. Rosell y I. Cáceres (1999), «Zooarchaeology and taphonomy of Aurora Stratum (Gran Dolina, Sierra de Atapuerca, Spain)», *J. Hum. Evol.*, 37, pp. 623-652.

Duarte, C., J. Mauricio, P. B. Pettitt, P. Souto, E. Trinkaus, H. van der Plicht y J. Zilhao (1999), «The early Upper Paleolithic human skeleton from the Abrigo do Lagar Velho (Portugal) and modern human emergence in Iberia», *Proc. Natl. Acad. Sci., USA*, 96, pp. 7.604-7.609.

Eveleth, P. B., y J. M. Tanner (1990), «Worldwide variation in human growth. Cambridge», Cambridge University Press.

Falguères, C., J.-J. Bahain, Y. Yokoyama, J. L. Arsuaga, J.M. Bermúdez de Castro, E. Carbonell, J. L. Bischoff y J.-M. Dolo (1999), «Earliest humans in Europe: the age of TD6 Gran Dolina, Atapuerca, Spain», *J. Hum. Evol.*, 37, pp. 343-352.

Fanning, E. A., y C. F. A. Moorrees (1969), «A comparison of permanent mandibular formation in Australian aborigenes and caucasoids», *Archs. oral Biol.*, 14, pp. 999-1.006.

Fernández-Jalvo, Y., J. C. Díez, J.M. Bermúdez de Castro, E. Carbonell y J. L. Arsuaga (1996), «Evidence of early cannibalism», *Science*, 271, pp. 277-278.

Fernández-Jalvo, Y., J. C. Díez, I. Cáceres y J. Rosell (1999), «Human cannibalism in the Early Pleistocene of Europe (Gran Dolina, Sierra de Atapuerca, Burgos, Spain)», *J. Hum. Evol.*, 37, pp. 591-622.

Foley, R. (1992), «Evolutionary ecology of fossil hominids», en *Evolutionary Ecology and Human Behavior* (E. Alden Smith y B. Winterhalder, eds.) Nueva York, Walter de Gruyter, Inc.

Franzen, J. L. (1985), «Asian australopithecines?», en P.V. Tobias (ed.), *Hominid Evolution: Past, Present, and Future*, pp. 255-263, Alan Liss, Nueva York.

Franzen, J. L. ed. (1994), «100 years of *Pithecanthropus*. The *Homo erectus* problem», *Cour. Forsch. Inst. Senckenberg,* 171, Frankfurt.

Fukuhara, T. (1959) «Comparative anatomical studies of the growth lines in the enamel of mammalian teeth», *Acta Anat. Nipp*., 34, pp. 322-332.

Gabunia, L. y A. Vekua (1995), «A Plio-Pleistocene hominid from Dmanisi East Georgia, Caucasus», *Nature*, 373, pp. 509-512.

Gabunia, L., A. Vekua, D. Lorkidpanidze, C. C. Swisher, R. Ferring, A. Justus, M. Nioradze, M. Tvalchrelidze, S. C. Antón, G. Bosinski, O. Jöris, M. A. de Lumley, G. Majsuradze y A. Mouskhelishvili (2000), «Earliest Pleistocene hominid cranial remains from Dmanisi, Republic of Georgia: taxonomy, geological setting, and age», *Science*, 288, pp. 1.019-1.025.

Gaunt, W. A. y A. E. W. Miles (1967), «Fundamental aspects of tooth morphogenesis», en A. E. W. Miles, (ed.), *Structural and Chemical Organization of Teeth*, Vol. 1, pp. 151-197, Nueva York, Academic Press.

Genet-Varcin, E. (1975), «Étude de dents humaines isolées provenant de la Chaise de Vouthon (Charente)», *Bulletin et Mémoires de la Societé d'Anthropologie de Paris,* 2, pp. 277-286.

Genet-Varcin, E. (1976), «Étude de dents humaines isolées provenant de la Chaise de Vouthon (Charente)», *Bulletin et Mémoires de la Societé d'Anthropologie de Paris*, 3, pp. 243-259.

Godfrey, L. R., y M. R. Sutherland (1996), «Paradox of peramorphic paedomorphosis: heterochrony and human evolution», *Am. J. Phys. Anthropol,* 99, pp. 17-42.

Goodall, J. (1986), *The Chimpanzees of Gombe*, Cambridge, MA, Harvard University Press.

Gould, S. J. (1977), *Ontogeny and Phylogeny,* Cambridge, MA, Harvard University Press.

Grine, F. E., W. L. Jungers y J. Schultz (1996), «Phenetic affinities among early *Homo* crania from East and South Africa», *J. Hum. Evol*., 30, pp. 189-225.

Gustafson, G. y A.-G. Gustafson (1967), «Microanatomy and histochemistry of enamel», en (A. E. W. Miles, ed.), *structural and Chemical Organisation of Teeth*, vol. 2, pp. 135-162, Nueva York, Academic Press.

Gysi, A. (1931), «Metabolism in adult enamel», *Dent. Dig*. 37, pp. 661-668.

Halberg, F. (1983), «Quo vadis basic and clinical chronobiology; promise for health maintenance», *Am. J. Anat*., 168, pp. 543-594.

Hamada, Y., T. Udono, M. Teramoto y I. Hayasaka (1998), «Development of the hand and wrist bones in chimpanzees», *Primates,* 39, pp. 157-169.

Hamada, Y., T. Udono, M. Teramoto y T. Sugawara (1996), «The growth pattern of chimpanzees: somatic growth and reproductive maturation in *Pan troglodytes*», *Primates*, 37, pp. 279-295.

Harris, E. F., y J. H. McKee (1990), «Tooth mineralization standars for blacks and whites from Middle Southern United States», *Journal of Forensic Sciences*, 35, pp. 859-872.

Harvey, P. H. y T. H. Clutton-Brock (1985), «Life history variation in primates», *Evolution,* 39, pp. 559-581.

Heinzelin, J. de, D. Clark, T. D. White, W. Hart, P. Renne, G. WoldeGabriel, Y. Beyene y E. Vrba (1999), «Environment and behavior of 2.5-million-year-old Bouri hominids», *Science*, 284, pp. 625-629.

Hill, A., S. Ward, A. Deino, G. Curtis y R. Drake (1992), «Earliest *Homo*», *Nature,* 355, 719-722.

Howell, N. (1979), *Demography of the Dobe !Kung*, Nueva York, Academic Press.

Hublin, J.-J. (1990), «Les peuplements paléolithiques de l'Europe: un point de vue paléobiogéographique», *Mémoires du Musée de Préhist. d'Île-de-France*, 3, pp. 29-37.

Huda, T. F. J., y J. E. Bowman (1995), «Age determination from dental microstructure in juveniles», *Am. J. Phys. Anthropol.*, 97, pp. 135-150.

Jacob, T. (1973), «Palaeoanthropological discoveries in Indonesia with special reference to the finds of the last two decades», *J. Hum. Evol.,* 2, pp. 473-485.

Jacob, T. y G. H. Curtis (1971), «Preliminary potassium-argon dating of early man in Java», *Contributions of the University of California Archaeological Research Facility,* 12, p. 50.

Johanson, D. C., F. T. Masao, G. G. Eck, T. D. White, R. C. Walter, W. H. Kimbel, B. Asfaw, P. Manega, P. Ndessokia y G. Suwa (1987), «New partial skeleton of *Homo habilis* from Olduvai Gorge, Tanzania», *Nature,* 327, pp. 205-209.

Johanson, D. C. y T. D. White (1979), «A systematic assessment of early African hominids», *Science,* 203, pp. 321-330.

Kimbel, W. H., *et al.* (1996), «Late Pliocene *Homo* and Oldowan tools from the Hadar Formation (Kada Hadar Member), Ethiopia», *J. Hum. Evol.,* 31, pp. 549-561.

Kimbel, W. H., D. C. Johanson y Y. Rak (1994), «The first skull and other new discoveries of *Australopithecus afarensis* at Hadar, Ethiopia», *Nature*, 368, pp. 449-451.

Kramer, A. (1989), *The evolutionary and taxonomic affinities of the Sangiran mandibles of Central Java, Indonesia*, tesis doctoral, Ann Arbor, University of Michigan.

Krings, M., H. Geisert, R.W. Schmitz, H. Krainitzki y S. Pääbo (1999), «DNA sequence of the mitochondrial hypervariable region II from the Neandertal type specimen», *Proc. Natl. Acad. Sci. USA,* 96, pp. 5.581-5.585.

Kuykendall, K. L. (1996), «Dental development in chimpanzees (*Pan troglodytes*): the timing of tooth calcification stages», *Am. J. Phys. Anthropol.*, 99, pp. 135-157.

Leakey, M.G., C.S. Feibel, I. McDougall. y A. Walker (1995), «New four-million-year-old hominid species from Kanapoi and Allia Bay, Kenya», *Nature,* 376, pp. 565-571.

Leakey, L. S. B. y M. D. Leakey (1964), «Recent discoveries of fossil hominids in Tanganika: at Olduvai and near Lake Natron», *Nature*, 4.927, pp. 5-7.

Leakey, L. S., B., P. V. Tobias y J. R. Napier (1964), «A new species of the genus *Homo* from Olduvai Gorge», *Nature*, 4.927, pp. 7-9.

Lee, R. B. (1972), «!Kung spatial organization: An ecological and historical perspective», *Hum. Ecol.,* 1, pp. 125-147.

Leigh, S. R., (1996), «Evolution of Human Growth Spurts», *Am. J. Phys. Anthropol.,* 101, pp. 455-474.

Leutenegger, W. (1972), «Newborn size and pelvic dimensions of *Australopithecus*», *Nature,* 240, pp. 568-569.

Lieberman, D. E., D. R. Pilbeam y B. A. Wood (1988), «A probabilistic approach to the problem of sexual dimorphism in *Homo habilis*: a comparison of KNM-ER 1470 and KNM-ER 1813», *J. Hum. Evol.*, 17, pp. 503-511.

Lieberman, D. E., B. A. Wood y D. R. Pilbeam (1996), «Homoplasy and early *Homo*: an analysis of the evolutionary relationships of *H. habilis sensu stricto* and *H. rudolfensis*», *J. Hum. Evol.,* 30, pp. 97-120.

Lovejoy, C. O. (1981), «The origin of man», *Science,* 211, pp. 341-350.

Macho, G., y B. A. Wood (1995), «The role of time and timing in hominid dental evolution», *Evolutionary Anthropology,* 4, pp. 17-31.

Mann, A. E. (1975), «Some paleodemographic aspects of the South African australo-pithecines», *Univ. of Pennsylvania Publications in Anthropology*, 1.

Mann, A. E. (1988), «The nature of Taung dental maturation», *Nature,* 333, p. 123.

Mann, A., M. Lampl y J. Monge (1987), «Maturational patterns in early hominids», *Nature*, 328, pp. 673-674.

Mann, A., M. Lampl y J. Monge (1990), «Patterns of ontogeny in human evolution: Evidence From Dental Development», *Yearbook. Phys. Antropol.,* 33, pp. 111-150.

Mann, A., J. M. Monge y M. Lampl (1990), «Dental caution», *Nature,* 348, p. 202.

Mann, A., J. M. Monge y M. Lampl (1991), «Investigation into the relationship between perikymata counts and crown formation times», *Am. J. Phys. Anthropol*, 86, pp. 175-188.

Manzi, G., F. Mallegni y A. Ascenzi (2001), «A cranium for the earliest Europeans: phylogenetic position of the hominid from Ceprano, Italy. *Proc. Natl. Acad. Sci., USA,* 98, pp. 10.011-10.016.

Martin, R. D. (1983), «Human brain evolution in an ecological context», *Fifty-second James Arthur Lecture on the Evolution of the Human Brain*, Nueva York, American Museum of Natural History.

Martínez-Navarro, B., A. Turq, J. Agustí y O. Oms (1997), «Fuente Nueva-3 (Orce, Granada, Spain) and the first human occupation of Europe», *J. Hum. Evol.*, 33, pp. 611-620.

McKinney, M. L. y K. J. McNamara (1991), *Heterochrony. The Evolution of Ontogeny*. Nueva York, Plenum Press.

McNamara, K. J. (1986), «A guide to the nomenclature of heterochrony», *Journal of Paleontology,* 60, pp. 4-13.

Mellars, P. (1989), «Major issues in the emergence of modern humans», *Current Anthropology,* 30, pp. 349-385.

Miller, J. A. (1991), «Does brain size variability provide evidence of multiple species in *Homo habilis*?», *Am. J. Phys. Anthropol.*, 84, pp. 395-398.

Moorrees, C. F. A., E. A. Fanning y E. E. Hunt (1963), «Age variation of formation stages for ten permanent teeth», *J. Dent. Res.*, 42, pp. 1.490-1.502.

Newman, J. (1995), «How breast milk protects newborns», *Scientific American*, diciembre de 1995, pp. 58-61.

Newman, H. N. y D. F. G. Poole (1974), «Observations with scanning and transmission electron microscopy on the structure of human surface enamel», *Archs oral Biol.,* 19, pp. 1.135-1.143.

O'Connell, J. F., K. Hawkes y N. G. Blurton Jones (1999), «Gramothering and the evolution of *Homo erectus*», *J. Hum. Evol.*, 36, pp. 461-485.

Ogilvie, M. D., B. K. Curran y E. Trinkaus (1989), «Incidence and patterning of dental enamel hypoplasia among the Neandertals», *Am. J. Phys. Anthropol.*, 79, pp. 25-41.

Oms, O., J. M. Parés, B. Martínez-Navarro, J. Agustí, I. Toro, G. Martínez-Fernández y A. Turq (2000), «Early human occupation of Western Europe: Paleomagnetic dates for two paleolithic sites in Spain», *Proc. Nat. Acad. Sci. USA,* 12, pp. 10.666-10.670.

Parés, J. M. y A. Pérez-González (1995), «Paleomagnetic age for hominid fossils at Atapuerca archaeological site, Spain», *Science*, 269, pp. 830-832.

Parés, J. M. y A. Pérez-González (1999), «Magnetochronology and stratigraphy at Gran Dolina section, Atapuerca (Burgos, Spain)», *J. Hum. Evol.*, 37, pp. 325-342.

Ponce de León, M. S y C. P. E. Zollikofer (2001), «Neanderthal cranial ontogeny and its implications for late hominid diversity», *Nature*, 412, pp. 534-538.

Pope, G. G. (1992), «Craniofacial evidence for the origin of modern humans», *Ybk. Phys. Anthropol.,* 35, pp. 243-298.

Potts, R. (1988), *Early Hominid Activities at Olduvai*, Nueva York, Aldine de Gruyter.

Reid, D. J., G. T. Schwartz, C. Dean y M. S. Chandrasekera (1998), «A histological reconstruction of dental development in the common chimpanzee», *Pan troglodytes, J. Hum. Evol.*, 35, pp. 427-448.

Rightmire, G. P. (1990), *The Evolution of Homo erectus,* Cambridge, Cambridge University Press.

Rigthmire, P. (1993), «Variation among early *Homo* crania from Olduvai Gorge and the Koobi Fora region», *Am J. Phys. Anthropol.*, 90, pp. 1-33.

Roberts, M. B. (1994), «Roberts replies to Bowen D.Q. y Sykes G. A.», *Nature*, 371, pp. 751.

Roberts, M. B., C. B. Stringer y S. A. Parfitt (1994), «A hominid tibia from Middle Pleistocene sediments at Boxgrove, UK», *Nature*, 369, pp. 311-313.

Roche, H. y M. Kibunjia (1994), «Les sites archéologiques plio-pléistocènes de la Formation de Nachukui, West Turkana, Kenya», *C.R. Acad. Sci. Paris,* 318, pp. 1.145-1.151.

Roebroeks, W. y T. van Kolfschoten (1994), «The earliest occupation of Europe: a short chronology», *Antiquity,* 68, pp. 489-503.

Roebroeks, W. y T. van Kolfschoten, eds. (1995), *The Earliest Occupation of Europe*, «Proceedings of the European Science Foundation Workshop at Tautavel», (France), 1993, Universidad de Leiden, Países Bajos.

Rosas, A., y J. M. Bermúdez de Castro (1997), «The Mauer mandible and the evolutionary significance of *Homo heidelbergensis*», *Geobios,* 31, pp. 687-697.

Rosas, A., y J. M. Bermúdez de Castro (1998), «On the taxonomic affinities of the Dmanisi mandible (Georgia)», *Am., J. Phys. Anthropol.*, 107, pp. 145-162.

Rosas, A., y J. M. Bermúdez de Castro (1999), «The ATD6-5 mandibular specimen from Gran Dolina (Atapuerca, Spain). Morphological study and phylogenetic implications», *J. Hum. Evol.*, 37, pp. 567-590.

Sacher, G. A. (1975), «Maturation and longevity in relation to cranial capacity in hominid evolution», en R. H. Tuttle (ed.), *Primate Functional Morphology and Evolution*, pp. 417-441, Mouton, La Haya.

Sacher, G. A. y E. F. Staffeldt (1974), «Relation of gestation time to brain wight for placental mammals», *Am. Nat.*, 108, pp. 593-616.

Schour, I. (1936), «The neonatal line in enamel and dentin of the human deciduous teeth and first permanent molar», *J. Am. dent. Ass.,* 23, pp. 1.946-1.955.

Schrenk, F., T. G. Bromage, C. G. Betzler, U. Ring y Y. M. Juwayeyi (1993), «Oldest *Homo* and Pliocene biogeography of the Malawi Rift», *Nature*, 365, pp. 833-836.

Schultz, A. H. (1960), «Age changes in primates and their modification in man», en J. M. Tanner (ed.), *Human Growth*, pp. 1-20, Oxford, Pergamon Press.

Scott, G. R. y C. G.Turner II (1997), *The Anthropology of modern human teeth. Dental morphology and its variation in recent human populations*, Cambridge, Cambridge University Press.

Shea, B. T. (1983), «Allometry and heterochrony in the African apes», *Am. J. Phys. Anthropol.*, 62, pp. 275-289.

Shea, B. T. (1989), «Heterochrony in human evolution: the case for neoteny reconsidered», *Ybk. Phys. Anthropol.*, 32, pp. 69-101.

Shellis, R. P. (1984), «Variations in growth of the enamel crown in human teeth and a possible relationship between growth and enamel structure», *Archs oral Biol.,* 29, pp. 697-705.

Sheets, J. W., y J. A. Gavan (1977), «Dental reduction from *Homo erectus* to Neanderthal», *Curr. Anthropol*, 18, pp. 587-588.

Simpson, S. W. y C. A. Kunos (1998), «A radiographic study of the development of the human mandibular dentition», *J. Hum. Evol.*, 35, pp. 479-505.

Simpson, S. W., C. O. Lovejoy y R. S. Meindl (1990), «Hominoid dental maturation», *J. Hum. Evol.*, 19, pp. 285-297.

Simpson, S. W., C. O. Lovejoy y R. S. Meindl (1992), «Furher evidence on relative dental maturation and somatic develpmental rate in hominoids. *Am. J. Phys. Anthropol.*, 87, pp. 29-38.

Smith, B. H. (1986), «Dental development in *Australopithecus* and early *Homo*», *Nature*, 323, pp. 27-330.
Smith, B. H. (1987), «Reply to A. Mann, M. Lampl y J. Monge (1987)», *Nature*, 328, pp. 674-675.
Smith, B. H. (1989), «Dental development as a measure of life history in primates», *Evolution*, 43, pp. 683-688.
Smith, B. H. (1991), «Dental development and the evolution of life history in Hominidae», *Am. J. Phys. Anthropol.*, 86, pp. 157-174.
Smith, B. H. (1991), «Standards of human tooth formation and dental age assessment», en M. A. Kelley y C. S. Larsen, eds., *Advances in Dental Anthropology*, pp. 143-168, Nueva York, Wiley-Liss, Inc.
Smith, B. H. (1992), «Life history and the evolution of human maturation», *Evol. Anthropol.,* 1, pp. 134-142.
Smith, B. H. (1993), «The physiological age of KNM ER 15000», en A. Walker y R. Leakey (eds.), *The Nariokotome Homo erectus Skeleton*, p. 220, Berlín, Springer-Verlag.
Smith, B. H. (1994), «Patterns of dental development in *Homo, Australopithecus, Pan,* and *Gorilla*», *Am. J. Phys. Anthropol.,* 94, pp. 307-325.
Smith, B. H. y S. M. Garn (1987), «Polymorphisms in eruption sequence of permanent teeth in American children», *Am. J. Phys. Anthropol.,* 74, pp. 289-303.
Smith, B. H. y R. L. Tompkins (1995), «Toward a life History of the Hominidae», *Annu. Rev. Anthropol.,* 24, pp. 257-279.
Smith, F. H. (1983), «Behavioral interpretation of changes in craniofacial morphology across the archaic/modern *Homo sapiens* transition», en E. Trinkaus (ed.), *The Mousterian Legacy: Human Biocultural Change in the Upper Pleistocene. BAR Int. Series*, 184, pp. 141-163.
Smith, R. J., P. J. Gannon y B. H. Smith (1995), «Ontogeny of australopithecines and early Homo: evidence from cranial capacity and dental eruption», *J. Hum. Evol.,* 29, pp. 155-168.
Smith, P. (1976), «Dental pathology in fossil hominids: what did Neanderthals do with their teeth?», *Curr. Anthropol.*, 17, pp. 149-151.
Stringer, C. B. (1986), «The credibility of *Homo habilis*», en B. A. Wood, L. Martin y P. Andrews (eds.), *Major Topics in Primate and Human Evolution*, pp. 266-294, Cambridge, Cambridge University Press.
Stringer, C. B. (1984), «The hominid finds», en: *Pontnewydd Cave. A Lower Palaeolithic Hominid Site in Wales. The First Report.* (H.S. Green, ed), pp. 1-227, National Museum of Wales Quaternary Studies, Monographs.
Stringer, C. B. (1996), «Current issues in modern human origins», en W. E. Meikle, F. C. Howell y N. G. Jablonski, eds., *Contemporary Issues in Human Evolution*, pp. 115-133, California, California Academy of Sciences.
Susman, R. L. (1994), «Fossil evidence for early hominid tool use», *Science*, 265, pp. 1.570-1.573.
Suwa, G., B. Asfaw, Y. Beyene, T. White, S. Katoh, S. Nagaoka, H. Nayaka, K.

Uzawa, P. Renne y G. WoldeGabriel (1997), «The first skull of *Australopithecus boisei*», *Nature,* 389, pp. 489-492.
Swisher, III, C. C., G. H. Curtis, T. Jacob, A.G. Getty, A. Suprijo y Widiasmoro (1994), «Age of the earliest known hominids in Java, Indonesia», *Science*, 263, pp. 1.118-1.121.
Swisher, III C. C., W. J. Rink, S. C. Antón, H. P. Schwarcz, G. H. Curtis, A. Suprijo y Widiasmoro (1996), «Latest *Homo erectus* of Java: Potential contemporaneity with *Homo sapiens* in Southeast Asia», *Science*, 274, pp. 1.841-1.842.
Tattersall, I. (1992), «Species concept and species identification in human evolution», *J. Hum. Evol.*, 22, pp. 341-349.
Ten Cate, A. R. (1998), *Oral Histology: Development, Structure, and Function*, 4ª ed., St. Louis, Mosby.
Tobias, P. V. y G .H .R. von Koenigswald (1964), «A comparison between the Olduvai hominines and those of the Java and some implications for hominid phylogeny», *Nature*, 204, pp. 515-518.
Tompkins, R. L. (1996), «Human population variability in relative dental development», *Am. J. Phys. Anthropol.*, 99, pp. 79-102.
Tompkins, R. L. (1996), «Relative dental development of Upper Pleistocene hominids compared to human population variation», *Am. J. Phys. Anthropol.*, 99, pp. 103-118.
Trinkaus, E. (1983), *The Shanidar Neandertals*, Nueva York, Academic Press.
Trinkaus, E. (1995), «Neanderthal mortality patterns», *J. Archaeol. Sci.,* 22, pp. 121-142.
Trinkaus, E. y R. L. Tompkins (1990), «The Neandertal Life Cycle: The Possibility, Probability, and Perceptibility of Contrasts with Recent Humans», *Prim. Life. Hist. and Evol.,* pp.153-180.
Tyler, D. E. (1994), «The taxonomic status of *«Meganthropus»*, *Courier Forschungs-Institut Senckenberg,* 171 (J. L. Franzen, ed.), pp. 115-121.
Vandermeersch, B. y M. M. Tillier (1983), «La dent humaine de Vergranne», *Annales Scientifiques de l'Université de Franche-Besançon. Géologie,* 5, pp. 27-29.
Vollrath, L., A. Kantarjian y C. Howe (1975), «Mammalian pineal gland; 7 day rhytmic activity?», *Experimentia,* 31, pp. 458-460.
Walker, P. L., J. R. Johnson y P. M. Lambert (1988), «Age and sex biases in the preservation of human skeletal remains», *Am. J. Phys. Anthropol.,* 76, pp. 183-188.
Weidenreich, F. (1944), «Giant early man from Java and south China», *Science,* 99, pp. 479-482.
White, T. D., D. C. Johanson y W. H. Kimbel (1981), «*Australopithecus africanus*: its phyletic position reconsidered», *South African Journal of Science,* 77, pp. 445-469.
White, T. D., G. Suwa, W. K. Hart, R. C. Walters, G. WoldeGabriel, J. de Heinzelin, D. Clark, B. Asfaw y E. Vrba (1993), «New discoveries of *Australopithecus* at Maka in Ethiopia», *Nature*, 366, pp. 261-265.

White, T. D., G. Suwa y B. Asfaw (1994-1995), «*Australopithecus ramidus*, a new species of early hominid from Aramis, Ethiopia», *Nature*, 371, pp. 306-312 y 375, p. 88.

Wolpoff, M. H. (1979), «The Krapina dental remains», *Am. J. Phys. Anthropol.*, 50, pp. 67-114.

Wood, B. A. (1992), «Origin and evolution of the genus *Homo*», *Science*, 355, pp. 783-790.

Wood, B. A. (1992), «Old bones match old stones», *Nature*, 355, p. 678.

Wood, B. A. (1992), «Early hominid species ans speciation», *J. Hum. Evol.*, 22, pp. 351-365.

Wood, B. A. (2000), «The history of the genus *Homo», Human Evolution,* 15, pp. 39-49.

Wood, B. A. y M. Collard (1999), «The human genus», *Science*, 284, pp. 65-71.

Yamei, H., R. Potts, Y. Baoyin, G. Zhengtang, A. Deino, W. Wei, J. Clark, X. Guangmao y H. Weiwen (2000), «Mid-Pleistocene Acheulan-like stone technology of the Bose Basin, South China», *Science*, 287, pp. 1.622-1.626.

Índice